计算机应用基础

主　编　江春玲　陈继泉

·广州·

图书在版编目（CIP）数据

计算机应用基础 / 江春玲，陈继泉主编. —广州：华南理工大学出版社，2018.9
ISBN 978-7-5623-5786-5

Ⅰ.①计…　Ⅱ.①江…　②陈…　Ⅲ.①电子计算机－教材　Ⅳ.①TP3

中国版本图书馆 CIP 数据核字（2018）第 204406 号

计算机应用基础

JISUANJI YINGYONG JICHU

江春玲　陈继泉　主编

出 版 人： 卢家明
出版发行： 华南理工大学出版社
（广州五山华南理工大学 17 号楼，邮编 510640）
http：//www.scutpress.com.cn　E-mail：scutc13@scut.edu.cn
营销部电话：020-87113487　87111048（传真）
策划编辑： 王　倩
责任编辑： 毛润政
印 刷 者： 内蒙古惠明印刷包装有限公司
开　　本： 889mm × 1194mm　1/16　**印张：** 19.25　**字数：** 511 千字
版　　次： 2023年3月修订　　2023年3月第1次印刷
定　　价： 49.00 元

编委会

主编

江春玲　陈继泉

副主编

柯政宏　李　颖　曹　铭　岑　红　罗　容　黄火英
柯秋莉　廖春华　潘怡珍　温湘娥　杨晓娣　朱　清
姬　川　张飞凌　王庆福　张　慧　张丽娜　徐　伟
万坤明　胡小兵　林湧辉　刘胜军　王莉莉　成亚培
徐明秀

计算机是20世纪最突出的发明之一。在21世纪，计算机的应用已经扩展到各个行业的方方面面，计算机的知识和技术已经成为当代学生进入社会必备的技能与手段之一。

“计算机应用基础”作为计算机入门课程的重要组成部分，是学生学习后续课程最基础的能力要求，也是各专业院校的必修课，能够培养学生的计算机操作技能以及办公软件使用技能。

本教材以实操为主，项目式教学围绕各知识的重点、难点，务必让学生在实际操作过程中学懂每个知识点、让学生能够在完成相应课程后可以独立完成课后的项目练习。基于目前市场上的教材大都是理论与实操分离，我们决定编写这门教材，以实操主导整个教学课程，使用彩色印刷让每个操作步骤更加直观明了。

本书以 Windows 7 和 Office 2013 为系统环境，分三个部分、五个项目来完成编写。第一个部分是对计算机的基础知识进行讲解，让学生了解计算机的发展进程以及工作原理，主要针对的是初学者。第二部分是对 Windows 7 操作系统进行讲解，让学生能够熟练操作 Windows 7 系统里面的各个操作，为以后学习其余课程打下基础。第三部分是对 Microsoft Office 2013（包括Wword2013、Excel2013、Porer Point2013）进行讲解，这是学生未来职业化的需求。

书中巧妙地将各个知识点通过操作技能有效地结合起来。要完成书中的教学课程，必须正确运用各章节中所包含的知识点和操作技能。例如在 Excel 2013 中要使用函数进行数据统计和分析，就必须先懂得各个函数的含义与使用方法，这些都包含在相应章节的知识拓展当中，让学生在实操的同时学会各个函数的使用。

项目式教学，能够让学生依据目标和任务要求，将该章节的知识融汇到整个项目的学习当中，使学生完成一个项目的操作后，能基本掌握该章节的学习要点。学生经过思考，通过步骤说明，一步一步实现项目的最终结果，而且在项目后还有相应的练习来巩固学生对此知识点的理解。

在本书的编写过程中，得益于同行众多教材的启发，站在巨人的肩膀上，让我们的编写过程相对轻松，并得到各位同事的协助和出版社的鼎力帮助与支持，在此深表感谢。

由于编者水平有限，书中难免有不足之处，恳请读者不吝赐教。

编者

1

项目一 计算机基础知识

计算机是20世纪科学技术最伟大的成就之一，是科学技术和生产高速发展的必然产物，是人类智慧的高度结晶。今天，计算机的应用已渗透到社会的各个领域，它在科学研究、工农业生产、国防建设以及社会其他领域中的应用已成为国家现代化的重要标志。同时给人类的社会活动带来了日新月异的变化，带领人类步入信息时代，可以说人类的大部分活动已经离不开计算机。它是现代人必须掌握的一个重要技能。

计算机是一种能够高速计算、具有内部存储能力，由程序控制其操作的电子设备。由于计算机能够模仿人脑的功能，如记忆、分析、判断、推理等，所以人们又形象地把它称为“电脑”。

学习目标

（1）了解计算机的产生、发展与应用情况

（2）理解计算机系统的工作原理

（3）理解计算机内各种信息的表示方式

（4）掌握计算机硬件系统的组成

（5）掌握软件的概念与软件系统的分类方法

（6）了解计算机病毒的基本知识

（7）了解信息安全的基本知识，使学生具有信息安全意识，遵守相关法律法规和信息活动中的道德要求。

任务一 计算机概述

学习目标

（1）了解计算机的概念

（2）了解计算机的产生与发展过程

（3）了解计算机的发展趋势

（4）了解计算机的应用范围

学习内容

现在大家学习、生活与工作都离不开计算机，我们从中学甚至小学就开始学习与使用计算机，那么关于计算机你了解与掌握了哪些知识呢？能不能说出什么是计算机？计算机是如何产生与发展的？计算机有哪些种类？计算机具体应用在哪些方面等问题呢？

一、电子计算机的概念

电子计算机简称为计算机或电脑，是由人们设计、制造的一种电子设备，它可以快速、精确、自动地完成计算与信息处理工作。

计算机在诞生的初期主要用来完成科学计算工作，因此被人们称为“计算机”，即用来进行计算的机器，当然现在计算机的应用已经远远超出了科学计算的范畴，它可以对数字、文字、声音、图形和图像等各种形式的数据进行处理。实际上，计算机只所以能高速、自动的进行工作，是因为人们事先编写好了它的工作程序，并将其存储在计算机内，在用户发出工作命令后它就会按照事先存储的程序来一步步的工作，只不过与人类相比，它的工作速度非常快。

二、计算机的产生与发展

1.计算机的诞生

人类社会在认识自然和改造自然的过程中，发明了各种计算工具。如在人类社会的早期，人们使用绳结、石子等进行简单的计数，随着生产力的不断提高，人们遇到的各种计算问题也越来越复杂，于是开始设计、制造计算工具，如我国唐末出现的算盘，欧洲人在一百多年前发明的手摇计算机等，这些计算机工具在一定的历史条件下，对人类社会的发展都是起到了一定的促进作用，甚至算盘一直沿用至今。但是可能让大家意想不到的是现代电子计算机的产生，竟然与人类的战争有着密切的相关。在20世纪40年代初，正处于二次世界大战中的美国，为了尽快在战争中取得胜利，加紧研制导弹、火箭等各种先进的武器，但在研制这些武器的过程中遇到了大量极为复杂的数学计算问题，于是美国军方出资，并在军方的主导下开始了现代电子计算机的研制工作，经过科研人员的努力，1946年2月世界上第一台电子计算机在美国宾夕法尼亚大学研制成功，取名为ENIAC（Electronic Numerical Integrator and Calculator，电子数字积分器与计算器），主要用于飞行中弹道轨迹的计算等问题。ENIAC的诞生具有里程碑意义，它标志着人类从此有了真正意义上的电子计算机。

ENIAC电子计算机在当时的设计条件下共使用了18000多个真空管，1500多个继电器以及大量的其他元器件，重达30吨，占地达170余平方米，是个地地道道的庞然大物。如图1-1是工作人员使用ENIAC时的情景。

图1-1　第一台计算机ENIAC电子管计算机和电子管

尽管ENICA每秒只能完成5000次的加法运算，且ENIAC有许多缺点，如耗电量大、稳定性差、操作不便等，但它的产生具有划时代的意义，它为电子计算机的发展奠定了基础，更标志着人类社会电子计算机时代的到来。

2.计算机的发展

从1946年第一台计算机ENIAC 诞生到现在，电子计算机的发展根据其起决定作用的电子元器件的变化可以分为四代。

（1）第一代电子管计算机（1946年～1958年）。其特征是采用电子管作为计算机的基本逻辑元件，由于受当时电子技术的限制，计算机的运算速度只有每秒几千次到几万次基本运算，且内存容量小，仅为几千个字节，用机器语言和汇编语言进行程序设计。受当时电子技术的限制，第一代计算机体积大，耗电多，速度低，造价高，使用不便，主要局限于一些军事和科研部门进行科学计算，其代表机型有IBM650（小型机）、IBM709（大型机）等。

（2）第二代晶体管计算机（1959年～1964年）。其特征是晶体管代替了第一代计算机中的电子管，运算速度提高到每秒数万次或数十万次基本运算，内存容量扩大到几十万个字节。同时计算机软件技术也有了较大的发展，出现了FORTRAN、COBOL、ALGOL等高级语言，大大方便了计算机的使用，这一时期，除了科学计算外，计算机还用于数据处理和工业生产过程控制等，与第一代电子管计算机相比，晶体管计算机体积小，耗电少，成本低，逻辑功能强，使用方便，可靠性高。其代表机型有IBM7094、CDC7600等。如图1-2是第二代晶体管计算机和晶体管。

图1-2　第二代晶体管计算机和晶体管

（3）第三代集成电路计算机（1965年～1970年）。其特征是用集成电路（Intergrated Circuit，IC）代替了分立元件。集成电路是在几平方毫米的基片，集中了几十个或上百个电子元件组成的逻辑电路。由于第三代计算机使用小规模集成电路和中规模集成电路作为其基本电子元件，并开始采用性能更好的半导体存储器，其运算速度提高到每秒几十万次到几百万次基本运算。计算机的体积更小，寿命更长，可靠性大大提高，且计算机功耗和价格进一步下降。同时计算机软件技术进一步发展，出现了结构化、模块化程序设计方法，操作系统功能逐步趋向成熟。其代表机型是IBM公司研制的IBM-360计算机系列。如图1-3是第三代中小规模集成电路计算机和集成电路。

图1-3　第三代中小规模集成电路计算机和集成电路

（4）第四代大规模和超大规模集成电路计算机（1972年至今）。其特征是用每个芯片上集成了几千个、上万个或上百万个电子元件的大规模集成电路（Large Scale Intergrated Circuit，LSI）或超大规模集成电路（Very Large Intergrated Circuit，VLSI）作为计算机的主要逻辑元件，使用集成度很高的半导体存储器，计算机的运算速度可达每秒几百万次甚至上亿次基本运算。在软件方面，出现了数据库管理系统、分布式操作系统等软件。

在第四代计算机中，对人类社会影响最大的是微型计算机的产生和计算机网络的应用。如图1-4是第四代大规模和超大规模集成电路计算机和集成芯片。

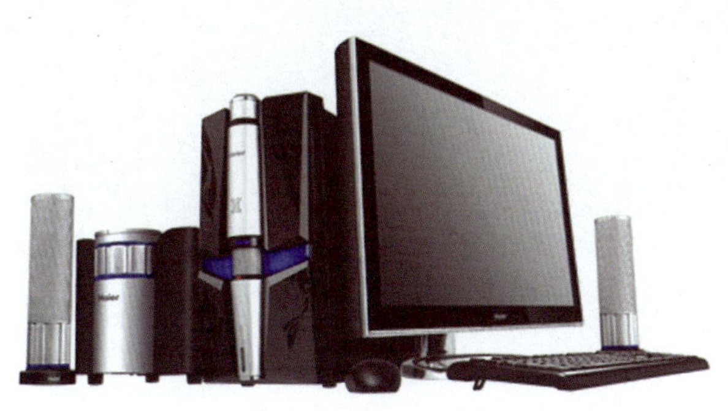

图1-4 第四代大规模和超大规模集成电路计算机和集成芯片

三、计算机发展的趋势

计算机自从产生以来，就不断地向前发展与变化着，并且已经成了目前人类社会发展变化最快的领域。英特尔（Intel）创始人之一戈登·摩尔（Gordon Moore）提出，当价格不变时，集成电路上可容纳的晶体管数目，约每隔18个月便会增加一倍，性能也将提升一倍。换言之，你花相同的价格，在18以后所能买到的电脑性能大约是目前电脑性能的两倍以上。有人也将此规律称为“摩尔定律”，这一定律揭示了信息技术进步的速度。这也告诉我们在购买电脑产品时，应以“适用、够用”为原则，不能盲目地追求其先进性。

目前人们普遍认为，处于快速发展中的计算机行业，将以超大规模集成电路为基础，向巨型化、微型化、网络化、智能化与多媒体化的方向发展。

（1）巨型化是指计算机的运算速度更快、存储容量更大、功能更强的巨型计算机。起运算能力一般在每秒一百亿以上、内容容量在几百兆字节以上，主要应用于天文、气象、地质和核技术、航天飞机和卫星轨道计算等尖端科学技术领域。巨型计算机的技术水平是衡量一个国家技术和工业发展水平的重要标志。目前已经投入使用的巨型计算机其运算速度可达每秒上千万亿次。我国在巨型机的研究方面走在了世界前列，如2010年9月研制成功的“天河一号”，成为我国首台千万亿次超级计算机，并且在当年的最新全球超级计算机前500强排行榜上雄居第一。在2019年6月17日公布的最新一期全球超级计算机500强榜单上：中国的“神威·太湖之光”和“天河二号”分列第三、四名，上榜的超级计算机数量超过200台，居全球第一。这是2017年11月以来，中国超算上榜数量连续第四次位居第一。如图1-5是我国自主研发的“天河一号”、“天河二号”巨型计算机。

（2）微型化是指体积更小、价格更低、功能更强的微型计算机。微机化计算机可以嵌入仪器、仪表、家用电器、导弹弹头等各类设备中，同时也作为工业控制过程的心脏，使仪器设备实现“智能化”。如智能手机包含电脑的所有组成部分，其实就是一台“微型”化的电脑。微型计算机包括个人计算机、便携式计算机和单片计算机，如图1-6所示。其中个人计算机（personal computer）就是我们常说的PC机，因其设计先进、软件丰富、功能齐全、操作简单、价格便宜等优势而得到了广泛应用。特别是进入21世纪后，PC机就像普通家用电器一样，已经进入了普通百姓家庭，成为人们日常工作、学习和娱乐的工具。便携计算机主要包括笔记本电脑和

图1-5　我国自主研发的“天河一号”、“天河二号”巨型计算机

掌上电脑，它们广泛应用于野外作业和移动办公等领域。单片机将计算机的主要部件微处理器、存储器、输入和输出接口等电路集中在一个只有几平方厘米的硅片上，构成一个能独立工作的计算机，它广泛应用于仪器仪表、家用电器、工业控制和通信等领域，是数量最多、应用最广的一种计算机。微型计算机的发展速度也符合所谓“摩尔定律”，每几个月之内就有新产品发布，每1到2年产品就更新换代一次，不到两年的时间芯片集成度就提高一倍，性能提高一倍，价格降低一半。

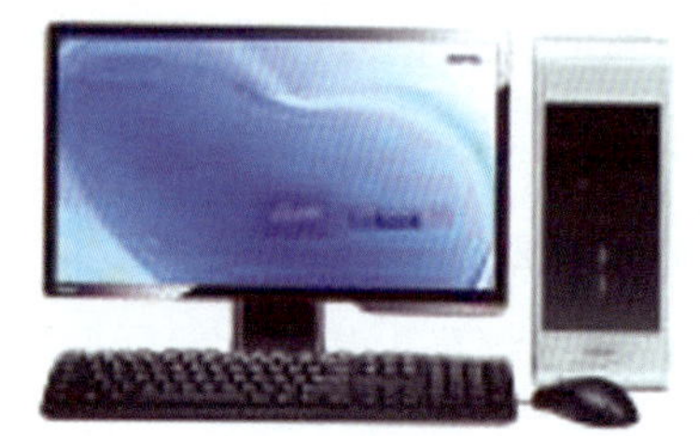

（a）台式计算机

（b）笔记本电脑

（c）掌上电脑

（d）单片机

图1-6　各种微型计算机

（3）网络化是指利用通信技术和计算机技术，把分布在不同地点的计算机互联起来，按照通信双方事先约定的通信方式（即网络协议）相互通信，以达到共享软件、硬件和数据资源的目的。现在，计算机网络在交通、金融、企业管理、教育、邮电、商业等各行各业中得到了广泛的应用。尤其是在目前的信息化社会，没有接入网络的计算机被人们称为“信息孤岛”，其应用也将受到很大的限制。

（4）智能化就是要求计算机能模拟人的感觉和思维能力，可以“看”、“听”、“说”、“想”、“做”，具有逻辑推理、学习与证明的能力，这也是第五代计算机要实现的目标。智能化的研究领域很多，其中最有代表性的领域是专家系统和机器人。机器人可接受人类指挥，也可以执行预先编排的程序，或根据以人工智能技术制定的原则纲领行动。目前研制出的机器人可以代替人从事一些人们不愿或无法完成的劳动，如让机器人从事工业流水线工作、清理有毒废弃物、太空探索、石油钻探、深海探索、矿石开采、搜救与爆破等，甚至现在还有专门用于战争的机器人。

（5）多媒体化是指利用计算机对文本、图形、图像、声音、动画、视频等多种信息进行综合处理，使这些信息之间建立有机的逻辑关系，使电脑具有交互展示不同媒体形态的能力。多媒体技术的发展改变了计算机的使用领域，使计算机由办公室、实验室中的专用工具变成了信息社会的普通工具，广泛应用于工业生产管理、学校教育、公共信息咨询、商业广告、军事指挥与训练，甚至家庭生活与娱乐等领域。

四、计算机的应用

计算机是20世纪人类最伟大的发明之一，它对人类社会科学技术的发展产生了巨大的影响，极大的增强了人类社会认识世界和改造世界的能力。计算机具有高速运算、逻辑判断、大容量存储和快速存取等特点，这决定了它在现代社会的各种领域都成为越来越重要的工具。

目前计算机的应用可以用“无处不在，无时不有”来概括，它被广泛应用于教育、科研、工业、商业、农业、军事、娱乐等领域。其按应用的学科领域，大概可分为五大类，即：

1.科学计算

科学计算是计算机最早的应用领域。从尖端科学到基础科学，从大型工程到一般工程，都离不开数值计算。如宇宙探测、气象预报、桥梁设计、飞机制造等都会遇到大量的数值计算问题，这些问题计算量大、计算过程复杂。如数学中“四色定理”的证明，就是利用IBM370系列的高端机计算了1200多个小时才获得证明的，如果人工计算，日夜不停地工作，也要十几万年；气象预报有了计算机，预报准确率大为提高，并且可以进行中长期的天气预报；利用计算机进行化工模拟计算，加快了化工工艺流程从实验室到工业生产的转换过程。

2.数据处理

数据处理是目前计算机应用最为广泛的领域。数据处理包括数据采集、转换、存储、分类、组织、运算、检索等方面。如在人口统计、档案管理、银行业务、情报检索、企业管理、办公自动化、交通调度、市场预测等都有大量的数据处理工作。

3.自动控制

计算机是工业生产过程自动化控制的基本技术工具。生产自动化程度越高，对数据处理的速度和准确度的要求也就越高，这一任务靠人工操作已无法完成，只有计算机才能胜任。如在石油化工厂中温度、压力、物位、流量等的控制。

4.辅助工程

计算机辅助工程主要包括计算机辅助设计（Computer Aided Design，CAD）、计算机辅助制造（Computer Aided Made，CAM）和计算机辅助教学（Computer Aided Instruction，CAI）等。计算机辅助设计是利用计算机的高速处理、大容量存储和图形处理功能，辅助设计人员进行产品设计。可以设计出产品的制造图纸，甚至可以进行产品三维动画设计，使设计人员从不同的侧面观察了解设计的效果，对设计进行评估，以求取得最佳效果，大大提高了设计效率和质量。计算机辅助制造是在机器制造业中利用计算机控制各种机床和设备，自动完成离散产品的加工、装配、检测和包装等制造过程的技术。计算机辅助教学是通过学生与计算机系统之间的“对话”，以达到教学的目的，“对话”是在计算机教学程序和学生之间进行的，它使教学内容生动、形象逼真，能够模拟其它手段难以做到的动作和场景。通过交互方式帮助学生自学、自测等，这种学习方式方便灵活，可满足不同层次人员对教学的不同的要求。

5.人工智能

人工智能（Artificalinteligence，AI）是用计算机模拟人类的智能活动，完成判断、理解、学习、图象识别、问题求解等工作。它是计算机应用的一个崭新领域，是计算机向智能化方向发展的趋势。现在，人工智能的研究已取得不少成果，有的已开始走向实用阶段。例如能模拟高水平医学专家进行疾病诊疗的专家系统，具有一定思维能力的智能机器人等。

任务二 计算机系统及其工作原理

学习目标

（1）熟悉计算机系统组成

（2）了解计算机的基本结构与工作原理

（3）了解冯·诺依曼结构

学习内容

在使用计算机时我们知道编辑文稿要用办公软件、娱乐要用游戏软件等，那么一台可以工作的计算机究竟由哪些部分组成？它又是如何工作的呢？

一、计算机系统

我们通常所说的系统是一个有机的整体，这个整体由若干个相互作用、相互联系的部分组成，只有这些组成部分相互配合、相互协调才能完成一项工作。一个完整的计算机系统是由硬件系统和软件系统两部分组成的，如图1–7所示。

硬件系统是计算机的物质基础，软件系统是计算机发挥功能的保证。计算机要完成一项工作，既需要必备的计算机硬件设备作为基础，也需要完成相应功能的软件环境做支撑，这两项缺一不可。就像人一样，硬件是人的身躯，只有有了思想与知识才能工作。

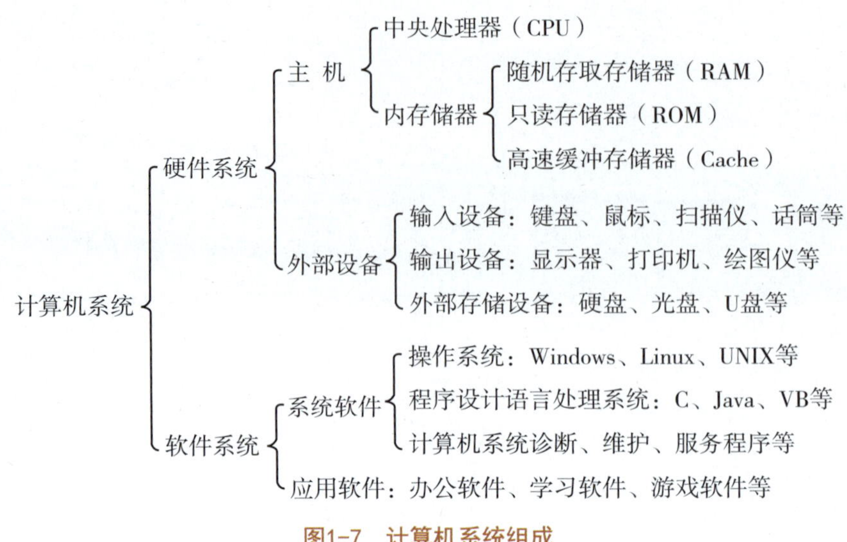

图1-7　计算机系统组成

二、计算机的基本结构与工作原理

1.计算机的基本结构

计算机可以对各种数据进行处理与运算，在工作时先要将数据送入计算机内，然后计算机对数据进行处理，处理的结果可以在输出设备上显示（如显示器），也可以存入存储器中。这就像人处理一件事情时，先要“看或听”，然后要用大脑“思考”，最后将结果“说或写”，这里的“看或听”就是输入，“思考”就是处理，“说或写”就是输出，当然在这个过程中所有信息都可以“记忆”在人有大脑中，这相当于信息存储。

根据以描述，可以将计算机的工作过程可以描述为：

· 输入（Input）：使用输入设备（如键盘）将数据输入计算机内。

· 处理（Processing）：对数据进行处理或运算。

· 输出（Output）：在输出设备上显示处理结果。

· 存储（Storage）：将处理结果保存供需要时使用。

计算机在工作时用户通过键盘或鼠标等输入数据，输入的数据一般保存在存储器中，计算机在接收到用户发出的相关命令后，在控制机构的控制下，由运算机构对数据进行运算或处理，处理结果在显示器上或打印机上输出，根据需要也可以将结果保存在存储设备中。因此，从计算机的工作原理角度出发，计算机硬件系统由运算器、控制器、存储器、输入设备和输出设备五大部分组成。

（1）运算器

运算器也称为算术逻辑单元（ALU，Arithmetic Logic Unit），它是计算机内部完成各种算术运算和逻辑运算的装置，能作加、减、乘、除等数学运算，也能作比较、判断和逻辑运算等。

（2）控制器

控制器指挥和控制计算机各个部件的动作，使整个计算机自动地、有条不紊地工作，它是计算机的指挥中心，即完成协调和指挥整个计算机系统的功能。控制器决定执行程序的顺序，给出执行指令时机器各部件需要的操作控制命令。

现代电子计算机将运算器与控制器集中在一块芯片上，称为中央处理器，简称为CPU（Central Processing Unit），它是计算机的核心部件，用来控制、协调计算机各个部件的工作，并完成算术运算和逻辑判断。CPU对一台计算机的性能有很大的影响，是衡量一台计算机性能的重要指标。

（3）存储器

存储器是计算机中有“记忆”功能的部件，用来存放程序与数据。存储器分为叫做内部存储器和外部存储器两种，内部存储器简称为内存或主存，外部存储器简称为外存或辅存。内存储器采用半导体器件来存储信息，计算机在运行时要执行的程序和数据必须存放在内存。

（4）输入设备

计算机外部的各种信息（如数据、文字、符号、声音、图像等）只有送入到计算机内，才可以被计算机存储与处理，将外部信息变换成计算机能接收并识别的信息形式并送入计算机内部的这种设备叫做输入设备（input device），它是计算机与用户或其他设备通信的桥梁。常用的输入设备有键盘、鼠标、摄像头、扫描器、手写输入板、语音输入装置以及各种传感器等。

（5）输出设备

计算机的输出设备（output device）是把各种计算结果数据或信息以数字、字符、图像、声音等形式表示出来。常见的有显示器、打印机、绘图仪、影像输出系统、语音输出系统、磁记录设备等。

2.计算机的工作原理

计算机在工作时，以上五个部件按要求特定的功能，如图1-8所示。图中实线部分是数据流或程序流，虚线部分代表控制流。

· 数据流中的内容主要是一些原始数据、运算的中间结果和最终结果等，这些数据从输入设备送到存储器，运算器将存储器中的数据取出进行各种操作运算，计算结果存入存储器，存储器中的数据在需要时可以送到输出设备。

· 控制流是控制器对从存储器中读取的程序进行分析、解释后向各个部件发出的控制命令，用来指挥各部件协调地工作。

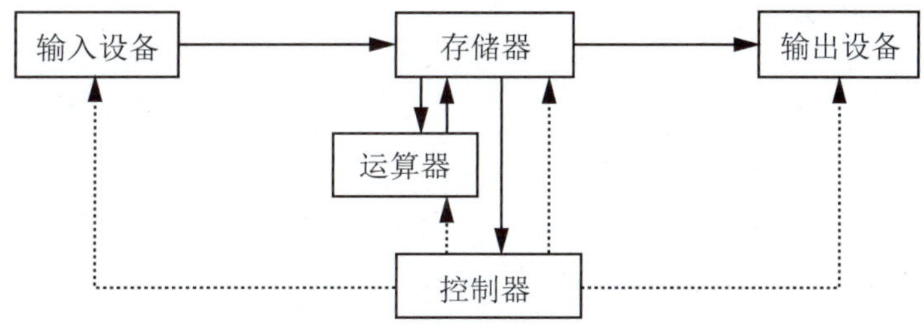

图1-8　计算机的基本结构及工作原理图

虽然计算机在种类、运算速度和价格等方面千差万别，但各种计算机的结构与工作原理都是类似的，即：

（1）采用二进制形式表示数据与操作命令；

（2）由运算器、控制器、存储器、输入设备和输出设备五大部分组成；

（3）预先要把指挥计算机如何进行操作的指令序列（称为程序）和原始数据通过输入设备输送到计算机内存储器中，每一条指令中明确规定了计算机从哪个地址取数，进行什么操作，操作结果送到什么地址去等步骤，然后计算机在工作时才能够自动调整地从存储器中取出指令并加以执行，这就是所谓“存储程序和程序控制”的原理。

图1-9　美籍匈牙利数学家 冯·诺依曼

由于这一思想的主要内容是由美藉匈牙利科学家冯·诺依曼（John von Neumann）于1946年提出的，它奠定了现代数字计算机的基本设计思想，因此这一结构又称冯·诺依曼结构。

任务三 计算机硬件系统

学习目标

（1）熟悉计算机硬件系统

（2）了解计算机的内部存储设备和外部存储设备

（3）了解计算机的输入设备和输出设备

学习内容

我们日常工作、学习使用最多的个人计算机即PC机（用户一般更喜欢将其称为电脑）也是由硬件系统和软件系统两大部分组成的。本节从个人计算机的角度来介绍一下计算机硬件系统的组成。

一、个人计算机硬件系统概述

什么是硬件？硬件是计算机系统中能看得见，占有一定体积的物理设备的总称，它是计算机系统快速、可靠、自动工作的物质基础，是计算机系统中的执行部件。硬件通常由一些电子器件和机械设备组成。组成一台计算机的所有硬件设备统称为计算机系统。

从外观看个人计算机硬件系统主要由主机、显示器、键盘和鼠标等组成，多媒体电脑还配有摄像头、话筒、音响等设备等，另外办公用电脑还常配有打印机和扫描仪等设备。其中主机箱里装着电脑的大部分重要硬件设备，如主板、CPU 、内存、硬盘、光驱、各种板卡，电源及各种连线等。

二、主机

在一台计算机的硬件系统中，最重要的是CPU和内存，一般将其称为主机。在个人计算机中一般将CPU和内存安装在主机板上。

1.主板

主板又叫主机板（main board）、系统板（system board）或母板（mother board），它安装在机箱内，是微机最基本的也是最重要的部件之一。主板从外形上来说其实就是一块电路板，上面集成了各式各样的电子零件并布满了大量的电子线路，如图 1-10所示。

图1-10　计算机的结构及工作原理

主板是整个计算机内部结构的基础，无论是 CPU 、内存、显卡还是鼠标、键盘、声卡、网卡都是靠主板来协调工作的。因此，主板的好坏，将直接影响计算机性能的发挥。

主板上除了CPU插座和内存插槽外，最重要的插槽就是用来扩展或增加计算机功能的PCI扩展槽。PCI扩展槽是一种标准扩展槽，其上可以插声卡、网卡、多功能卡等。扩展槽是主板的必备插槽，主板上一般有3个扩展槽，为了便于标识在绝大部分主板上将其做成了乳白色的。

另外，主板上还有一些输入/输出（I/O）接口，主要连接一些输入与输出设备，如键盘、鼠标等。

要说明的是，一般基于Intel处理器的个人电脑主板上有两个非常重要的芯片，分别称为南桥芯片和北桥芯片，南桥和北桥合称为芯片组。北桥芯片主要用来处理高速信号，主要用来管理中央处理器、内存储器、显卡三者之间的通信。南桥芯片用来处理低速信号，如硬盘等存储设备和其它设备之间的数据传输。芯片组在很大程度上决定了主板的功能和性能。现在有些高端主板上将南北桥芯片封装到一起，只有一个芯片，这样大大提高了芯片组的功能和性能。

2.CPU

CPU是一台计算机的核心部件，主要由运算器和控制器两大部分组成。CPU从内存中读取指令和执行指令，完成算术运算和逻辑运算，协调和控制计算机各个部分的工作。CPU是判断计算机性能高低的首要标准，它一般安插在主板的CPU插座上。

CPU最主要的性能指标是它的主频，即CPU的工作频率。一般说来，一个时钟周期完成的指令数是固定的，所以主频越高，CPU的速度也就越快了。不过由于各种CPU的内部结构也不尽相同，所以并不能完全用主频来概括CPU的性能。

CPU处理数据的能力用字长表示，即CPU一次能处理的二进制位数。目前大部分计算机的字长为32 位，也有64位的，字长越长，计算机的运算速度和效率越高。

CPU 目前的主要生产厂商有美国的Intel(英特尔)、AMD(超微)公司等， Intel 公司的CPU在市场上占有大份额。

3.内部存储器

内部存储器简称为内存。内存是具有“记忆”功能的物理部件，由一组高集成度的半导体集成电路组成，用来存放数据和程序。因为CPU工作时需要与外部存储器(如硬盘、软盘、光盘)进行数据交换，但外部存储器的速度却远远低于CPU的速度，所以就需要一种工作速度较快的设备在其中完成数据暂时存储的工作，这就是内存的作用。

内存储器通常分为只读存储器（ROM ，Read Only Memory）、随机存储器（RAM， Random Access Memory）和高速缓存存储器。

（1）ROM

只读存储器用于存储由计算机厂家为计算机编写好的一些基本的检测、控制、引导程序和系统配置信息等。在计算机开机时CPU首先执行ROM中的程序来搜索磁盘上的操作系统文件，将这些文件调入RAM中，以便进行后面的工作。只读存储器的特点是存储的信息只能读出，断电后信息不会丢失，其中保存的程序和信息通常是厂家制造时用专门的设备写入的。ROM一般由主板制造厂家提供。

（2）RAM

随机存储器主要用于临时保存CPU当前或经常要执行的程序和一些经常要使用的数据。随机存储器的特点是既可以读出，也可以写入，因此随机存储器又称为可读写存储器。随机存储器只能在加电后保存数据和程序，一旦断电则其所保存的所有信息将自然消失。RAM安装在主机箱内主板的内存插槽上，一块绿色长条形的电路板，一般叫内存条，如图1-11所示。

图1-11　内存条

（3）高速缓冲存储器

为了提高计算机的性能，在CPU与内存之间还增加一层存储速度很快的存储器，叫高速缓冲存储器（Cache），CPU执行频率高的一些程序被临时存放在高速缓冲存储器Cache。高速缓存储器也是影响CPU性能的一个因素，它可以提高CPU的运行效率。但由于高速缓冲存储器结构较复杂、制造成本高，其容量不可能太大。

表示存储器容量的单位有位 (Bit) 、字节（ Byte ）、千字节（ KB ）、兆字节（ MB ）、吉字节或称为千兆字节（GB）、太字节或称百万兆字(TB)等。位是最小的存储单位，可存放一位二进制数， 8个位组成一个字节，一个字节简写为1B ，一个字节可存放一个 8 位的二进制数或一个英文字符的编码，一般需要两个字节才能存放一个汉字编码。

存储容量的换算关系是：

1KB=1024B；1MB=1024KB；1GB=1024MB；1TB=1024GB

三、外部存储器

外存储器又称辅助存储器，简称外存，用于存放需要永久保存的程序和数据等信息。外存储器与内存不同，它不是由集成电路组成的，而是由磁、光等介质及机械设备组成的。外部存储器既是输入设备、又是输出设备，分别对应信息的写入与读出。存放在外存储器中的程序必须调入内存储器才能执行，因此外存储器主要用于和内存储器交换信息。与内存相比，外存储器的主要特点是存储容量大，价格便宜，断电后信息不会丢失，但存取速度慢。如图1-12为外部设备，包含部分外部存储器。

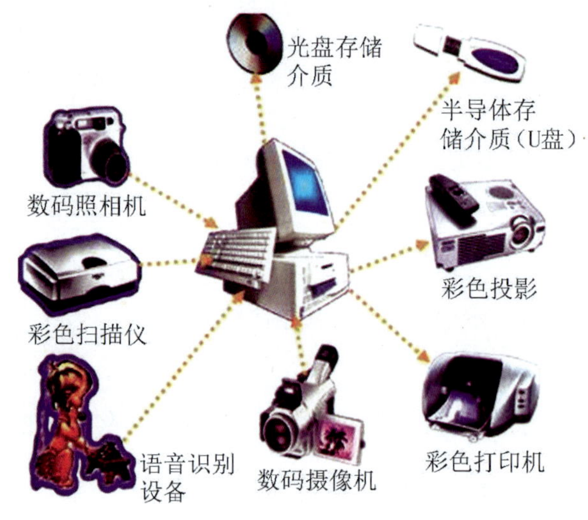

图1-12　外部设备

1. 硬盘

硬盘存储器简称为硬盘（hard disk），它是计算机中不可缺少的存储设备，一般被安装在主机箱内。硬盘用来存储操作系统、常用应用程序以及用户的各种文档等。近年来，硬盘的技术进展速度比其他存储设备要快，容量越来越大，速度越来越快，价格却越来越低。硬盘是由若干磁性盘片组成的，每张磁性盘片是一种涂有磁性材料的铝合金圆盘。硬盘的盘片和硬盘的驱动器是密封在一起的。硬盘的外观如图 1-13 所示。

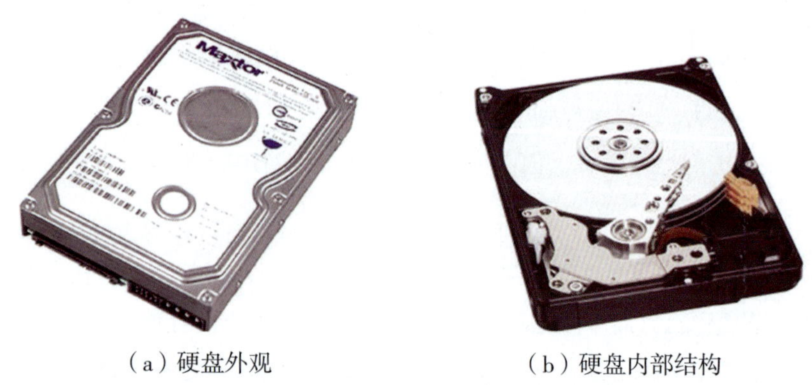

（a）硬盘外观　　（b）硬盘内部结构

图1-13　硬盘

移动硬盘(Mobile Hard disk)在数据的读写模式与所使用标准方面与普通硬盘是相同的，但由于其容量大、传输速度高、使用USB接口、轻巧便捷、存储数据的安全可靠性高等优点也得到广泛应用。

2.光盘

光盘用烧蚀在介质表面上微小的凹凸来表示数据。在光盘驱动器内，用激光头产生的激光扫描光盘盘面，就可以读出“0”和“1”信息。光盘的特点是记录密度高，存储容量大，数据保存时间长。

目前使用较多的光盘主要有三类：只读光盘、一次性写入光盘和可擦型光盘。只读光盘（CD-ROM）其上面的信息只能读出，不能写入。一次性写入光盘（CD-R）只能写一次，写后不能修改，必须使用具有刻录功能的光盘驱动器才能刻录信息。可擦型光盘（CD-RW）是可反复擦写的光盘，这种光盘驱动器既可作为光盘刻录机，用来写入信息，又可作为普通光盘驱动器，用来读取信息。

3.U盘

U盘又称“闪存盘”，是一种由半导体电路组成的存储介质，它是通过 USB接口与计算机交换数据的可移动存储装置。U盘具有即插即用的功能，只需将它插入 USB接口，计算机就可自动检测到此装置。

四、输入设备

输入设备是指可以将程序、语音、图像、文字资料、数值数据等送入计算机进行处理的设备。微型计算机上使用的输入设备有键盘、鼠标、光笔、扫描仪等，常用的输入设备是鼠标和键盘。

1.键盘

键盘（Keyboard）是最常用也是最主要的输入设备，键盘可分为打字机键区、功能键区、编辑键区、控制键区和数字小键盘区等 5 个区，各区的作用有所不同。键盘可以将英文字母、数字、标点符号等输入到计算机中，从而向计算机发出命令、输入数据等。

2.鼠标

鼠标（Mouse）是一种手持式屏幕坐标定位设备，它是为适应菜单操作和图形处理环境而出现的一种输入设备。在现今流行的Windows图形操作系统环境下可以使用鼠标方便、快捷地进行各种计算机操作。

最常用的鼠标一般有左右两个键，中间有一个滚轮。在使用鼠标时，显示器屏幕上有一个同步移动的箭头，那就是鼠标指针，鼠标指针会随着鼠标的移动而移动，在进行不同的操作时，指针会显示不同的状态，

3.扫描仪

扫描仪（sanner）是一种光机电一体化的输入设备，它可以将捕获的图文转换成计算机可以显示、编辑、存储和输出的数字化格式。照片、文本页面、图纸、美术图画、照相底片、甚至纺织品、标牌面板等都可作为扫描的对象。扫描仪的主要技术指标有分辨率、扫描幅面，扫描速率等。

五、输出设备

输出设备的主要作用是把计算机处理的数据、计算结果等内部信息转换成人们习惯接受的信息形式输出，常见的输出设备有显示器、打印机、绘图仪等。

1.显示器

显示器通过屏幕显示计算机的处理结果及用户需要的程序、数据、图形等信息，也可以将输入的信息直接显示出来，是计算机必不可少的输出设备。显示器可分为CRT显示器和LCD显示器两种。LCD显示器即液晶显示器具有图像显示清晰、体积小、重量轻、便于携带、能耗低和对人体辐射小等优点，目前得到了广泛应用，但价格比CRT显示器略高，CRT显示器已经基本被淘汰。

2.打印机

使用打印机可以将计算机的处理结果、用户数据、图形或文字等信息打印到纸上。打印机分为击打式打印机（impact printer）和非击打式打印机（nonimpact printer）。最流行的击打式打印机有点阵式打印机，非击打式打印机主要有喷墨打印机和激光打印机两类。

·点阵式打印机（dot matrix printer）也就是常见的针式打印机，主要由走纸机构、打印头和色带组成。打印头通常是由 24 根针组成的点阵，根据主机送出的信号，使打印头中的一部分针击打色带，从而在打印纸上产生一个个由点阵构成的字符。点阵式打印机具有宽行打印、连续打印的优点，但打印速度慢、噪声大、字迹质量不高，目前已经被激光和喷墨打印机取代，但在有些场合，例如票据打印必须使用击打式打印机。

·激光打印机（laser printer）是激光技术和电子照相技术相结合的产物，它由激光扫描系统、电子照相系统和控制系统三大部分组成。在工作时由受到控制的激光束射向感光鼓表面，感光鼓充电部分通过碳粉盒时，使有字符或图像的部分吸附不同厚度的碳粉，再经过高温高压定影，使碳粉永久粘附在纸上。激光打印机具有高速度、高精度、打印出的图形清晰美观、低噪声等优点，但价格高，对纸张要求高。

·喷墨打印机主要靠墨水通过精制的喷头喷射到纸面上形成输出的字符或图形。喷墨打印机的特点是价格便宜、体积小、噪声小，但对墨水的消耗量大，其性能与价格都介于激光打印机与点阵打印机之间。

六、个人计算机总线

总线（Bus）是计算机各种功能部件之间传送信息的公共通信干线，它是由导线组成的传输线束，按照计算机所传输的信息种类，计算机的总线可以划分为数据总线、地址总线和控制总线，分别用来传输数据、数据地址和控制信号。总线是一种内部结构，它是cpu、内存、输入、输出设备传递信息的公用通道，主机的各个部件通过总线相连接，外部设备通过相应的接口电路再与总线相连接，从而形成了计算机硬件系统。在计算机系统中，各个部件之间传送信息的公共通路叫总线，微型计算机是以总线结构来连接各个功能部件的。如下图1-14是计算机内部结构图。

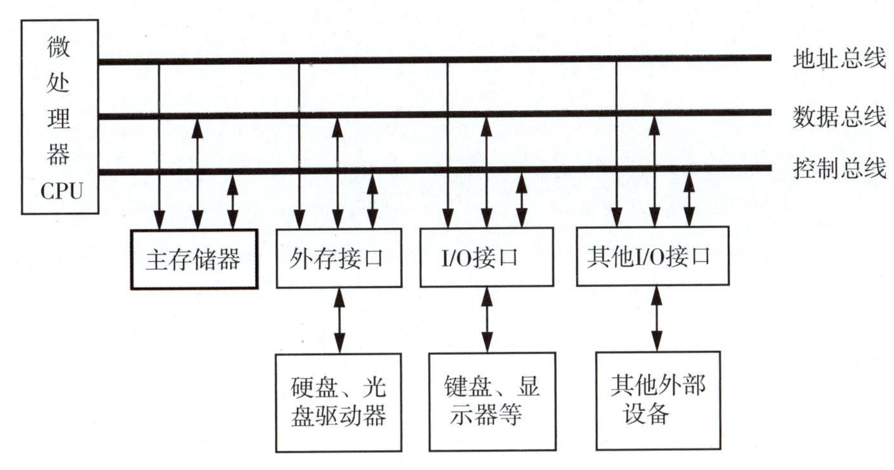

图1-14　计算机内部结构

七、个人计算机机箱和电源

电脑大多数的组件都固定在机箱内部，机箱保护这些组件不受到碰撞，减少灰尘吸附，减小电磁辐射干扰。

机箱内的电源将220V的电压转换为12V、5V、3.3V等不同规格的电压，给电脑主机、硬盘、光驱等组件进行供电，因此，电源质量直接影响电脑的使用。如果电源质量比较差，输出不稳定，不但会导致死机、自动重新启动等情况，还可能会烧毁组件。

任务四 计算机软件系统

学习目标

（1）熟悉计算机机硬件系统

（2）熟悉计算机机软件系统

（3）了解计算机系统硬件、软件与用户的关系

学习内容

一个完整的计算机系统包括硬件系统和软件系统两大部分。只有硬件没有软件的计算机称为“裸机”，“裸机”是一台不能使用的计算机。一台计算机要完成某个工作一定要安装相应的软件，可以说丰富的软件是对硬件功能强有力的扩充，使计算机系统的功能更强，操作使用更方便。

一、软件的概念

软件（Software）是计算机系统中各类程序、有关文档以及所需要数据的总称。软件是计算机的灵魂，包括指挥、控制计算机各部分协调工作并完成各种功能的程序和数据。计算机系统的软件非常丰富，通常可以分为系统软件和应用软件两大类。

系统软件一般是用来管理、监督及协调计算机内部更有效地工作，主要包括操作系统、语言处理程序和一些服务性程序。应用软件一般是为了某个具体应用开发的软件，如文字处理软件，杀毒软件，财会软件，人事管理软件等。

二、系统软件

系统软件是为了管理和充分利用计算机资源，帮助用户使用、维护和操作计算机，发挥和扩展计算机功

能，提高计算机使用效率的一种公共通用软件，一般与计算机的具体应用无关。系统软件大致包括以下几种类型。

1. 操作系统

操作系统（OS，Operating System）是最基本、最重要的系统软件，它给用户提供操作使用计算机的界面，其它系统软件和应用软件都运行在操作系统之上，所以它是位于底层的系统软件。操作系统可以有效地管理计算机的所有硬件和软件资源，合理地组织计算机的整个工作流程，是用户和计算机之间的接口。在本书第2章将介绍操作系统的有关概念、功能、操作使用等。

2. 程序设计语言

人们要使用计算机就必须将人的意图“告诉”计算机，计算机要能理解人的意图，然后按照人们的意图进行工作，这种人与计算机的交互过程所使用的语言就是程序设计语言。程序设计语言按期发展的先后可以分为以下几种。

（1）机器语言(Machine Language）

机器语言是一种用二进制代码0和1形式表示，能被计算机直接识别和执行的语言。机器语言是由机器指令组成的，每条机器指令由操作码和地址码两部分组成，操作码表示要执行的操作，如加、减、乘、除、移位、传送等，地址码表示操作要使用的数据存放的位置。机器指令的集合称为指令系统。由机器指令组成的程序称为目标程序。

机器语言是计算机能够唯一识别的、可直接执行的语言。它是一种低级语言，是各种计算机语言中运行速度最快的一种语言，但它不便于记忆、阅读和书写。

（2）汇编语言(Assemble Language)

为了克服机器语言编写程序时的不足，人们发明了汇编语言。汇编语言采用一定的助记符号表示机器语言中的指令和数据，如用MOV表示传送指令，用ADD表示加法指令等。汇编语言比机器语言容易理解，便于记忆，使用起来方便得多。但对于机器来讲，汇编语言不能直接执行，必须将汇编语言翻译成机器语言，然后再执行。用汇编语言编写的程序称为汇编语言源程序。

汇编语言比机器语言使用起来方便些，但其通用性仍然较差，因为不同型号的计算机系统一般有不同的汇编语言。汇编语言适用于编写系统软件、控制软件等，这些都是直接控制机器操作的低层程序。

用汇编语言等各种程序设计语言编制的程序称为源程序（source program）。源程序只有被翻译成目标程序才能被计算机接受和执行。

（3）高级语言(High Level Language)

为了克服机器语言和汇编语言依赖于机器，通用性差的问题，人们发明了高级语言。高级语言的特点是接近于人类的自然语言和数学语言，计算机高级语言的种类很多，常用的有C、C++、C#、Java 、Visual Basic、Fortran、Pascal、Visual FoxPro等。一般情况下，不同的语言适合于不同应用领域的开发工作，如C语言适合开发一些系统软件，Fortran适用于大型科学计算，Visual Basic适用于桌面应用软件的开发。目前较为常用的语言有C语言、Java语言、C++等。

3. 软件开发工具

计算机之所以能够在人类社会各个领域得到广泛应用，是由于有各种各样丰富的应用程序，这些应用程序的开发要使用各种软件开发工具。如目前常用的Java或.net开发工具等，另外，使用软件开发平台为客户开发应用程序的人员就是程序员，程序员职业由于工作环境较好，收入较高，个人具有较大的发展空间，已经成为目前较为热门的一个职业。

三、应用软件

应用软件是指为了解决各种计算机应用中的实际问题而编写的软件，它在操作系统之上运行。开发应用软件涉及到相关应用领域的行业知识，如开发物资管理系统、财务管理系统、人事管理系统等都是要具有相关领域的知识。应用软件可以由软件厂商开发，也可以由用户自行开发。

1. 办公自动化软件

在办公领域所使用的各种软件，如公函和信件的发送与接收软件，文字与表格的编辑处理软件等，这类软件可以给人们提供“无纸化”办公环境。文字处理软件主要用于将文字输入到计算机，可以对文字进行修改、排版等操作，还可以将输入的文字以文件的形式保存到软盘或硬盘中。表格处理软件主要是用于对表格中的数据进行排序、筛选及各种计算，并可用数据制作各种图表等。目前常用的办公自动化软件有Microsoft office和WPS等。

2. 辅助设计软件

计算机辅助设计(CAD)技术是近二十年来最有成效的工程技术之一。由于计算机具有快速的数值计算、数据处理以及模拟的能力，因此目前在汽车、飞机、船舶、超大规模集成电路VLSI等设计中，CAD占据着越来越重要的地位。辅助设计软件主要用于绘制、修改、输出工程图纸。目前常用的辅助设软件有AutoCAD等。

3. 图像处理软件

图像处理软件主要用于绘制和处理各种图形图像，用户可以在空白文件上绘制自己需要的图像，也可以对现有图像进行加工及艺术处理，最后将结果保存在外存中或打印出来。常用的图像处理软件有Photoshop等。

4. 多媒体处理软件

多媒体处理软件主要用于处理音频、视频及动画，安装和使用多媒体处理软件对计算机的硬件配置要求相对较高。播放软件是重要的多媒体处理软件，例如豪杰超级解霸和Winamp等。常用的视频处理软件有Adobe Premier及Ulead会声会影等，而Flash用于制作动画，Maya、3DMAX等是大型的3D动画处理软件。

四、计算机系统硬件、软件与用户的关系

软件系统与硬件系统是不可分割的，只有硬件而没有软件的系统，是无法工作的。一个计算机系统的硬件和软件是按一定的层次关系组织起来的。系统软件为用户和应用程序提供了控制和访问硬件的手段，只有通过系统软件才能访问硬件。操作系统是系统软件的核心，它是硬件之上的第一层软件，在所有其他软件之下，是其他软件的共同环境。应用软件位于系统软件的外层，以系统软件作为开发平台。

硬件、软件与用户的关系如图1-15所示。

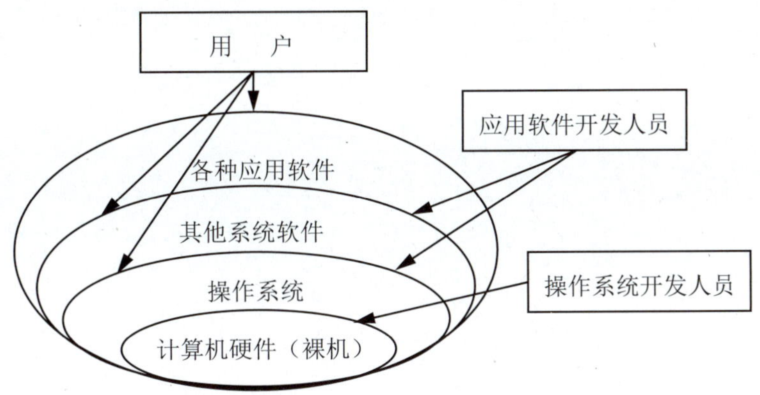

图1-15　计算机硬件、软件与用户的关系

计算机在安装了操作系统以及其它各种软件后其功能被不断扩大，一台计算机完成什么样的功能是由其安装的来决定。普通计算机用户主要使用应用软件，也可以使用其它系统软件对计算机进行管理；应用软件开发人员一般在操作系统之上根据用户的需求完成各类应用软件的开发，操作系统开发人员一般是大型软件公司的一些软件工程师，专门设计系统软件。

任务五 计算机使用中的安全问题

学习目标

（1）了解信息安全的基本要求

（2）了解什么是计算机病毒

（3）了解网络安全的法律法规

学习内容

安全使用计算机是计算机应用普及过程中的关键问题，也是世界各国关注的焦点。只有解决好计算机应用中的安全问题，才能保证信息化社会健康有序地发展。

一、信息安全的基本要求

近几年大规模的计算机病毒侵袭事件接连不断，黑客入侵更是遍及全球。这些原因导致 危害信息安全事件的数量急剧上升，信息安全也因此成为制约计算机网络应用的核心问题。 掌握相关知识也成为对计算机应用者的基本要求。

1.信息安全的概念

不同人站在不同的角度对信息安全有不同的理解。

网络用户需要的安全是指他们借助计算机处理信息时，不会出现非授权访问和破坏，即 便是在信息交换、传输过程中也不能出现任何意外事件。

信息系统管理者认为的安全是对管理对象完全可控，任何时候都不能因黑客攻击、系统 故障等问题出现管理失控，管理者按约定给用户提供井然有序的信息服务。

公共信息受众理解的信息安全是过滤一切有害信息，享受信息带来的便利和快乐。

机密信息拥有者要保证的安全是敏感信息不会以任何形式泄露。

综合以上要求，可以认为信息安全是指信息不会被故意或偶然地非法授权泄露、更改、 破坏，不会被非法系统辨识、控制，人们能有益、有序地使用信息。

2.信息安全的基本内容

信息安全主要涉及信息存储安全、信息传输安全、信息应用安全3个方面，包括操作系 统安全、数据库安全、网络安全、访问控制、病毒防护、加密、鉴别7类技术问题，可以通 过保密性、完整性、真实性、可用性、可控性5种特性进行表述。

（1）保密性：是信息不会泄露给非授权对象的特性。

（2）完整性：是信息本身完整，且不会在未授权时发生变化的特性。

（3）真实性：是保证信息内容及处理过程真实可靠的特性。

（4）可用性：是合法对象能有效使用信息资源的特性。

（5）可控性：是对信息资源能进行有效控制的特性。

3.信息安全控制层次

信息安全控制是复杂的系统工程，需要安全技术、科学管理和法律规范等多方面协调，并构成层次合理的保护体系，只有这样最终才能达到保证信息安全的目的。安全防护技术是保护实体、软件、数据安全的基础，有效管理是保障安全技术发挥作用的前提，法律规范是 危害信息安全的武器。所以，信息安全控制应从以下4个方面考虑：

（1）实体安全防护。对计算机实体进行安全防护是保护信息安全的重要环节。如果计算机硬件和工作环境出现安全问题，存储其中的信息很难幸免,.所以，设置必要的实体安全防护设施是保证信息安全的基础。

（2）软件安全防护。在实体安全的基础上增加软件安全防护措施是保证信息安全的进一步要求。软件系统故障同样会导致信息安全问题，所以，软件和软件运行安全也是保证信息安全的基础。

（3）安全管理。设置硬件、软件安全防护设施固然重要，让安全设施充分发挥作用更重要，而它主要依赖于对安全设施的科学管理。统计结果表明，70%以上的安全问题是管理不善造成的，真正由于技术原因出现的安全问题很少。由此可见，安全管理在保证信息安全中的作用及其重要。

（4）法律规范。安全法律是安全防护技术以外的信息安全保障因素。在发生安全问题以前，安全法律起规范信息应用行为、威慑破坏行为的作用，是信息安全的法律保障。在发生安全问题后，安全法律是处理安全问题的法律依据。

二、认识计算机病毒

时至今日，计算机病毒恶性传染的力度已基本得到控制，它也不再是计算机用户恐惧的对象，但是计算机病毒对计算机的威胁依然是影响计算机发展的顽疾，防治计算机病毒依然是计算机安全工作的重中之重。

1.什么是计算机病毒

对于“病毒”，人们并不陌生。曾经猖獗的“SARS”病毒、“H5N1高致病性禽流感”病毒、甲型“H1N1”病毒，都给人类社会带来严重的灾难。那么，计算机病毒又是什么性质的病毒？会给人类社会带来什么危害呢?

与生物病毒不同，计算机病毒是人为的产物，是某些别有用心的人利用计算机软、硬件所固有的脆弱性而编制的具有特殊功能的程序。由于这种程序与生物医学上的“病毒”具有同样的传染和破坏特性，所以人们就把这种具有自我复制和破坏的程序称为计算机病毒。

2.计算机病毒的破坏形式

在满足计算机病毒设置条件的情况下，计算机病毒被激活，激活后的计算机病毒可能对 计算机系统或磁盘文件实施破坏，计算机病毒破坏计算机功能的能力，体现了计算机病毒的 危害性。计算机病毒破坏计算机功能的程度，取决于计算机病毒制造者的主观愿望和他所具 有的计算机技术知识。目前，有数以万计、不断发展扩张的计算机病毒，其破坏形式千奇百 怪。根据已有的计算机病毒资料，人们把计算机病毒的破坏和攻击形式按类归纳成：攻击硬 盘主引导区、Boot扇区、FAT表、文件目录；占用和消耗内存空间，占用CPU时间；侵占和删除存储空间；改动系统配置，攻击CMOS；使系统操作和运行速度下降；格式化整个磁盘，格式化部分磁道和扇区；干扰、改动屏幕的正常显示；攻击邮件、阻塞网络，攻击文件，包括非法阅读、添加、删除文件和数据等。

3.计算机病毒的特征

计算机病毒是程序，是未经授权许可而执行的特殊程序，与其他正常的程序相比，它具 有以下几个特征。

（1）传染性。传染性是计算机病毒的基本特征，也是区别计算机病毒与非计算机病毒的本质特征。计算机病毒会通过各种渠道从已感染的计算机扩散到未感染的计算机。在计算机应用环境中只要一台计算机染毒，那么病毒会迅速扩散感染大量文件。

（2）潜伏性。一个编制精巧的计算机病毒程序，在进入系统之后一般情况下除了传染以外，并不会马上发作破坏系统，而是在系统中潜伏一段时间。只有当特定的触发条件得到满足时，才能激活病毒而去执行破坏系统的操作。

（3）隐蔽性。隐蔽性是服务于潜伏性的特性，为了满足潜伏的需要，计算机病毒必须想方设法隐藏自己。

（4）可触发性。任何计算机病毒都要有一个或多个触发条件。触发条件可能是时间、日期、文件类型、某些特定数据或特定操作等。当计算机应用环境中的某种情况满足触发条件时，计算机病毒被激活开始实施传染或破坏，此时的计算机病毒具有传染或攻击功能。如果病毒触发条件没有得到满足，计算机病毒继续潜伏等待时机。

（5）破坏性。任何计算机病毒只要侵入系统，均会对系统及应用程序产生不同程度的危害，轻者占用系统资源降低计算机系统的工作效率，重者则会对系统造成重大危害，有些危害所造成的后果是难以设想的，它可以毁掉系统的部分数据，也可以破坏全部数据并使之无法恢复。

（6）衍生性。计算机病毒可以修改，从而又衍生出一种不同于原版本的新计算机病毒的特性称为计算机病毒的衍生性。衍生性不但使计算机病毒越来越多，也可能使计算机病毒的危害后果越来越严重。

（7）不可预见性。不同种类的计算机病毒程序千差万别，新病毒的编写技术不断变化，加大了对未来计算机病毒的预测难度，也使得反病毒软件的预防措施和技术手段总是滞后于病毒。计算机病毒的不可预见性使病毒问题成为困扰计算机应用的顽疾，人们甚至看不到解决计算机病毒的最终时日。

（8）顽固性。发现难是计算机病毒的一个特点，而清除难则是计算机病毒的恶性本质。病毒采用许多手法隐身以避免被发现，有的病毒被发现后也很难清除，因为在清除计算机病毒的同时，用户的程序数据可能随之消失，“同归于尽”是计算机病毒最后一招，也是最阴险的一招。

4.判断计算机是否感染病毒

及早发现计算机病毒是减少病毒传染和危害的最好方法。潜伏在计算机中的计算机病毒总会留下一些“蛛丝马迹”，只要留心，用户是能够发现问题并最终查出计算机病毒。计算机用户可根据计算机系统的异常表现，初步判断计算机是否感染病毒。

常见的异常表现有：正常运行的计算机突然出现经常性、无缘故的死机；操作系统无法 正常启动；系统运行速度明显变慢；以前能正常运行的软件突然发生内存不足的错误；打印和通信发生异常；系统文件的时间、日期、大小发生变化；磁盘空间迅速减少；系统自动要求对硬盘、U盘进行写操作；运行、打开Word文档后，文件另存时只能以模板方式保存； 陌生人发来莫名其妙的电子邮件，计算机自动链接到一些陌生的网站等。

以上症状只是计算机感染病毒后可能出现的情况，并不表示只要出现了所列的症状就一定感染了计算机病毒，计算机出现了其他问题也极有可能导致出现以上部分症状。但是如果 计算机同时出现了以上几种所列的症状，那么计算机感染病毒的可能性就非常大。

三、网络道德

网络在信息社会中充当着越来越重要的角色，但是，不管网络功能怎样强大，它也是人类创造的一种工具，它本身并没有思想，即使具有某种程度的智能，这也是人类所赋予它的。 因此，在使用网络时，一定要遵守道德规范，同各种不道德行为和犯罪行为做斗争。

美国计算机伦理协会制定了 10条戒律，它是计算机用户在任何网络中都应该遵守的基本行为准则。美国计算机协会为它的成员制定了8类应遵守的伦理道德和职业行为规范，南加利福尼亚大学网络伦理协会提出了6种不道德网络行为。

共青团、教育部、文化部倡导的《全国青少年网络文明公约》如下：

要善于网上学习，不浏览不良信息；

要诚实友好交流，不侮辱欺诈他人；

要增强自护意识，不随意约会网友；

要维护网络安全，不破坏网络程序；

要有益身心健康：不沉溺虚拟时空。

《中国互联网协会关于抵制非法网络公关行为的自律公约》如下：

坚持文明守法、诚信自律、公平竞争、和谐发展的理念，遵守社会规范以及互联网行业 公约，文明办网，诚信自律，自觉维护互联网行业形象和声誉，努力营造安全可信的网络环 境；

严格依照国家法律法规开展经营活动，不组织、不参与任何形式的非法网络公关活动； 坚决反对和抵制损害他人的商业信誉的不正当竞争行为，努力维护公平公正的竞争秩序；

坚决反对和抵制操纵网络舆论、非法牟利行为，维护互联网行业的公信力；

坚决反对和抵制庸俗、低俗、媚俗之风，积极营造弘扬正气、文明健康的网络文化环境；

提高应对非法网络公 关行为的防范能力，完善内部管理制度，积极开展法律法规培训及职业道德教育，提高企业员工法律意识和责任意识；

自觉接受社会监督，设立便捷的举报渠道，积极处理社会各方面的投诉，及时反馈处理结果、及时处理各种违法和有害信息；

引导网民理性思考、文明发言、有序参与，营造积极健康的网络舆论环境。

四、计算机病毒的预防措施

做好计算机病毒的预防，是防治计算机病毒的关键。一常见的电脑病毒预防措施包括：

1.建立良好的安全习惯，不打开可疑邮件和可疑网站。

2.不要随意接收聊天工具上传送的文件以及打开发过来的网站链接。

3.使用移动介质时最好使用鼠标右键打开使用，必要时先要进行扫描。

4.现在有很多利用系统漏洞传播的病毒，所以给系统打全补丁也很关键。

5.安装专业的防毒软件升级到最新版本，并开启实时监控功能。

6.为本机管理员帐号设置较为复杂的密码，预防病毒通过密码猜测进行传播，最好是数字与字母组合的密码。

7.不要从不可靠的渠道下载软件，因为这些软件很可能是带有病毒的。

五、网络安全的法律法规

在信息活动中会产生各种社会关系，对这些关系也需要调整和规范，这就是信息立法的 基本依据。反过来，信息法律的建立、完善，必将促进社会信息化的健康发展。经过数年的 完善和发展，中国已经建立了条款相对独立，内容相互补充的完整法律体系，基本上能有效 调整和规范信息社会的新型社会关系。

1.网络犯罪行为

网络犯罪就是在信息活动领域中，以网络系统或网络知识作为手段，或者针对网络信息系统，是对国家、团体或个人造成危害，依据法律规定，应当予以刑罚处罚的行为。在《全国人民代表大会常务委员会关于维护互联网安全的决定》中，网络犯罪行为被划分为以下主要类型。

（1）危害互联网运行安全。危害互联网运行安全的犯罪行为主要有3种：①侵入国家事务、国防建设、尖端科学技术领域的计算机信息系统；②故意制作、传播计算机病毒等破坏性程序，攻击计算机系统及通信网络，致使计算机系统及通信网络遭受损害；③违反国家规定，擅自中断计算机网络或者通信服务，造成计算机网络或者通信系统不能正常运行。

（2）危害国家安全和社会稳定。危害国家安全和社会稳定的犯罪行为主要有4种：①利用互联网造谣、诽谤或者发表、传播其他有害信息，煽动颠覆国家政权、推翻社会主义制度，或者煽动分裂国家、破坏国家统一；②通过互联网窃取、泄露国家秘密、情报或者军事秘密；③利用互联网煽动民族仇恨、民族歧视，破坏民族团结；④利用互联网组织邪教组织、联络邪教组织成员，破坏国家法律、行政法规实施。

（3）危害社会主义市场经济秩序和社会管理秩序。该类犯罪行为主要有5种：①利用互联网销售伪劣产品或者对商品、服务作虚假宣传；②利用互联网损坏他人商业信誉和商品声誉；③利用互联网侵犯他人知识产权；④利用互联网编造并传播影响证券、期货交易或者其他扰乱金融秩序的虚假信息；⑤在互联网上建立淫秽网站、网页，提供淫秽站点链接服务；或者传播淫秽书刊、影片、音像、图片。

（4）危害个人、法人和其他组织的人身、财产等合法权利。该类犯罪行为主要有3种：①利用互联网侮辱他人或者捏造事实诽谤他人；②非法截获、篡改、删除他人电子邮件或者其他数据资料，侵犯公民通信自由和通信秘密；③利用互联网进行盗窃、诈骗、敲诈勒索。

（5）其他危害行为。主要是指以上4类计算机犯罪行为还没有包括进去的犯罪行为。随着网络经济和网络技术的发展，计算机犯罪也将出现新的形式。

2.法律责任

《刑法》和《全国人大常委会关于维护互联网安全的决定》中关于计算机信息犯罪的直接或间接警示我们，在信息活动中实施危害行为可能承担刑事责任，必须引起高度重视。

《刑法》第二百八十五条规定：“违反国家规定，侵入国家事务、国防建设、尖端科学技术领域的计算机信息系统的，处三年以下有期徒刑或者拘役。”

《刑法》第二百八十六条规定：“违反国家规定，对计算机信息系统功能进行删除、修改、增加、干扰，造成计算机信息系统不能正常运行，后果严重的，处五年以下有期徒刑或者拘役；后果特别严重的，处五年以上有期徒刑。”

《刑法》中对“违反国家规定，对计算机信息系统中存储、处理或者传输的数据和应用程序进行删除、修改、增加”、“故意制作、传播计算机病毒等破坏性程序”、“利用计算机实施金融诈骗、盗窃、贪污、挪用公款、窃取国家秘密、“侵犯著作权”、“传授犯罪方法”等也作出了具体处罚规定。

《刑法修正案（七)》又增加了“出售公民个人信息”、“提供入侵工具”等相关处罚规定。

小 结

计算机技术的快速发展和普及应用促进了人类社会的发展，改变了人们的生活、工作方式，也必将进一步影响人类社会的方方面面。计算机智能化、网络化不但会扩大应用领域，也会提升计算机的应用效率，加速信息化社会的进程。项目一介绍了计算机的产生、发展与应用情况、计算机系统的工作原理、计算机内各种信息的表示方式、计算机硬件系统的组成、软件的概念与软件系统的分类方法、计算机病毒的基本知识等，信息安全是安全使用计算机的基础，了解计算机病毒是减少病毒危害的前提，认识不文明网络行为、 做遵纪守法的网络应用者是进行安全教育的根本。

习 题

1.什么是计算机？它有什么特点？

2.计算机的主要应用领域有哪些？各自有什么特点？

3.美籍匈牙利数学家冯·诺依曼是现代电子计算机工作原理和系统结构的主要奠基者，它的突出贡献有哪些？

4.从第一台电子计算机诞生至今70多年的发展来看，现代计算机从硬件上已经历了哪几代？

5.按计算机的工作原理、用途和性能规模，计算机是如何分类的？

6.简述计算机内部采用二进制的原因。

7.网络犯罪与传统犯罪有什么异同？

项目二 Windows 7基本操作

Windows是一个为个人计算机和服务器用户设计的操作系统，它有时也被称为“视窗操作系统”。操作系统（operating system，OS）是管理和控制计算机硬件与软件资源的计算机程序，是直接运行在“裸机”上的最基本的系统软件。任何其他软件都必须在操作系统的支持下才能运行。操作系统是用户和计算机的接口，同时也是计算机硬件和其他软件的接口。Microsoft Windows是微软公司制作和研发的一套桌面操作系统，它问世于1985年，目前已经是为人们所熟知和喜爱的操作系统。2009年10月22日微软于美国正式发布Windows 7，2009年10月23日微软于中国正式发布Windows 7中文版。

Windows 7 第一次在操作系统中引入Life Immersion概念，即在系统中集成许多人性因素，同时沿用了Vista的Aero（Authentic真实、Energetic动感、Reflective反射性、Open开阔4个单词的首字母）界面，提供了高质量的视觉感受，使得桌面更加流畅、稳定。为了满足不同用户群体的需要，Windows 7提供了5个不同版本：家庭普通版（Home Basic版）、家庭高级版（Home Premium版）、商用版（Business版）、企业版（Enterprise版）和旗舰版（Ultimate版）。

学习目标

- ★ 了解Windows 7新增的常用功能。
- ★ 掌握Windows 7的启动与退出。
- ★ 掌握设置操作系统工作环境。
- ★ 理解Windows 7的窗口与对话框的区别，并能熟练操作窗口与对话框。
- ★ 掌握资源管理器的操作。
- ★ 熟练运用文档管理操作。
- ★ 掌握常用附件的应用。

任务一 Windows 7的基本操作

学习目标

1.掌握Windows 7的启动与退出。

2.掌握Windows 7窗口、菜单的基本操作。

3.掌握快捷方式和库设置。

4.掌握开始菜单、任务栏的使用。

学习内容

一、Windows 7的启动与退出

1.Windows 7的启动

打开要使用的外部设备（显示器、打印机、音箱等）电源开关，按下计算机主机电源开关，系统开始检测内存、硬盘等设备，然后自动进入Windows 7的启动过程。若计算机设置了多个用户，会出现多用户欢迎界面，根据屏幕提示输入某用户名及密码，进入Windows 7的桌面，若为单用户，则直接进入Windows 7的桌面。

2.Windows 7的退出

关闭所有打开的应用程序窗口。单击任务栏左边“开始”菜单，在弹出的菜单中单击“关机”命令，计算机将自动关机。也可以单击“关机”命令右边的三角按钮选择其他的系统命令，例如切换用户、注销、重新启动等实现相应操作，如图2-1所示。

图2-1　关机菜单

提示：要按正确顺序开关机。

（1）开机顺序：先开外部设备，比如显示器、音箱、打印机、Modem、扫描仪等设备。

（2）关机顺序：开始菜单→关机按钮。

（3）长按电源键强行关机，对电脑有一定的危害，可造成硬盘损坏、系统蓝屏、数据丢失，对主机也会造成一定的损坏，比如主板、显卡等数据型部件，降低部分配件的使用寿命。

二、调整桌面图标

1.移动单个图标

用鼠标左键单击某个图标并拖动鼠标到桌面任意位置，释放鼠标。

2.移动矩形框所包含的多个图标

先选定要移动的多个图标（用鼠标在桌面上拖出一个矩形框，包含的图标为选中的图标），再拖动鼠标到桌面任意位置，释放鼠标。

3.显示图标

右击桌面空白处，在弹出的快捷菜单中选择“查看”→“大图标”“中等图标”或“小图标”命令，观察操作后的结果。弹出的快捷菜单如图2-2所示。

4.排列图标

右击桌面空白处，在弹出的快捷菜单中选择“排序方式”→“名称”“大小”“项目类型”或“修改日期”命令，观察操作后的结果。弹出的快捷菜单如图2-3所示。

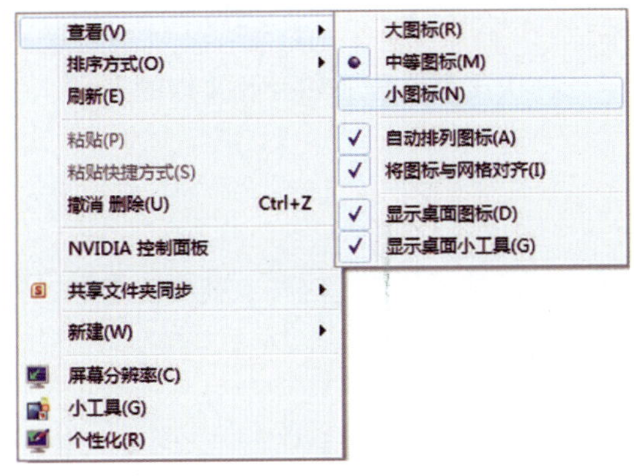

图2-2　桌面图标调整菜单项

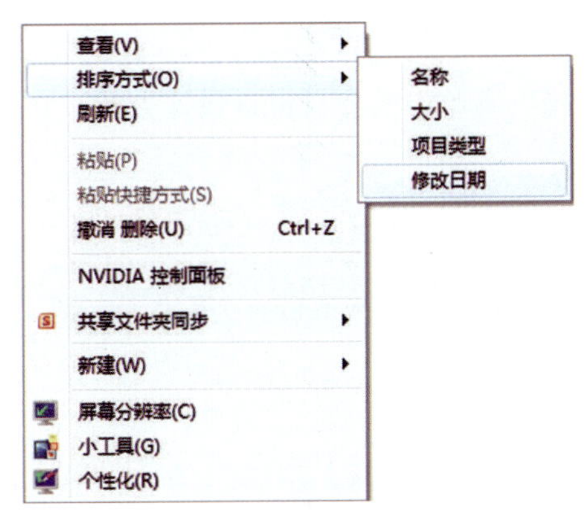

图2-3　桌面图标排列方式菜单项

5.保持桌面现状

右击桌面空白处，在弹出的快捷菜单中选择“查看”→“自动排列图标”命令，此命令表示对图标的其他调整（如移动）将失效。

6.显示/隐藏桌面

右击桌面空白处，在弹出的快捷菜单中选择“查看”→“显示桌面图标”命令，则隐藏桌面上的所有图标，显示为一片空白。再单击“显示桌面图标”命令，则恢复显示。

7.显示/隐藏桌面小工具

右击桌面空白处，在弹出的快捷菜单中选择“查看”→“显示桌面小工具”命令，可实现桌面小工具的显示或隐藏，此操作的前提是桌面上已显示有小工具。

三、建立桌面应用程序快捷方式

快捷方式是指向对象的指针，它是与程序、文档或文件夹相链接的小型文件，用鼠标双击快捷方式的图标时，相当于双击快捷方式所指向的对象并执行之，建立桌面快捷方式，可大大方便用户运行应用程序，快捷方式图标上一般带有一个箭头，如图2–4所示。

由于快捷方式是指向对象的指针，而非对象本身，故创建或删除快捷方式，并不影响相应对象。创建快捷方式可以用以下三种方法来完成。

图2–4　快捷方式图标

（1）在桌面空白处右击，在弹出的快捷菜单中选择“新建”→“快捷方式”命令，如图2–5所示，用户可直接输入目标文件的路径，也可以单击“浏览”按钮选择，单击“下一步”并进行相应设置。

（2）打开“计算机”窗口，找到并选中要创建快捷方式的对象，按住鼠标右键直接拖放到桌面上后释放，从快捷菜单中选中“在当前位置创建快捷方式”命令。

（3）找到并选中要创建快捷方式的对象右击，在弹出的快捷菜单中选择“发送到”→“桌面快捷方式”。

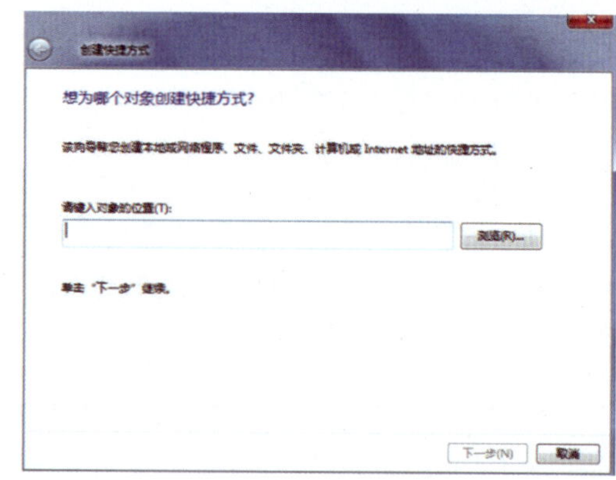

图2–5　创建快捷方式

四、“开始”菜单

“开始”菜单中的项目也称快捷方式，它们提供了一种快速启动程序和打开文档的方式，用户也可以自定义“开始”菜单。

1.用户自定义开始菜单

为方便用户使用，Windows 7提供了定制“开始”菜单的功能，用户可以在“开始”菜单中添加或删除菜单项。

操作步骤：

（1）右击任务栏，选择“属性”，弹出如图2–6所示的“任务栏和「开始」菜单属性”对话框。

（2）选择“「开始」菜单”选项卡。

（3）单击“自定义”按钮，弹出“自定义「开始」菜单”并进行设置即可。

2.使用和设置“「开始」菜单”跳转列表

“跳转列表”是Windows 7系统新增功能之一，用于列出用户最近使用的项目列表。

（1）将项目锁定到跳转列表，单击“「开始」菜单”，打开程序的跳转列表。将鼠标指针指向要锁定的项目，单击出现的“锁定到此列表”按钮。

（2）将项目从跳转列表解锁：单击“「开始」菜单”，打开程序的跳转列表。将鼠标指针指向要解锁的项目，单击“从此列表解锁”按钮。

3.清理“「开始」菜单”和跳转列表中的项目

（1）打开如图2-6所示的“任务栏和「开始」菜单属性”对话框。

（2）取消选中“存储并显示最近在‘「开始」菜单’中打开的程序”，则清除“「开始」菜单”中最近的程序。

（3）取消选中“存储并显示最近在「开始」菜单和任务栏中打开的项目”，则清除“「开始」菜单”和跳转列表中最近打开的文件。

4.在图2-6所示的“任务栏和「开始」菜单属性”对话框中可以设置个性化的“「开始」菜单”。

五、任务栏

默认情况下，任务栏总是位于Windows 7桌面的最底部，左侧是“开始”按钮，右侧是输入法和时钟按钮，中间是一些当前已启动的程序窗口，用户可以根据需要对任务栏的状况作一些调整。

用户可以在图2-7所示“任务栏和「开始」菜单属性”对话框中对任务栏进行设置；当任务栏处于非锁定状态时也可以将鼠标指针指向“任务栏”边缘，拖动“任务栏”边框，移动到其他位置再释放等操作。

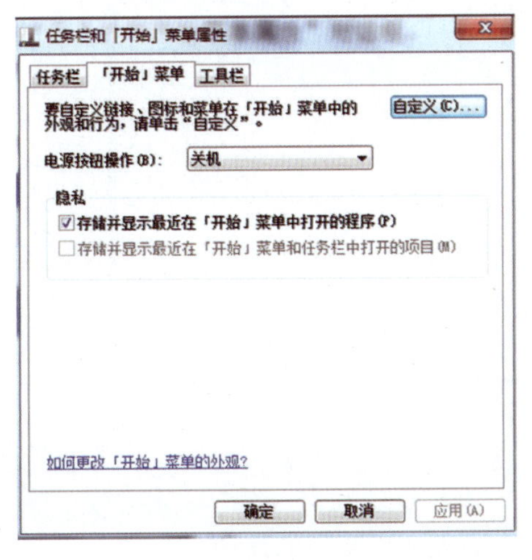

图2-6　“任务栏和「开始」菜单”对话框

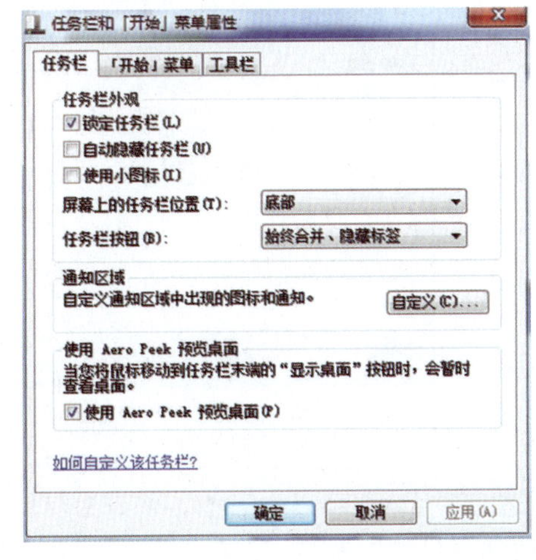

图2-7　任务栏设置

六、Windows 7窗口基本操作

桌面是登录到Windows 7后看到的屏幕，它是计算机上最重要的特性之一，桌面可以包含用户经常使用的程序、文档、文件甚至打印机的快捷方式，当运行程序或打开文档时，Windows 7系统会在桌面上打开一个窗口。

1.窗口组成及菜单

用户通过桌面向计算机发出各种操作指令，结果一般通过窗口体现。图2-8是双击桌面“计算机”图标以后所显示的窗口及其组成。

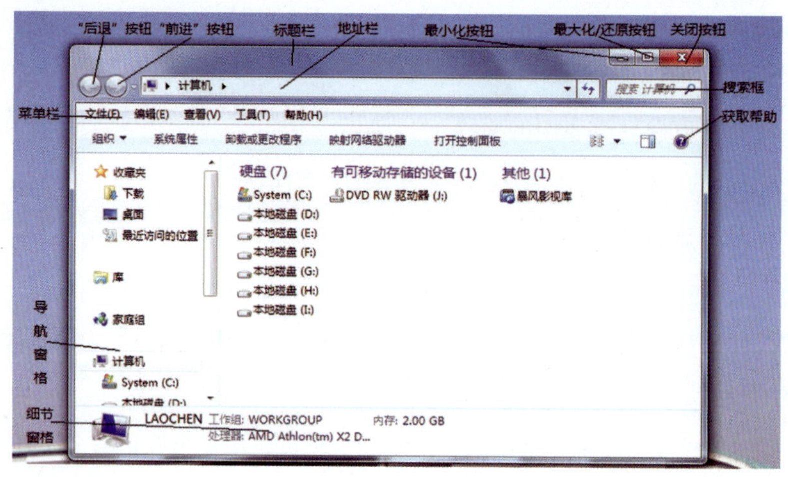

图2-8 Windows 7"计算机"主界面窗口

菜单是图像用户界面的软件中提供的一组对象，位于窗口标题栏的下方，这些菜单对应着每一项子功能，当用户需要使用其中的某项功能时，通常借助该软件提供的菜单命令来实现，如图2-9所示，就是利用Windows 7中"工具"菜单中的"文件夹选项"功能。

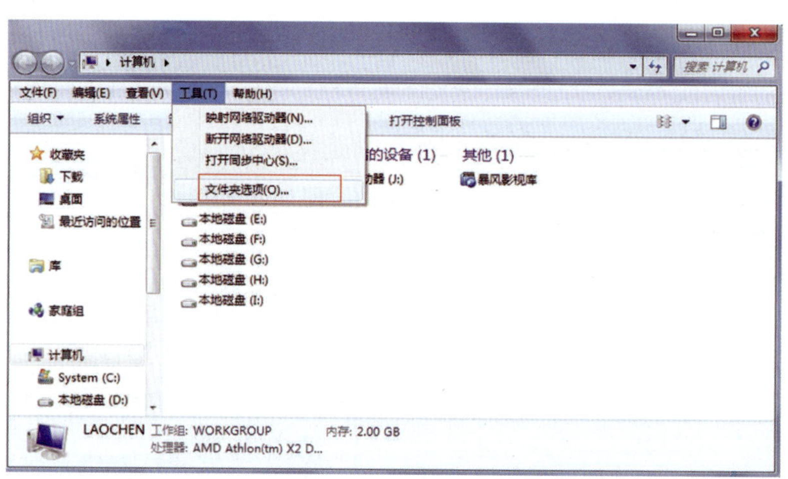

图2-9 "工具"菜单

2.窗口的移动

把鼠标移动到窗口的标题栏，然后按住鼠标左键即可在桌面实现窗口的移动。

3.改变窗口的大小

把鼠标定位到窗口的边缘部分，当鼠标变成双向箭头形状时按住鼠标左键拖动即可调整窗口的大小。

注意：已经最大化的窗口无法调整大小。必须先还原后才可以调整大小。

4.窗口的最大化、最小化和还原

双击窗口的标题栏或者单击窗口标题栏中图标 可以实现窗口的最大化。

单击窗口标题栏中的图标 可以最小化窗口。

单击窗口标题栏中的图标 可以实现窗口的还原。

右击窗口的标题栏，使用“还原”“最大化”和“最小化”命令操作。

单击任务栏通知区域最右侧的“显示桌面”按钮，将所有打开的窗口最小化，再次单击则还原窗口。

通过Aero晃动：在目标窗口上按住鼠标左键不放，然后左右晃动鼠标若干次，其他窗口将被隐藏。重复操作将恢复窗口布局。

5.多窗口的切换

在同一个屏幕中，可以同时打开多个窗口，但在这些窗口中，只有一个是当前活动窗口，如图2-10所示。

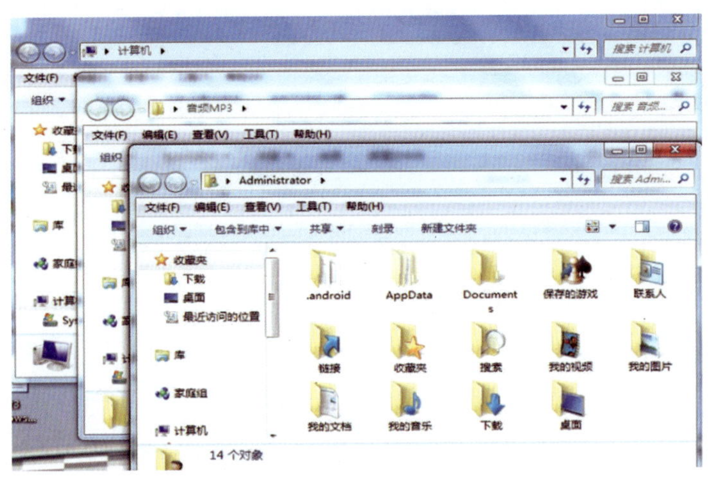

图2-10 同时打开的多个窗口

要想在打开的多个窗口中进行切换可以通过以下方法：

（1）单击窗口在任务栏中的图标。

（2）通过“ALT+TAB”组合键进行切换。

（3）使用Flip 3D：Win+Tab键可使用Flip 3D切换窗口。

6.多窗口的排列

Windows提供了层叠、堆叠和并排3种排列窗口的方式。

右击“任务栏”，在弹出的快捷菜单（如图2-11所示）中选择“层叠窗口（D）”“堆叠显示窗口（T）”或“并排显示窗口（I）”命令之一，即可按照相应的方式排列多窗口。

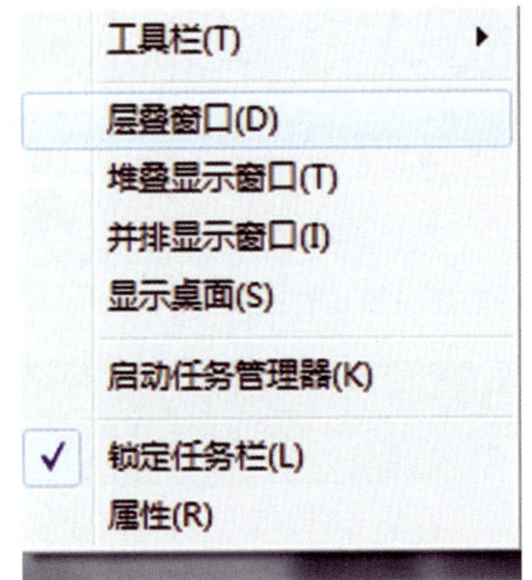

图2-11 “任务栏”的快捷菜单

使用Aero窗口吸附功能也可以并排显示窗口。

单击窗口的标题栏，并按住鼠标左键不放，向屏幕中央拖到窗口可恢复窗口原来大小；向屏幕顶部拖动窗口可以将窗口最大化；向下拖动可将窗口恢复为原始状态。

7.窗口的关闭

可以通过以下几种方法来实现窗口的关闭。

（1）单击窗口标题栏中的图标 。

（2）单击“文件”菜单中“关闭”命令，如图2–12所示。

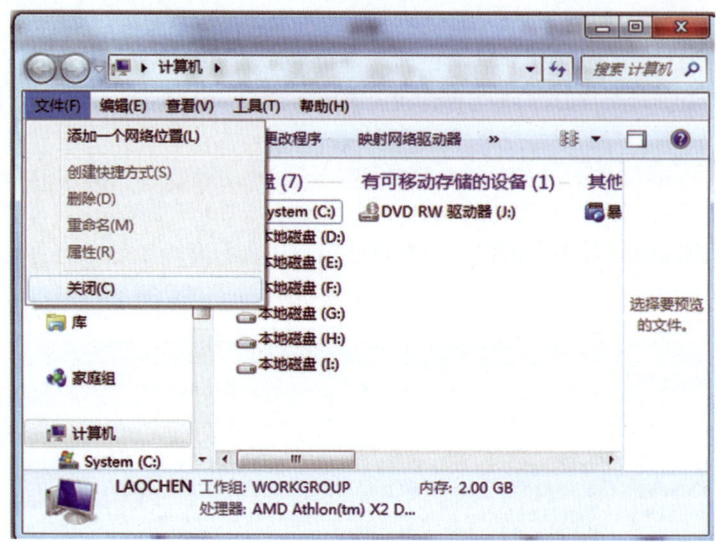

图2–12　文件菜单的“关闭”命令

（3）选定当前窗口，然后按“Alt＋F4”组合键。

（4）按“Ctrl＋W”组合键。

（5）右击任务栏窗口图标，选择“关闭窗口”或“关闭所有窗口”。

（6）右击窗口标题栏，在弹出的菜单中选择“关闭”，如图2–13所示。

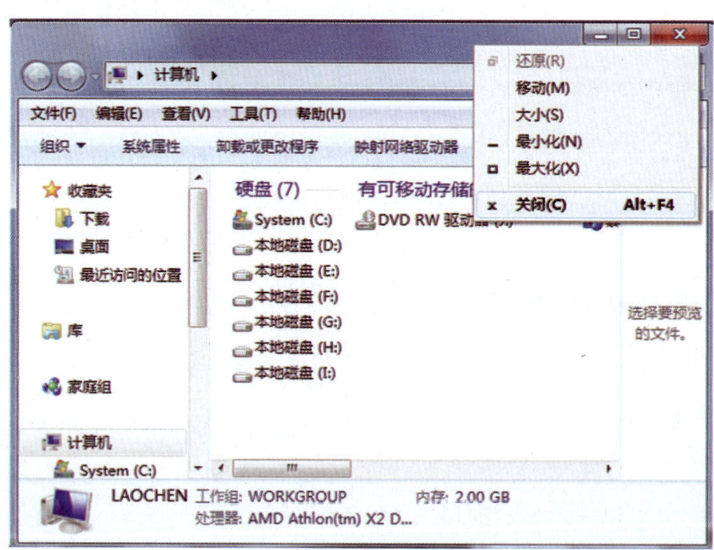

图2–13　标题栏快捷菜单

说明：在该菜单中也可以实现上面所涉及的其他操作，请大家对照查看。

七、使用库工作

库是Windows 7系统中新增的功能，默认有文档库、音乐库、图片库和视频库，主要用于管理计算机中相应类型的文件，图2-14所示为库窗口。

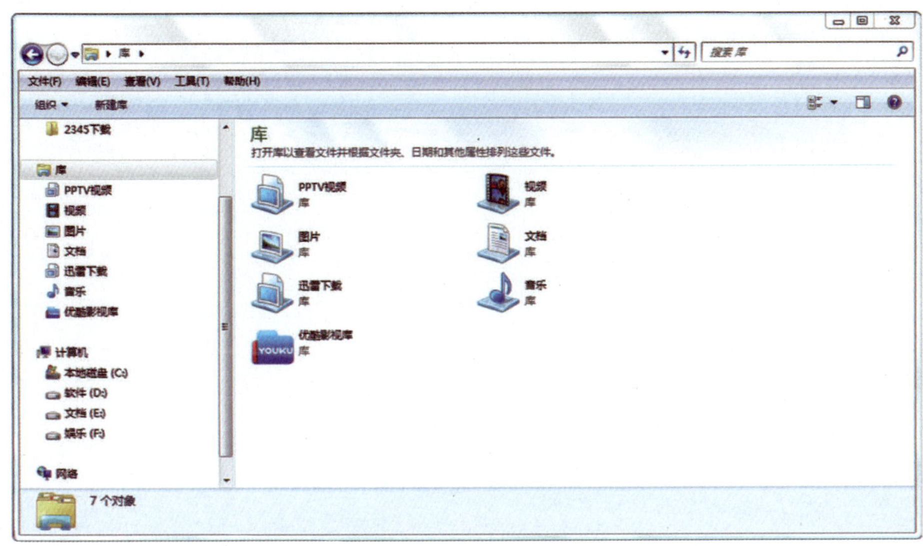

图2-14 库窗口

1.新建库

双击桌面“计算机”，单击导航窗格中的“库”选项，然后单击工具栏中“新建库”按钮或者在右边空白处右击，选择“新建”→“库”，输入库的名称即可。

2.在库中包含常用文件夹

可以将其他位置的常用文件夹包含到库中。选中要包含到库中的文件夹。单击工具栏中“包含到库中”，从下拉菜单中选择相应库即可。右击要包含到库中的文件夹，选中“包含到库中”，选中相应的库也可以。

3.更改库的默认保存位置

以更改“音乐库”默认保存位置为例。单击任务栏“Windows资源管理器”。展开“导航窗格”中“库”选项，选中“音乐”选项。单击音乐列表上方“包括”右侧的“2个位置”，打开“音乐库位置”对话框。单击“添加”按钮，添加一个保存位置。右击刚添加的保存位置，选中“设置为默认保存位置”，单击“确定”即可。

课堂练习

（1）双击桌面“计算机”图标，打开“计算机”窗口，观察窗口的组成。

（2）实现“计算机”窗口的移动、最大化、最小化、还原以及任意调整窗口的大小。

（3）在桌面中双击“计算机”“回收站”和“网络”图标，打开这几个应用程序所对应的窗口，并实现在打开的三个窗口中进行切换。

（4）实现上述三个窗口的不同排列方式。

（5）依次关闭以上打开的三个窗口。

（6）通过“开始”菜单中的搜索，查找记事本应用程序（NOTEPAD.EXE）并查看其所在位置。

（7）对记事本应用程序（NOTEPAD.EXE）创建桌面快捷方式。

（8）对“开始”菜单进行个性化设置。

（9）查看任务栏当前是否处于锁定状态，如果锁定，先解锁，然后将其移动到屏幕的右方，并隐藏任务栏。

任务二 文件和文件夹管理

学习目标

1.认识文件和文件夹及基本操作。

2.掌握通配符的使用方法。

3.学会查看并设置文件的属性。

一、文件和文件夹的概念

1.文件

文件是一组按一定格式存储在计算机外存储器中的相关信息的集合，在Windows 7中，文件是存储信息的基本单位。

2.文件夹

文件夹是集中存放计算机相关资源的场所，计算机中的文件就如同公文，文件夹就如同公文袋与文件柜，文件夹中既可以存放文件也可以存放文件夹，图2-15所示为文件和文件夹。

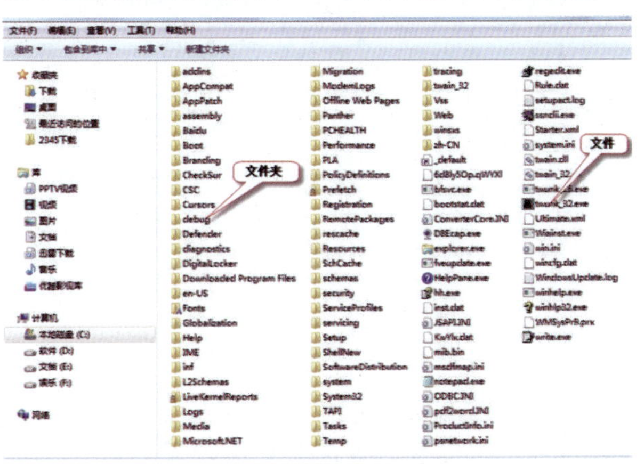

图2-15　文件和文件夹

3.文件的命名规则

为了识别与组织管理不同文件，必须对文件命名，在Windows 7系统中，文件的命名有一定的规则要求。

文件的命名规则如下：

（1）文件全名由文件名与扩展名组成，一般情况下，文件名与扩展名中间用符号“.”分隔，文件名的格式为：文件名.扩展名。

（2）文件名可以使用汉字、英文字符、数字和部分符号。

（3）文件名中不能包含以下符号：\、/、：、*、?、 、"、<、>、：、|。

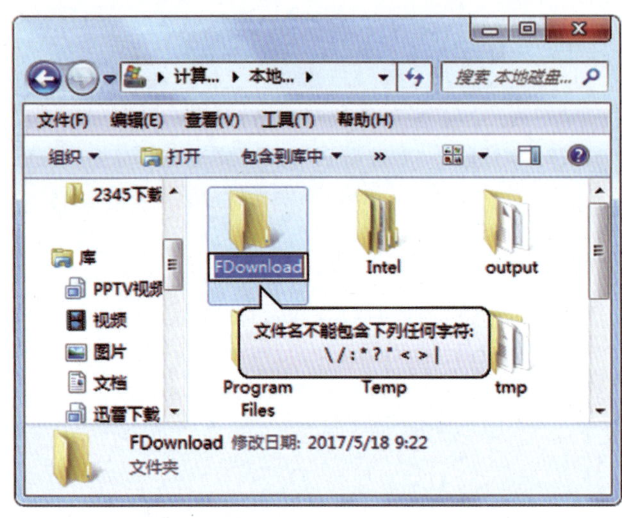

图2-16　文件命名时不能包含的字符提示

（4）文件名字符可以使用大小写，但不能利用大小写进行文件的区别，例如，文件“ABC.TXT”与文件“Abc.txt”被认为是同名文件。

（5）文件名可以使用的最多字符数量为256个英文字符或128个汉字。

（6）同一文件夹内不能有同名的文件或文件夹。

文件夹与文件的命名规则相同，但文件夹一般不使用扩展名。

4.文件的类型

文件扩展名代表文件的性质和类型，常用文件类型有：.exe、.com、.sys、.dat、.doc、.txt等。

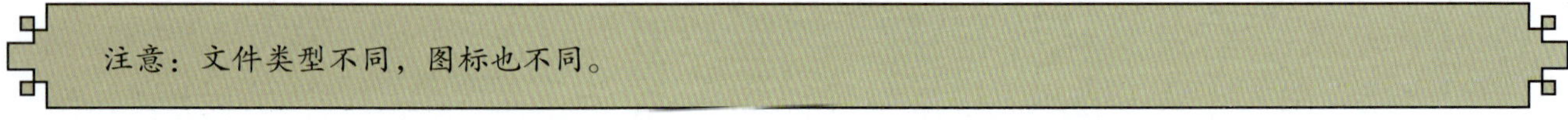

5.通配符

当用户查找文件或文件夹时，可以使用通配符来代替一个或多个字符。

? ——代表任意一个字符；

* ——代表零个或多个任意字符。

例1：用户要查找D盘中的所有Word文档文件，文件名可用下列形式表示：*.doc。

例2：A**B.doc代表A开头B结尾的四个字符组成的所有Word文档文件，如A1CB.doc、AXYB.doc等，如图

2-17所示为在C盘搜索所有jpg图片文件。

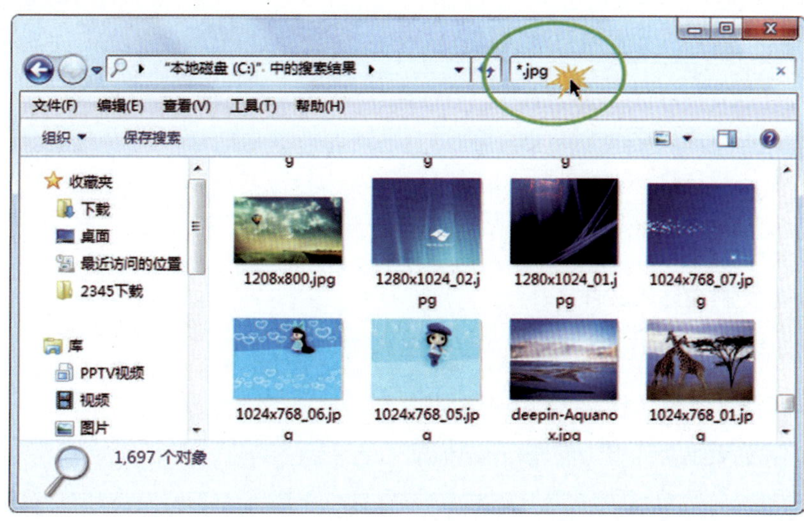

图2-17　在C盘搜索所有jpg图片文件（*. jpg）

6.驱动器与标识符

驱动器分为硬盘驱动器、光盘驱动器和U盘驱动器等，每个驱动器都用一个字母（盘符）来标识。例如：硬盘驱动器按逻辑分区，依次用字母C，D，E，F等标识。

7.对象与资源

对象是指系统直接管理的资源，如驱动器、文件、文件夹、打印机、系统文件夹（控制面板、我的电脑、网络邻居、回收站）等。

8.路径

路径即文件存放的具体位置，例如：C:\Windows\system\temp\abc.txt。

二、文件和文件夹的操作

1.新建文件或文件夹

可以在桌面或任何一个文件夹内建立新的文件（夹）。

（1）执行“文件→新建→文件夹（或文件类型）”命令。

（2）右击窗口目标位置空白处→“新建→文件夹（或文件类型）”。

2.文件和文件夹的选定与撤销

（1）选定文件或文件夹的方法。

· 选定一个文件或文件夹：单击对象。

· 选定全部文件或文件夹，按Ctrl＋A。

· 选定多个不连续的文件或文件夹：配合Ctrl键＋单击文件。

· 选定多个连续的文件或文件夹：配合Shift键＋首文件＋尾文件。

· 反向选定：执行“编辑”→“反向选定”命令。

（2）撤销选定。

单击未选定的任何区域或配合Ctrl撤销。

3.重命名文件或文件夹

（1）选定对象→“文件/重命名”。

（2）右击对象→“重命名”。

4.复制文件和文件夹

（1）使用菜单命令复制文件或文件夹。

选定对象→“编辑/复制”→定位目标位置→“编辑/粘贴”。

（2）使用快捷键复制文件或文件夹（Ctrl＋C，Ctrl＋V）。

（3）使用鼠标复制文件或文件夹（配合Ctrl键拖动）。

注意：如果是在不同的驱动器间复制，拖放时可不按Ctrl键。

5.移动文件和文件夹

（1）使用菜单命令移动文件或文件夹。

选定对象→“编辑/剪切”→定位目标位置→“编辑/粘贴”。

（2）使用快捷键移动文件或文件夹（Ctrl＋X，Ctrl＋V）。

（3）使用鼠标移动文件或文件夹（配合Shift键拖动）。

注意：如果在同一个驱动器或文件夹间移动，拖放时可不按Shift键。

6.删除文件或文件夹

（1）选定对象；

（2）完成下列操作之一：

①文件/删除；②右击“删除”；③按Del键；④将选定的对象直接拖到“回收站”图标上。

说明：

（1）若发现误删除，则按“Ctrl+Z”撤销。

（2）要永久删除文件或文件夹，按住Shift键不放，再删除。

（3）U盘、网络盘上删除的文件不进回收站而直接删除。

7.使用回收站

回收站是一个系统文件夹，是硬盘中一个区域，大小可设置，其作用是暂时存放被删除的文件或文件夹。

（1）设置“回收站”属性（大小）。

（2）还原“回收站”的文件。

（3）清空“回收站”。

8.查找文件和文件夹

（1）“开始/搜索”。

（2）单击“计算机”和“资源管理器”工具栏中“搜索”按钮。

注意：支持通配符。

9.查看并设置文件的属性

属性包括文件或文件夹的名称、大小、位置、创建日期、只读、隐藏、存档等属性，如图2-18所示。

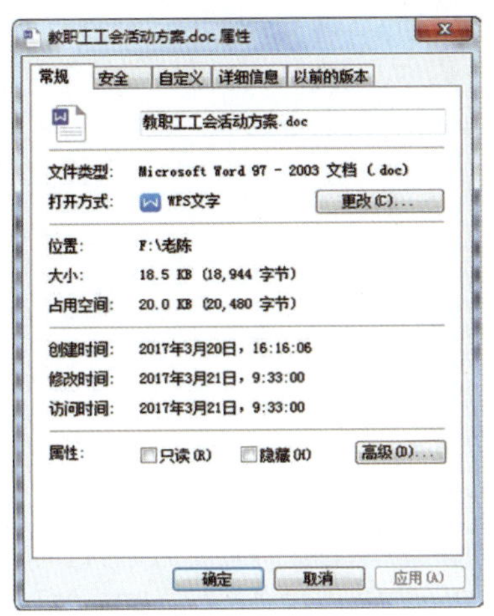

图2-18　文件属性对话框

（1）方法：右击文件或文件夹→“属性”→“工具”→“文件夹选项”→“查看”→“显示所有文件”。

（2）文件夹可设置共享属性。

（3）取消“隐藏”属性。

注意：系统文件不要轻易修改其属性。

10.设置文件（夹）的显示方式

在窗口中的“查看”菜单或按钮中选择：大图标、小图标、列表、详细资料等命令。

11.创建快捷方式

（1）右击桌面或文件夹空白处→“新建→快捷方式”。

（2）右击对象→“发送到→桌面快捷方式”。

课堂练习

扫一扫：观看教学视频

1.本题的所有操作都在文件夹Mmjs1中进行：

①在creat\beset中建立名为cab.txt的文本文档文件。

②将文件夹Mmjs1中文件名以字母N开头的文件复制到repeat\copy文件夹中。

③将文件夹speed中的quick.gif文件在文件夹[Mmej1]中建立名为hkuai的快捷方式。

④将文件夹rename中的hard.txt文件改名为geng.p。

⑤将文件夹time中vision.txt文件移动到time\date中。

2.本题的所有操作都在文件夹MMSJ2中进行：

①在Mmjs2文件夹创建DLL、PIC和 SYS文件夹。

②将Mmjs2文件夹中扩展名为.jpg和.dll的文件分别移动到PIC和DLL文件夹中。

③在Mmjs2文件夹中新建ks.txt文件，输入内容“不忘初心”后保存，并将ks.txt文件设置为只读属性。

④将Mmjs2文件夹中修改日期为6月11日的文件复制到SYS文件夹中。

⑤将Mmjs2文件夹重命名为自己的姓名，提交给老师。

扫一扫：观看教学视频

任务三 Windows 7控制面板基本操作

学习目标

1.理解控制面板的功能。

2.使用控制面板进行显示设置、添加用户账户。

3.程序的管理和操作。

4.附件工具的使用。

学习内容

扫一扫：观看教学视频

“控制面板”是Windows一个包含了大量工具的系统文件夹，如图2-19所示，利用其中的独立工具或程序项可以调整和设置系统的各种属性。例如：管理用户账户，改变硬件的设置，安装新的软件和硬件，时间、日期的设置等。

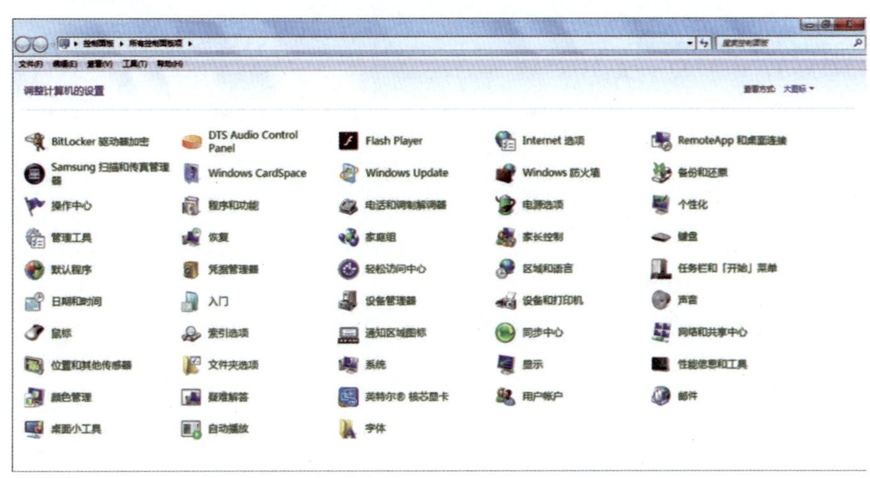

图2-19　控制面板

1.打开控制面板的方法

（1）选择“开始”→“控制面板”命令。

（2）在桌面“计算机”图标上右击，在下拉菜单中单击“控制面板”选项。

2.桌面主题设置

在桌面任一空白位置右击，在弹出的快捷菜单中选择“个性化”，出现“个性化”设置窗口。

（1）设置桌面主题

选择喜欢的桌面主题风格，观察桌面主题的变化，见图2–20。

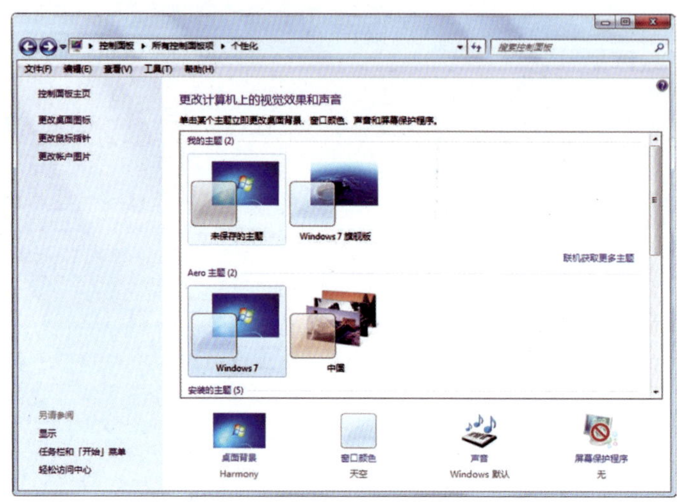

图2–20　个性化窗口

（2）设置窗口颜色

单击图2–20下方的“窗口颜色”，打开如图2–21所示“窗口颜色和外观”设置窗口，选择一种窗口的颜色，如“深红色”，观察桌面窗口边框颜色从原来的暗灰色变为了深红色，最后单击“保存修改”按钮。在“位置”下拉列表中还可以设定墙纸的显示方式：“平铺”选项将图像重复排列，“居中”选项将图像放在桌面的中央，“拉伸”选项将图片放大到与屏幕同样大小。

图2–21　“窗口颜色和外观”设置窗口

（3）设置桌面背景

单击图2-20中的“桌面背景”，选择喜欢的图片，设置桌面背景图为“风景”，设置为幻灯片放映，时间间隔为5分钟，无序放映（见图2-22）。

图2-22　“桌面背景”设置窗口

（4）设置屏幕保护程序

设置屏幕保护程序为三维文字，屏幕保护等待时间为5分钟。

①单击图2-20中的“屏幕保护程序”，出现屏幕保护程序设置窗口（见图2-23），在“屏幕保护程序”下拉框中选择“三维文字”，在“等待”下拉框中选择“5分钟”，然后单击“设置”按钮。

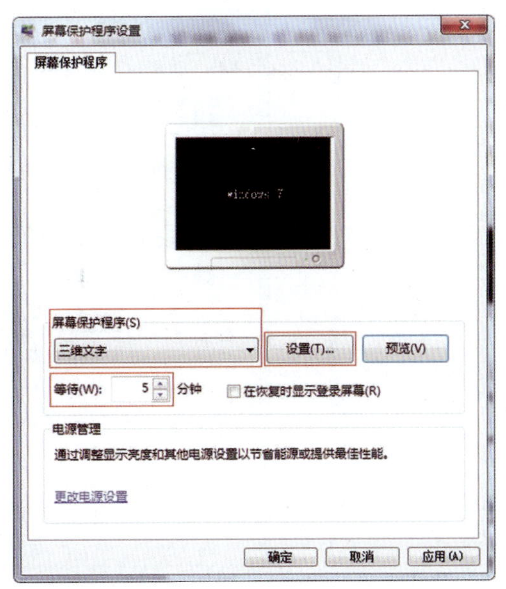

图2-23　“屏幕保护程序设置”窗口

②在“三维文字设置”对话框的“自定义文字”框中输入“拼搏”，然后单击“选择字体”按钮，选择需要的字体。

③如果要为屏幕保护设置密码，在如图2-23所示窗口中的“在恢复时显示登录屏幕”复选框中打“√”。

3.改变屏幕分辨率及窗口外观显示字体

在桌面空白处右击，在快捷菜单中选择“屏幕分辨率”，在如图2-24所示窗口中，展开“屏幕分辨率”栏中的下拉条，设置屏幕分辨率为1366×768，然后单击“确定”或“应用”按钮即可。

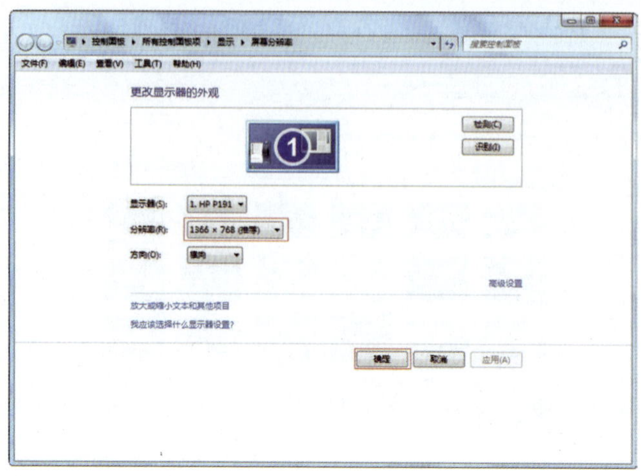

图2-24　屏幕分辨率窗口

4.中文输入法的安装、删除与属性设置

（1）在控制面板窗口下选择“区域和语言”→“键盘与语言”，如图2-25所示为“区域和语言”窗口。

（2）选择“更改键盘”→“常规”设置默认输入法和添加、删除某些输入法。单击确定保存设置，如图2-26所示。

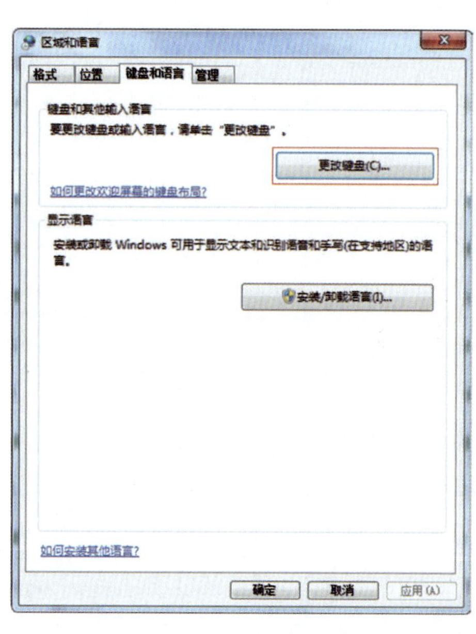

图2-25　区域和语言窗口

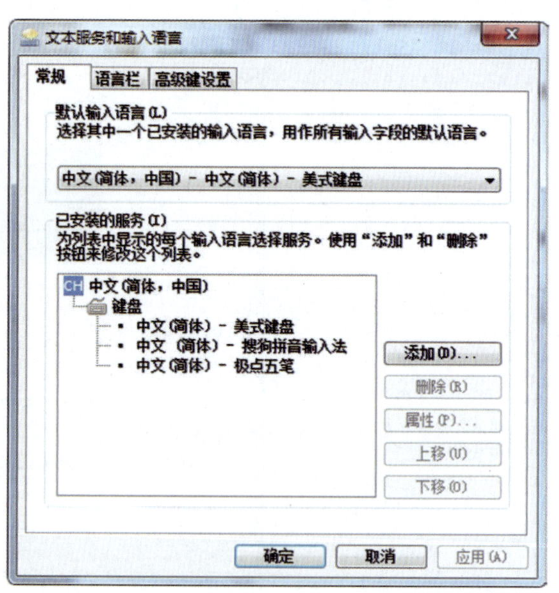

图2-26　文本服务和输入语言

5.查看任务管理器的相关内容

打开和关闭应用程序，查看进程数、线程数、CPU使用记录与进程标识符。

（1）通过在任务栏空白处右击→单击启动任务管理器，或Ctrl＋Alt＋Del，如图2-27所示。

（2）在此窗口下打开“计算机”→“我的文档”查看打开的应用程序，单击“结束任务”关闭相应应用程序窗口。

（3）在任务管理器窗口下单击“进程”查看进程数，也可在任务管理器窗口的下方查看进程数、CPU使用率与物理内存。图2-28所示为Windows任务管理器中的进程选项卡。

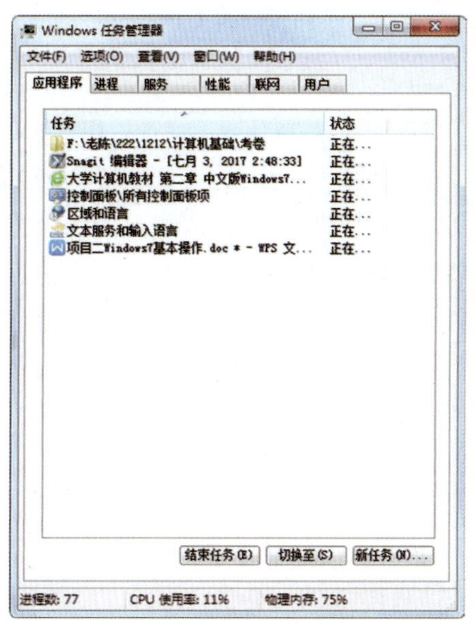

图2-27　Windows任务管理器

图2-28　Windows任务管理器——进程

6.向Windows 7桌面添加“时钟”“日历”“幻灯片”等小工具

（1）添加小工具：单击“桌面小工具”，打开“小工具”设置对话框，双击“时钟”，即可将“时钟”添加到桌面（见图2-29）。

（2）关闭小工具：在桌面时钟小工具的右侧单击“关闭”，或在小工具上面右击菜单选择“关闭小工具”（见图2-30）。

图2-29　向Windows 7桌面添加小工具

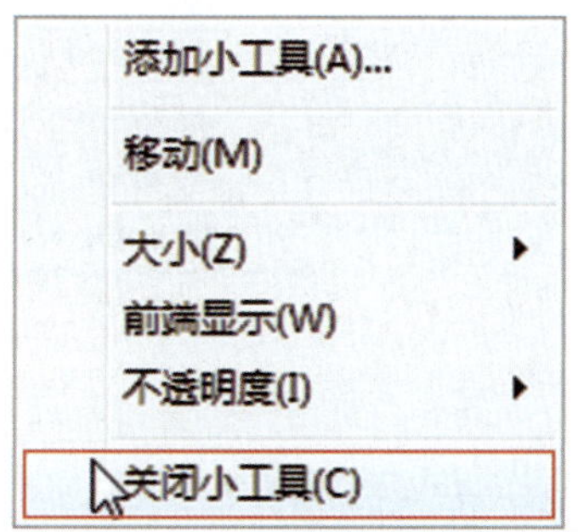

图2-30　关闭小工具

7.卸载或更改

Windows提供了专门添加和删除应用程序的工具，能够自动对驱动器中的安装程序进行定位，简化用户安装。对于安装后在系统中注册的应用程序，也能彻底快捷地全部删除。

（1）在控制面板窗口找到“程序和功能”图标，双击鼠标，如图2-31所示。

（2）进入“程序和功能”窗口后选择要卸载的程序，右击，出现“卸载或更改”命令，单击，出现图2-32所示对话框，按照提示操作即可卸载。

图2-31 “程序和功能”图标

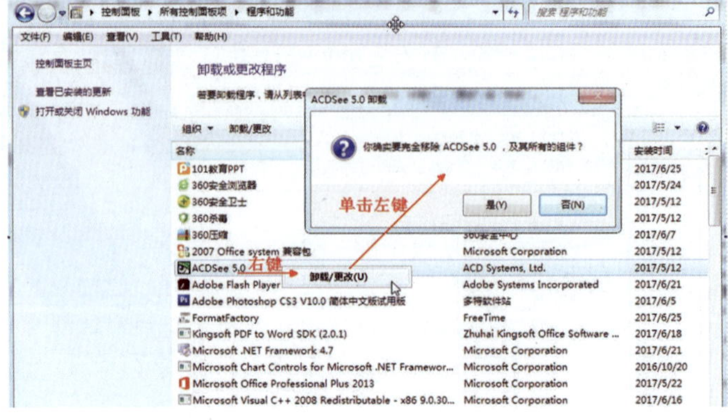

图2-32 卸载程序

8.系统日期和时间的设置

有时，用户为了修正计算机系统的时间误差，或者为了避开某种计算机病毒发作的时间，需要设置系统的日期/时间，设置的方法如下：

在“控制面板”窗口中选择“日期和时间”选项，打开“日期和时间”属性对话框，选择其中的“日期和时间”选项卡，单击“更改日期和时间”按钮，如图2-33所示。设置正确的年、月、日和时间后，单击“确定”按钮即可。或者双击任务栏右下角的时钟图标，打开“日期和时间”属性对话框进行设置。

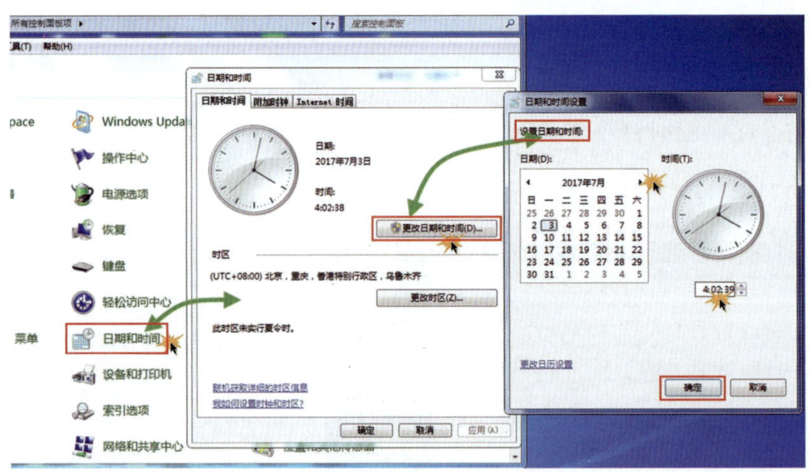

图2-33 系统日期和时间的设置

课堂练习

（1）查看、设置并修改Windows 7的桌面主题。

（2）修改屏幕保护程序为“三维文字”。

（3）将当前桌面的内容添加到“任务栏”上。

（4）向桌面添加“日历”工具，显示当前日期。

小　结

在Windows 7操作系统中，管理文件和文件夹是“Windows资源管理器”的一项主要功能。使用“资源管理器”可以快速预览文件、文件夹及其树状结构，以及整个驱动器中的内容，可直接运行程序，打开文档，管理驱动器或其他外部设备等资源，也可以复制、移动、删除文件以及修改文件和文件夹的属性。熟练进行文件和文件夹管理操作，同时掌握Windows 7中常用工具的功能及其使用，是学习计算机应用的基本功能之一。

习　题

1.在Windows 7中完成下列操作：

（1）在考生文件夹中创建一个Campage文件夹，在Campage文件夹下新建Island文件夹。

（2）在考生文件夹中创建一个Main文件夹，在Main文件夹下创建Ser.txt文件，将Main文件夹下的文件Ser.txt复制到Island文件夹。

扫一扫：观看教学视频

（3）在考生文件夹中创建Bott文件夹，在Bott下创建XY文件夹，在XY文件夹中创建Comp.docx，将Bott文件夹中的XY文件夹改名为TOY。

（4）将TOY下的文件Comp.doxc属性设置为隐藏。

（5）设置任意屏幕保护程序，等待时间为3分钟，把设置画面抓图并保存在考生文件夹下，以pb.jpg命名。

2.完成下列操作：

（1）重新启动Windows 7，并观察启动过程（此步骤可不做）。

（2）运行“附件”菜单中的“画图”和“写字板”程序。查看任务栏出现的图标。

（3）从任务栏激活“画图”窗口，完成下列操作：

①向下移动窗口。

②缩小窗口直至出现水平和垂直滚动条。

③浏览窗口内容。

④最大化窗口。

⑤双击窗口标题栏，观察窗口大小的变化。

⑥纵向平铺所有窗口。

⑦切换至“写字板”窗口。

（4）任务栏设置：

①将任务栏设置为总在最前、显示时间、自动隐藏。

提示：通过“开始”菜单的“设置/任务栏和开始菜单”操作。

②将计算机的日期和时间设置为“2013年10月1日0:00”。

③将桌面上的一个快捷图标移到任务栏的快速启动区。

（5）设置回收站属性：

①使其放入回收站的文件立即删除，不保存在回收站中。

②使回收站的最大空间占硬盘驱动器的20%。

③使其删除文件不显示确认对话框。

（6）关闭应用程序：

①通过窗口右上角的关闭按钮关闭“写字板”窗口。

②通过双击“画图”窗口的控制菜单关闭“画图”窗口。

项目三 Word 2013

Word 2013是美国Microsoft公司推出的Windows环境下最受欢迎的文字处理软件，是Microsoft Office 2013办公套装软件的一个重要组成部分。它提供了强大的文字处理、图文混排和表格制作功能。使用它可以轻松地制作各种图文并茂的书信、报告、计划、总结和表格等文档，使电子文档的编制更加容易和直观，现在普遍应用在办公商务和个人文档的制作及专业的排版印刷方面。为了让初学者更多地了解这个软件，本项目首先带领读者认识Word 2013，对word 2013的界面进行详细介绍，然后通过任务熟练掌握Word 2013。

学习目标

★ 认识Word 2013。

★ 掌握Word 2013工作界面的各组成部分及功能。

★ 掌握Word 2013的常用格式排版和图文混排。

★ 掌握Word 2013表格应用。

★ 掌握Word 2013进行复杂的长文档排版。

任务一 初步认识Word 2013

学习目标

1.了解Word 2013的功能和作用。

2.了解Word 2013新增的功能。

3.熟悉Word 2013的操作界面。

4.了解Word 2013操作环境的相关设置。

5.了解Word 2013不同版本之间的兼容问题。

学习内容

一、Word 2013的功能和作用

（1）常用格式的文档排版：如通知、公文、合同、报告、书信、写作等。

（2）制作丰富多彩的版面：如杂志封面、产品宣传单、商品促销海报等。

（3）创建各种类型的表格：如成绩统计表、个人简历表、电话新装业务登记表等。

（4）特殊排版的应用：如邮件合并、创建目录、制作日历等。

二、Word 2013新增功能

1.全新的功能区取代原来的菜单栏和工具栏

在Word 2013文档窗口中，其上方看起来像菜单的名称其实是功能区的名称。当单击菜单时就会切换到与之相对应的功能区面板。每个功能区根据功能的不同又分为若干个组。选项卡是Word 2003版本的菜单栏，命令组是Word 2003版本的工具栏。

Word 2013功能区主要包括："开始"功能区、"插入"功能区、"设计"功能区、"页面布局"功能区、"引用"功能区、"邮件"功能区、"审阅"功能区、"视图"功能区。

2.新增浮动工具栏

在Word 2013文档窗口中，选中文字时文字浮动工具栏自动显示与隐藏。

浮动工具栏中包含常用的设置文字格式的命令，如设置字体、字号、颜色、居中对齐等命令，以帮助用户方便地设置文字格式。

技巧：如果不需要在Word 2013文档窗口中显示浮动工具栏，则可以将其关闭，具体操作步骤如下：

（1）打开Word 2013文档窗口，依次单击"文件"→"选项"按钮。

（2）在打开的"Word选项"对话框中，取消"常规"选项卡中的"选择时显示浮动工具栏"复选框，并单击"确定"按钮即可。

3.新增实时预览功能

在Word 2013文档窗口中，当鼠标悬停在选项卡的命令按钮上时，会自动显示应用该功能后的文档预览效果，这就是Word 2013的实时预览功能。例如在设置标题效果时，选中目标文字并将鼠标指向标题选项，则Word 2013文档将实时显示最终效果，鼠标指针离开以后将恢复原貌。

技巧：用户可以打开或关闭Word 2013的实时预览功能，操作步骤如下：

（1）打开Word 2013文档窗口，依次单击"文件"→"选项"命令。

（2）打开"Word选项"对话框，在"常规"选项卡中选中或取消"启用实时预览"复选框，将打开或关闭实时预览功能。完成设置后单击"确定"按钮即可。

4.更加便捷的对象编辑修改功能

插入不同素材对象，功能区上会自动出现对象格式编辑并转到相应的选项卡。

5.全新的SmartArt图形系统和公式编辑器

图示库SmartArt图形大大丰富，公式应用更加简单。

6.强大的网络联机功能

与微软账户连接，融合必备搜索，实现微软网盘存储，网络素材（图片和视频）的搜索与插入、多种方式进行网络分享等。

三、熟悉Word 2013操作界面

Word 2013操作界面由"文件"按钮、快速访问工具栏、标题栏、功能区（选项卡和命令组）、标尺、页面区域、滚动条、状态栏等组成。

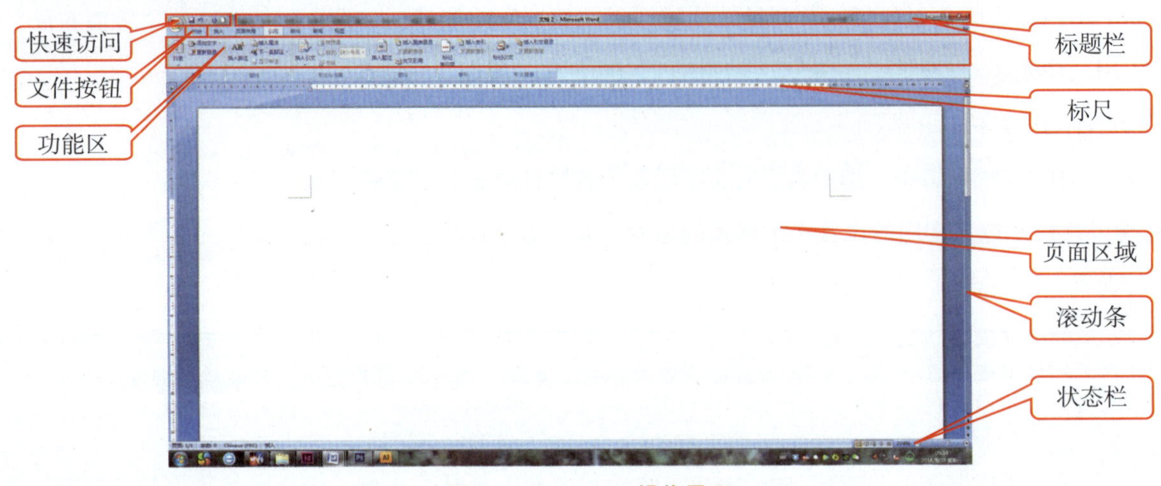

图3-1 Word 2013操作界面

1.“文件”按钮

“文件”按钮包含信息、新建、打开、保存、另存为、打印、共享、导出、关闭、账户、选项等命令。

2.快速访问工具栏

该工具栏位于窗口的左上角，在此处集合了经常用到的命令，比如保存、撤销、恢复等。

3.标题栏

标题栏位于窗口的最上端，用于显示文档的标题，还包括Word帮助、功能区显示选项（可隐藏功能区和显示选项卡）、最小化、最大化和关闭按钮。

4.功能区（选项卡和命令组）

（1）“开始”功能区。

“开始”功能区中包括剪贴板、字体、段落、样式和编辑五个组，对应Word 2003的“编辑”和“段落”菜单部分命令。该功能区主要用于帮助用户对Word 2013文档进行文字编辑和格式设置，是用户最常用的功能区，如图3-2所示。

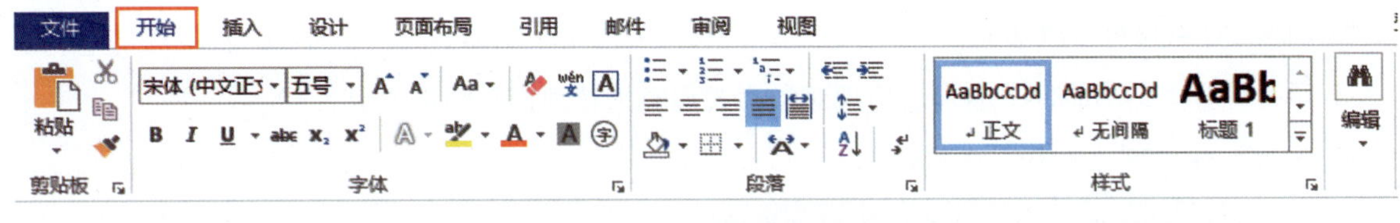

图3-2 “开始”功能区

（2）“插入”功能区。

“插入”功能区包括页面、表格、插图、应用程序、媒体、链接、批注、页眉和页脚、文本和符号几个组，对应Word 2003中“插入”菜单的部分命令，主要用于在Word 2013文档中插入各种元素，如图3-3所示。

图3-3 “插入”功能区

（3）“设计”功能区。

“设计”功能区包括“文档格式”和“页面背景”两个分组，主要功能包括主题的选择和设置、设置水印、设置页面颜色和页面边框等项目，如图3-4所示。

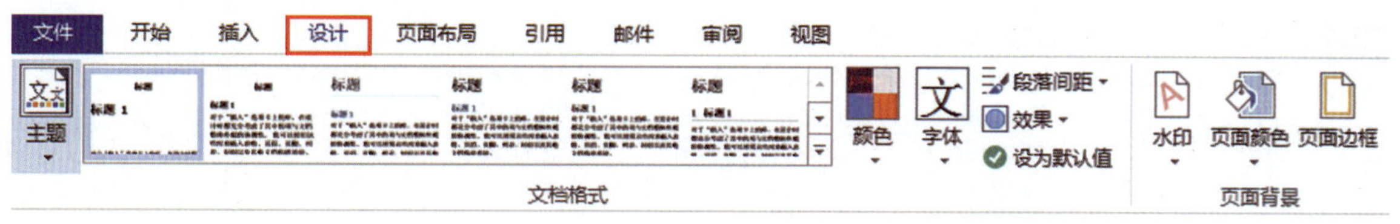

图3-4　“设计”功能区

（4）“页面布局”功能区。

“页面布局”功能区包括页面设置、稿纸、段落、排列几个组，对应Word 2003的“页面设置”菜单命令和“段落”菜单中的部分命令，用于帮助用户设置Word 2013文档页面样式，如图3-5所示。

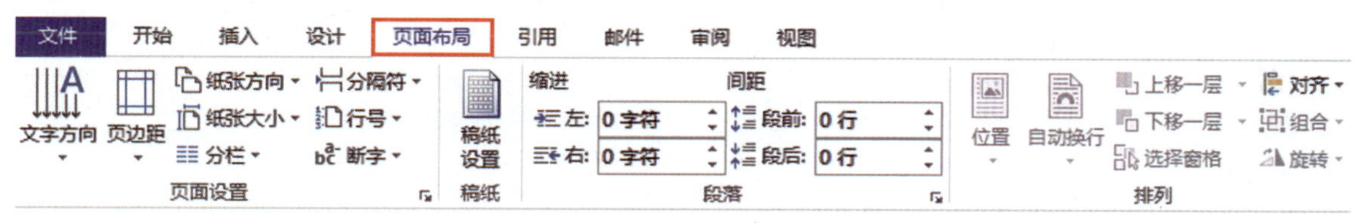

图3-5　“页面布局”功能区

（5）“引用”功能区。

“引用”功能区包括目录、脚注、引文与书目、题注、索引和引文目录几个组，用于实现在Word 2013文档中插入目录等比较高级的功能，如图3-6所示。

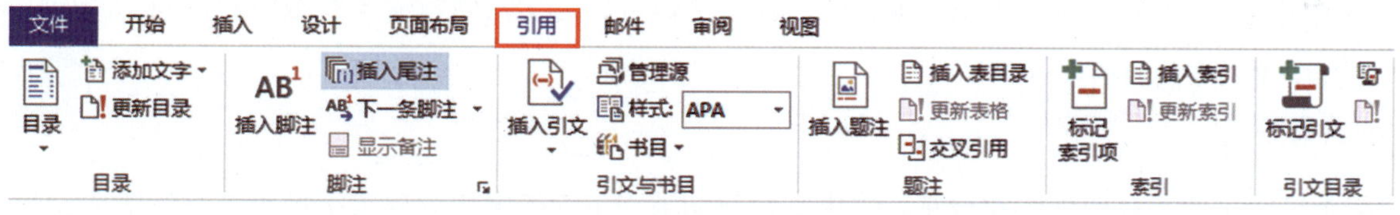

图3-6　“引用”功能区

（6）“邮件”功能区。

“邮件”功能区包括创建、开始邮件合并、编写和插入域、预览结果和完成几个组，该功能区的作用比较专一，专门用于在Word 2013文档中进行邮件合并方面的操作，如图3-7所示。

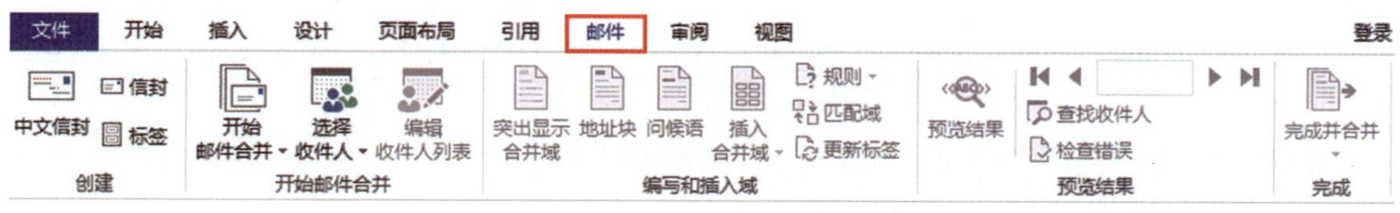

图3-7　“邮件”功能区

（7）“审阅”功能区。

“审阅”功能区包括校对、语言、中文简繁转换、批注、修订、更改、比较和保护几个组，主要用于对Word 2013文档进行校对和修订等操作，适用于多人协作处理Word 2013长文档，如图3-8所示。

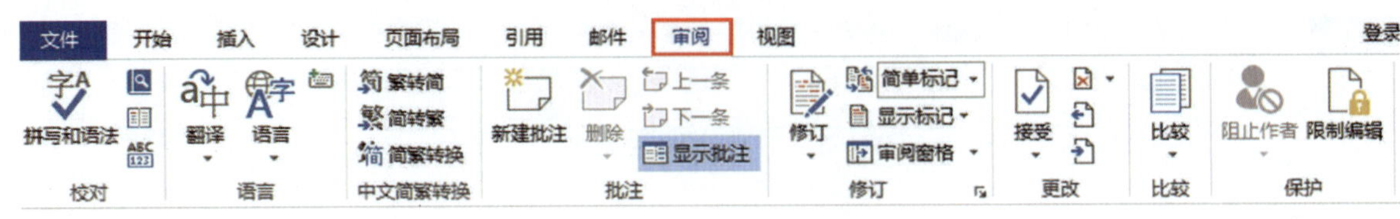

图3-8　“审阅”功能区

（8）“视图”功能区。

“视图”功能区包括文档视图、显示、显示比例、窗口和宏几个组，主要用于帮助用户设置Word 2013操作窗口的视图类型，以方便操作，如图3-9所示。

图3-9　“视图”功能区

5.标尺

利用水平标尺、垂直标尺可以进行文本定位、改变段落的缩进、调整页边距、改变栏宽、设置制表位等。

6.页面区域

页面区域是用户显示和编辑文档的工作区。在该区域可以对文档内容输入、编辑和排版。其中，闪烁的“|”是光标，表示当前的插入点。

7.滚动条

滚动条位于页面区域的底端和右侧。使用鼠标拖动滚动条中的滑块或单击滚动条两端的滚动箭头按钮，可以上下或左右滚动查看当前屏幕上未显示出来的文档内容。

8.状态栏

状态栏位于窗口的最下端，用于显示当前文档插入点所在的位置等信息，包括插入点目前所在页码、总页数、发现校对错误以及视图和缩放比例等。

四、Word 2013操作环境的相关设置

Word 2013操作环境可根据个人操作习惯进行个性化定制设置。

1.“常规”选项的设置

文件按钮→选项→常规（对浮动工具栏的显示、实时预览的开启、主题等进行设置）。

2.自定义功能区

（1）文件按钮→选项→自定义功能区（实现选项卡及命令区的个性化定制）。

（2）直接在命令区内右键，选择“自定义功能区”直接进入。

3.自定义快速访问工具栏

（1）文件按钮→选项→快速访问工具栏→进行相关修改。

（2）直接在命令区右键选择要添加的命令，选择“添加到快速工具栏”（也可右键后选择进入“快速访问工具栏”窗口）。

五、Word 2013不同版本之间的兼容问题

1.出现兼容问题的原因及解决方法

低版本的文档用高版本Word打开，会以兼容模式打开。在兼容模式下，Word 2013的部分功能将无法使用，因此要转换为正常模式。

解决方法：将低版本转换为高版本（文件按钮→信息→兼容模式）。

2.保存不同版本文件时的问题

（1）高版本可以直接保存成低版本格式。为了避免其他电脑没有安装Word 2013不能打开文档的情况，可将文档保存为Word 2003低版本文档。高版本可以直接打开低版本，但须转换兼容模式。

> 说明：打开“另存为”对话框，设置好保存位置和文件名，单击“保存类型”下拉列表框，在弹出的下拉列表中选择“Word 97-2003文档”选项，然后单击“保存”按钮，即可将文档保存为Word 2003低版本文档。

（2）低版本通过另存为可以保存成高版本，低版本打开高版本需下载安装Office兼容包。

任务二 制作通知——Word 2013的基本操作

学习目标

1.掌握使用Word 2013新建、保存、打开与关闭文档的方法。

2.掌握在Word 2013中录入文本和编辑文本的方法。

3.掌握在Word 2013中进行文字格式的设置。

4.掌握在Word 2013中进行段落格式的设置。

5.掌握在Word 2013中进行页面格式的设置。

6.掌握在Word 2013中打印文档。

学习内容

本任务主要介绍常用格式的文档排版，新建、保存、打开与关闭文档，文档的共享，在文档中输入文本、移动复制文本、文字格式设置、段落设置、页面设置等，通过本任务的学习，读者可以学会Word的基本操作，熟练地进行常用格式的排版，如通知、公文、合同、报告、书信、写作等的排版。

2019 年春节放假通知

公司各部门：

春节将至，公司预祝全体员工新春愉快，万事如意！现将 2019 年春节公司放假安排通知如下：

一、 ※放假时间

2019 年 1 月 26 日（农历腊月二十一）至 2019 年 2 月 11 日（农历正月初七），共十七天，2019 年 2 月 12 日（农历正月初八下午 2 点）正式报到上班。

二、★注意事项

1、放假前各部门、每位员工必须完成应完成的各项工作任务。

2、各部门自行安排好卫生清洁，确保门窗、水和电关闭完好。

3、放假期间不得将公司配发笔记本电脑带走，各部门经理负责封存本部门笔记本电脑，各部门经理负责各部门人员和财产安全。

3、清理各自在公司的欠款。

4、1 月 25 日下午 2 点在 XXXX 办公室开会后放假。

5、放假、上班途中及放假期间请大家一定要注意人身安全，确保安全、按时返回。

6、放假期间，大家外出游玩时，请注意安全！

公司提前祝大家：

新春愉快，阖家欢乐，万事如意

XXXXXXXXXXXXXXXXXXXX

人事行政部

2019 年 1 月 24 日

图3-10 输入、编辑《通知》内容

操作一 输入、编辑《通知》内容

【操作要求】

新建文档，在文档中录入《春节放假通知》内容（见图3-10），查找“安全”，替换为红色字体，以“春节放假通知”命名保存文件。

扫一扫：观看教学视频

【操作步骤】

1.启动Word 2013

启动Word 2013，与启动其他应用程序一样，有三种方法。

（1）从“开始”菜单中选取“所有程序”→“Microsoft Office”→“Microsoft Word 2013”。

（2）如果桌面上有“Microsoft Word 2013”图标，双击即开始运行Word程序。

（3）双击一个已存在的Word文档，Word程序自动启动，并打开该文档。

2.保存Word 2013文档。

（1）按“ctrl+S”保存。

（2）“文件”→“保存”。

（3）单击快速访问工具栏中的“保存”按钮。

3.在Word工作区录入和编辑文字内容

（1）选择输入法录入内容。

各种输入法之间的切换：按“Ctrl+Shift”组合键；中英文输入法之间的切换：“Ctrl+空格键”。

（2）录入特殊符号。

“插入”功能区→“符号”→“其他符号”，如图3-11、图3-12所示。

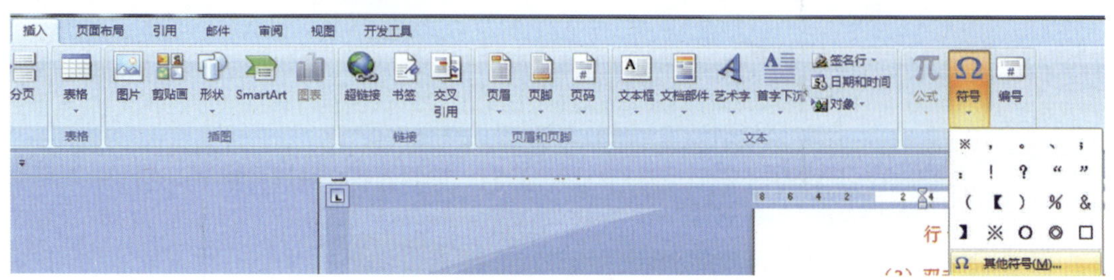

图3-11　符号

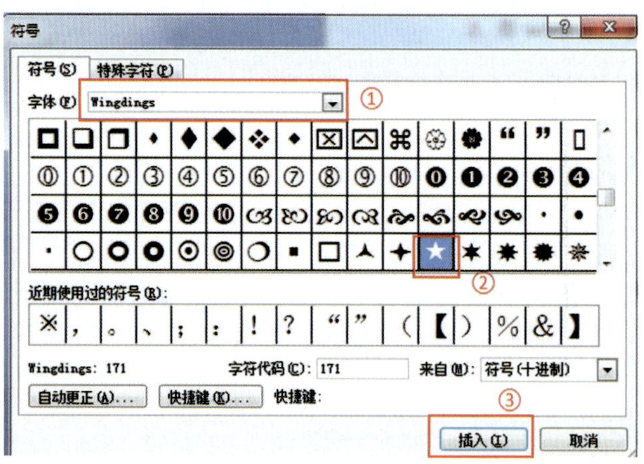

图3-12　其他符号

（3）查找“安全”，替换为红色字体。在图3-13中③处设置字体颜色为红色。

“开始”功能区→“替换”。

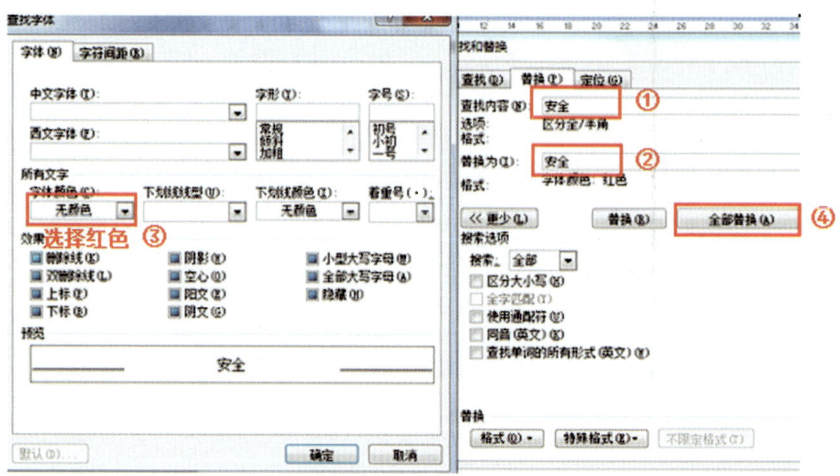

图3-13　查找

2019年春节放假通知

公司各部门：

春节将至，公司预祝全体员工新春愉快，万事如意！现将2019年春节公司放假安排通知如下：

一、※放假时间

2019年1月26日（农历腊月二十一）至2019年2月11日（农历正月初七），共十七天，2019年2月12日（农历正月初八下午2点）正式报到上班。

二、★注意事项

1、放假前各部门、每位员工必须完成应完成的各项工作任务。

2、各部门自行安排好卫生清洁，确保门窗、水和电关闭完好。

3、放假期间不得将公司配发笔记本电脑带走，各部门经理负责封存本部门笔记本电脑，各部门经理负责各部门人员和财产安全。

3、清理各自在公司的欠款。

4、1月25日下午2点在XXXX办公室开会后放假。

5、放假、上班途中及放假期间请大家一定要注意人身安全，确保安全、按时返回。

6、放假期间，大家外出游玩时，请注意安全！

公司提前祝大家：

新春愉快，阖家欢乐，万事如意

XXXXXXXXXXXXXXXXXXXXXX

人事行政部

2019年1月24日

知识链接

录入文本，编辑文本

1.输入过程中，光标所在位置即内容录入位置，可使用鼠标单击在文档中定位，在一个段落中文字一般是流水般排列，自动换行的，当按下Enter键时表示本段落结束。当按下“Shift＋Enter”组合键时表示本行结束，俗称“强制换行”，只表示一行结束，不意味着段落结束。

2.输入特殊字符

（1）使用输入法中的软键盘输入特殊字符，右击输入法的软键盘，根据需要选择各种符号。

（2）“插入”功能区→“符号”。

3.选定文本

对Word文档进行编辑，首先需要对文本进行选择。

（1）使用鼠标对文本进行选择，在Word文档中单击可以将插入点光标放置到单击处。

①选中词语：将鼠标光标放置到文档中的一个汉字词语或英文单词上双击，Word将会自动选择整个词语。

②选中一行：将鼠标光标放置到文档左侧的空白处，当鼠标指针变为右向箭头时，单击即可选择光标所在的这一行。

③选中连续多行：指向某行左侧，垂直拖动，可选中经过的行。

④选中一个段落：将鼠标光标放置到要选择段落的左侧空白处，当鼠标指针变为右向箭头时，双击可以选择整个段落。

⑤选中全文：将鼠标指针放置到文档左侧任意一行左侧的空白处，当鼠标指针变为右向箭头时，连续快速单击鼠标3次能够选择整个文档。相当于按Ctrl＋A组合键。

选中连续的内容：在需要选择区域的开始位置单击后按住鼠标左键拖动，则鼠标拖动过的区域将被选择。或按住Shift键，在要选择的文本结束位置单击，将能够选定连续的文本。

选中不连续的内容：按住Ctrl键，逐一选中多个不连续的内容。

选中矩形文字块：按住Alt键拖动，则选中以起止位置为对角线的矩形范围内的文字块。

（2）使用键盘来进行选择文本，首先将插入点光标放置到文档中需要的位置，然后可按表3-1所示操作。

表3-1　使用键盘选择文本

键盘操作	选定内容	键盘操作	选定内容
Shift+↓	选定至下一行对应位置	Shift+Home	选定至本行首
Shift+↑	选定至上一行对应位置	Shift+End	选定至本行末
Shift+←	选定左侧一字符	Shift+PageDown	选定至本页首
Shift+→	选定右侧一字符	Shift+PageUp	选定至本页末
Shift+Ctrl+Home	选定至全文首	Shift+Ctrl+End	选定至全文末

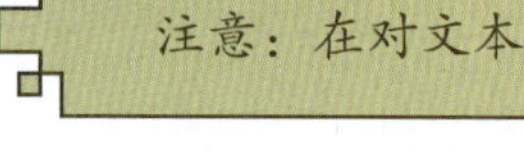

注意：在对文本进行选择后，鼠标在文档中任意位置单击即可取消文本的选择状态。

4.文本的复制、移动和删除

（1）移动文本就是将选定的文本内容移动到文档中的其他位置。

①使用鼠标移动文本，选定内容后拖动到目的位置。

②选中内容，按“Ctrl+X”组合键，选中的内容被剪切（在原处消失），进入剪贴板。

确定目的位置，按“Ctrl+V”组合键，从剪贴板中获取内容，粘贴到当前位置。

（2）复制文本就是将选定的文本内容复制到文档中的其他位置。

①使用鼠标复制文本，选定内容后按ctrl键拖动到目的位置。

②选中内容，按“Ctrl+C”组合键，选中的内容被剪切（在原处保持），进入剪贴板。

确定目的位置，按“Ctrl+V”组合键，从剪贴板中获取内容，粘贴到当前位置。

技巧：对文本进行复制操作时，往往会将文本的格式一同进行复制。如果是复制网上的文本，不仅文本格式很多，而且还有图片，采用常用的复制粘贴方法会使复制的速度减慢，而且还会粘贴出许多隐藏的内容，这时应使用选择性粘贴。

（1）在文档中复制需要的文本，选定需要复制的文本，单击“复制”按钮。

（2）打开需要粘贴文本的文档，单击“剪贴板”选项组中的“粘贴”下拉按钮，在弹出的下拉列表中单击“选择性粘贴”命令。

（3）在弹出的“选择性粘贴”对话框中的“形式”列表中选择“无格式文本”选项，单击“确定”按钮即可。

（3）删除文本。

①直接删除：可以用退格键或Del键删除光标前后的字符。

②选择删除：选定要删除的内容，然后用退格键或Del键一次性删除（使用剪切命令也可删除）。

5.撤销与恢复

在进行编辑时，难免会出现一些误操作，发现操作有错，可以马上取消，Word提供撤销和恢复功能。

（1）撤销命令可以撤销最近一次或若干次操作。按“Ctrl+Z”组合键或快速访问工具栏中的“撤销”命令。

（2）恢复命令可以恢复最近一次或若干次被取消的操作。按“Ctrl+Y”组合键或快速访问工具栏中的“恢复”命令。

6.文本的查找与替换

（1）文本查找能在当前文档中查找某一指定的字符串。在“开始”功能区中单击“查找”按钮上的下拉三角按钮，在打开的下拉列表中选择“高级查找”选项。

（2）替换文本是把文档中查找出来的某一指定的字符串替换成另一字符串。在“开始”选项卡中单击“替换”按钮，在打开的对话框中输入要替换的内容。

在一篇很长的Word文档中，如果用户需要查找某个词，但是忘掉了该词的完整文字，而只是记得部分词语，则可以使用通配符来进行模糊查找。在“开始”功能区的“查找”选项卡中勾选“使用通配符”复选框。

“*”表示的是任意多个字符。

“？”代表任意的单个字符，有几个“？”就代表有几个字符。

操作二　设置文字格式和段落格式

Word 2013是所见即所得的文字处理软件，在“页面视图”下，在屏幕所显示的就是实际打印的效果。Word 2013提供了丰富的字符和段落格式的设置，通过合理的设置，可以使文档更美观实用。

【操作要求】

标题居中“三号”字，正文“宋体”“小四”号字，段落首行缩进2个字，行间距为1.5倍行距，“落款”行右对齐。

扫一扫：观看教学视频

【操作步骤】

（1）选定标题文字，在“字体”命令组中设置“宋体”为“三号”，在“段落”命令组设置居中，见图3-14。

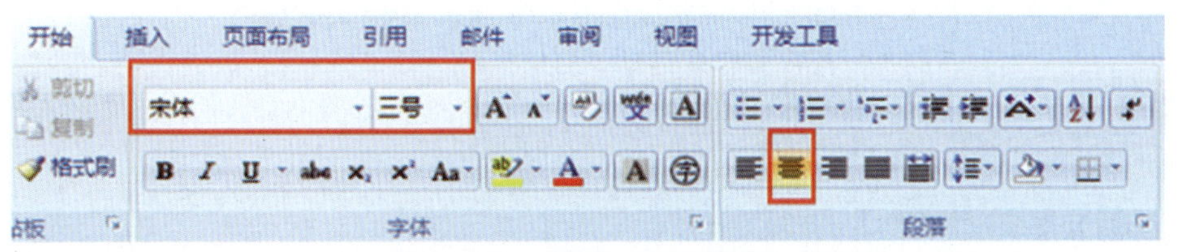

图3-14　选择字体、字号

（2）选定正文文字，在“字体”命令组中设置“宋体”“小四”号字，方法同上。

（3）选定正文文字，在“段落”对话框中设置首行缩进2个字符，行间距1.5倍行距，见图3-15。

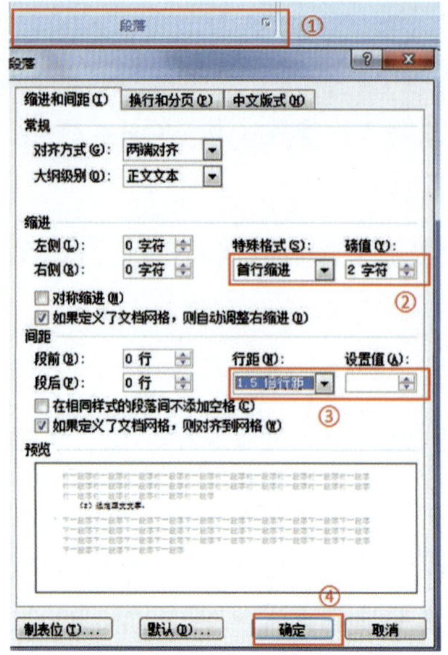

图3-15　段落设置

选中落款行，在“段落”命令组中设置居右，见图3-16。

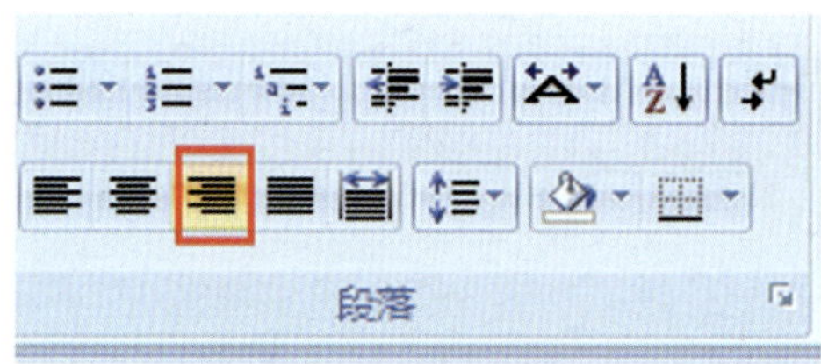

图3-16　居右设置

2019 年春节放假通知

公司各部门：

春节将至，公司预祝全体员工新春愉快，万事如意！现将 2019 年春节公司放假安排通知如下：

一、 ※放假时间

2019 年 1 月 26 日（农历腊月二十一）至 2019 年 2 月 11 日（农历正月初七），共十七天，2019 年 2 月 12 日（农历正月初八下午 2 点）正式报到上班。

二、★注意事项

1、放假前各部门、每位员工必须完成应完成的各项工作任务。

2、各部门自行安排好卫生清洁，确保门窗、水和电关闭完好。

3、放假期间不得将公司配发笔记本电脑带走，各部门经理负责封存本部门笔记本电脑，各部门经理负责各部门人员和财产安全。

3、清理各自在公司的欠款。

4、1 月 25 日下午 2 点在 XXXX 办公室开会后放假。

5、放假、上班途中及放假期间请大家一定要注意人身安全，确保安全、按时返回。

6、放假期间，大家外出游玩时，请注意安全！

公司提前祝大家：

新春愉快，阖家欢乐，万事如意

XXXXXXXXXXXXXXXXXXXXXX

人事行政部

2019 年 1 月 24 日

知识链接

1.设置文本字符格式

字符格式通常包括字体、字号、字形、颜色和修饰效果等。

（1）通过“字体”命令组设置文本格式（见图3-17）。

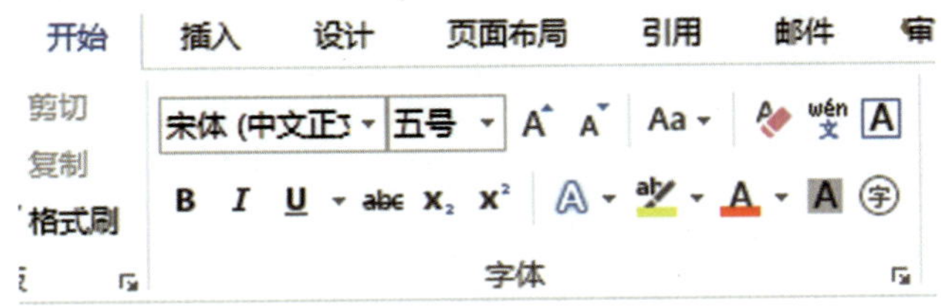

图3-17 设置字体、字号

①设置字体、字号。

②设置加粗 **B** 、倾斜 *I* 、下划线 U 。

③设置字符边框 A 、字符底纹 A 。

④设置文字颜色 A 。

⑤设置上标 x^2 、下标 x_2 、更改大小写 Aa 。

⑥设置增大字号 A 与减小字号 A 。

⑦设置删除线 abc 与清除所有格式 。

⑧使用拼音指南 wén文 。

⑨使用带圈字符 ㊫ 。

（2）通过浮动工具栏设置文本格式。

选定内容，会自动出现浮动工具栏，在工具栏中设置。

（3）通过“字体”对话框设置文本格式（或者“Ctrl+D”），如图3-18所示。

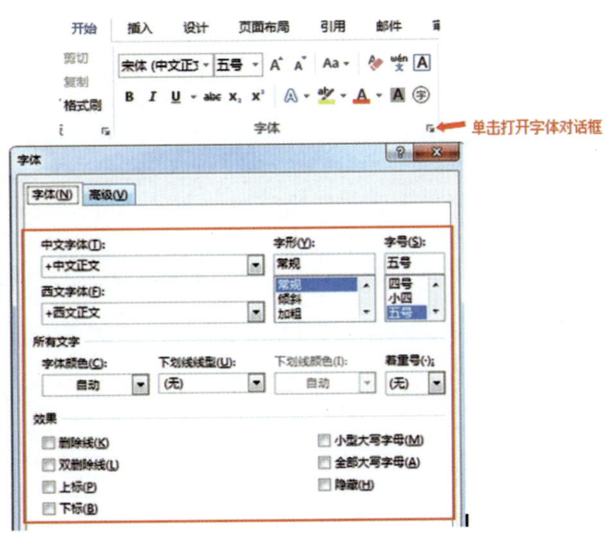

图3-18 字体对话框

①在“字体”对话框“字体”选项中设置字体、字形、字号、颜色、下划线、着重号等；设置上标、下标等效果；

②在“字体”对话框“高级”选项中设置字符缩放，设置字符间距，设置字符位置，如图3-19所示。

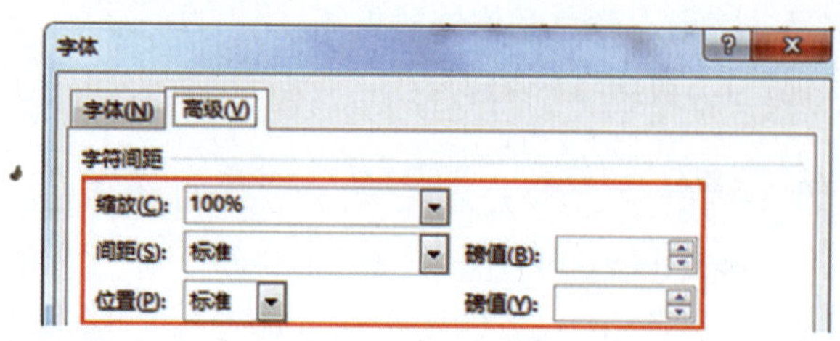

图3-19　高级字体对话框

（4）设置文本特殊效果

①设置文本效果和版式，通过“字体”命令组设置文本特殊效果，可以产生类似于PS软件制作的特殊文字效果。设置轮廓效果、阴影效果、映像效果、发光效果，如图3-20所示。

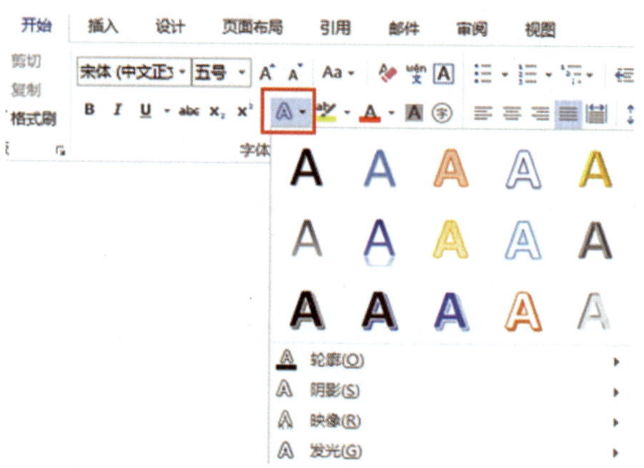

图3-20　设置文本效果和版式

②通过“字体”对话框设置文本特殊效果。

在“字体”对话框中选择“文本效果”，可设置文本填充、文本边框（见图3-21）。

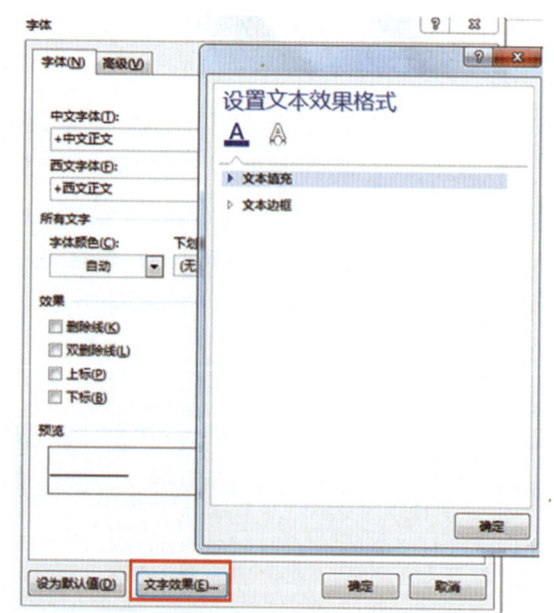

图3-21　设置文本效果

2.设置段落格式

段落是文档中的自然段，每次按下“Enter”键，就插入一个段落标记，表示一个段落的结束。段落格式主要包括段落对齐格式、段落缩进、行、段间距离等。需设置段落格式时，首先要选中该段落或将“插入点”放在该段落中。

名词解释：

◆页边距是指打印纸的边缘到正文之间的距离，即纸张周围留的空白区域。分上、下和左、右边距。

◆段落缩进是指段落左右两端及首行左端的相对位置，

包括左缩进、右缩进、首行缩进和悬挂缩进。

◆左缩进、右缩进是指段落文本与页边距之间缩进一定的距离；

◆首行缩进是指段落首行相对其他行缩进一定的距离；

◆悬挂缩进是指段落的首行位置不变，其他各行缩进一定的距离；

◆水平标尺可用于控制左、右页边距以及段落缩进和行缩进；

◆垂直标尺可用于控制上、下页边距。

（1）通过标尺调整段落缩进（左缩进、右缩进、首行缩进、悬挂缩进），如图3-22、图3-23所示。

技巧：在Word 2013的软件中，常常需要借助标尺功能进行排版。Word 2013中的标尺怎样显示出来呢？

方法：在“视图”功能区中，选中“显示”区域中的“标尺”复选框。则Word 2013页面将显示出标尺。

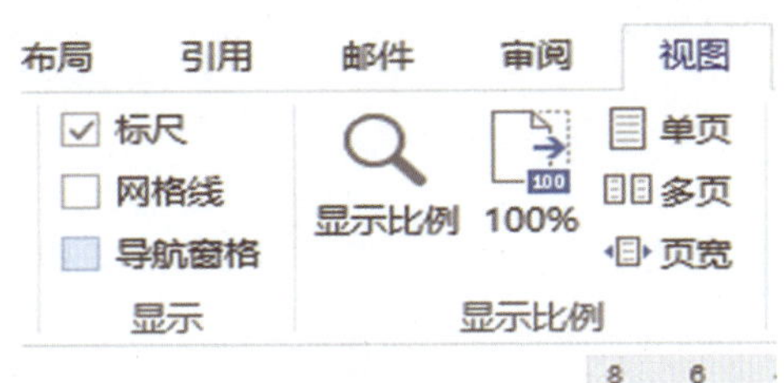

图3-22　标尺应用

图3-23　标尺

（2）通过“段落”对话框调整段落对齐方式、段落缩进、段间距、行距等（见图3-24）。

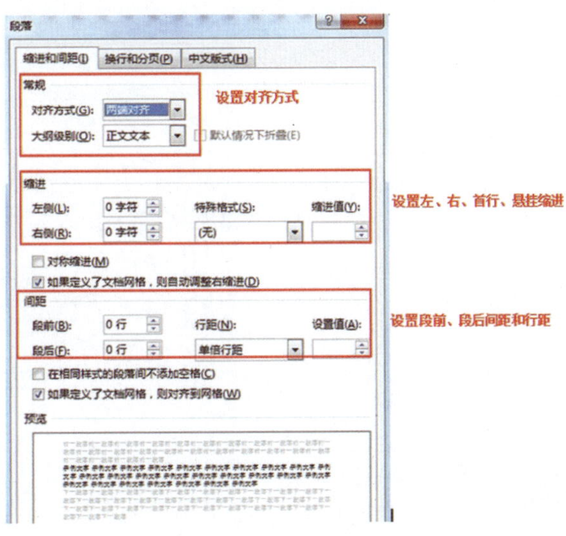

图3-24　段落设置1

（3）通过“段落”命令组设置段落对齐方式、行距与段落间距等（见图3-25）。

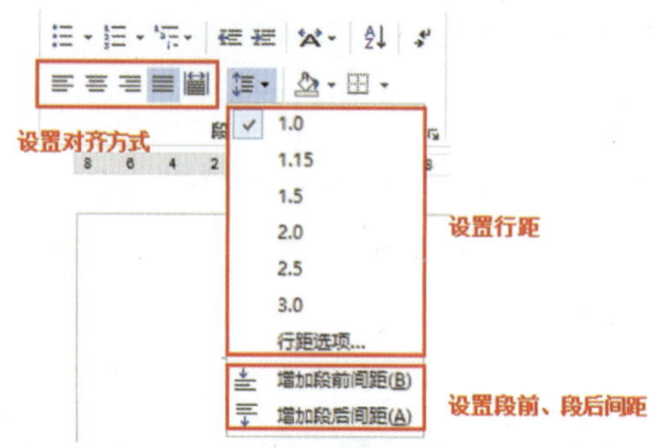

图3-25　段落设置2

（4）设置边框与底纹。

①通过“段落”命令组设置边框与底纹（见图3-26）。

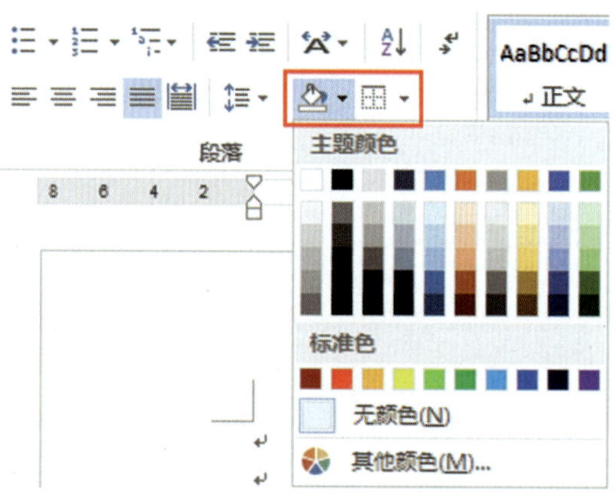

图3-26　边框和底纹设置1

②通过“边框与底纹”对话框设置边框与底纹

在对话框中可设置边框的线形、颜色、粗细等；设置文字边框与段落边框；设置文字底纹与段落底纹（见图3-27、图3-28）。

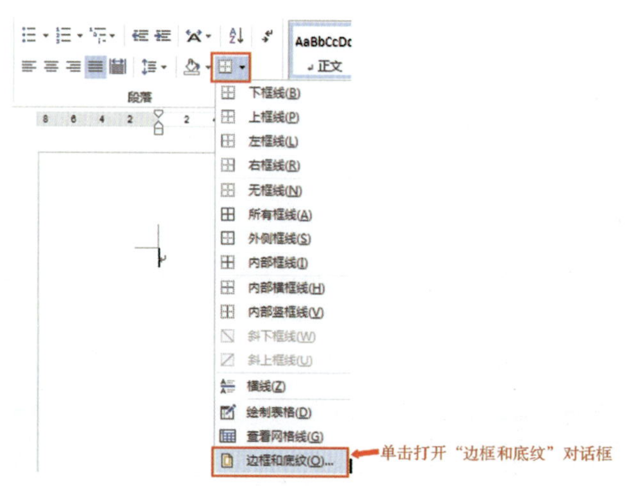

图3-27　边框和底纹设置2

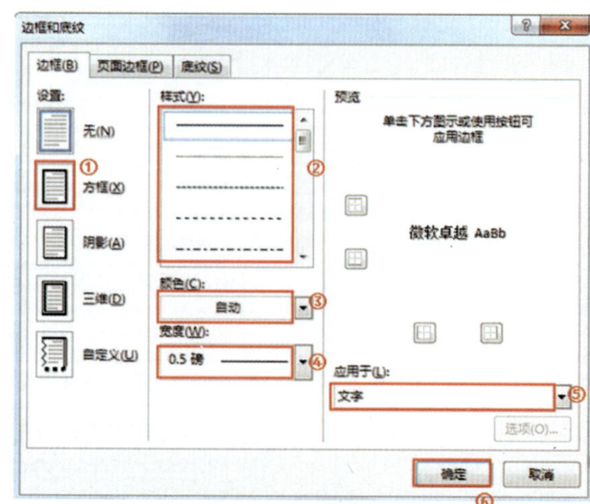

图3-28　边框和底纹设置3

（5）添加项目符号与编号。

①通过“段落”命令组设置项目符号与编号，如图3–29所示。

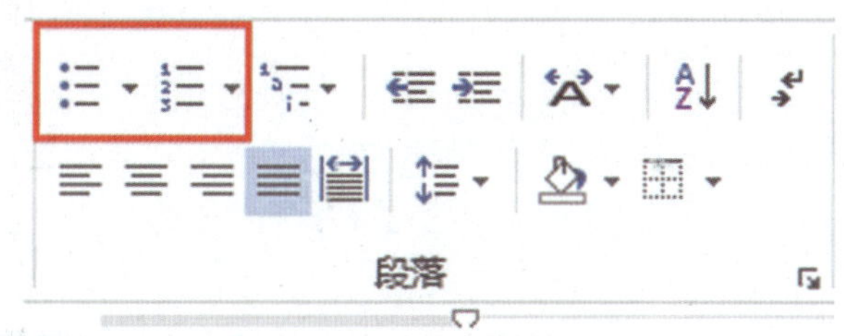

图3–29 设置项目符号与编号

②通过对话框方式设置项目符号与编号。

i）在“定义新项目符号”对话框中设置项目符号（见图3–30）。

ii）在“定义新编号格式”对话框中设置编号（见图3–31）。

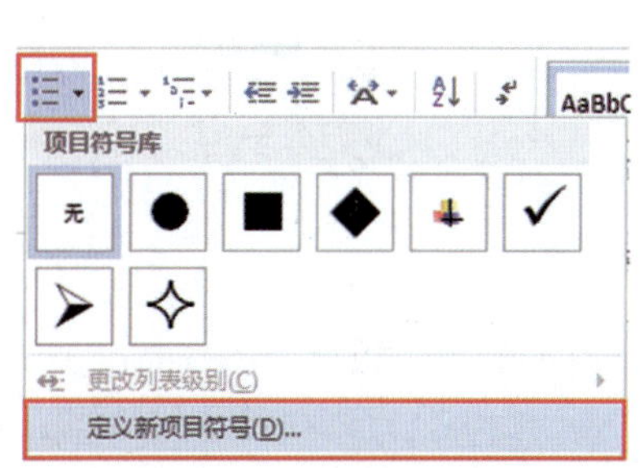

图3–30 设置项目符号

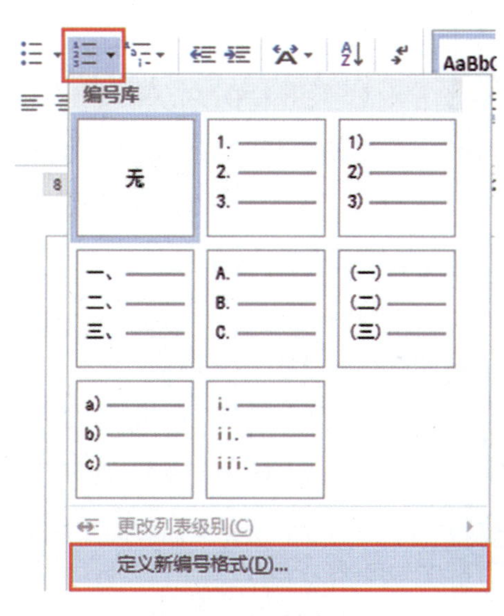

图3–31 设置编号

（6）中文版式的使用。

通过“段落”命令组设置中文版式：纵横混排、合并字符、双行合一、调整宽度、字符缩放（见图3–32）。

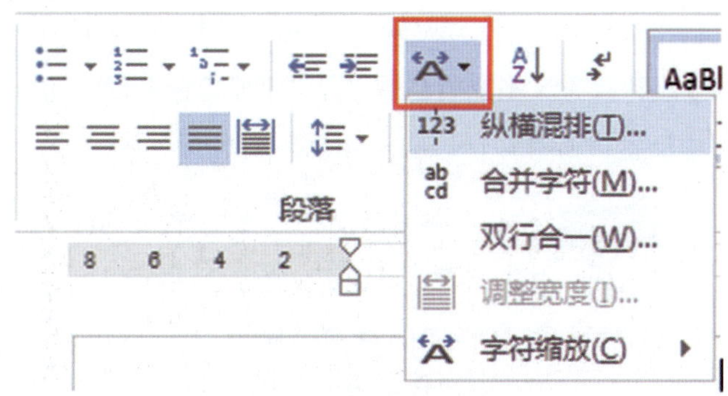

图3–32 设置中文版式

技巧：用“格式刷”复制格式。

当某一段落的格式（包括段落格式和字符格式）设置好后，可以利用“格式刷”复制格式，将格式复制到其他段落中。

选择喜欢格式的内容，单击 格式刷，选择要应用格式的其他内容，可复制一次格式。

选择喜欢格式的内容，双击 格式刷，选择要应用格式的其他内容，可多次复制格式；单击 格式刷 可取消继续复制格式。

课堂练习

请打开“段落练习1.doc”文档，完成以下操作，完成后直接保存。

扫一扫：观看教学视频

（1）标题格式：字体为隶书、二号字、绿色、加粗，居中对齐。

（2）正文第一、二段格式：段前段后间距各1.2行，首行缩进2个字符、左对齐。

（3）正文第三、四段格式：仿宋_GB2312、小四号字，字符缩放150%。

（4）正文第五段格式：文字加0.75磅红色单波浪线边框、底纹填充色为粉红。

操作三　页面设置与打印

扫一扫：观看教学视频

【操作步骤】

（1）检查打印机是否启动，是否与计算机正常连接并处于准备好状态。

（2）打开“春节放假通知”.docx。

（3）设置文档页面布局，纸张大小，预览打印效果，以便对不满意的地方随时修改。

（4）打印。

知识链接

1.页面设置

在页面布局功能区中设置，包括纸张大小、页边距、页码、页眉/页脚等的设置。

（1）在“页面设置”命令组中设置文字方向、页边距、纸张方向和纸张大小、分栏等。

（2）在页面设置对话框中设置，如图3-33、图3-34所示。

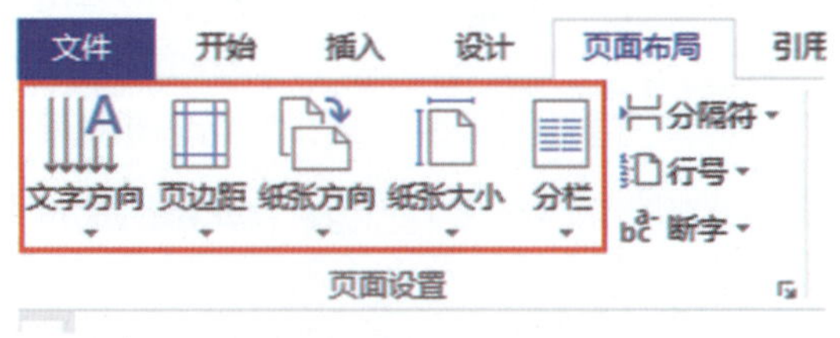

图3-33　页面设置

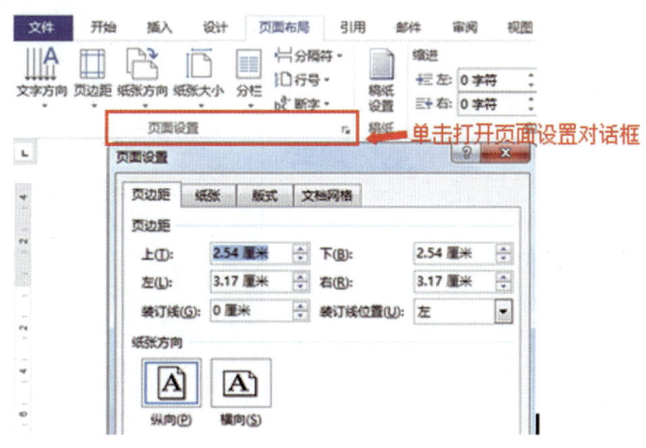

图3-34 页边距设置

（3）创建页眉和页脚。

页眉和页脚分别是打印在一页顶部或底部的注释性文字或图形，通常页眉和页脚包括文件名、日期、页码等。在“页眉和页脚”功能区中单击“页眉”→“页脚”→“页码”命令组，如图3-35所示。

图3-35 设置页眉和页脚

思考：如何创建奇偶页不同的页眉和页脚？

在“页面设置”对话框中选择“版式”选项卡，在“页眉和页脚”框中选定“奇偶页不同”复选框，单击“确定”按钮，返回页眉编辑区，此时页眉编辑区左上角出现“奇数页页眉”或“偶数页页眉”，分别设置不同的页眉和页脚（见图3-36）。

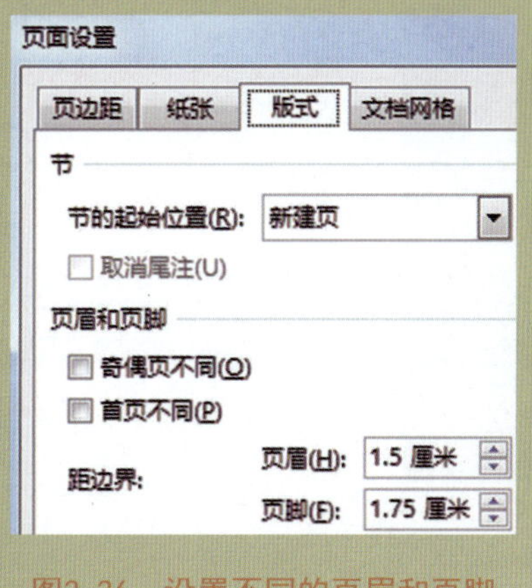

图3-36 设置不同的页眉和页脚

（4）设置页码。

在“页眉和页脚”功能区中选择“页码”命令，在下拉列表中选择“设置页码格式”。

在打开的“页码格式”对话框中可以设置页码的编号格式和起始页码（见图3-37）。

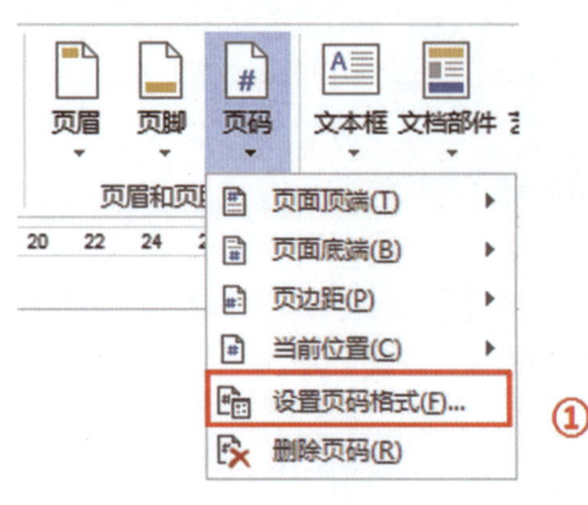

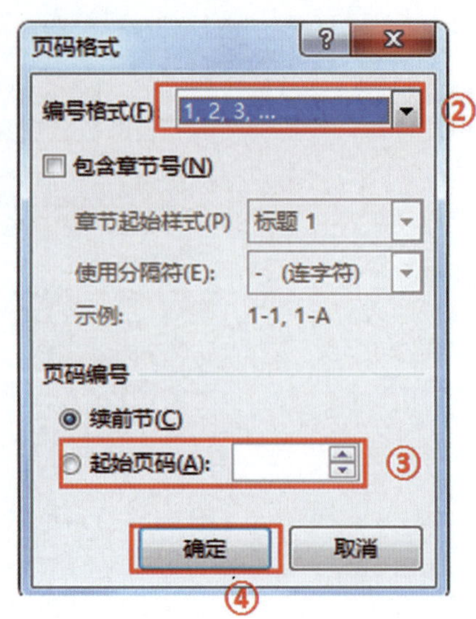

图3-37　设置页码

2.打印

Word 2013可以按各种不同的方式要求打印文档，并具有打印预览功能。

若已设置好，可按“Ctrl+P”组合键，再按“Enter”键就可打印。

打印预览功能可以在打印之前查看文档的实际打印效果（见图3-38）。

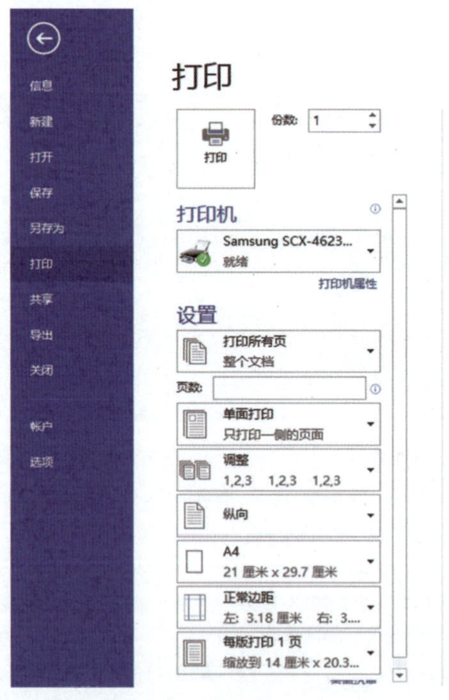

图3-38　打印设置

（1）在打印机下拉列表框中选择打印机。

（2）在设置中设置打印所有页、打印当前页、自定义打印范围等。

在“设置”中设置单面打印、手动双面打印。

在“设置”中设置打印纵向或横向、纸张大小，页边距和每版打印几页等。

课堂练习

请打开“段落练习2.doc”文档（见图3-39），完成以下操作，完成后直接保存。

（1）页面纸张大小设为16开（18.4厘米宽×26厘米高），页边距：上下均为3.0厘米、左右均为3.3厘米，并在顶端预留1厘米的装订线位置。

（2）标题文字为黑体、四号字、加粗，文字加着重号。

（3）将考试文件夹中的Tpa.TXT文件内容插入文档中，并调整各段落位置，使文档的段落编号由一到五顺序排列；

（4）在页面底端居右位置插入页码，起始页码为F，设置页眉，居中，内容为：新型操作系统。

扫一扫：观看教学视频

实训　协议书的排版

学生顶岗实习三方协议书

甲方（学院全称）：________________________

乙方（实习单位）：________________________

丙方（学生姓名）：________________________

根据《中华人民共和国合同法》《中华人民共和国劳动合同法》等相关法律规定及《职业学校学生实习管理规定》（教职成〔2016〕3 号），甲方希望通过乙方为其在校学生提供顶岗实习和就业机会，乙方愿意为甲方在校学生提供顶岗实习机会并从顶岗实习学生中招聘部分合适人员作为其员工，丙方作为甲方的在校学生愿意接受甲方安排在乙方进行顶岗实习，经甲、乙、丙三方协商，订立本协议如下：

一、实习岗位及实习期限

㈠三方同意丙方在_____年___月___日至_____年___月___日在乙方进行顶岗实习。

㈡乙方将安排丙方在乙方__________部门__________岗位进行实习，并尽力根据甲方的顶岗实习计划安排轮岗实习。

二、甲、乙、丙三方的权利和义务

㈠甲方的权利和义务。

1.甲方的权利：

图3-39　协议书排版

【实训要求】

（1）将文档的标题设置为宋体、小二号、加粗、居中，其余正文设为仿宋、五号。

（2）在正文开头的甲方、乙方、丙方和实习岗位及实习期限后的空格处添加空白下划线。

（3）正文开头的甲方、乙方、丙方段前段后0.3行，行间距18磅，正文其余部分行间距设置为固定值14磅，首行缩进2个字符。

扫一扫：观看教学视频

（4）在正文开头的甲方、乙方、丙方和文章中“一、二、三、四……”等设置黑体、五号、加粗（使用“格式刷”）。

【实训操作】略。

任务三 图文混排

学习目标

1.掌握在Word 2013中设置分栏、添加边框和底纹。

2.掌握在Word 2013中插入艺术字并进行格式设置。

3.掌握在Word 2013中插入图片并进行格式设置。

4.掌握在Word 2013中插入文本框并进行格式设置。

5.掌握在Word 2013中插入公式，灵活制作各种类型公式。

6.掌握图文混排的排版，灵活设置图片、文本框等的环绕方式。

学习内容

本任务主要介绍稍复杂的图文混排，包括插入艺术字、图片，设置艺术字、图片与文字的环绕方式，插入文本框、插入视频等，通过本任务的学习，读者可以灵活地运用Word 2013进行复杂的排版（见图3-40、图3-41）。

计算机发展史

计算机于1946年问世，正如汽车的发明是使人的双腿延伸一样，计算机的发明事实上是对人脑智力的继承和延伸。近10年来，计算机的应用日益深入到社会的各个领域，如管理、办公自动化等。由于计算机的日益向智能化发展，于是人们干脆把微型计算机称之为“电脑”了。计算机产生的动力是人们想发明一种能进行科学计算的机器，因此称之为计算机。它一诞生，就立即成了先进生产力的代表，掀开自工业革命后的又一场新的科学技术革命。

要追溯计算机的发明，可以由中国古时开始说起，古时人类发明算盘去处理一些数据，利用拨弄算珠的方法，人们无需进行心算，通过固定的口诀就可以将答案计算出来。这种被称为“计算与逻辑运算”的运作概念传入西方后，被美国人加以发扬光大。直到十六世纪，发明了一部可协助处理乘数等较为复杂数学算式的机械，被称为“棋盘计算器”，但这时期只属于纯计算的阶段，要到十九世纪才有急速的发展。

第一代电子管计算机(1945-1956)

1946年，美国物理学家莫奇利任总设计师，研制成功世界上第一台电子管计算机ENIAC(图中左为莫奇利)第一代计算机的特点是操作指令是为特定任务而编制的，每种机器有各自不同的机器语言，功能受到限制，速度也慢。另一个明显特征是使用真空电子管和磁鼓储存数据。

第二代晶体管计算机(1956-1963)

1956年，晶体管在计算机中使用，晶体管和磁芯存储器导致了第二代计算机的产生。第二代计算机体积小、速度快、功耗低、性能更稳定。

第三代集成电路计算机(1964-1971)

1958年发明了集成电路(IC)，将三种电子元件结合到一片小小的硅片上。科学家使更多的元件集成到单一的半导体芯片上。于是，计算机变得更小，功耗更低，速度更快。

图3-40　复杂的图文混排

图3-41　图片插入

操作一　分栏、边框和底纹

扫一扫：观看教学视频

【操作要求】

打开“图文混排”文档，按以下要求排版。

（1）全文设置段落格式为首行缩进2个字符，段后间距0.3厘米。

（2）设置栏格式：设置正文第2段为两栏偏左格式，第1栏栏宽：3.5厘米，在栏间添加分隔线。

（3）设置边框（底纹）：设置正文第三、五、七、九段底纹，底纹填充色为蓝色、着色1、淡色80%，图案式样15%，边框设置：方框，双实线，蓝色，宽度1.5磅。

【操作步骤】

（1）按“Ctrl+A”选择全文，单击“开始”选项卡中“段落”选项组中的段落对话框设置首行缩进2个字符，段后间距为0.3厘米（见图3-42）。

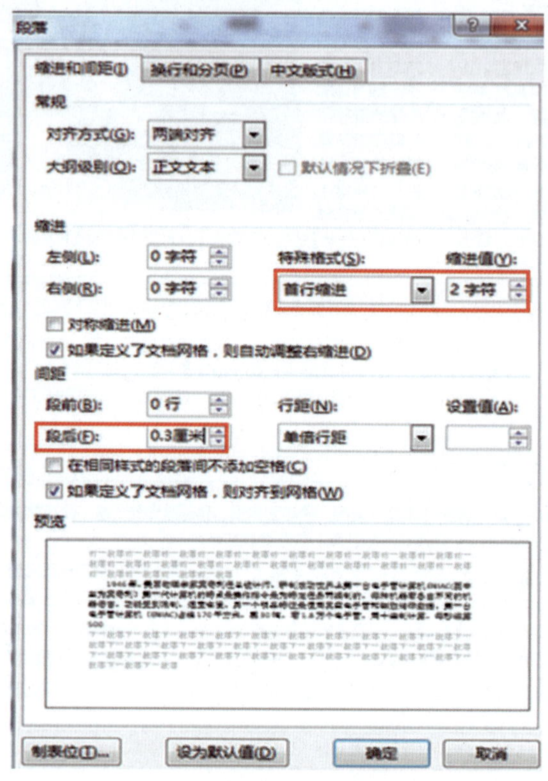

图3-42　设置首行缩进

（2）选定正文第2段，单击“页面布局”选项卡“页面设置”选项组中的“分栏”，在下拉列表中选择“更多分栏…”（见图3-43）。

在分栏对话框中设置两栏偏左格式，第1栏栏宽：3.5厘米，在栏间添加分隔线（见图3-44）。

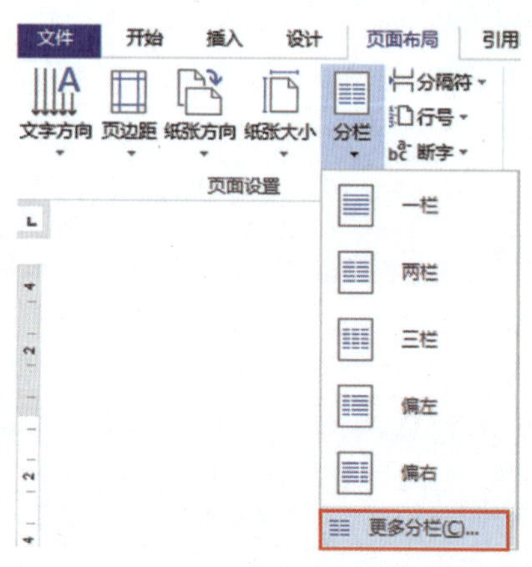

图3-43　分栏设置

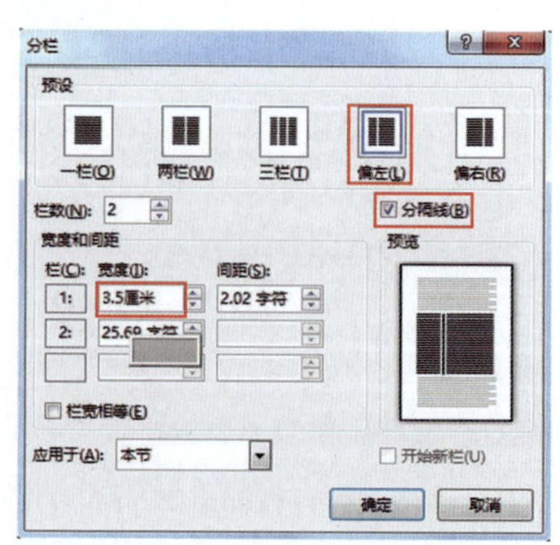

图3-44　栏间添加分隔线

（3）选择正文第三段，单击“设计”选项卡“页面背景”选项组中的“页面边框”，打开“边框和底纹”的对话框。

在打开的“边框和底纹”对话框中选择“底纹”选项卡，设置底纹填充色为蓝色、着色1、淡色80%，图案样式15%，应用范围为段落（见图3–45）。

在打开的“边框和底纹”对话框中选择“边框”选项卡，设置为“方框”样式选择双实线，颜色设为蓝色，宽度设为1.5磅，应用于段落（见图3–46）。

（4）使用“格式刷”工具将正文第三段的格式应用于第五、七、九段（见图3–46）。

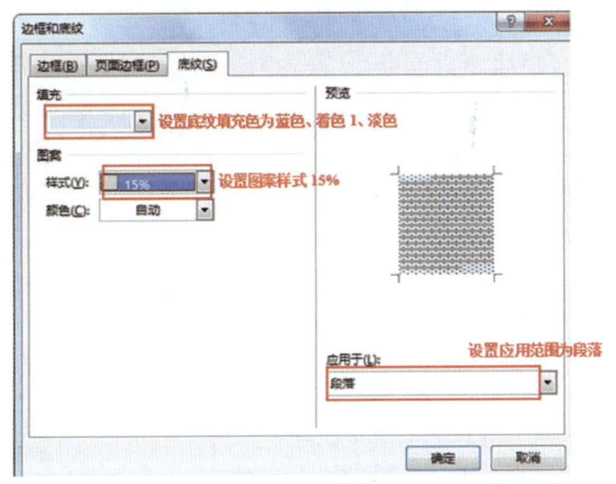

图3–45 底纹填充

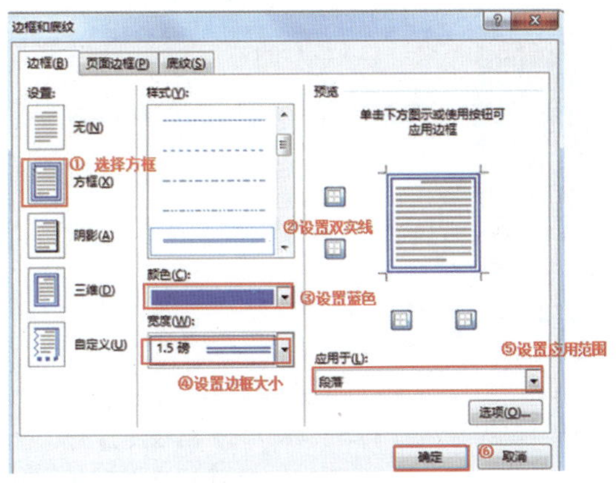

图3–46 边框设置

计算机于 1946 年问世，有人说是由于战争的需要而产生的，我们认为计算机产生的根本动力是人们为创造更多的物质财富，是为了把人的大脑延伸，让人的潜力得到更大的发展。正如汽车的发明是使人的双腿延伸一样，计算机的发明事实上是对人脑智力的继承和延伸。近１０年来，计算机的应用日益深入到社会的各个领域，如管理、办公自动化等。由于计算机的日益向智能化发展，于是人们干脆把微型计算机称之为“电脑”了。计算机产生的动力是人们想发明一种能进行科学计算的机器，因此称之为计算机。它一诞生，就立即成了先进生产力的代表，掀开自工业革命后的又一场新的科学技术革命。

要追溯计算机的发明，可以由中国古时开始说起，古时人类发明算盘去处理一些数据，利用拨弄算珠的方法，人们无需进行心算,通过固定的口诀就可以将答案计算出来。这种被称为“计算与逻辑运算”的运作概念传入西方后，被美国人加以发扬光大。直到十六世纪,发明了一部可协助处理乘数等较为复杂数学算式的机械，被称为“棋盘计算器”，但这时期只属于统计算的阶段,要到十九世纪才有急速的发展。

第一代电子管计算机(1945-1956)

1946 年，美国物理学家莫奇利任总设计师，研制成功世界上第一台电子管计算机 ENIAC(图中左为莫奇利）第一代计算机的特点是操作指令是为特定任务而编制的，每种机器有各自不同的机器语言，功能受到限制，速度也慢。另一个明显特征是使用真空电子管和磁鼓储存数据。第一台电子管计算机（ENIAC)占地 170 平方米，重 30 吨，有 1.8 万个电子管，用十进制计算，每秒运算 500

第二代晶体管计算机(1956-1963)

1948 年，晶体管的发明大大促进了计算机的发展，晶体管代替了体积庞大电子管，电子设备的体积不断减小。1956 年，晶体管在计算机中使用，晶体管和磁芯存储器导致了第二代计算机的产生。第二代计算机体积小、速度快、功耗低、性能更稳定。

第三代集成电路计算机(1964-1971)

1958 年发明了集成电路(IC)，将三种电子元件结合到一片小小的硅片上。科学家使更多的元件集成到单一的半导体芯片上。于是，计算机变得更小，功耗更低，速度更快。这一时期的发展还包括使用了操作系统，使得计算机在中心程序的控制协调下可以同时运行许多不同的程序。1964 年，美国 IBM 公司研制成功第一个采用集成电路的通用电子

第四代大规模集成电路计算机(1971-现在)

出现集成电路后，唯一的发展方向是扩大规模。大规模集成电路(LSI)可以在一个芯片上容纳几百个元件。到了 80 年代，超大规模集成电路(VLSI)在芯片上容纳了几十万个元件，后

操作二　插入图片、艺术字等对象

所谓图文混排，就是将文字与图片等对象混合排列，文字可在图片的四周、嵌入图片下面、浮于图片上方等。

图文混排在一些杂志、报纸中最为常见。重点是这个“混”字，合理地对图片、文本框进行版式布局，能够为文档增色不少。

【操作要求】

（1）在正文前插入艺术字“计算机的发展史”作为文章标题，艺术字式样为“第2行第3列”，字体为宋体，字号为36，将艺术字居中，设置艺术字文字环绕方式为上下型，艺术字文本效果为上弯弧。

扫一扫：观看教学视频

（2）插入一幅计算机图片，高度设置为5厘米，宽度设置为7.79厘米。环绕方式设置为紧密型，图片位置设置为水平绝对位置，距页面10厘米，垂直位置距页面8厘米。

（3）绘制一幅计算机图形，计算机图案填充蓝色，里面笑脸图案填充绿色，并将所有图形组合添加阴影，放置于全文最后一段。

【操作步骤】

（1）光标定位正文前面，单击“插入”选项卡“艺术字”命令，输入“计算机的发展史”作为文章标题，艺术字样式为“第2行第3列”（见图3-47）。

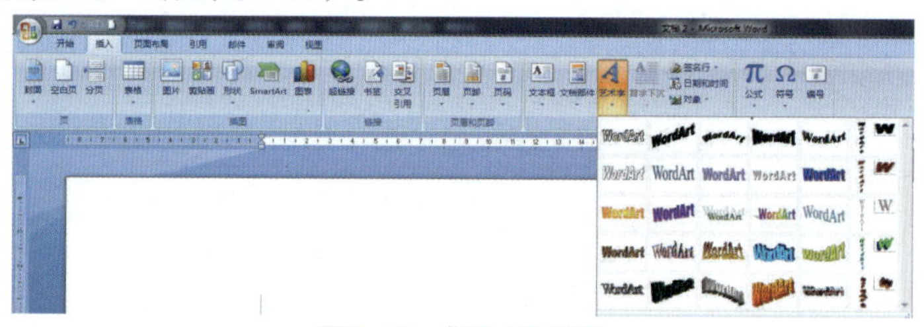

图3-47　插入艺术字

在“艺术字工具”选项卡“格式”中“编辑文字”中设置字体为宋体，字号为36，将艺术字居中，在“文字”组设置“对齐方式”为居中。在“排列”组“自动换行”下三角中选择“其他布局选项设置艺术字文字环绕方式为上下型（见图3-48）。

选择艺术字，设置艺术字文本效果，见图3-49“上弯弧”。

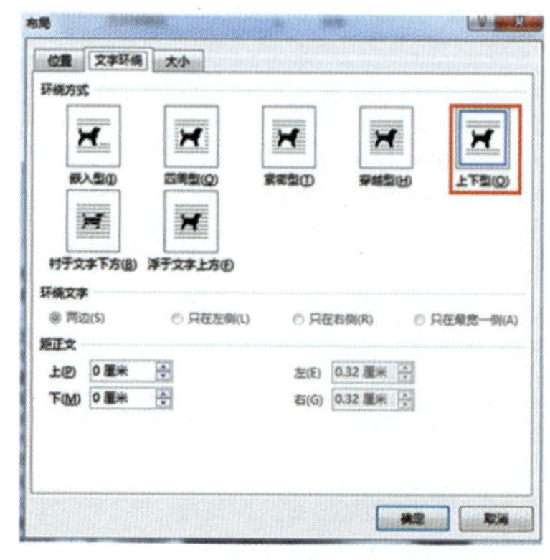

图3-48　设置艺术字文字环绕方式

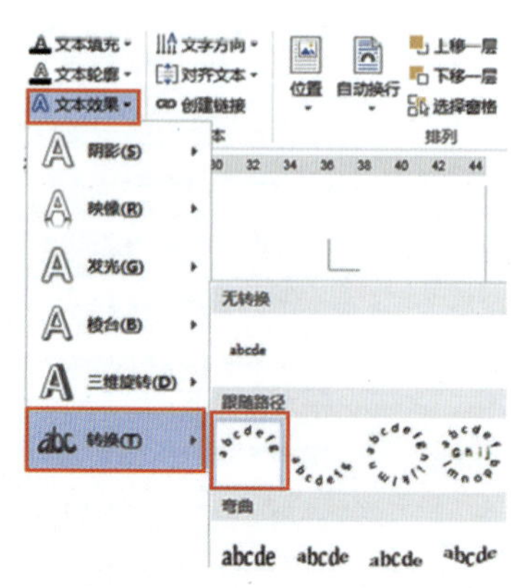

图3-49　设置艺术字文本效果

（2）选择“插入”选项卡“插图”选项组中的“图片”，在“插入图片”对话框中选择“计算机发展.jpg”图片（见图3-50）。

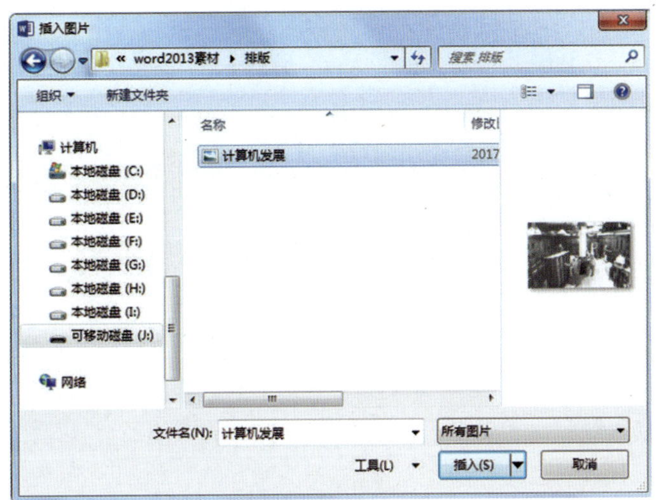

图3-50　插入图片

选择“图片工具→格式”选项卡“大小”选项组。高度设置为5厘米，宽度设置为7.79厘米（见图3-51）。

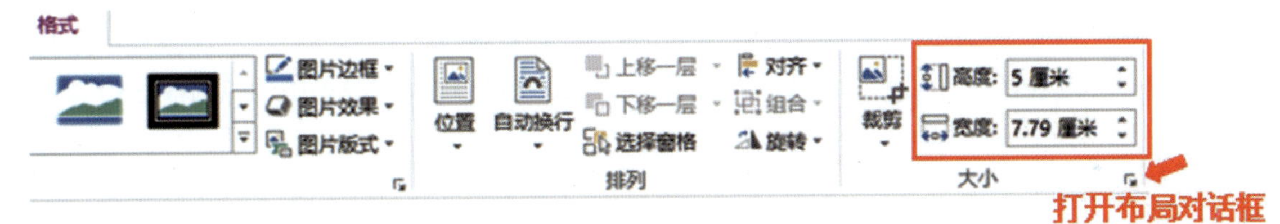

图3-51　设置图片大小

打开布局对话框，在“文字环绕”选项卡中设置环绕方式为紧密型，单击“确定”（见图3-52）。

打开布局对话框，在“位置”选项卡中图片位置设置为水平绝对位置，距页面10厘米，垂直绝对位置距页面8厘米，单击“确定”（见图3-53）。

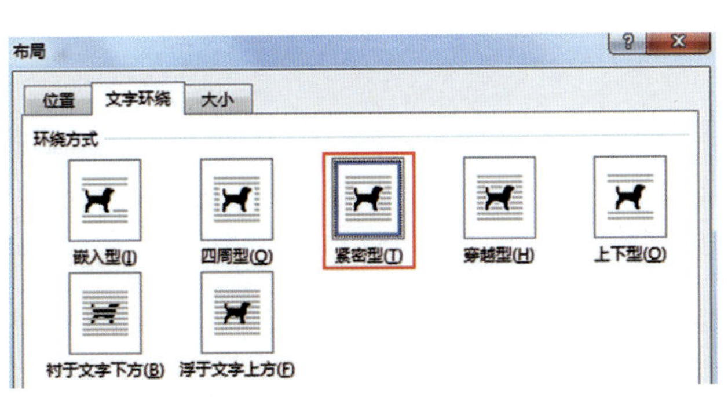

图3-52　设置文字环绕

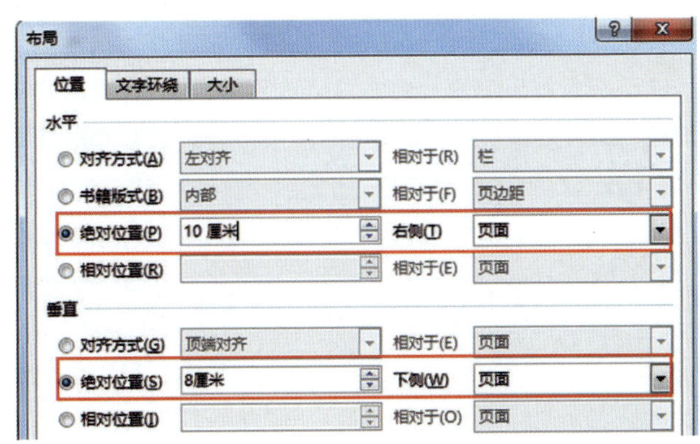

图3-53　设置图片位置

（3）光标定位文档末，选择“插入”选项卡“插图”选项组中“形状”命令，分别绘制对应图形（见图3–54）。

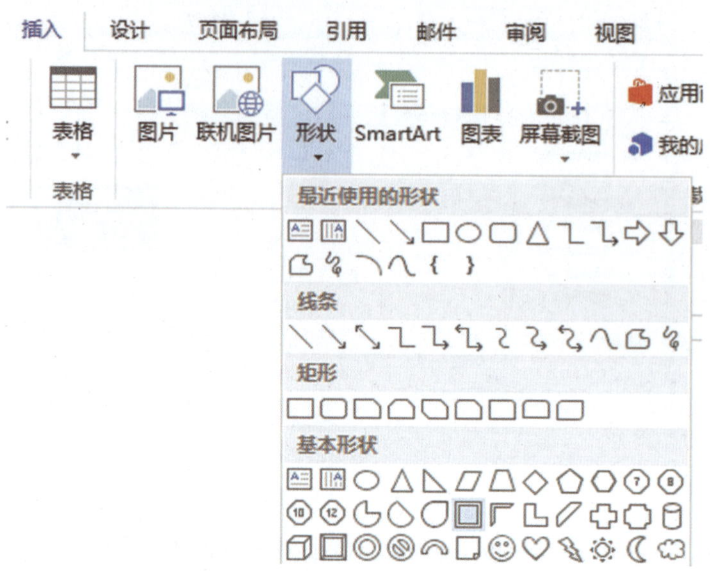

图3–54 插入形状

在“绘图工具→格式”选项卡中设置计算机图形的形状填充、形状轮廓均为蓝色，里面笑脸图形形状填充为绿色，按“Shift”键选择所有图形，右击选择“组合”，再设置形状效果为阴影（见图3–55）。

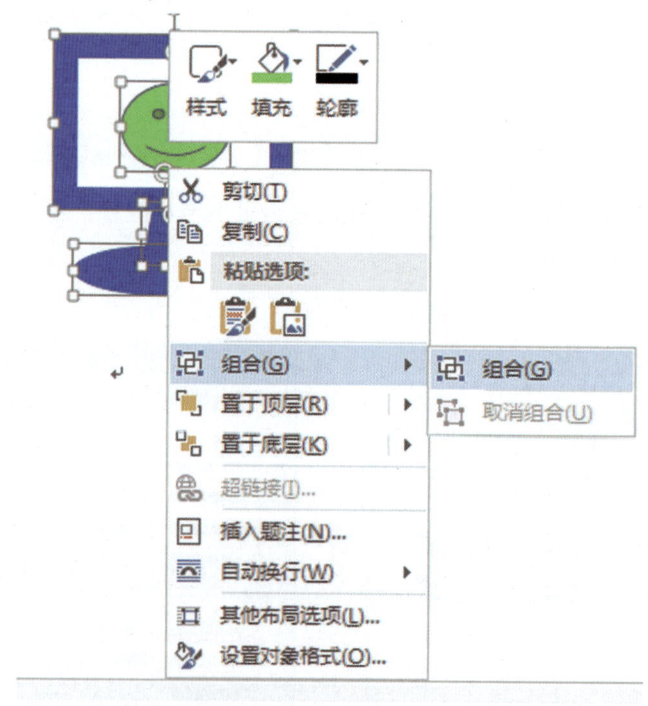

图3–55 图形的组合

计算机的发展史

计算机于 1946 年问世，有人说是由于战争的需要而产生的，我们认为计算机产生的根本动力是人们为创造更多的物质财富，是为了把人的大脑延伸，让人的潜力得到更大的发展。正如汽车的发明是使人的双腿延伸一样，计算机的发明事实上是对人脑智力的继承和延伸。近 1 0 年来，计算机的应用日益深入到社会的各个领域，如管理、办公自动化等。由于计算机的日益向智能化发展，于是人们干脆把微型计算机称之为“电脑”了。计算机产生的动力是人们想发明一种能进行科学计算的机器，因此称之为计算机。它一诞生，就立即成了先进生产力的代表，掀开自工业革命后的又一场新的科学技术革命。

要追溯计算机的发明，可以由中国古时开始说起，古时人类发明算盘去处理一些数据，利用拨弄算珠的方法，人们无需进行心算，通过固定的口诀就可以将答案计算出来。这种被称为“计算与逻辑运算”的运作概念传入西方后，被美国人加以发扬光大。直到十六世纪，发明了一部可协助处理乘数等较为复杂数学算式的机械，被称为“棋盘计算器”，但这时期只属于纯计算的阶段，要到十九世纪才有急速的发展。

第一代电子管计算机(1945-1956)

知识链接

1.创建艺术字

标题是文档中起引导作用的重要元素，通常标题应醒目，突出主题，同时可以为其加上一些特殊的修饰效果，可以把标题做成艺术字。

艺术字样式除了Word 2013提供的预设样式外，还可以通过设置文本填充、文本轮廓和文本效果自定义样式。

（1）插入艺术字（见图3-56）。

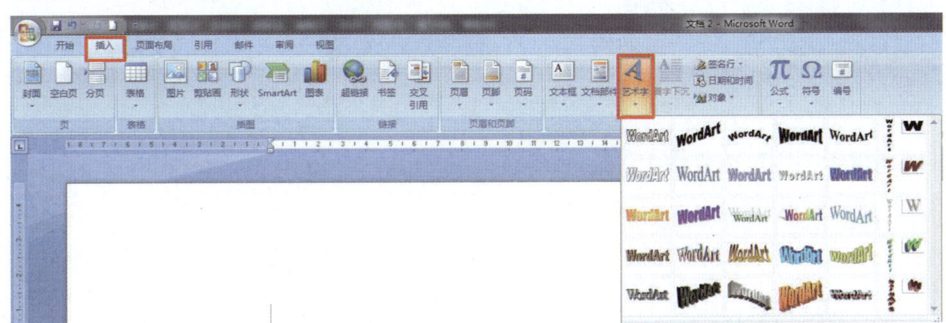

图3-56 插入艺术字

（2）调整艺术字大小与位置，设置艺术字样式（见图3-57）。

①在“插入形状”选项组中设置艺术字形状。

②在“形状样式”选项组中设置艺术字形状样式和形状填充、形状轮廓等效果。

③在“艺术字样式”选项组中设置艺术字样式和文本填充、文本轮廓等效果见图3–57。

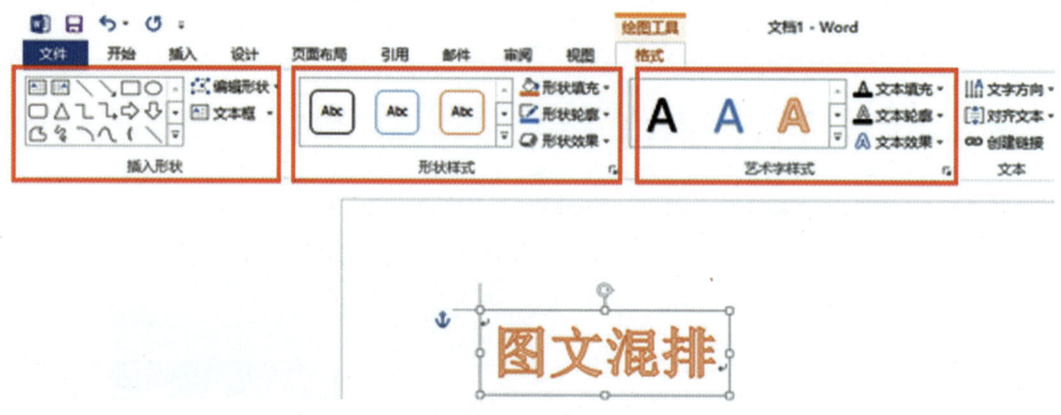

图3–57　艺术字设置

2.插入图片

插入图片的作用：修饰文档版面，丰富文章内容。

（1）插入电脑中的图片。

（2）插入联机图片。

①插入剪贴画。

插入方法：在功能区中打开“插入”选项卡，在“插图”选项组中单击“联机图片”按钮，在打开的“插入图片”页面搜索框中输入“office剪贴画”后按“Enter”键，选择需要插入的剪贴画，该剪贴画即可插入文档中（见图3–58）。

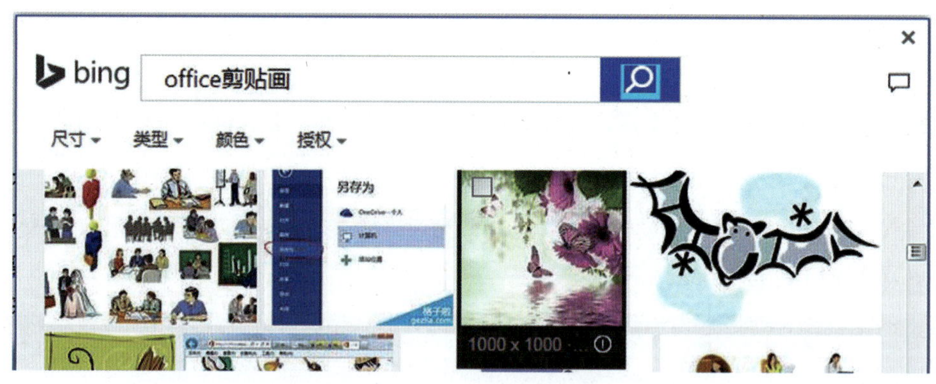

图3–58　插入剪贴画

②联机搜索网络资源的图片（见图3–59）。

可以通过Bing图像搜索获取网络上的图片。

图3–59　插入图片

③插入微软网盘上的图片。

（3）获取屏幕截图。

Word 2013提供了屏幕截图功能，用户在编写文档时，可以直接截取程序窗口或屏幕上某个区域的图像，这些图像将自动插入当前光标所在位置（见图3-60）。

图3-60　屏幕截图

3.编辑修改图片

刚插入的图片一般与原文不匹配，需要对其进行裁剪、放大缩小、移动位置和调整图片效果等处理。

（1）调整图片大小与旋转图片（见图3-61）。

①通过鼠标方式调整：单击图片，图片周围出现8个控制点，表示图片处于选中状态，将鼠标指针移到某个控制点上，指针形状变为双箭头，拖动鼠标来改变图片的大小。

②当需要对图片位置进行精确定位时，可通过“图片工具→格式”选项卡“大小”命令组精确调整。

图3-61　调整图片大小与旋转

（2）裁剪图片。

对选定图片进行裁剪，即裁掉不需要的部分，即按照矩形对图像进行裁剪，还可以将图像裁剪为不同的形状。

①使用鼠标拖动控制柄裁剪图像。选择要裁剪的图片，单击“图片工具→格式”选项卡“大小”命令组“裁剪”命令，图片四周出现裁剪框，拖动裁剪框上的控制柄调整裁剪框包围图像的范围，操作完成后按“Enter”键，裁剪框外的图像将被删除（见图3-62）。

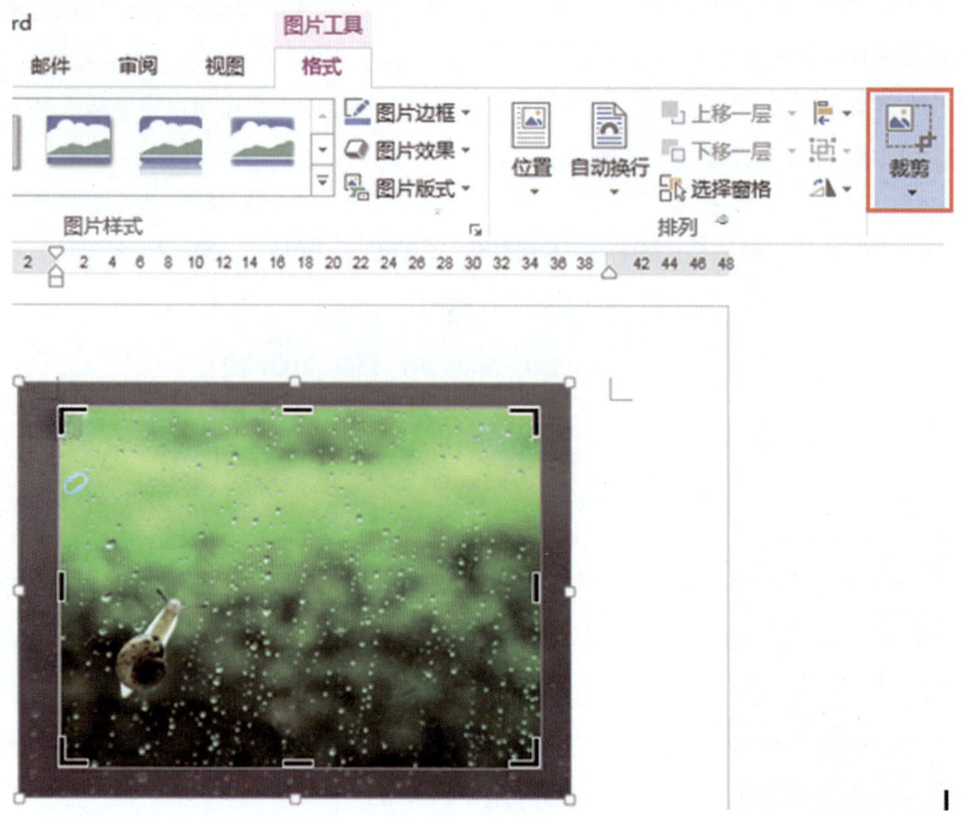

图3-62　裁剪图片

②设置纵横比调整图像。选择要裁剪的图片，单击“裁剪”下拉按钮“纵横比”选项，选择裁剪图像使用的纵横比，按“Enter”键，Word将按照选定的纵横比裁剪图像（见图3-63）。

图3-63　按比例裁剪

③按照形状调整图像。选择要裁剪的图片，单击“裁剪”下拉按钮“裁剪为形状”命令，在级联列表中选择形状，图像被裁剪为指定的形状（见图3-64）。

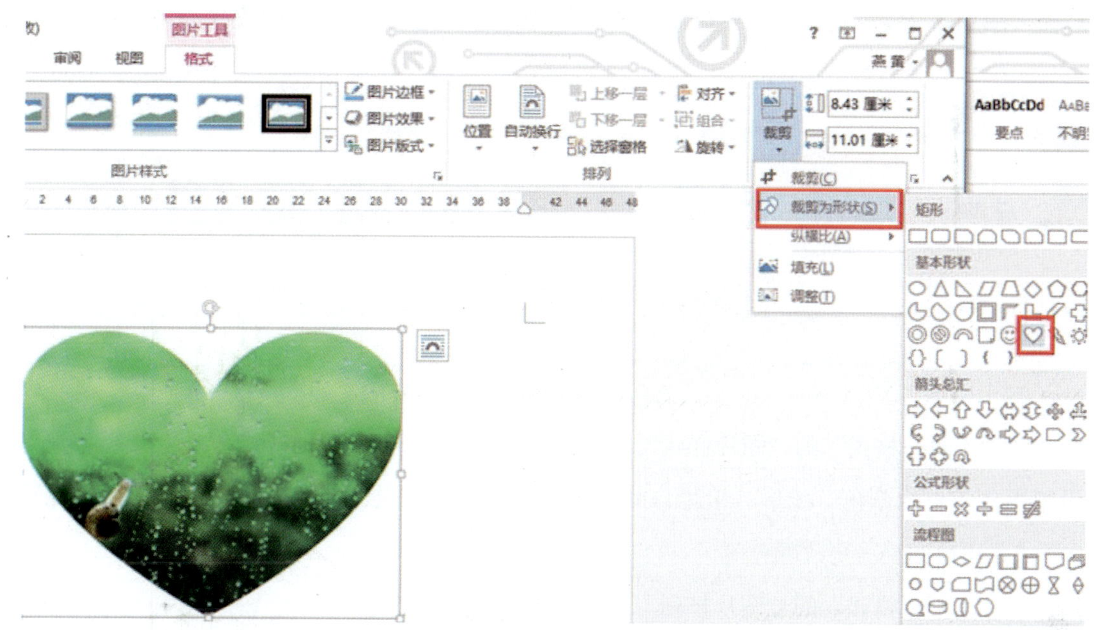

图3-64 设置裁剪为形状

技巧：完成图像裁剪后，单击“裁剪”下拉按钮中的“调整”选项，图像周围将重新被裁剪框包围，此时拖动裁剪框上的控制柄可以重新对图像进行裁剪操作。

（3）设置环绕方式。

环绕方式是设置图片相对于页面文字的混排方式（指图片相对其周围文字的关系），包括嵌入型、四周型环绕、紧密型环绕、穿越型环绕、上下型环绕、衬于文字下方、浮于文字上方（见图3-65）。

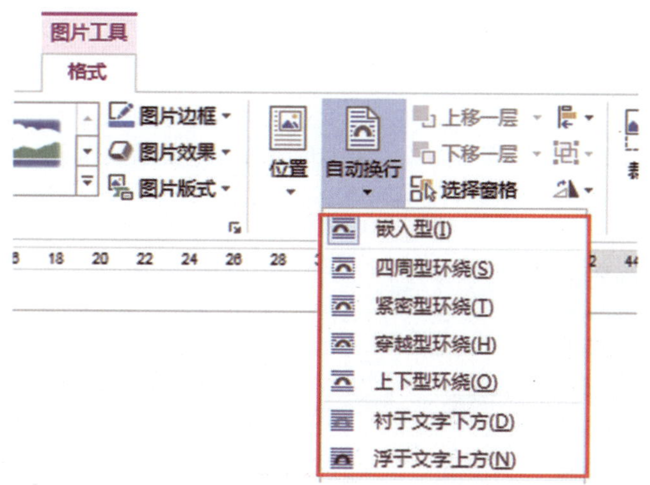

图3-65 设置图片环绕方式

（4）调整图片效果。

①使用“图片工具→格式”的“调整”命令组编辑图片。

能够对插入图片的亮度、对比度以及色彩进行简单的调整，使照片效果得到改善（见图3–66）。

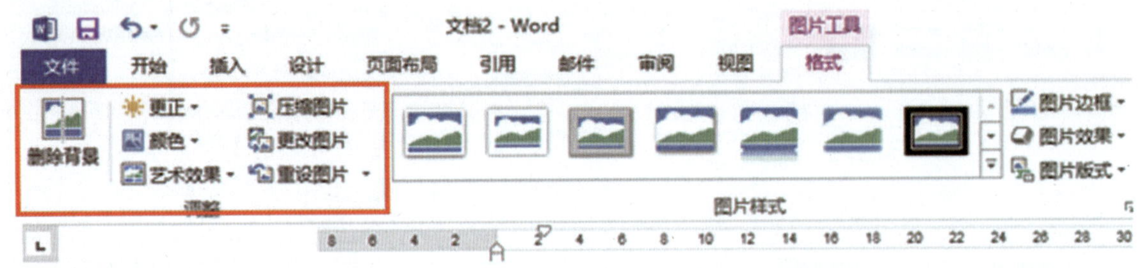

图3–66　调整图片效果

②使用“图片工具→格式”的“图片样式”命令组编辑图片。

能够设置图片边框的颜色、线形、粗线，图片阴影、映像、发光、柔和边缘、棱台、三维旋转等效果，图片版式的样式、更改布局、更改颜色等。

③使用“图片工具→格式”的“图片排列”命令组编辑图片。

使用“位置”命令设置图片相对于页面的相对位置；使用“自动换行”命令设置图片相对于页面文字的混排方式；改变图片的叠放次序；设置多张图片之间的对齐方式；组合图片；翻转图片（见图3–67）。

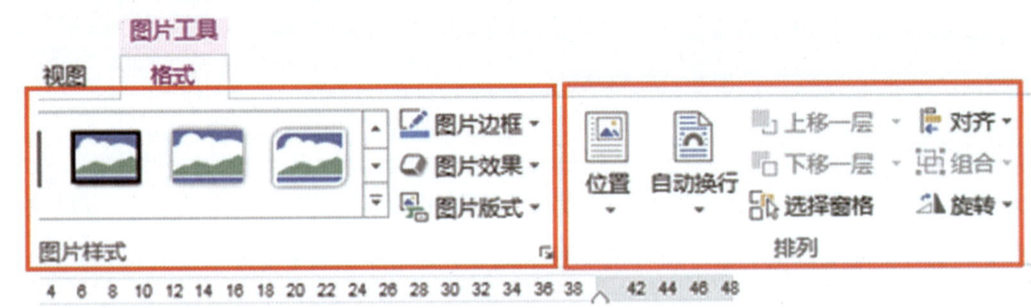

图3–67　设置图片样式

4.插入图表

图表是通过图形显示数据的，相比表格而言，更能形象直观地表示数据之间的关系。

（1）在“插入”选项卡，单击“图表”按钮（见图3–68）。

图3–68　插入图表

（2）打开“插入图表”对话框，选择图表类型，单击“确定”按钮（见图3-69）。

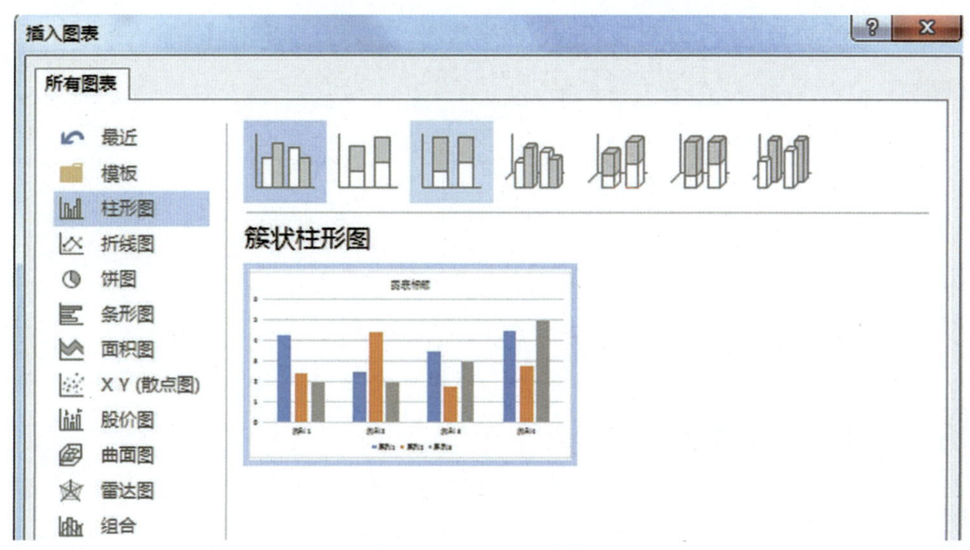

图3-69　插入选择图表

（3）这时候会打开Excel模块和图表模板，在Excel模块中输入相应的数据，会发现图表会随着数据的更改而变化。在图表标题处，输入标题内容（见图3-70）。

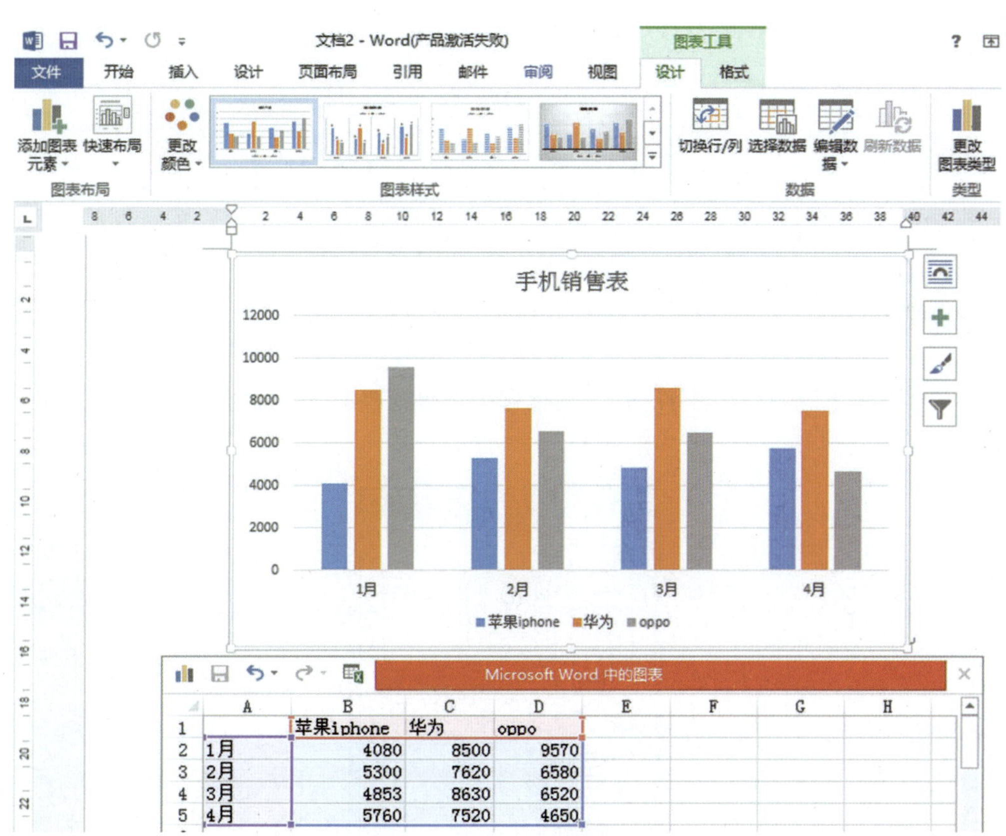

	A	B	C	D
1		苹果iphone	华为	oppo
2	1月	4080	8500	9570
3	2月	5300	7620	6580
4	3月	4853	8630	6520
5	4月	5760	7520	4650

图3-70　打开Excel模块和图表模板

5.插入联机视频

在编写Word 2013文档时，可以插入一些富有特色的视频来充实文档。

（1）选择“插入”选项卡，单击“媒体”功能组的“联机视频”按钮。

（2）输入要搜索的视频名称，会显示视频的封面缩略图，可以直接单击鼠标插入视频（见图3–71）。

◂返回到站点

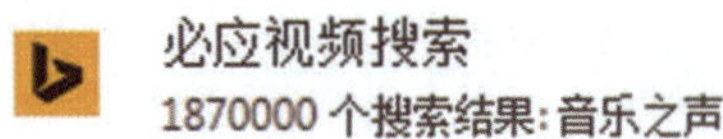

图3–71　插入联机视频

操作三　插入文本框和公式

扫一扫：观看教学视频

【操作要求】

（1）第2段第一行首字“要”设置为首字下沉两行，字体设置为隶书，距正文0.3厘米。

（2）在文档空白处插入一个文本框，并在其中输入数学公式，并设置文本框填充颜色为“浅绿色”，文本框线条颜色为无，浮于文字上方，水平居中。

【操作步骤】

（1）将光标放在第2段中，单击“插入”选项卡“首字下沉”下拉列表的“下沉”按钮（见图3–72）。

图3–72　设置首字下沉

第一行首字“要”将下沉。在“首字下沉”对话框中设置为首字下沉两行，字体设置为隶书，距正文0.3厘米（见图3–73）。

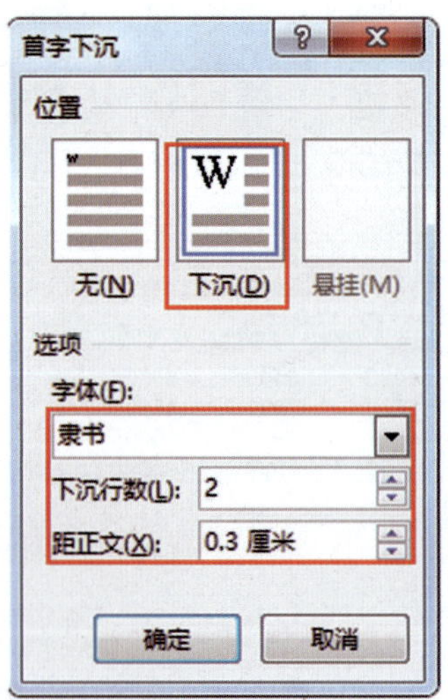

图3–73　设置首字下沉

（2）光标定位在文档末空白处，单击“插入”选项卡“文本框”下拉列表的“绘制文本框”按钮。

选择已绘制好的文本框，单击“绘图工具→格式”选项卡“形状样式”中的“形状填充”为“浅绿色”，“形状轮廓”颜色为无（见图3-74）。

图3-74 设置形状

在“位置”命令中设置文本框环绕方式为浮于文字上方，水平居中（见图3-75）。

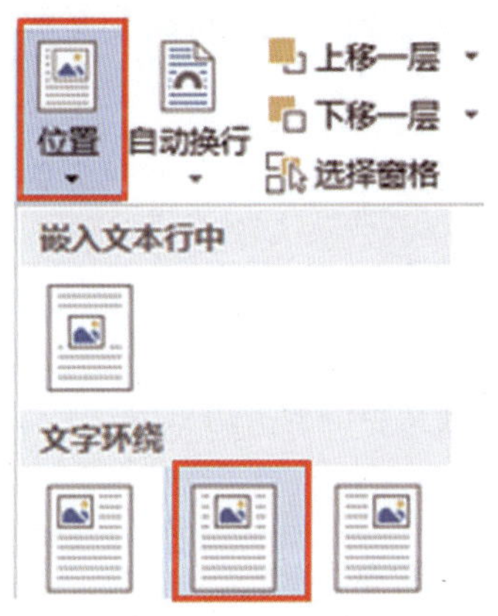

图3-75 设置文本框环绕方式

光标位于文本框中，单击“插入”选项卡中“公式”命令。

在“公式工具→设计”选项卡中先选择对应的公式结构，再输入对应的数值（见图3-76）。

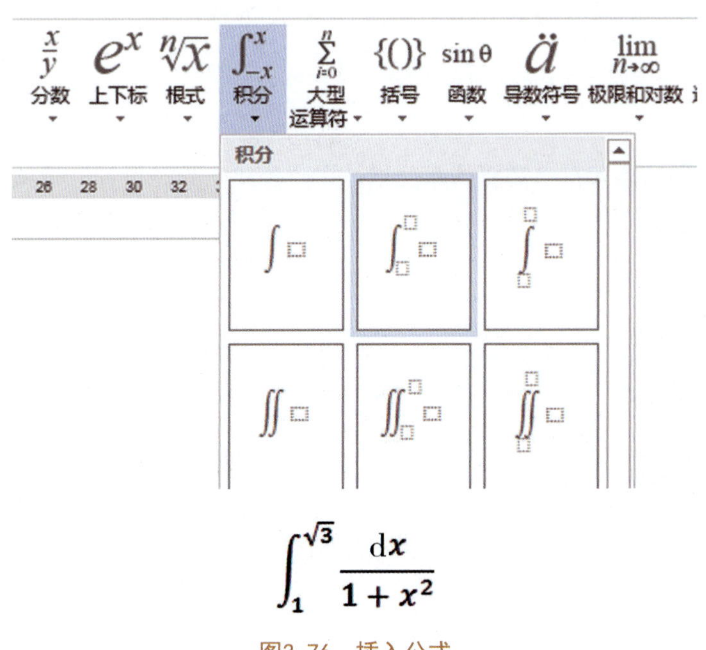

$$\int_{1}^{\sqrt{3}} \frac{dx}{1+x^2}$$

图3-76 插入公式

知识链接

1.插入文本框

文本框的作用：可以在页面中任意移动，同时可以在页面中设置横、竖排文字混排效果。

（1）文本框的类型。

①插入内置文本框。

②绘制文本框。

（2）设置文本框格式，选择文本框，在“绘图工具→格式”选项卡中设置：

①“插入形状”中可插入新的形状，“编辑形状”可改变文本框的形状。

②“形状样式”组设置文本框形状填充、形状轮廓、形状效果等。

③“艺术字样式”组可设置文本框文字的艺术字样式。

④“文本”组可设置文字方向和文本框文字的对齐方式。

⑤“排列”组可设置文本框的环绕方式。

⑥“大小”组，可调整文本框大小与位置等。

2.插入公式

在编辑数学、物理等方面内容的文档时，可能会需要输入公式。利用Word 2013公式编辑器，我们可以设计各类专业的公式。

将鼠标的光标定位在应该插入公式位置。单击“插入”选项卡“符号”选项组“公式”命令，选择合适的公式插入（见图3–77）。

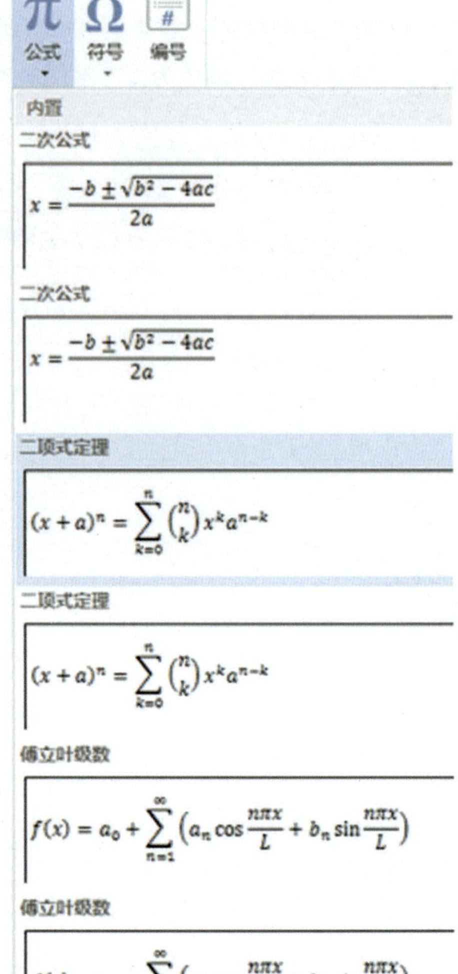

图3–77　编辑公式

单击“插入新公式”手动插入自己需要的新公式，在“公式工具→设计”选项卡的“结构”选项中挑选和设定需要的公式（见图3–78）。

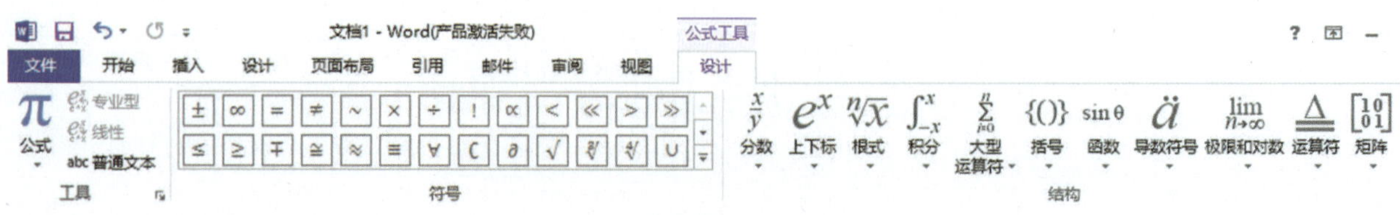

图3–78　插入新公式

实训 图文混排、艺术字、文本框

目的：通过完成下面的文档，掌握文档分栏及图文混排的常用方法。

打开“牡丹.docx”文档，按下面要求操作，以原文件名保存。

扫一扫：观看教学视频

1.插入艺术字

插入“牡丹→花中之王”艺术字作为标题，应用第1行第1列艺术字样式，文字使用华文行楷字体、蓝色、36号、加粗。艺术字填充白色、线条蓝色。

2.首字下沉

将第一段中的“牡”设置为绿色，首字下沉3行。

3.插入直线

在艺术字与第一段用一直线分隔，线条为2.25磅，红色，浮于文字上方，调整合适长短的线条。

> 注意：配合Shift键可画垂直或水平的直线。

4.插入图片

在第2段前插入素材中的牡丹1.jpg图片，调整合适的图片大小和位置。

5.设置项目符号

选择“牡丹的形态特征、牡丹的生长习性、牡丹的主要用途、牡丹的繁殖方式”。

6.分栏

除第一段外的所有段落分3栏。

7.插入文本框

插入横排文本框 “花中之王→牡丹”，设置文本框无填充颜色，文本框线条为2.25磅紫色实线，浮于文字上方。文本框中“王”字之后加回车键，“花中之王”设为方正舒体、二号；“牡丹”设为三号字。

牡丹——花中之王

牡丹是观赏名花，素有“国色天香”、“花中之王”的美称。这“花中之王”的美誉早在唐代的时候就广为流传。唐代诗人皮日休就曾吟诗赞颂牡丹：“落尽残红始吐芳，佳名号作百花王。竟夸天下无双艳，独占人间第一香”。的确，牡丹花大而美，无论红、白、粉红、黄、紫等各色牡丹，都有很高的观赏价值。唐代诗人王维有“绿艳闲且静，红衣浅复深”的名句。宋代文豪苏轼的“一朵妖红翠欲流，春光回照雪霜羞”，更是令人回味无穷。

◆ 牡丹的形态特征

牡丹是落叶灌木。茎高达2米；分枝短而粗。叶通常为二回三出复叶，偶尔近枝顶的叶为3小叶；顶生小叶宽卵形，长7-8厘米，宽5.5-7厘米，3裂至中部，裂片不裂或2-3浅裂，表面绿色，无毛，背面淡绿色，有时具白粉，沿叶脉疏生短柔毛或近无毛，小叶柄长1.2-3厘米；侧生小叶狭卵形或长圆状卵形，长4.5-6.5厘米，宽2.5-4厘米，不等2裂至3浅裂或不裂，近无柄；叶柄长5-11厘米，和叶轴均无毛。

◆ 牡丹的生长习性

性喜温暖、凉爽、干燥、阳光充足的环境。喜阳光，也耐半阴，耐寒，耐干旱，耐弱碱，忌积水，怕热，怕烈日直射。适宜在疏松、深厚、肥沃、地势高燥、排水良好的中性沙壤土中生长。酸性或黏重土壤中生长不良。

◆ 牡丹主要用途

牡丹色、姿、香、韵俱佳，花大色艳，花姿绰约，韵压群芳，观赏性强。牡丹花可供食用。中国不少地方有用牡丹鲜花瓣做牡丹羹，或配菜添色制作名菜的。牡丹花瓣还可蒸酒，制成的牡丹露酒口味香醇。药用栽培者品种单调，花多为白色。以根皮入药，称牡丹皮，又名丹皮、粉丹皮、刮丹皮等，系常用凉血祛瘀中药。

◆ 牡丹的繁殖方式

牡丹繁殖方法有分株、嫁接、播种等，但以分株及嫁接居多，播种方法多用于培育新品种。

花中之王

——牡丹

任务四 制作菜谱和结构图

学习目标

1.掌握Word 2013制表位的创建，能灵活运用制表位。

2.掌握Word 2013图形的创建，能运用图形制作各种流程图。

学习内容

本任务主要介绍使用制表位制作菜谱和制作结构图（见图3-79、图3-80），包括插入图片、艺术字、制表位的创建和图形的创建等，通过本任务的学习，读者可以熟练掌握制表位的使用和流程图的制作。

图3-79　菜谱制作

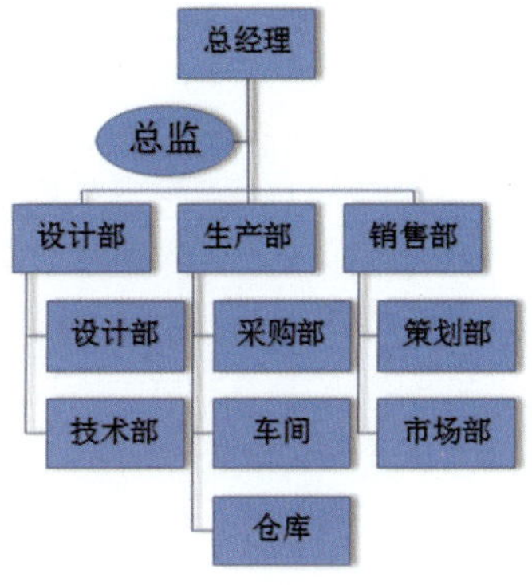

图3-80　流程图的制作

操作一　制作菜谱

扫一扫：观看教学视频

【操作步骤】

新建空白文档，页面大小为A4，页面方向为纵向。

利用“制表位”功能制作菜单内容。

（1）“插入”选项卡→“图片”命令，将作为菜谱背景图的图片插入文档中（见图3-81）。

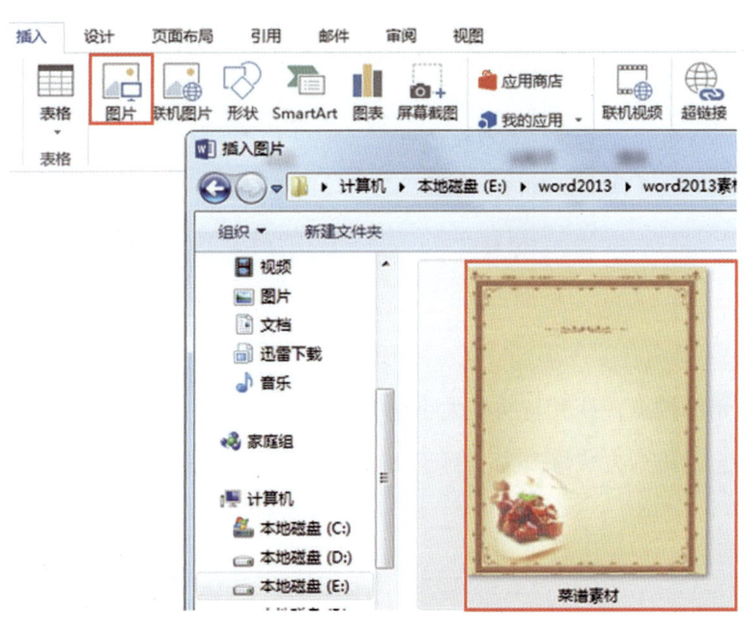

图3-81　插入背景图片

（2）选中插入的图片，将它的排列方式设置为“浮于文字上方”（见图3–82）。

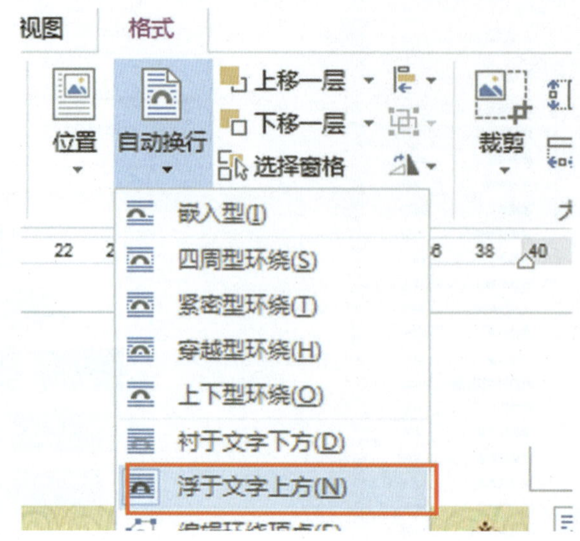

图3–82　设置图片排列方式

（3）选中图片，使其与整个页面的左上角对齐（图3–83）。

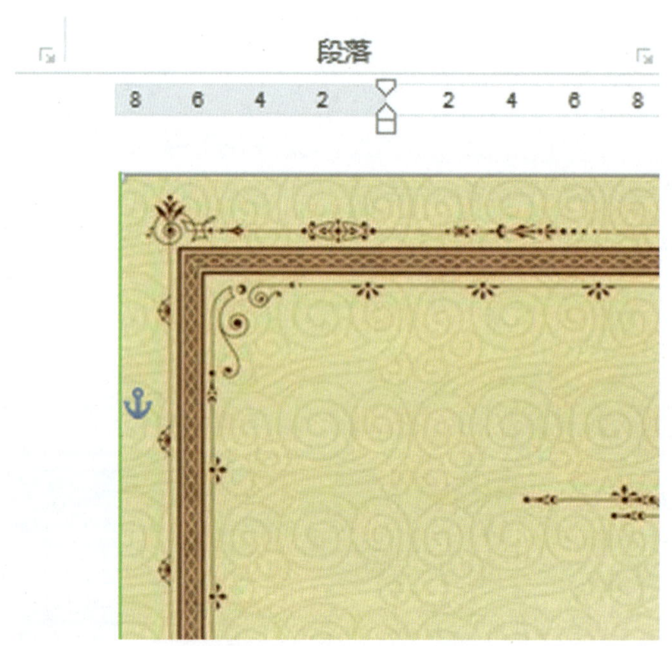

图3–83　调整图片左上角对齐

（4）拖动图片右下角的控点，使其与文档大小相等。

（5）选中图片，将它的排列方式修改为“衬于文字下方”（见图3–84）。

图3-84　修改图片排列方式

（6）选择“插入”选项卡“文本”选项组中“艺术字”命令，选择一种艺术字类型（见图3-85）。

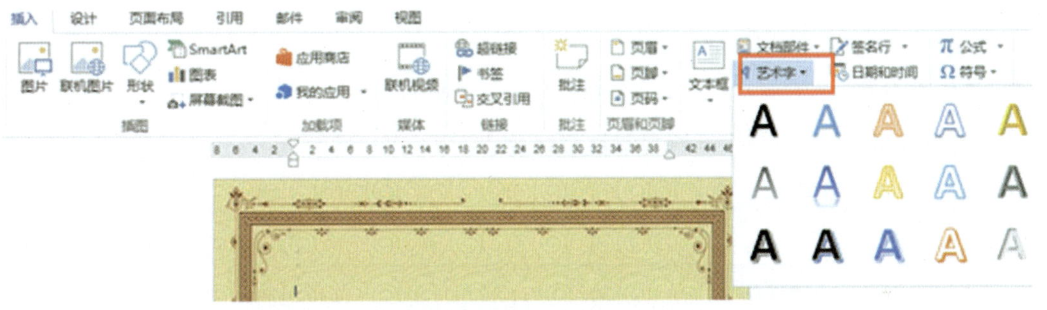

图3-85　选择艺术字

（7）输入餐馆名，并选定这些文字设置合适的字体格式（见图3-86）。

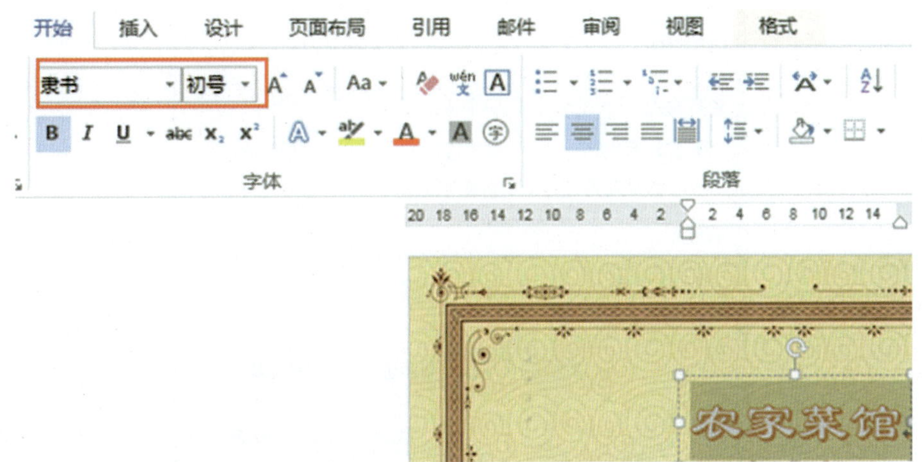

图3-86　设置字体格式

（8）选定餐馆名，并为这些文字设置合适的艺术字样式（见图3-87）。

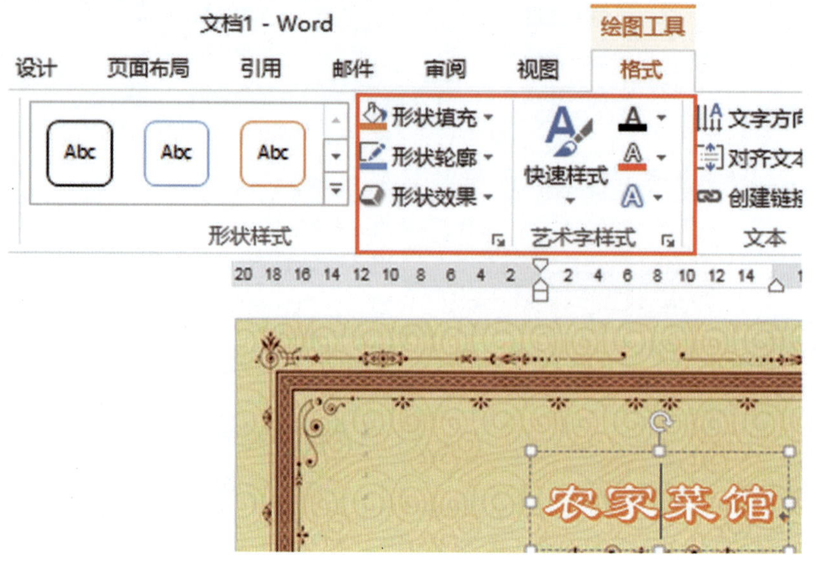

图3-87　设置艺术字样式

（9）将光标定位到下一行中，然后单击段落设置的对话框，选择“制表位”功能，进行制表位设置（见图3-88）。

其中：2字符位左对齐　　　　　　　18字符右对齐，前导符（2……）

　　　21字符竖线对齐　　　　　　　24字符左对齐

　　　43字符右对齐，前导符（2……）

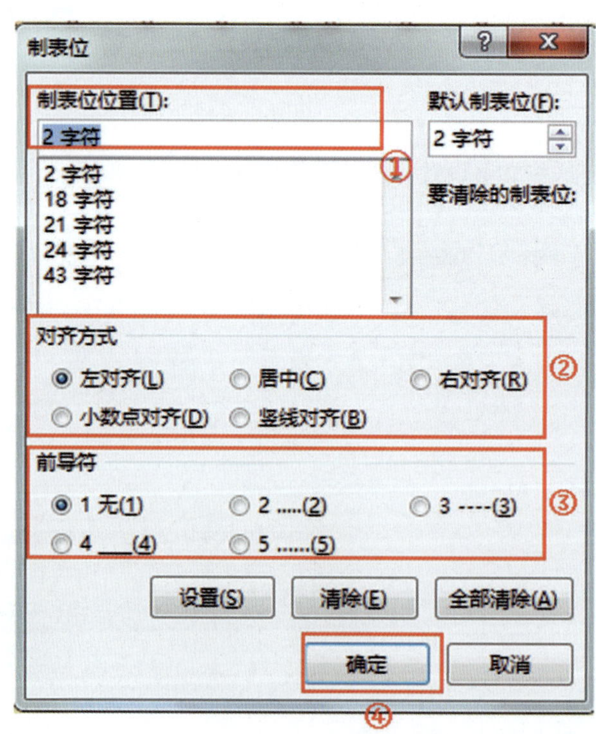

图3-88　设置制表位

（10）用“Tab”键依次录入菜单内容，行尾按“回车”键，输入完成后设置字体格式（见图）。

（11）用相同方法打开制表位对话框，将菜单下一行中所有制表位清除（见图3-89）。

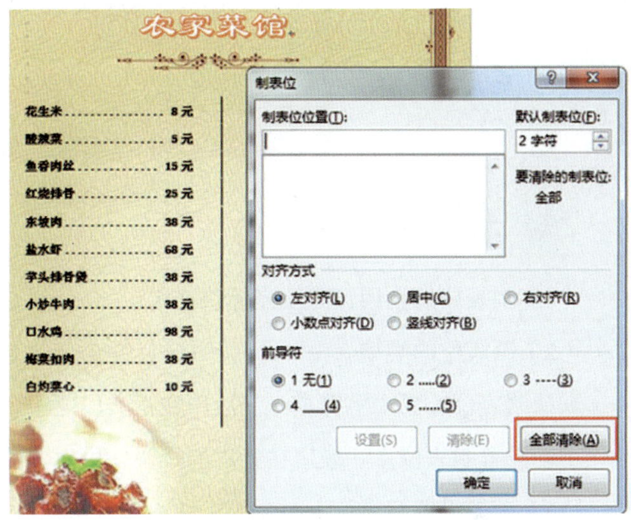

图3-89 清除制表位

（12）重新设置24字符左对齐制表位和43字符右对齐，前导符（2……）的制表位（见图3-90）。

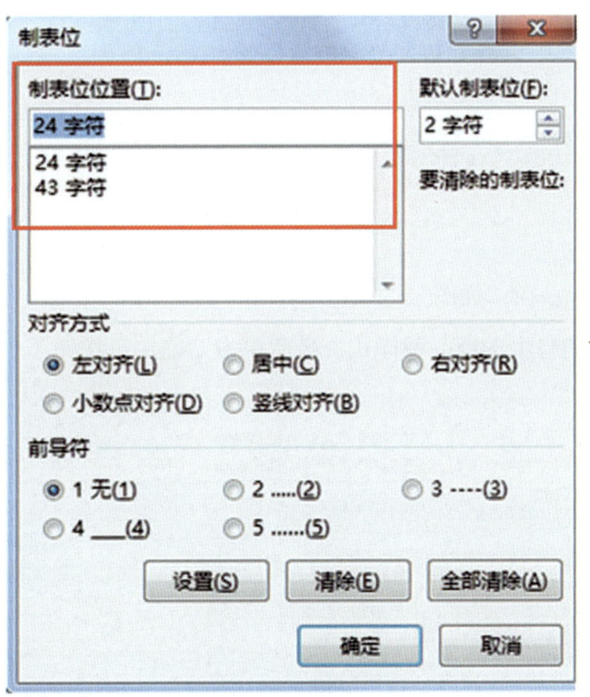

图3-90 设置制表位

（13）按下制表键“Tab”后，直接输入下一个菜系名称，并设置它的字体格式。

知识链接

（1）制表位的作用：方便光标快速定位。

（2）制表位的类型。

默认制表位（两个字符）：一般用在正文段落中，按“Tab”键使用。

手动设置制表位：一般用在特定的排版，可以快速定位在页面指定位置。

（3）手动设置制表位。

①通过标尺设置制表位。

左对齐式制表位 ，居中式制表位 ，右对齐式制表位 ，小数点式制表位 ，竖线对齐式制表位 。

②在打开的“段落”对话框中单击“制表位”按钮设置。

操作二　制作公司组织结构图

【操作步骤】

（1）单击“插入”选项卡，在“插图”选项组中单击“SmartArt”，在“选择SmartArt图形”对话框中单击左侧的“层次结构”，在中间栏中选择一种样式，最后单击“确定”按钮（见图3-91）。

扫一扫：观看教学视频

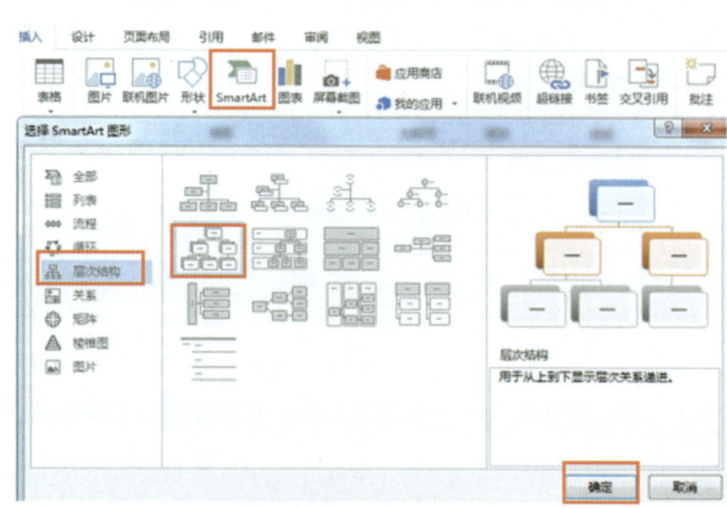

图3-91　制作组织结构图

（2）在组织结构的最高级开始输入组织结构图中每个小方框中的文字。

（3）右击“销售部”框，在弹出的快捷菜单中单击“添加形状”→“在下方添加形状”，添加出其下级组织结构框（见图3-92）。

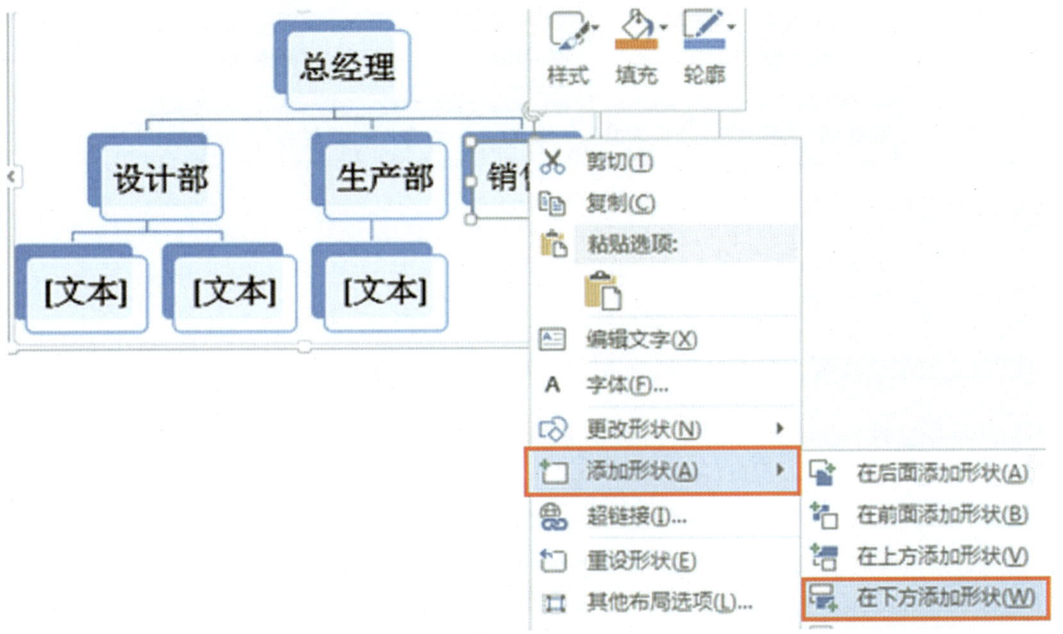

图3-92　添加形状

（4）在新插入的组织结构框中输入文字（见图3-93）。

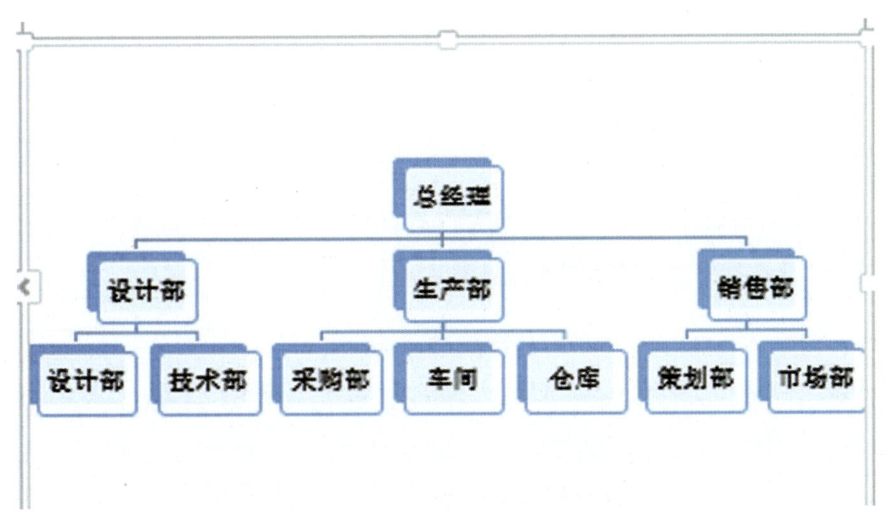

图3-93　输入文字

（5）在组织结构图总框内空白处单击左键后按“Ctrl+A”（选择所有），然后单击“开始”选项卡，在“字体”控件组中设置字体、字号等（见图3-94）。

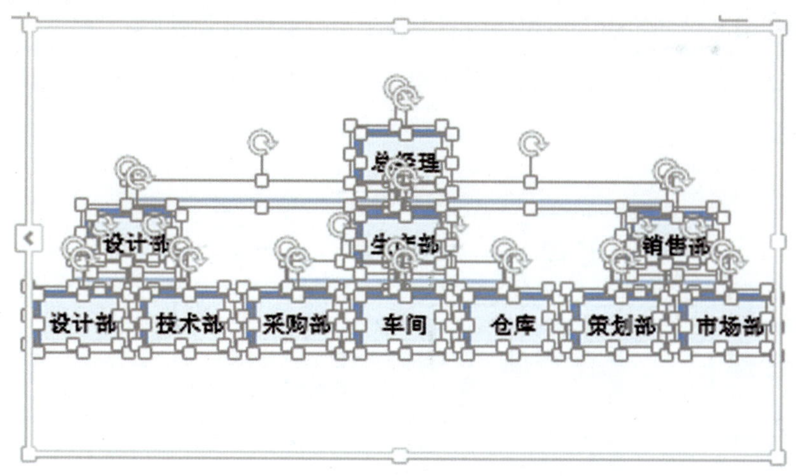

图3-94　设置字体、字号

（6）可以拖动组织结构图总框周围的控制点，来调整组织结构图的大小（见图3-95）。

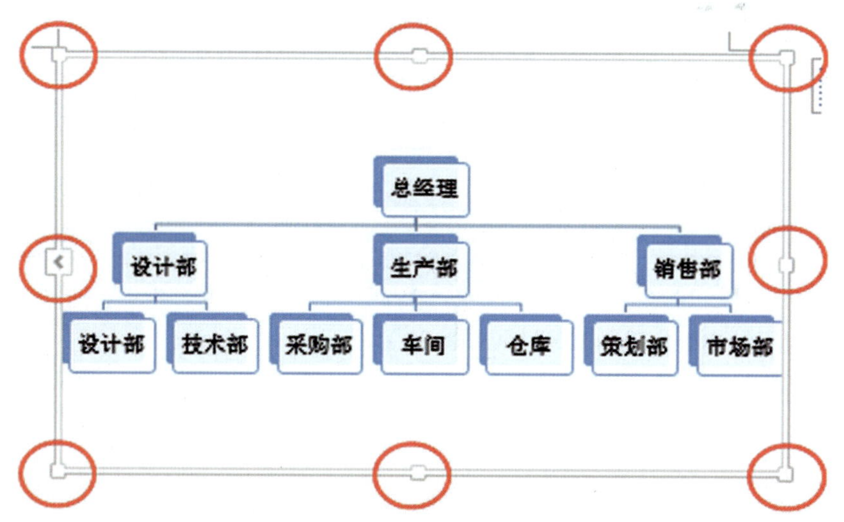

图3-95　调整组织结构图大小

（7）在“SmartArt工具→设计”选项卡的“布局”控件组中“更改布局”选择“组织结构图”样式（先前的其实是层次结构图）来改换组织结构图样式（见图3-96）。

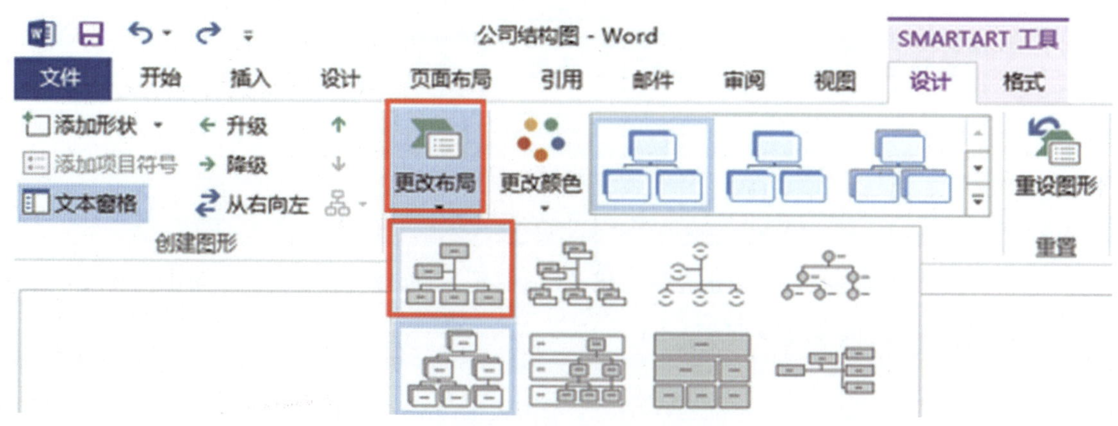

图3-96　更改组织结构图样式

改为真正组织结构图后，就可以给小方框添加“助理”，在“总经理”下添加“总监”助理（见图3-97）。

图3-97　添加形状

（8）单击“总监”小方框，在“SmartArt工具→格式”选项卡的“形状”控件组中单击“更改形状”按钮更改组织结构图中“总监”小方框的形状（见图3-98）。

图3-98　更改形状

（9）在组织结构图总框内空白处单击后按“Ctrl＋A”选中所有组织结构图，单击“SmartArt工具→格式”选项卡“形状样式”选项组中选择一种形状样式，同时设置形状填充、形状轮廓、形状效果等（见图3-99）。

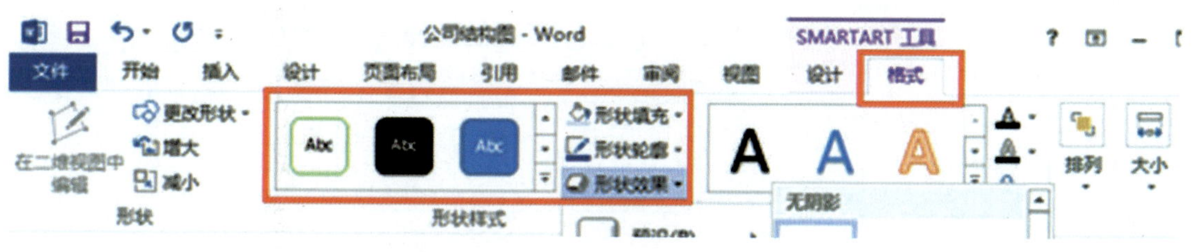

图3-99　设置形状样式

（10）在组织结构图总框内空白处单击后按“Ctrl＋A”选中所有组织结构图，在“SmartArt工具→格式”选项卡的“艺术字样式”控件组中可以重新选择一种艺术字样式（见图3-100）。

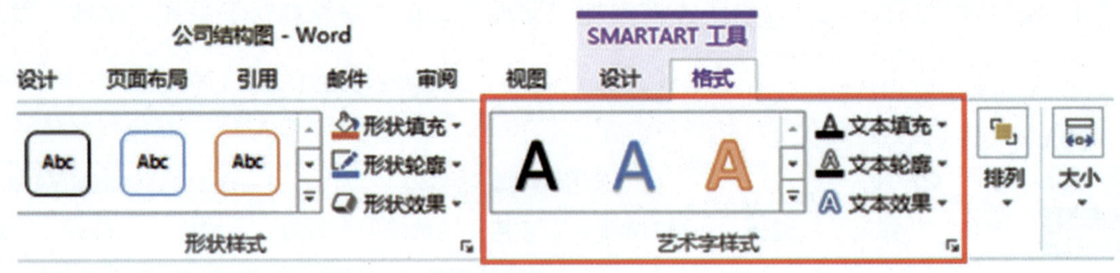

图3-100　设置艺术字样式

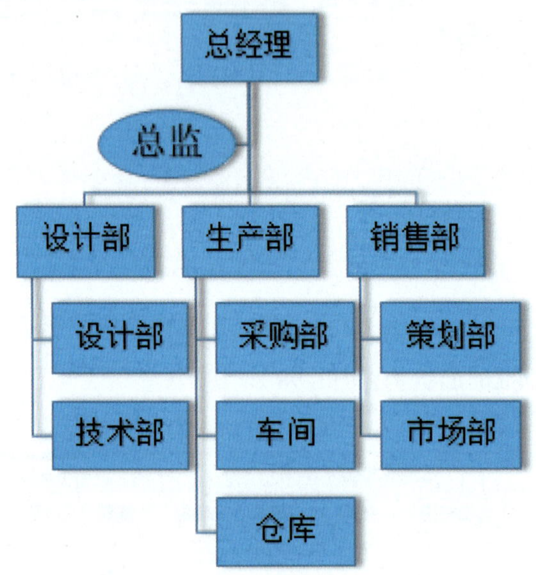

知识链接

1.插入自选图形

（1）插入自选图形。

插入最常用的图形，包括直线、矩形、正方形、椭圆、圆等；插入基本形状；插入箭头等其他形状（见图3-101）。

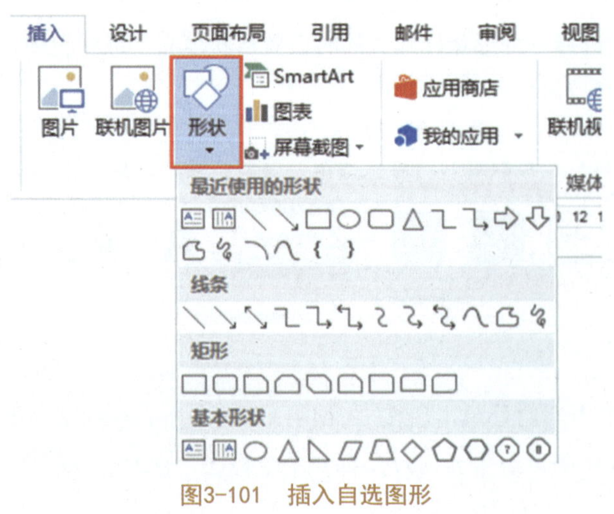

图3-101　插入自选图形

（2）编辑自选图形。

在自选图形中输入文字，右击图形，在快捷菜单中选择“添加文字”。

可通过“绘图工具→格式”选项卡中调整自选图形大小和位置，设置自选图形样式，包括套用已有样式、设置形状填充、形状轮廓、形状效果等（见图3-102）。

图3-102 编辑自选图形

2.使用SmartArt图形

SmartArt是一项图形功能，功能强大、类型丰富、效果生动（见图3-103）。

图3-103 使用SmartArt图形

（1）插入SmartArt图形。

SmartArt包括多种类型，分别介绍如下：

①列表型：显示非有序信息或分组信息，主要用于强调信息的重要性。

②流程型：表示任务流程的顺序或步骤。

③循环型：表示阶段、任务或事件的连续序列，主要用于强调重复过程。

④层次结构型：用于显示组织中的分层信息或上下级关系，广泛地应用于组织结构图。

⑤关系型：用于表示两个或多个项目之间的关系，或者多个信息集合之间的关系。

⑥矩阵型：用于以象限的方式显示部分与整体的关系。

⑦棱锥型：用于显示比例关系、互连关系或层次关系。

⑧图片型：主要应用于包含图片的信息列表。

（2）编辑SmartArt图形。

①“SmartArt工具→设计”选项卡中编辑。

在“创建图形”控件组中改变组织结构图的位置和顺序。

在“布局”控件组中修改SmartArt图形布局。

在“更改颜色”控件组中更改SmartArt图形的颜色。

在“SmartArt样式”控件组中选择SmartArt样式（见图3-104）。

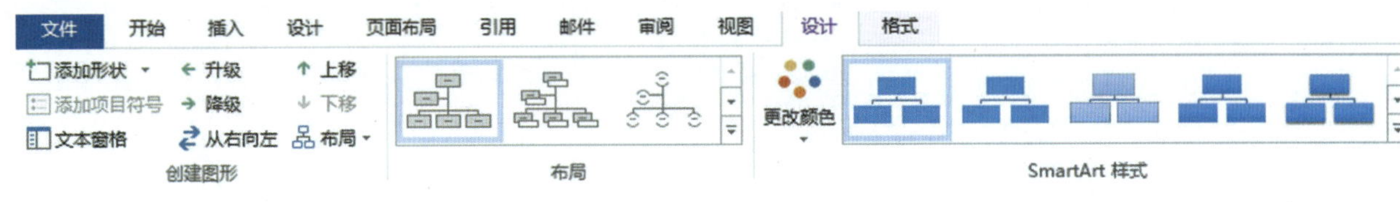

图3-104　选择SmartArt样式

②“SmartArt工具→格式”选项卡中调整。

调整SmartArt图形形状、形状样式；设置SmartArt图形艺术字样式效果；调整图形形状效果；调整图形排列和大小。

单击“形状填充”可以设置颜色、图片、渐变、纹理等的填充；单击“形状轮廓”可以设置形状颜色、粗细、虚线等；单击“形状效果”可以进行阴影、发光、三维旋转等设置。

还可以右击组织结构图中的小方框，在弹出的快捷菜单中选择“设置形状格式”来进行更详细的设置（见图3-105）。

单击“文本填充”可以重新选择一种颜色或一幅图片、一种纹理来填充文字中间部分；单击“文本轮廓”可以设置文本颜色、粗细、虚线等；单击“文本效果”可以进行阴影、映像、发光、棱台、三维旋转和转换等设置。

图3-105　设置形状格式

实训 用制表位制作目录、制作结构图

用制表位制作目录操作步骤如下：

1.录入目录内容和编号

1. 计算机基本知识（1）

1.1 计算机概述（1）

1.2 信息在计算机中的表示（6）

1.3 计算机系统组成（10）

1.4 多媒体技术基本知识（15）

1.5 计算机病毒与防范（25）

2.在编号前面用“Tab”键单击，使之在编号前添加制表符

3.全选这个目录，设置制表位

（1）打开“制表位”对话框。

（2）在“对齐方式”项选“右对齐”；在“制表位位置”项键入“34字符”或“34”，意在把编号和前导符设置到第34个字符前面。在“前导符”项选“2”（细点线），单击“确定”按钮。

4.目录制作完成

1. 计算机基本知识……………………………………………（1）

1.1 计算机概述……………………………………………（1）

1.2 信息在计算机中的表示………………………………（6）

1.3 计算机系统组成………………………………………（10）

1.4 多媒体技术基本知识…………………………………（15）

1.5 计算机病毒与防范……………………………………（25）

提示：如果文件的章节是按大纲视图编排的话，用“插入”→“引用”→“索引和目录”命令调出“索引和目录”对话框，电脑会根据设置自动编制目录。

制作如图3-106所示结构图。

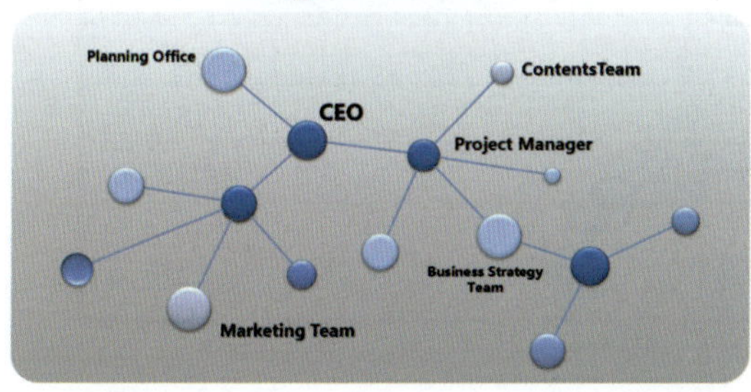

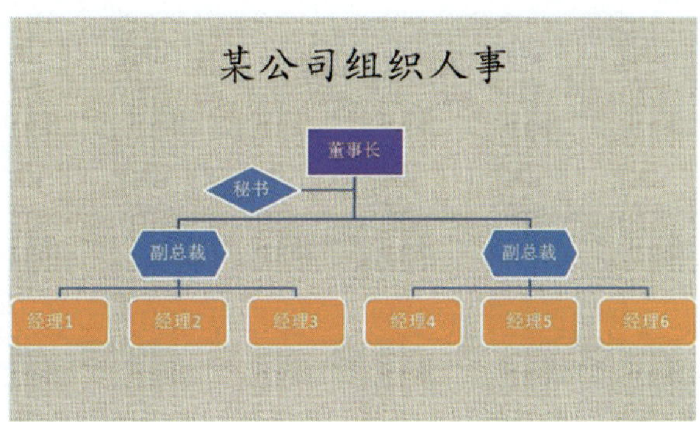

图3-106 制作结构图

任务五 制作表格

学习目标

1.掌握在Word 2013中创建和编辑表格。

2.掌握在Word 2013中修饰、美化表格，绘制各种斜线表头。

3.掌握在Word 2013中表格内容的排序和表格公式的应用。

学习内容

本任务主要介绍表格的基本操作，绘制斜线表头，掌握表格的修饰，了解表格公式、排序，表头的跨页显示等，通过本任务的学习，读者可以使用Word 2013轻而易举地制作和美化表格（见图3-107）。

学生成绩表

科目 / 姓名	语文	数学	英语	计算机	总分
张三	75	85	95	78	333
李四	74	86	80	75	315
王五	88	79	60	80	307
刘七	65	68	70	62	265
各科平均	75.5	79.5	76.25	73.75	305

图3-107 制作和美化表格

操作一 创建和编辑表格

【操作要求】

（1）新建文档，文件命名为“成绩统计表”，保存到“E:\word2013练习”中。将给出的素材文字转换成5行5列的表格。

,语文,数学,英语,计算机

张三,75,85,95,78

李四,74,86,80,75

王五,88,79,60,80

刘七,65,68,70,62

（2）表格各列列宽2.5厘米，第1行行高1.2厘米。表格文字水平居中。

【操作步骤】

（1）选择素材文字。单击“插入”选项卡中的“文字转换成表格”，在其对话框中，将“文字分隔位置”选为“空格”（见图3-108）。

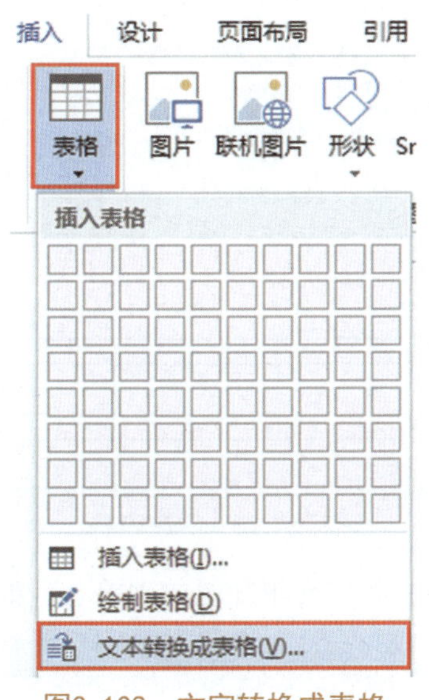

图3-108 文字转换成表格

（2）选择表格，单击“表格工具→布局”的“单元格大小”选项组调整各列列宽为2.5厘米，选择第1行，同理，在“单元格大小”选项组中调整第1行行高1.2厘米（见图3-109）。

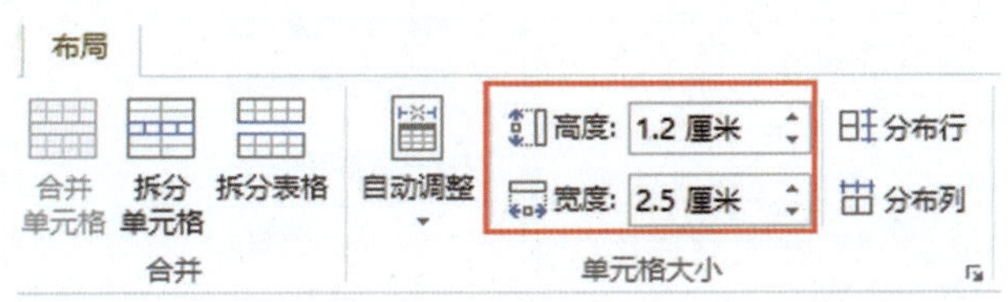

图3-109 设置单元格大小

选择表格，单击“表格工具→布局”的“对齐方式”组，设置表格文字水平居中（见图3-110）。

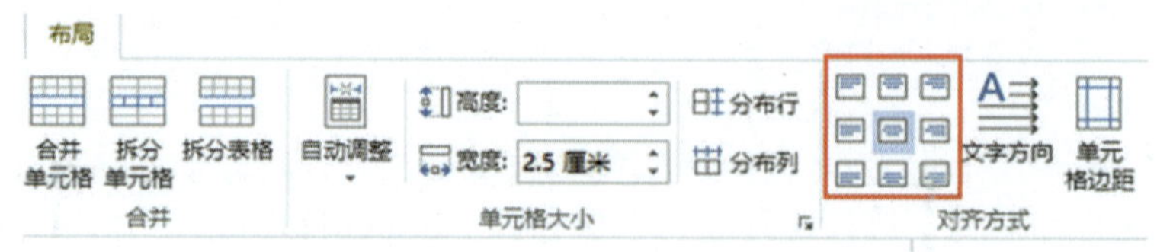

图3-110　设置表格文字水平居中

	语文	数学	英语	计算机
张三	75	85	95	78
李四	74	86	80	75
王五	88	79	60	80
刘七	65	68	70	62

知识链接

1.规划表格，确定表格的行数和列数

2.创建表格

（1）使用“插入表格”按钮（见图3-111）。

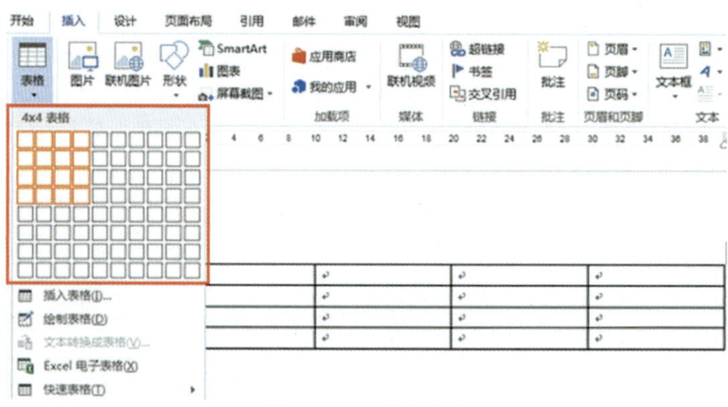

图3-111　创建表格

（2）使用“插入表格”对话框（用于制作简单规范的表格），如图3-112所示。

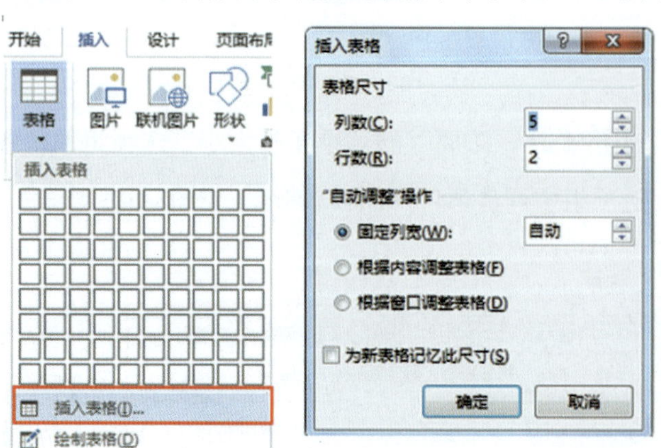

图3-112　插入表格

（3）手工绘制不规则表格（用于制作复杂结构的表格），如图3-113所示。

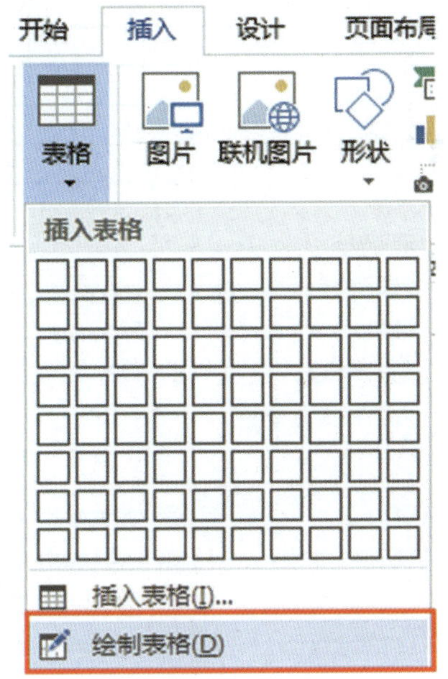

图3-113 手工绘制不规则表格

3.编辑表格

（1）选择单元格、行、列或表格。

选择一个单元格：鼠标放在单元格的左侧，鼠标图形变为实心右上方的箭头时，单击鼠标，则选中该单元格。

选择多个连接单元格：从一个单元格拖动到另一个单元格，或者单击一个单元格，按着“Shift”键单击另一个单元格，则以这两个单元格为对角线范围内的单元格都被选中了。

选择多个不连接单元格：按着“Ctrl”键单击要选择的不连接的单元格即可。

选中行（列）：鼠标指向表格行（列）的左（上）边，变为向右（下）箭头时，单击即可。

选中表格：鼠标指向要选定表的左上角，鼠标图形变为“ ⊞ ”表格控柄时单击即选中整个表格。

（2）插入单元格、行、列、表格。

①在“表格工具→布局”功能区“行和列”选项组中选择“在上方插入”“在下方插入”“在左侧插入”“在右侧插入”等命令组（见图3-114）。

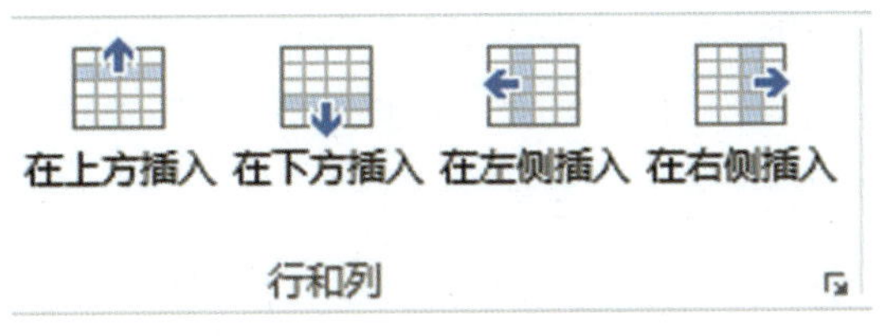

图3-114 插入单元格行和列1

②插入单元格、行、列、表格：选择要插入行、列的位置右击，在弹出的快捷菜单中选择“插入”命令（见图3-115）。

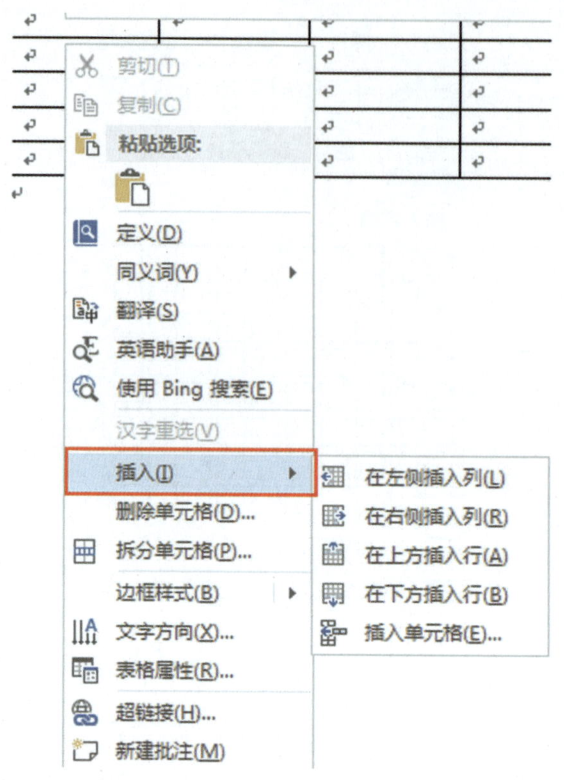

图3-115　插入单元格行和列2

（3）移动、复制、删除行、列、表格。

移动行、列、表格：选定某行（列或表格），剪切（Ctrl+X），定位目的地，粘贴（Ctrl+V）。

复制行、列、表格：选定某行（列或表格），复制（Ctrl+X），定位目的地，粘贴（Ctrl+V）。

删除行、列、表格：选定某行（列或表格），按“Backspace”键或“布局”功能卡中选择删除命令组（见图3-116）。

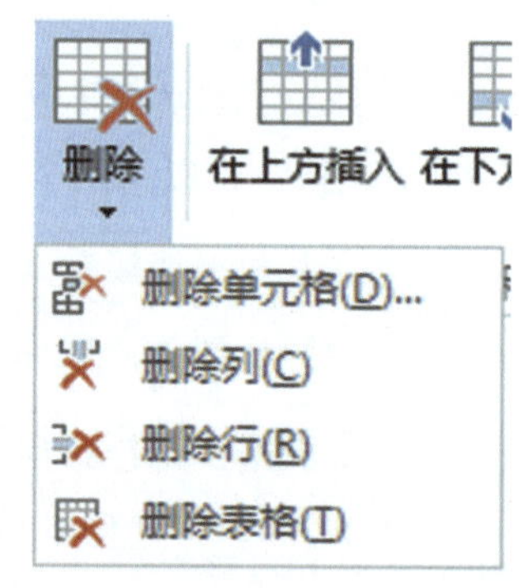

图3-116　删除行或列

（4）合并拆分单元格。

①选定要合并的单元格，在“表格工具→布局”功能区“合并”选项组中选择“合并单元格”命令组或右击，在快捷菜单中选择“合并单元格”命令（见图3-117）。

②选定要拆分的单元格，在“表格工具→布局”功能区“合并”选项组中选择“拆分单元格”命令组或右击，在快捷菜单中选择“拆分单元格”命令（见图3-118）。

③拆分表格是将一个表格分为两个或更多个表格的过程。在表格中需要拆分的行所在的单元格中单击，在“表格工具→布局”选项卡的“合并”选项组中单击“拆分表格”按钮，表格被拆分成了2个表格（见图3-119）。

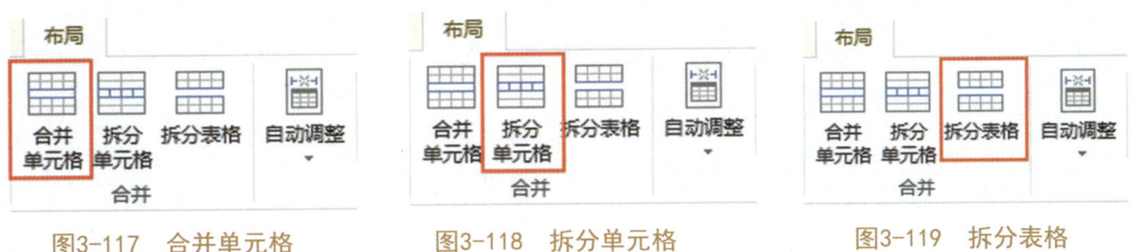

图3-117 合并单元格　　图3-118 拆分单元格　　图3-119 拆分表格

（5）调整单元格大小。

①自动调整表格大小。可根据内容自动调整表格，根据窗口自动调整表格或固定列宽（见图3-120）。

②调整行高和列宽（见图3-121）。

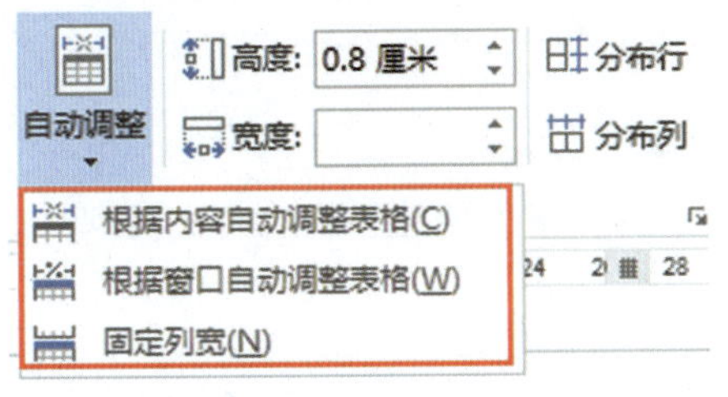

图3-120 自动调整表格大小

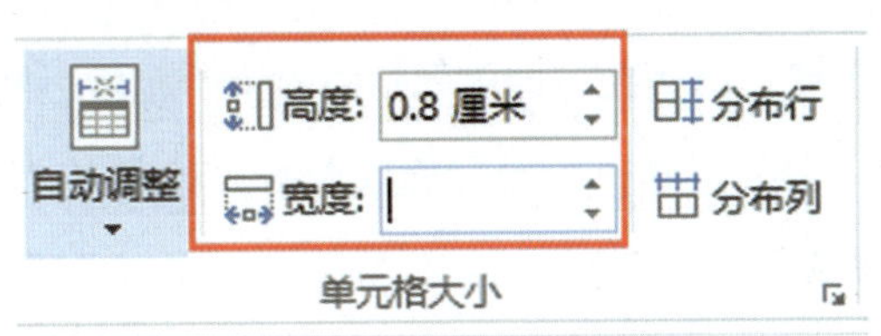

图3-121 调整行高和列宽

③平均分布行高（或列宽），如图3-122所示。

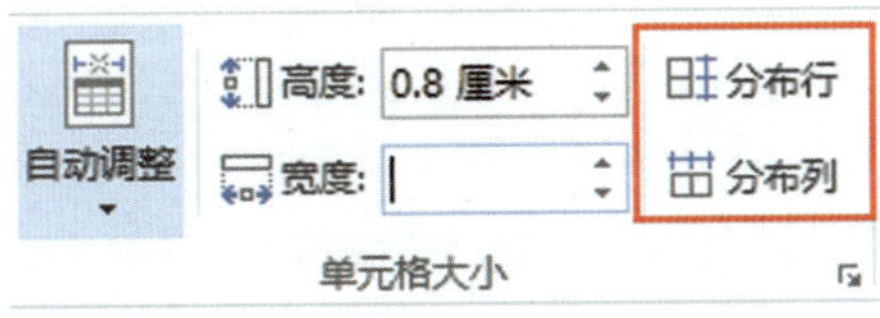

图3-122 平均分布行高或列宽

④单击“表格工具→布局”选项卡的“单元格大小”选项组，在弹出的表格属性中调整单元格、行、列、表格的大小（见图3-123）。

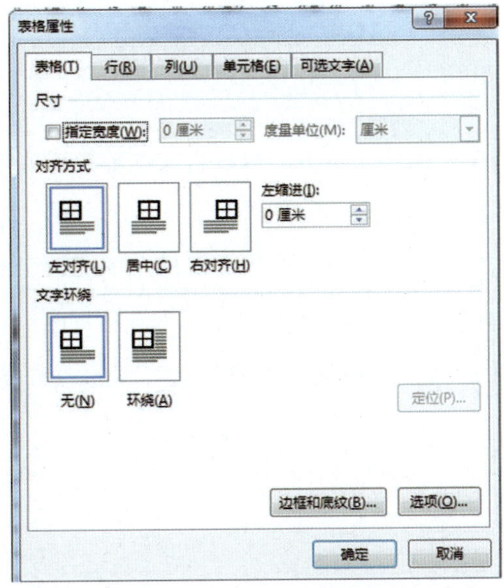

图3-123 调整单元格大小

（6）设置表格内容的对齐方式。

①水平方向上有：靠左、居中、靠右；垂直方向上有：靠上、居中、靠下；选一种水平一种垂直，任意组合，就是表格内容的9种对齐方式（见图3-124）。

②设置表格内容的文字方向（见图3-125）。

图3-124　设置表格水平方向

图3-125　设置表格的文字方向

③设置单元格边距，即单元格内容至单元格边框的距离。

单击“表格工具→布局”选项卡的“对齐方式”选项组中的“单元格边距”命令，在弹出的表格选项中调整单元格边距（见图3-126）。

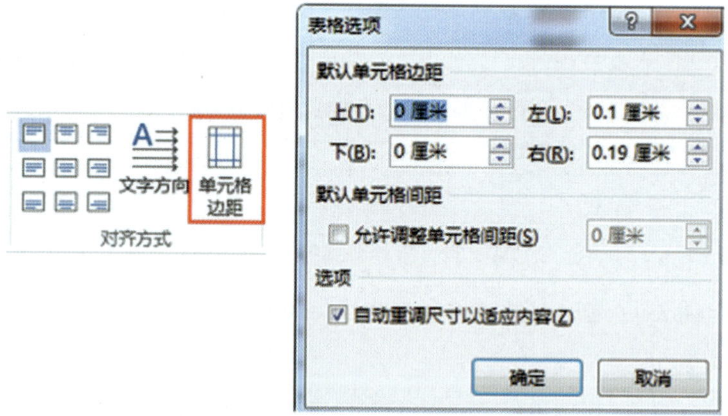

图3-126　设置单元格边距

（7）表格与文字互相转换。

如果将一个个文本粘贴到表格中，操作太费事，可以将文本转换成表格。同样表格也可以直接转换成文本。转换是以分隔符为标志的。分隔符包括制表符、段落标记、标点符号、空格等。

①文本转换为表格。建立文本，注意分隔符的使用。鼠标左键选中文本，切换到“插入”选项卡，单击“表格”按钮，在弹出的下拉列表中选择“文本转换成表格”选项（见图3-127）。

②表格转换为文本。首先选中表格，切换到“表格工具”下的“布局”选项卡，在“数据”组中单击“转换为文本”按钮（见图3-128）。

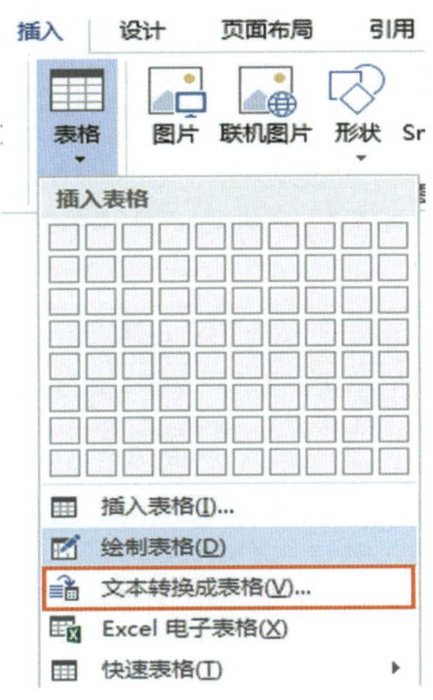

图3-127　文本转换为表格

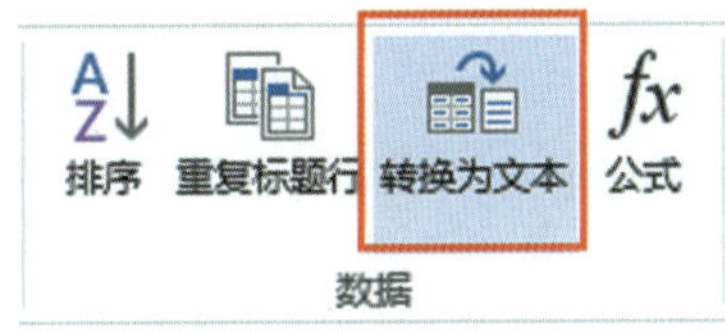

图3-128　表格转换为文本

课堂练习

扫一扫：观看教学视频

制作下面的表格。

管理单位

使用单位

<table>
<tr><td rowspan="2">名称</td><td>中文</td><td colspan="2"></td><td>规格</td><td></td><td>耐用年限</td><td></td></tr>
<tr><td>英文</td><td colspan="2"></td><td>名称</td><td></td><td>已用年数</td><td></td></tr>
<tr><td>购置日期</td><td></td><td>数量</td><td></td><td>取得价位</td><td></td><td>账面残值</td><td></td></tr>
<tr><td rowspan="3">废损日期</td><td rowspan="3" colspan="5"></td><td>估计废品价值</td><td></td></tr>
<tr><td>处理使用</td><td></td></tr>
<tr><td>实际损失额</td><td></td></tr>
<tr><td>总经理</td><td>财务单位</td><td colspan="3">使用单位</td><td colspan="3">管理单位</td></tr>
<tr><td rowspan="2"></td><td rowspan="2"></td><td>厂长</td><td>主管</td><td>主（协）办</td><td>主管</td><td colspan="2">主（协）办</td></tr>
<tr><td></td><td></td><td></td><td></td><td colspan="2"></td></tr>
</table>

操作二　修饰表格

扫一扫：观看教学视频

【操作要求】

（1）设置表格的边框和底纹，外边框2.25磅，内边框1.5磅，内边框颜色为深蓝，底纹蓝色着色1，淡色60%。

（2）给表格添加斜线表头。

（3）表格上方标题“学生成绩表”，文字为华文琥珀，小二号字，居中，文字效果渐变填充为蓝色，文字轮廓为白色。

【操作步骤】

（1）选择表格，单击“表格工具→设计”选项卡设置边框2.25磅，边框选择“外侧框线”（见图3-129）。

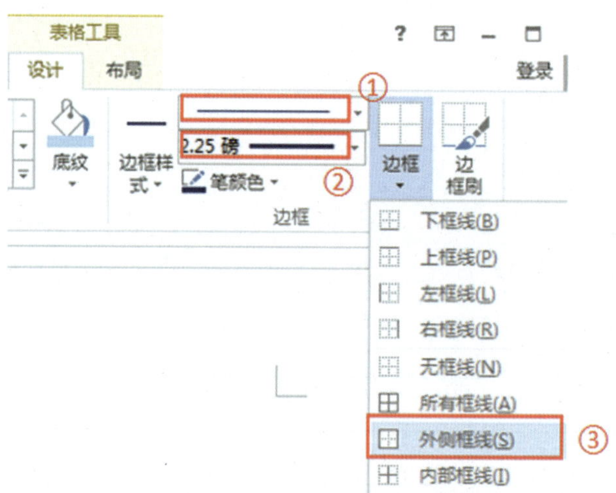

图3-129　设置表格外边框

（2）设置边框1.5磅，设置内部框线颜色为深蓝，边框选择“内部框线”（见图3-130）。

（3）选择表格，单击“表格工具→设计”选项卡设置底纹蓝色着色1，淡色60%（见图3-131）。

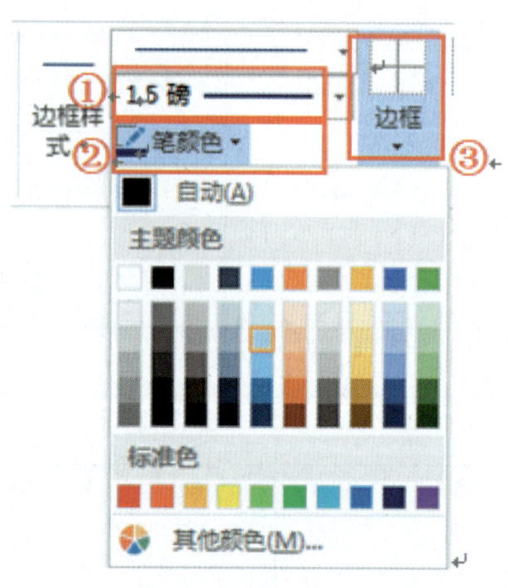

图3-130　设置表格内边框

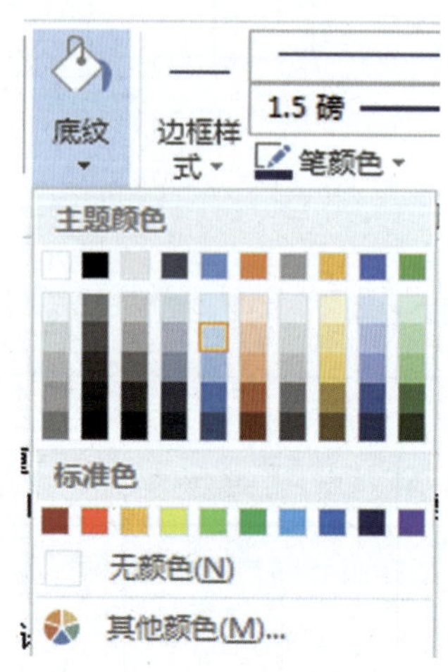

图3-131　设置表格颜色

（4）给表格添加斜线表头，选中第1个单元格，在“表格工具→设计”选项卡“边框”选项组添加“斜下框线”（见图3–132）。

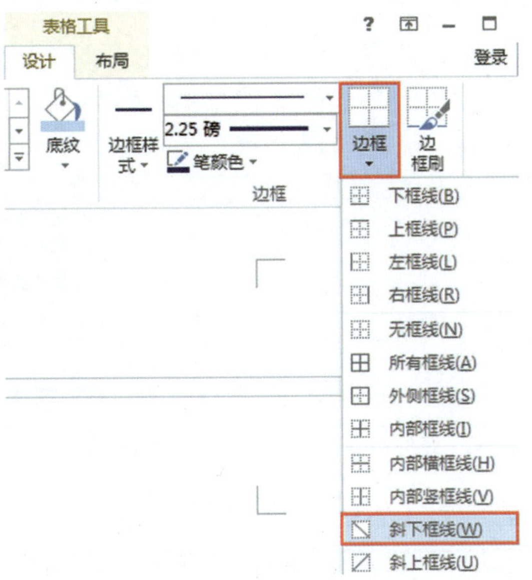

图3–132 表格添加斜线

表头的4个字是通过4个文本框组合成的。操作方法：进入“插入”功能选项卡的“文本框”组，在“文本框”下拉列表中选择“绘制文本框”，拖动出文本框，切换到“绘图工具”的“格式”选项卡，在“形状样式”组中，将“形状颜色”和“形状轮廓”都设置为无；其他文本框可以通过复制来完成，设置好文本框的文字和位置。按住“Shift”键，用鼠标单击，将4个文本框选中，右击鼠标，单击“组合”下拉列表中的“组合”。

（5）表格上方标题“学生成绩表”，文字为华文琥珀，小二号字，居中，文字效果渐变填充为蓝色，文字轮廓为白色（见图3–133、图3–134）。

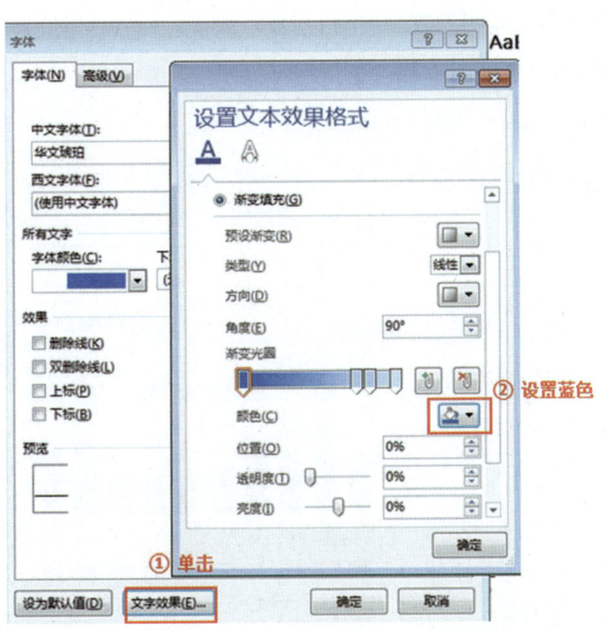

图3–133 设置表格上方标题字体

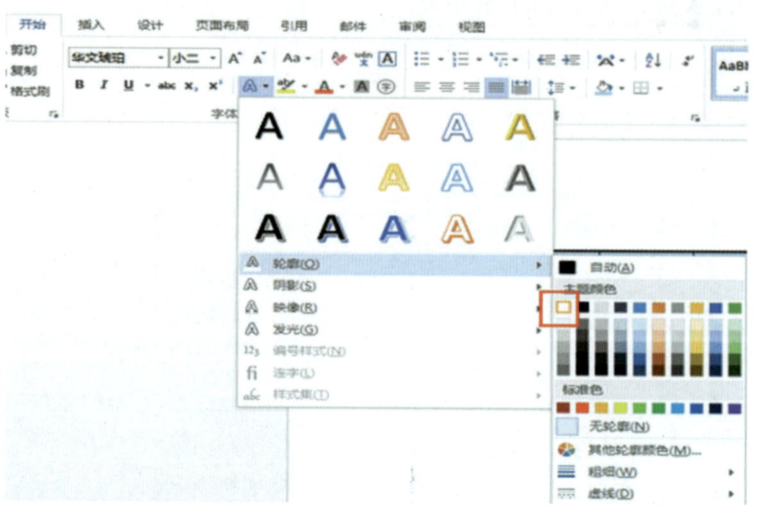

图3-134　设置表格上方标题颜色

学生成绩表

科目 / 姓名	语文	数学	英语	计算机
张三	75	85	95	78
李四	74	86	80	75
王五	88	79	60	80
刘七	65	68	70	62

知识链接

1.设置表格样式、边框和底纹

在“表格工具→设计”功能选项卡中设置。

（1）使用“表格样式”命令组设置表格样式。

套用已有表格样式、修改表格样式、清除表格样式。

（2）设置表格底纹（见图3-135）。

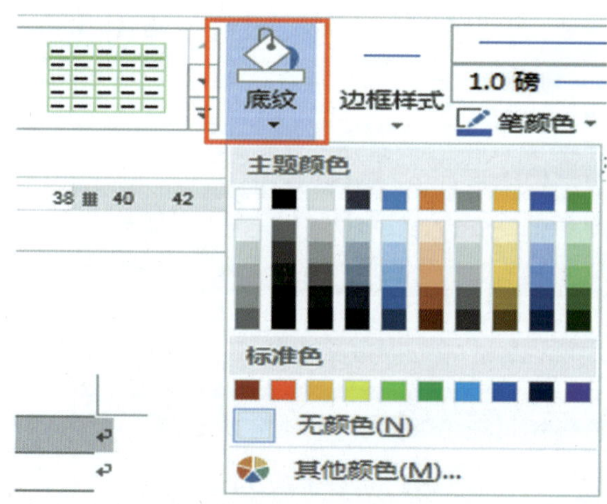

图3-135　设置表格底纹

（3）设置表格边框。

设置边框样式、边框线型、边框线粗细、颜色、边框应用范围、复制边框格式等（见图3-136）。

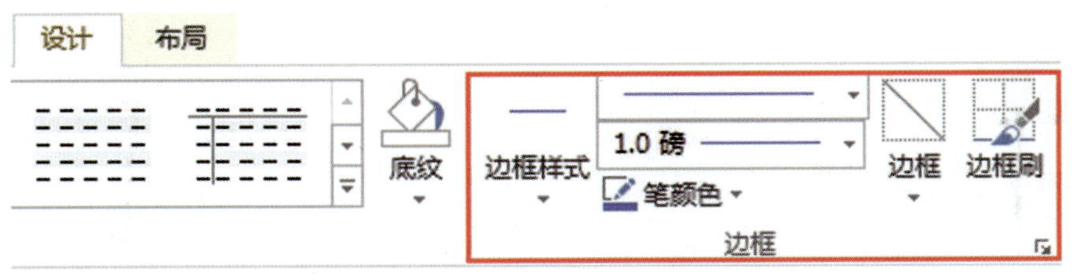

图3-136 设置表格边框

技巧："边框刷"工具类似于"格式刷"工具，使用该工具能够方便地对单元格的边框进行设置，并将单元格边框样式复制到其他单元格中。

2.添加斜线表头

斜线表头是在Office办公中非常实用的一项功能，那么如何绘制表格斜线表头呢?

（1）添加简单斜线表头。

将光标定位到需要绘制斜线表头的单元格，单击"设计"选项卡下"边框"按钮，从下拉菜单中选择"斜下框线"（见图3-137）。

（2）添加复杂斜线表头（见图3-138）。

①将单元格分为三栏或者多栏，只能通过插入形状的方法来完成。

②插入直线，从单元格左上角端点开始，绘制出直线，将单元格分开。

图3-137 添加简单斜线表头

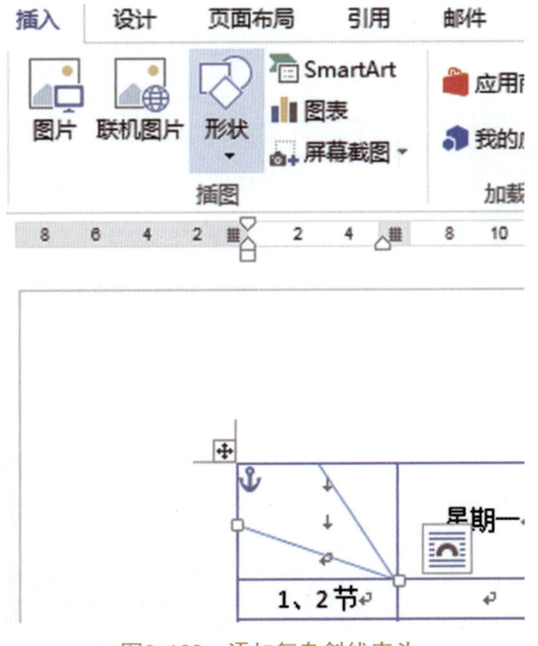

图3-138 添加复杂斜线表头

③要想在分开之后的部分插入文字，可以用到文本框的方法，插入文本框，输入文字。

④将文本框移动到单元格中，按“Ctrl”键选中这些文本框，单击“填充”按钮，将其设置为无轮廓，这样文本框边线就看不到了。

课堂练习

制作下面的表格（图片自定）。

课程 时间		星期一	星期二	星期三	星期四	星期五	
上午	第一节	语文	语文	语文	语文	语文	
	第二节	英语	英语	英语	英语	英语	
	第三节	语文	语文	语文	语文	语文	
	第四节	英语	英语	英语	英语	英语	
下午	第五节	计算机	计算机	计算机	计算机	计算机	
	第六节	政治	政治	政治	政治	政治	
	第七节	数学	数学	数学	数学	数学	

操作三　在表格中排序和计算

扫一扫：观看教学视频

【操作要求】

（1）在表格的最右侧插入列“总分”，用公式计算出各科成绩的总分。

（2）为表格排序，按学生总分降序排列。

（3）在表格最后插入一行，用公式计算出各科平均分。

注意：排序和计算在Excel软件中操作更方便、更灵活。

【操作步骤】

（1）将光标定位到“计算机”列，切换到“表格工具”的“布局”选项卡，在“行和列”选项组单击“在右侧插入”按钮（见图3-139）。

单击要计算总分的单元格，在“数据”选项组中单击“公式”按钮，在打开的对话框中填写相应内容，公式“=SUM（LEFT）”（见图3-140）。

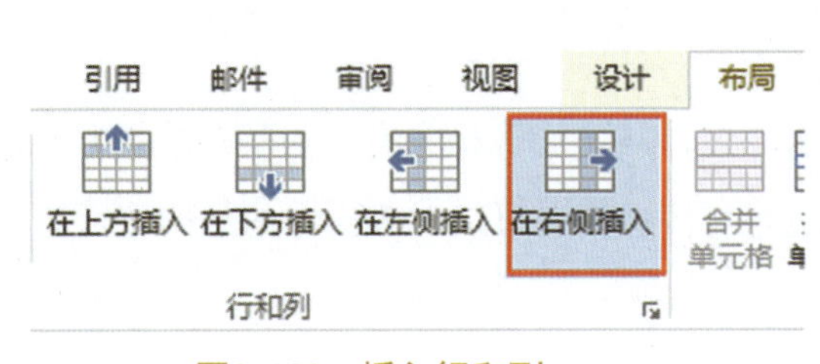

图3-139 插入行和列

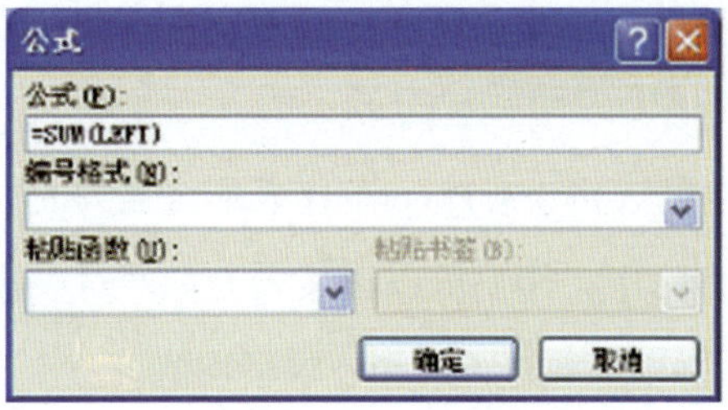

图3-140 插入公式

（2）选择表格，单击“表格工具→布局”选项卡“数据”选项组的“排序”。设置按总分降序排列（见图3-141）。

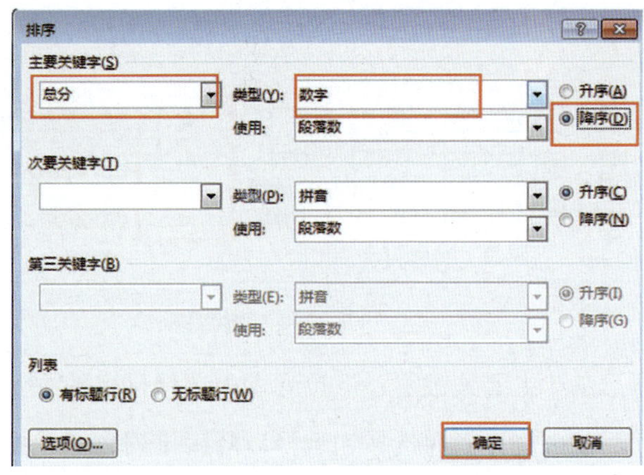

图3-141 设置按总分降序

（3）将光标切换到“表格工具”的“布局”选项卡，在“行和列”选项组单击“在下方插入行”按钮，单击要计算平均分的单元格，在“数据”组单击“公式”按钮，在打开的对话框中填写相应内容，公式“=AVERAGE（ABOVE）”，如图3-142所示。

图3-142 设置数据

学生成绩表

科目 / 姓名	语文	数学	英语	计算机	总分
张三	75	85	95	78	333
李四	74	86	80	75	315
王五	88	79	60	80	307
刘七	65	68	70	62	265
各科平均	75.5	79.5	76.25	73.75	305

知识链接

Word中的表格没有Excel工作表那么强大的数据处理能力，但Word表格具有一些基本的数据处理能力。在Word 2013表格中，用户可以以某列为标准对表格数据进行排序操作，可以对表格中的数据进行加、减、乘、除运算，可以用函数进行求和、求平均值等。

1.表格数据排序

（1）在表格中单击，将插入点光标放置到任意单元格中，选择“表格工具→布局”选项卡中“数据”选项组中的“排序”按钮（见图3-143）。

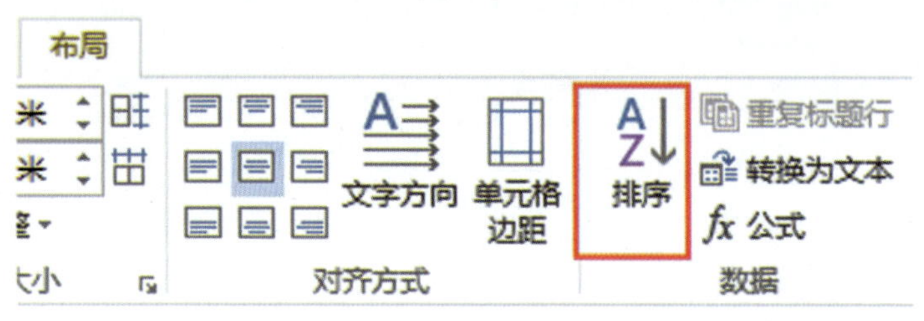

图3-143　设置表格数据排序1

（2）打开“排序”对话框，在“主要关键字”下拉列表中选择排序的主要关键字，在“类型”下拉列表框中选择排序标准，然后单击其后的“降序”单选按钮选择以降序排列数据（见图3-144）。

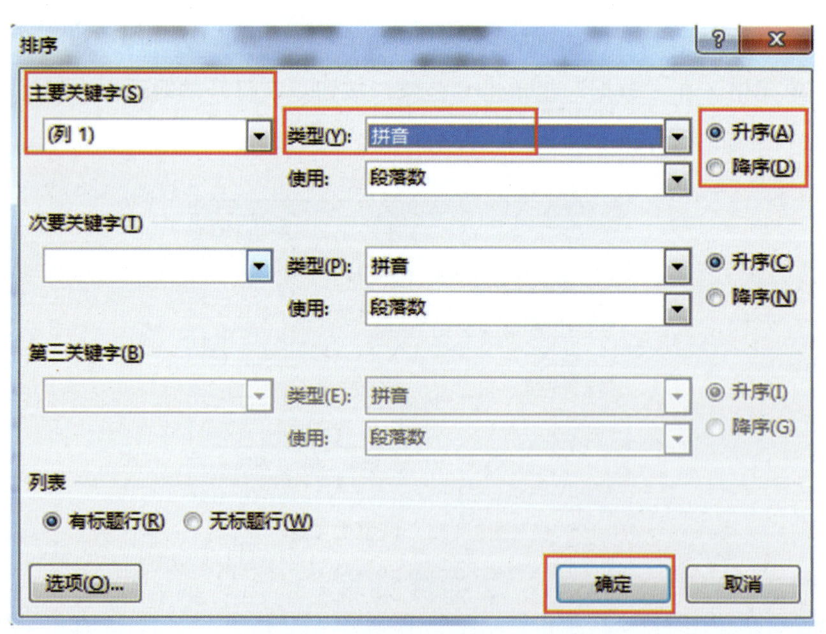

图3-144　设置表格数据排序2

提示：在排序时，如果主要关键字有并列项目，可以指定次要关键字和第三关键字。例如，在统计学生成绩时，如果两个学生的姓名相同，则可以通过设置次要关键字来实现排序。

2.用函数计算

（1）求和函数SUM。

Word表格跟Excel表格在行列划分是一样的。Word表格中，列号以英文字母表示，行号以数字来表示，单元格的名称则由列、行序号组合（见图3-145）。

	A	B	C
1	A1	B1	C1
2	A2	B2	C2
3	A3	B3	C3

图3-145　函数求和

（LEFT）是计算当前单元格左侧的所有数据。

（ABOVE）是计算当前单元格上方的所有数据。

将光标定位在其中的一个“总分”列所在单元格，然后单击“表格工具→布局”，在“数据”选项组中选择“公式”命令，在公式对话框中输入“=SUM（LEFT）”，这个公式的意思是将该行表格左侧（LEFT）的所有数据相加。直接单击“确定”返回，即可自动得到张三同学的成绩总分；或在公式中输入“=SUM（C2:E2）”，也可得出张三的成绩总分（见图3-146）。

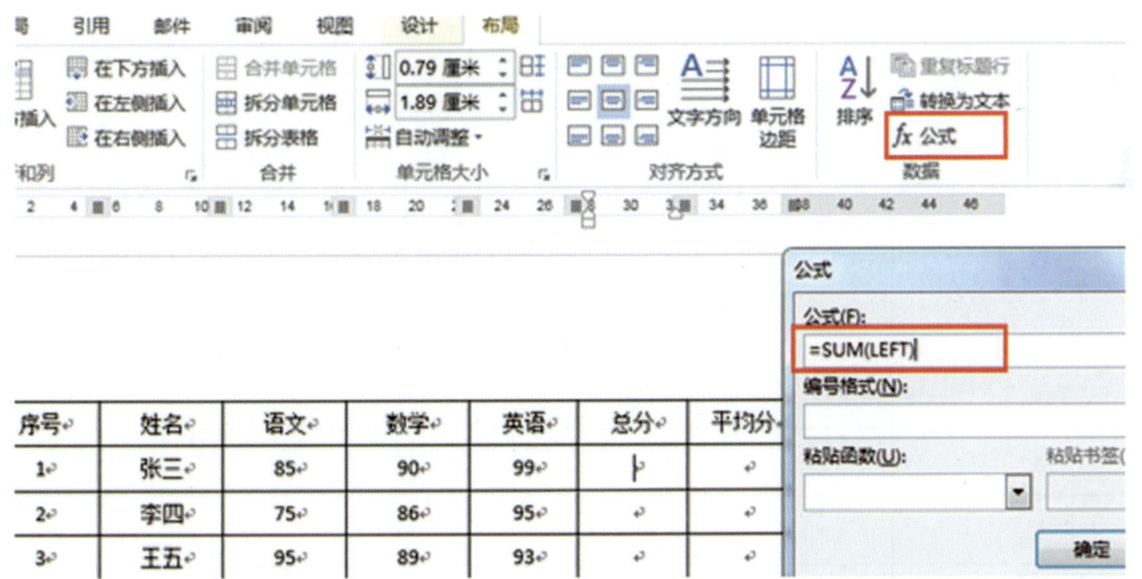

图3-146　总分求和

（2）求平均值AVERAGE。

将光标定位在其中的一个“平均分”列所在单元格，然后单击“表格工具→布局”，在“数据”选项组中选择“公式”命令，在公式对话框中输入“=AVERAGE（C2:E2）”，即可得张三的平均分（见图3-147）。

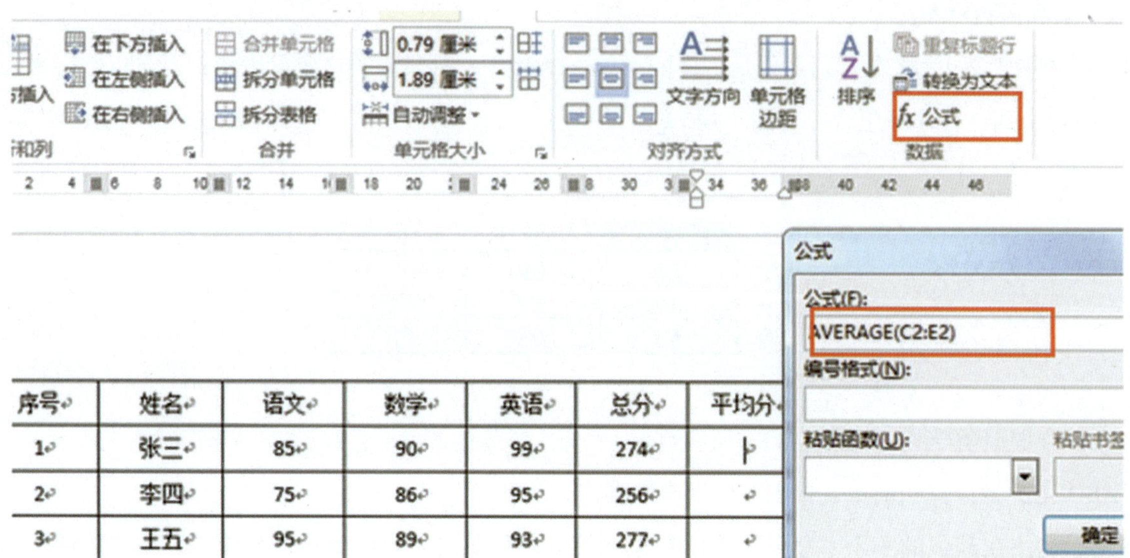

图3-147　求平均值

注意：加减乘除的道理是一样的，只需要在输入公式时候改下符号：+、-、*、/。

课堂练习

使用公式求出下表中的总时间、总路程和平均路程。

姓名	时间（h）	路程（km）	平均路程
张三	2	20	
李四	3	36	
王五	3	33	
刘七	3	72	
合计			

实训　制作个人简历

（1）绘制图3-148所示的表格，使用表格套用样式“浅色表格→强调文字色彩1”。

（2）表格内文字“其他”和“自我评价”旁右侧的单元格靠上两端对齐，其余单元格都是水平居中。

（3）“特长和爱好”等单元格内设置成纵向的文字，“自我评价”行的行高设置为6厘米。

（4）表格的边框、外边框是双实线，1.5磅；内边框是实线，1磅；颜色都是蓝色，强调文字颜色1。

（5）表格标题“个人简历”，居中，华文琥珀，二号字，加粗，字符间距加宽3磅，文字颜色为蓝色，强调文字颜色1，文字效果设为“轮廓为白色，发光为蓝色，11pt发光，强调文字颜色1，映像为半映像，8pt偏移量。

姓名		性别		出生年月		照片
民族		政治面貌		学历		
户籍		专业		学位		
血型		毕业院校				
特长和爱好	英语等级			计算机能力		
	其他					
个人履历	时间	单位				职务
自我评价						
联系方式	电话号			E-mail		
	联系地址			QQ号码		

图3-148 制作个人简历

任务六 制作邀请函

学习目标

1.掌握邮件合并的使用。

2.能灵活运用邮件合并制作邀请函和成绩单。

学习内容

本任务主要介绍如何运用邮件合并制作邀请函（参见图3-149）或奖状。

邀 请 函

陈家辉：

您好！

本月22日为本公司成立30周年纪念日，为答谢您对本公司的支持，现特邀您于在 周五下午4：30国际大酒店龙凤厅 参加公司开设的答谢客户见面酒会。您的座位号是 001 。

感谢您对我们工作的支持，恭候您的光临！

鹏程发展有限公司

2017-5-13

邀 请 函

刘光荣：

您好！

本月22日为本公司成立30周年纪念日，为答谢您对本公司的支持，现特邀您于在周六上午10:30东园酒店三楼迎客厅参加公司开设的答谢客户见面酒会。您的座位号是002。

感谢您对我们工作的支持，恭候您的光临！

鹏程发展有限公司

2017-5-13

图3-149　制作邀请函

【操作要求】

扫一扫：观看教学视频

（1）新建创建主文档，文件命名为“邀请函”，录入邀请函的内容，保存到“E:\Word 2013练习”中。

（2）新建数据源，文件命名为“数据源”，录入数据源的内容，存放可变的数据，保存到“E:\Word 2013练习”中。

（3）邮件合并功能的使用。

（4）生成一个合并文档。

【操作步骤】

（1）创建一个空白Word文档，录入邀请函的内容并保存（见图3-150）。

邀 请 函

________：

您好！

本月22日为本公司成立30周年纪念日，为答谢您对本公司的支持，现特邀您于在________________参加公司开设的答谢客户见面酒会。您的座位号是______。

感谢您对我们工作的支持，恭候您的光临！

鹏程发展有限公司

2017-5-13

图3-150　录入邀请函

（2）启动Word 2013，在Word中创建表格，录入可变的数据并保存（见图3-151）。

姓名	称谓	座位号	时间	地址
陈家辉	先生	001	周五下午 4：30	国际大酒店龙凤厅
刘光荣	先生	002	周六上午 10：30	东园酒店三楼迎客厅
单劲松	先生	003	周日下午 4：30	嘉龙二楼国宴厅
梁晓燕	女士	004	周五下午 4：30分	国际大酒店龙凤厅

图3-151　创建表格

注意：由于暂未学习Excel软件，故这里用Word制作数据源，通常情况下都是用Excel制作数据源。

（3）在功能区中打开“邮件”选项卡，单击“开始合并邮件”选项组中的“开始邮件合并”按钮，在打开的下拉列表中选择“信函”选项（见图3-152）。

图3-152　合并邮件

（4）在“邮件”选项卡单击“选择收件人”按钮，选择下拉列表中“使用现有列表”选项。在打开的“选取数据源”对话框中选择数据源文件，这里使用前面保存的“数据源”文档（见图3-153）。

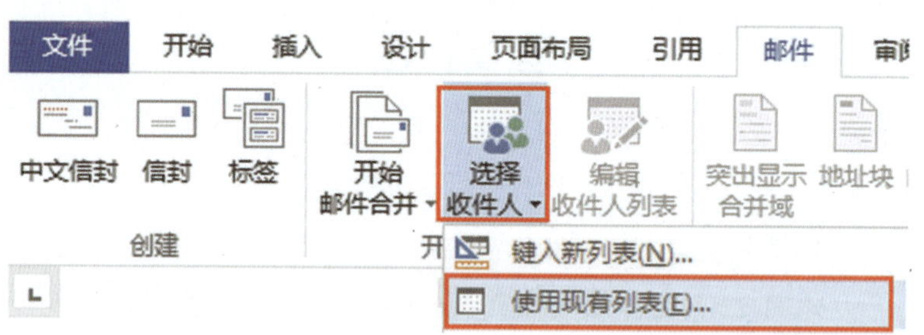

图3-153　选择收件人

（5）将光标定位到正文开头称呼处，单击“邮件”选项卡 “插入合并域”的下拉按钮。在打开的下拉列表中选择“姓名”选项，插入点光标处将插入一个域（见图3-154）。

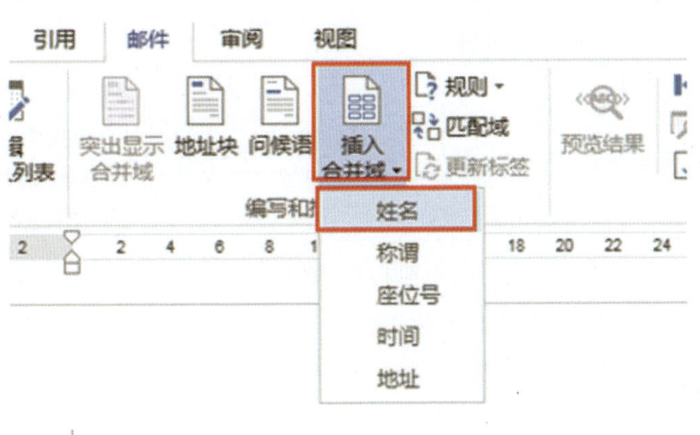

图3-154　插入一个域

（6）将插入点光标定位到“姓名”后，单击“邮件”选项卡“插入合并域”下拉按钮，选择“称谓”选项，在光标处将插入一个域。继续在其他位置插入相应的域（见图3-155）。

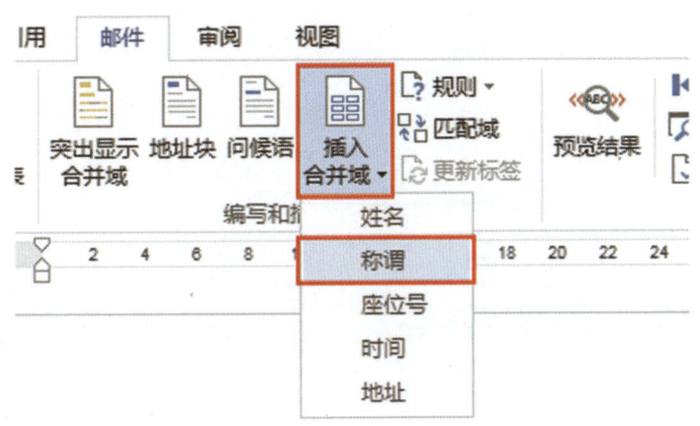

图3-155　选择“称谓”

（7）单击“邮件”选项卡的“预览结果”按钮，显示预览插入域后的效果（见图3–156）。

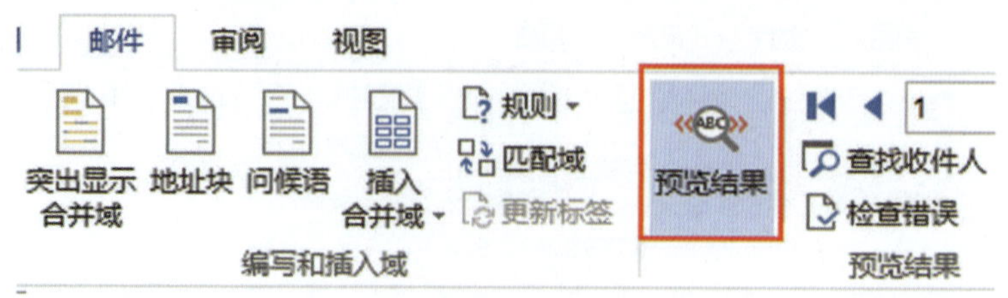

图3–156　预览结果

（8）单击“邮件”选项卡的“完成并合并”按钮，在下拉列表中选择“编辑单个文档”（见图3–157）。

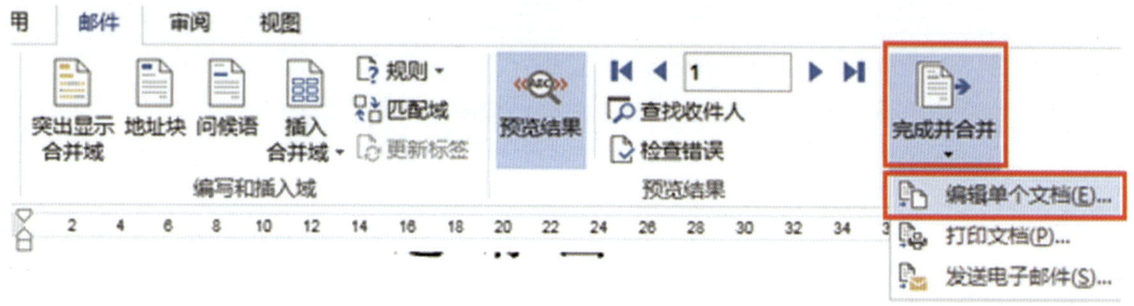

图3–157　完成并合并

（9）打开“合并到新文档”对话框，选择“全部”单选按钮后，单击“确定”按钮关闭对话框，Word将创建一个新文档，新文档将按照数据源表中的被邀请人分页显示邀请函（见图3–158）。

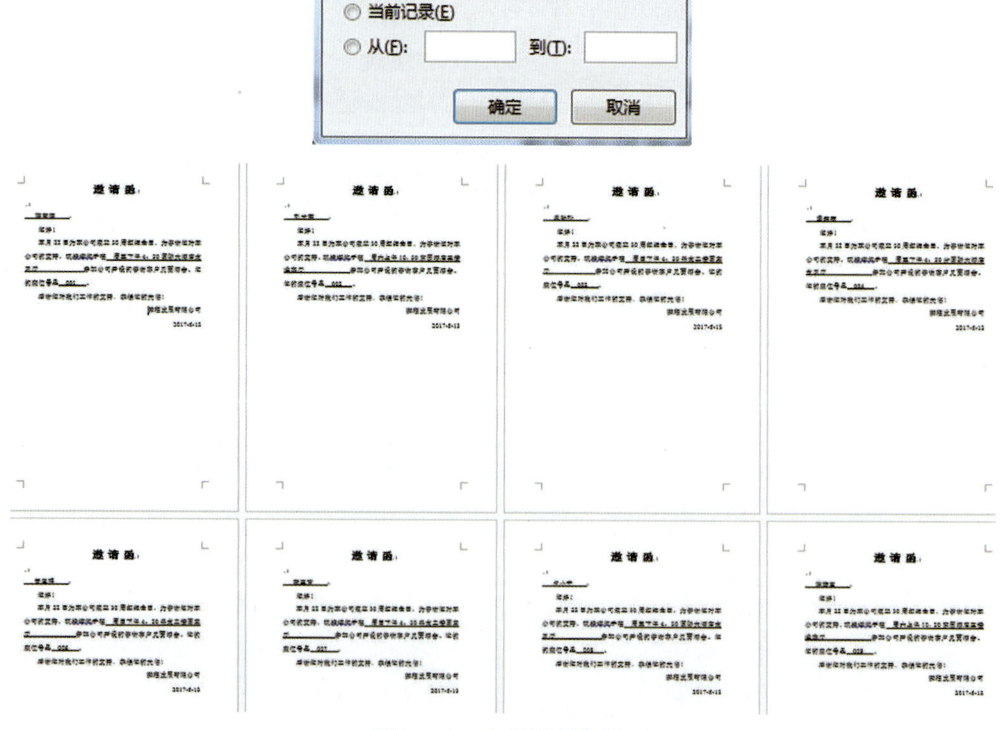

图3–158　合并到新文档

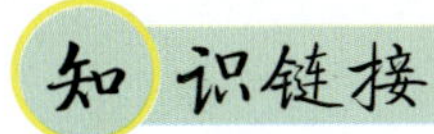

1.邮件合并

在Office中，先建立两个文档：一个Word主文档包括所有文件和一个Excel，或Word文档包括变化信息的数据源（填写的收件人、发件人、邮编等），然后使用邮件合并功能在主文档中插入变化的信息，合成后的文件用户可以保存为Word文档，可以打印出来，也可以以邮件形式发出去。

2.邮件合并的作用

Word 2013与Excel 2013共同使用批量打印明信片、信封、请柬、工资条等，也可以轻松处理准考证、成绩单、获奖证书等文档，邮件合并功能能够较大提高工作效率。

3.邮件合并通常包含以下四个步骤：

（1）创建主文档，输入内容不变的共有文本；

（2）创建或打开数据源，存放可变的数据；

（3）在主文档所需的位置建立合并域名字；

（4）执行合并操作，将数据源中的可变数据和主文档的共有文本进行合并，生成一个合并文档或打印输出。

扫一扫：观看教学视频

实训 使用邮件合并制作成绩单

（1）建立主文档，以“成绩单.docx”为文件名存盘（见图3-159）。

成绩单

___________同学：

你本学期期末考试的各科成绩如下：

语文	数学	英语	物理	化学

下学期9月3日回校，9月4日正式上课，请按时回校。

XXXXXX 学校

2017年6月25日

图3-159 制作成绩单

（2）用Excel建立表格，录入学生的各科成绩（即数据源），以“成绩.xlsx”为文件名存盘。

（3）使用邮件合并生成全部“成绩单”，在主文档中插入合并域“姓名”“语文”“数学”“英语”“物理”“化学”等。

任务七 毕业论文排版

学习目标

1.掌握在Word 2013中灵活运用样式排版长文档。

2.在Word 2013中能灵活运用题注。

3.在Word 2013中能灵活运用分节对文档的页眉、页脚进行设置。

4.掌握目录的自动生成。

学习内容

本任务主要介绍长文档的排版，如工作报告、宣传手册、毕业论文、书稿等，其中长文档纲目结构复杂，内容较多（几十页甚至数百页），运用Word 2013可以很好地驾驭整个长文档的版面，轻松而高效地完成排版。

操作一 运用样式排长版文档

【操作要求】

1.正文

全文统一使用“宋体”“小四号”字，行间距设置为1.5倍，首行缩进2字。

2.标题

（1）一级标题。将摘要、各章主标题、结论、参考文献设置为一级标题，四号黑体，左对齐，段前1.5行，段后1.1行。

（2）二级标题。各章小标题设置为小四号黑体，左对齐，段前1.0行，段后0.5行。

扫一扫：观看教学视频

（3）三级标题。各章小标题设置为小四号黑体，左对齐，段前0行，段后0行。

【操作步骤】

1.正文

选择全文统一使用“宋体”“小四号”字，行间距设置为1.5倍，首行缩进2字（见图3-160）。

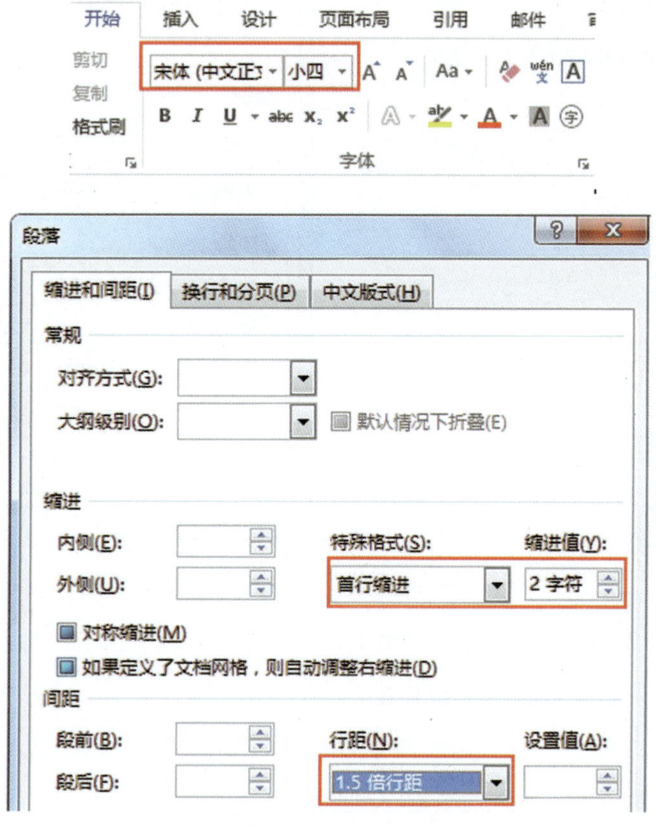

图3-160　设置正文字体字号

2.标题

（1）在“开始”选项卡“样式”选项组中“标题1”右击，选择“修改”命令，在“修改样式”对话框中修改“标题1”样式为四号黑体，左对齐，段前1.5行，段后1.1行（见图3-161）。

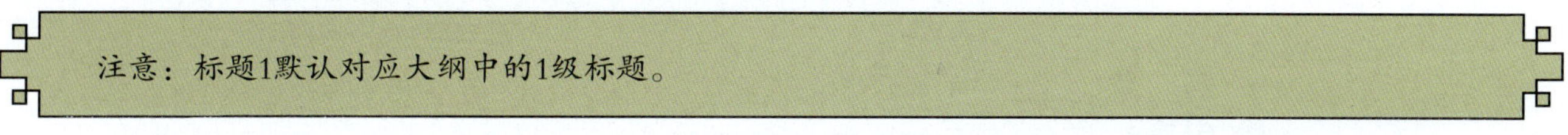

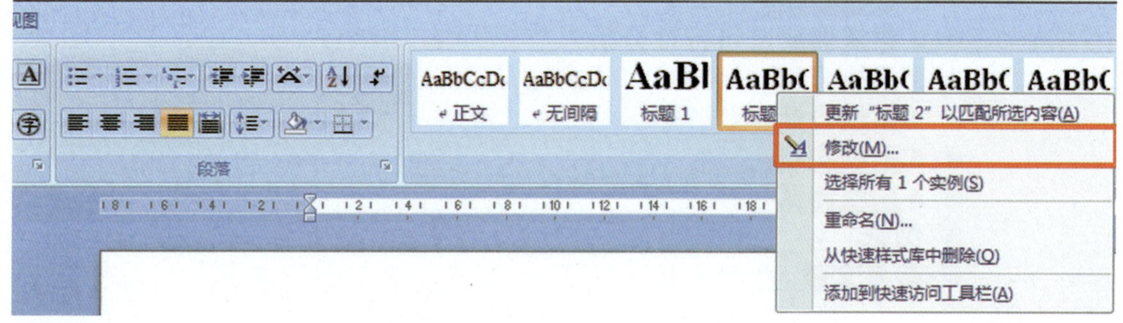

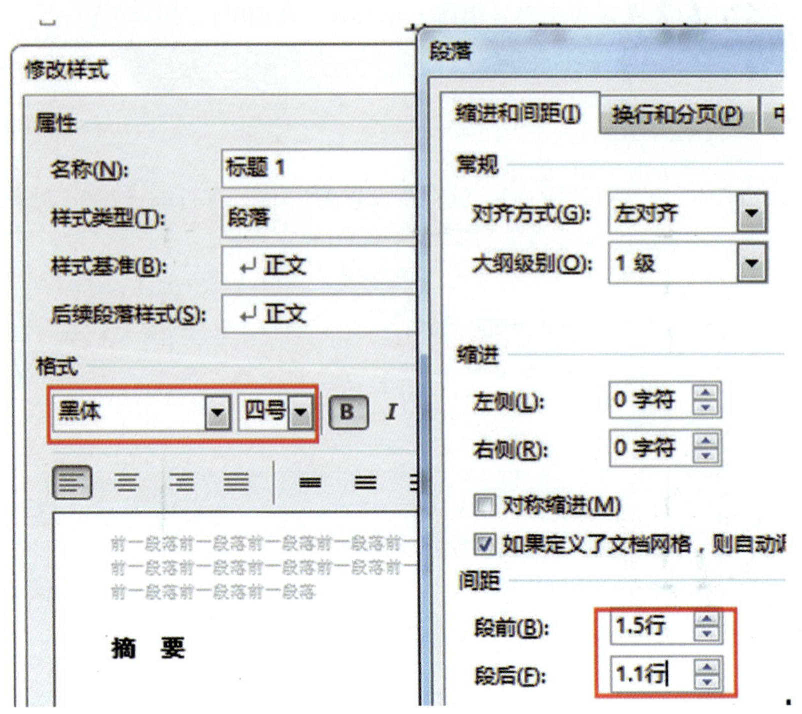

图3-161　设置标题1字体字号

（2）依次选择摘要、各章主标题、结论、参考文献设置为"标题1"样式。选择"视图"选项卡"视图"选项组中的"大纲视图"进入文章的大纲视图模式，显示级别选择"1级"，可以看到一级标题已设置。

（3）同样的方法修改"标题2"样式为小四号黑体，左对齐，段前1.0行，段后0.5行。选择各章小标题设置"标题2"，"标题2"默认对应大纲中的2级标题。

（4）同样的方法修改"标题3"样式为小四号黑体，左对齐，段前0行，段后0行。选择各章小标题设置"标题3"，"标题3"默认对应大纲中的3级标题（见图3-162）。

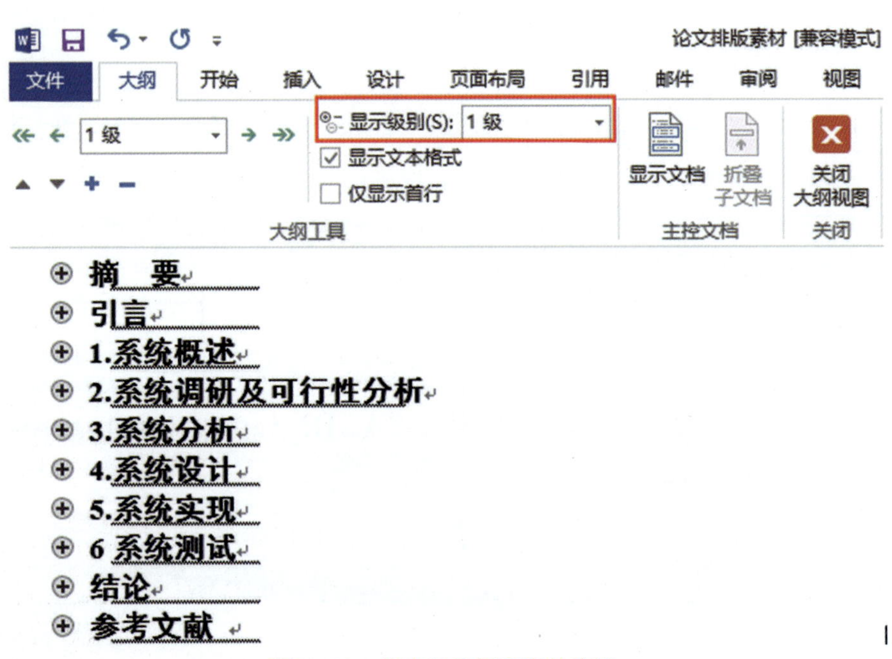

图3-162　依次设置标题字体字号

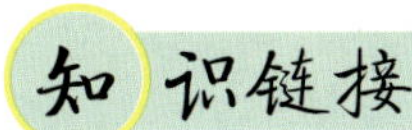

样式是格式的集合。同类型的不同内容应使用同一样式，当改变样式时，已使用样式的内容全部自动改变格式。通过定义常用样式，可以使相同类型的文字呈现风格高度统一，同时可以对文字快速套用样式，简化排版工作。而且，Word中许多自动化功能（如目录）都需要使用样式功能。

Word 2013中已经定义了大量样式，一般在使用中只需要对预定义样式进行适当修改即可满足需求。样式的设置方法为，单击“开始”选项卡中，在需要修改的样式名上“右击”→“修改”，即可进入修改样式对话框（见图3-163）。

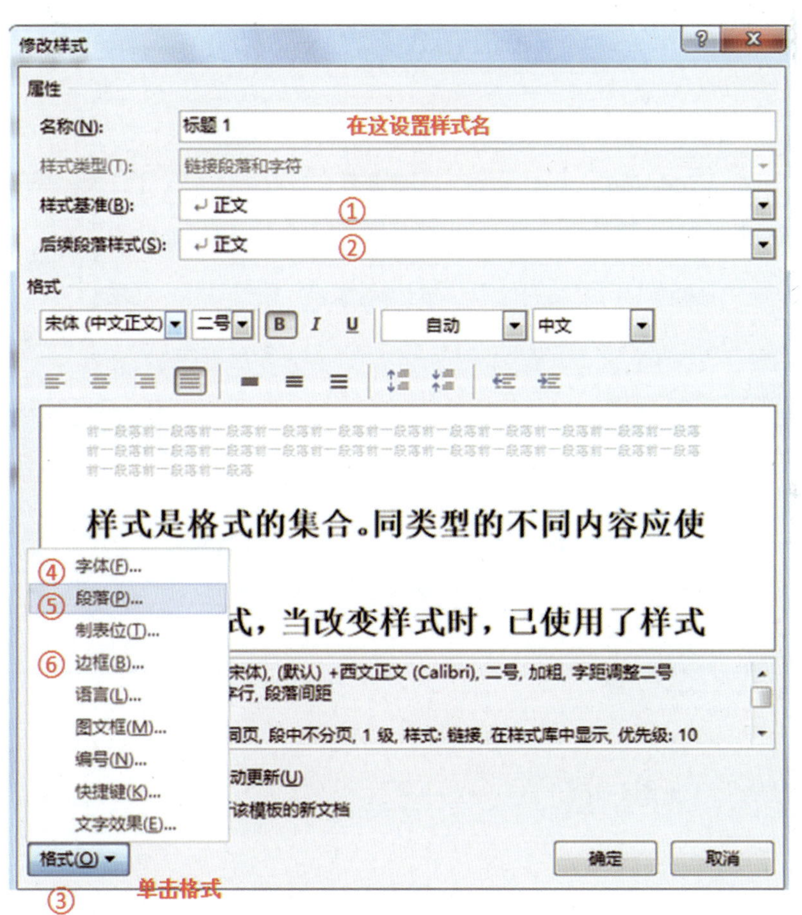

图3-163 设置标题样式

需要指出的是，“正文”样式是Word中的最基础的样式，不要轻易修改它，一旦它被改变，将会影响所有基于“正文”样式的其他样式的格式。另外，尽量利用Word内置样式，尤其是标题样式，可使相关功能（如目录）更简单。

操作二　插入题注

扫一扫：观看教学视频

【操作要求】

正文的图、表，图和表无缩进居中，图表标题居中，其他样式自定义；图标题位于图下，表标题位于表上。

【操作步骤】

（1）选择要添加题注的项，单击“引用”选项卡中的“插入题注”命令（见图3-164）。

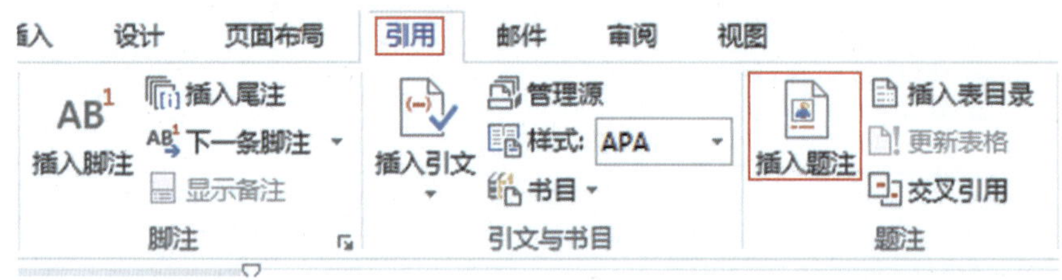

图3-164　插入题注

同理，新建题注“表”（见图3-165）。

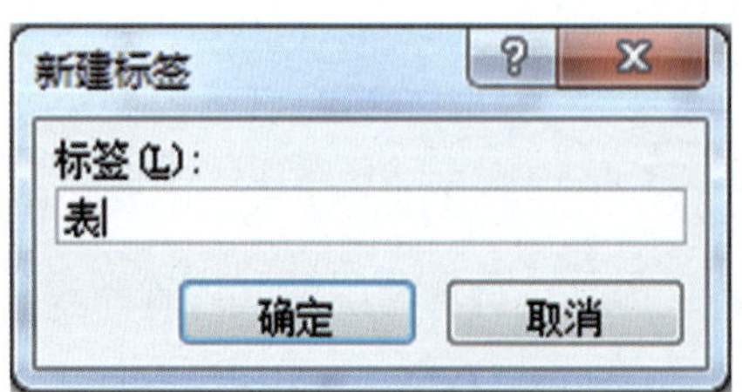

图3-165　新建题注

（2）要创建交叉引用，单击“引用”选项卡“交叉引用”命令，在“交叉引用”对话框中设置（见图3-166）。

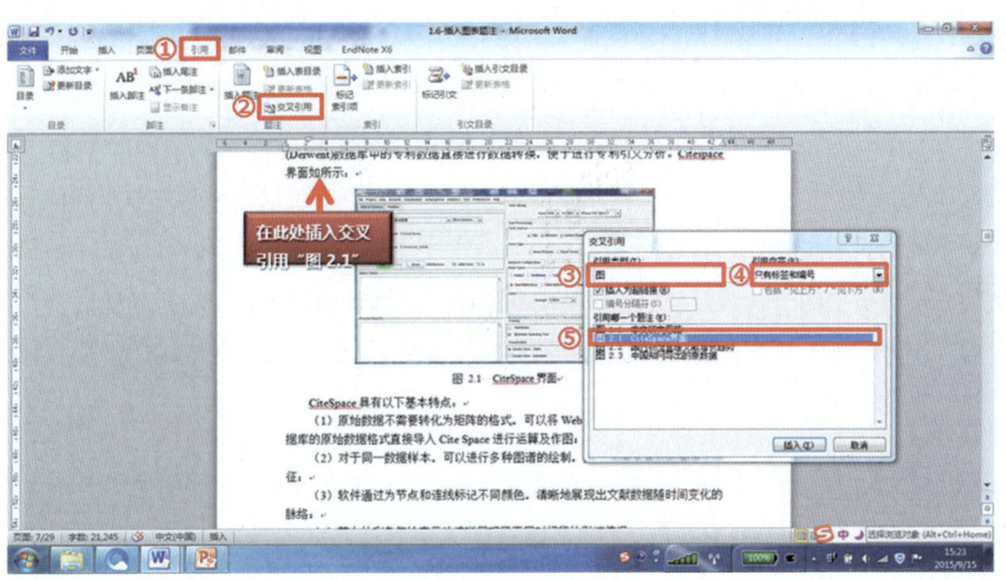

图3-166 创建交叉引用

知识链接

针对图片、表格、公式一类的对象，为它们建立带有编号的说明段落，即称为"题注"。例如，每幅图片下方的"图1.1"等文字就称为题注，通俗的说法就是插图的编号。

为插图编号后，还要在正文中设置引用说明，例如"如图1.1所示"。

引用说明文字和图片是相互对应的，我们称这一引用关系为"交叉引用"。

扫一扫：观看教学视频

操作三 设置页面布局

利用文档的页面布局可以规范文档在使用哪种幅面的纸张、文档的书写范围、装订线等信息（见图3-167）。

在"页面布局"选项卡图3-168中1区可以分别设置页边距等信息，如需要更详细地设置可单击打开"页面设置"详细对话框。

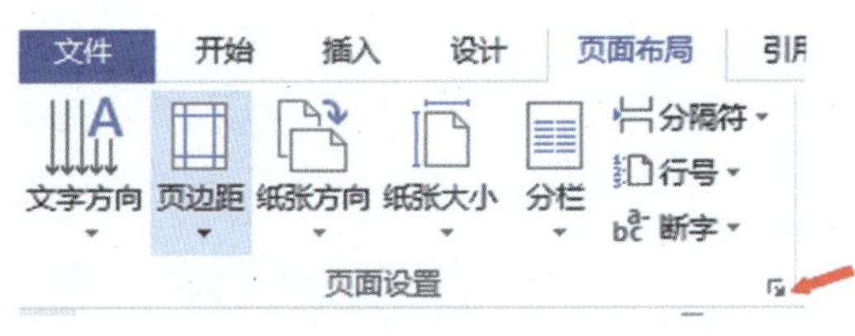

图3-167 页面布局

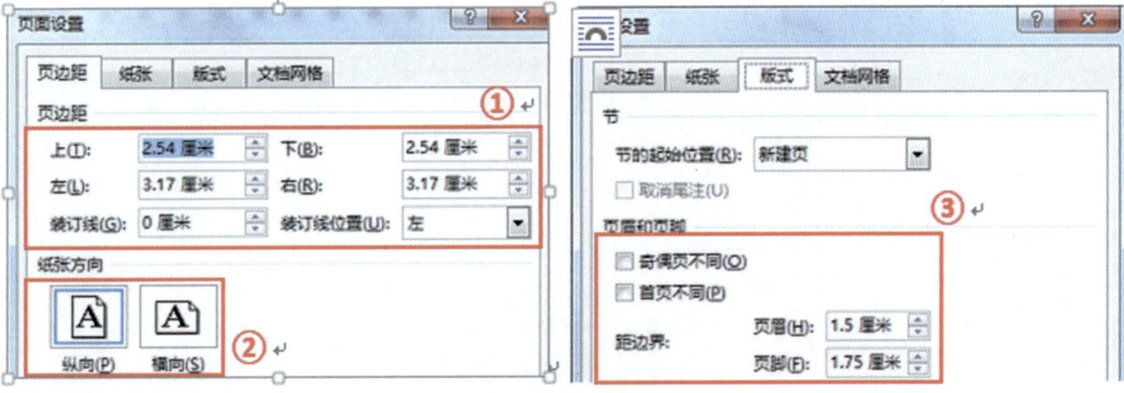

图3-168 页面设置

在“页边距”选项卡中，可以根据需要设置上下左右边距及装订线位置、页边距各参数；“纸张”选项卡中可以设置页面纸张类型，一般选“A4”即可；“版式”选项卡可以设置有关节的相关信息及页眉页脚的布局。

在Word中，分节是非常重要的编辑操作，节实际上可以理解为相对比较独立的一部分，插入分节符之前，Word将整篇文档视为一节。一个文档可以分为很多个节，每一节内可设置与其他节不同的版式，如可重新编写页码、设置不同的页眉页脚等。节的种类有下一页、连续、偶数页、奇数页，其中下一页类型的节与普通的分页效果类似，连续类型的节默认会继承上一节的所有版式。默认情况下，每一个新建的节，都会自动“链接到前一条页眉”，意思是本节会自动调用前面节的页眉和页脚。

【操作要求】

（1）页面设置为A4，一律采用单面打印；页边距设置：上边距为30mm，下边距为25mm，左边距和右边距为25mm；装订线：10mm；页眉：16mm；页脚：15mm。

（2）页眉从摘要页开始到论文最后一页，均需设置。页眉内容：×××学院毕业论文（设计），居中，打印字号为5号宋体，页眉之下有一条下划线。

（3）页脚：从论文主体部分（引言或绪论）开始，用阿拉伯数字重新连续编页，页码编写方法为：x，居中，打印字号为小5号宋体。

【操作步骤】

（1）在“页面布局”选项卡中“纸张大小”设置为A4，同时打开“页面设置”详细对话框。上边距为30mm；下边距为25mm；左边距和右边距为25mm；装订线10mm；页眉16mm；页脚15mm（见图3-169）。

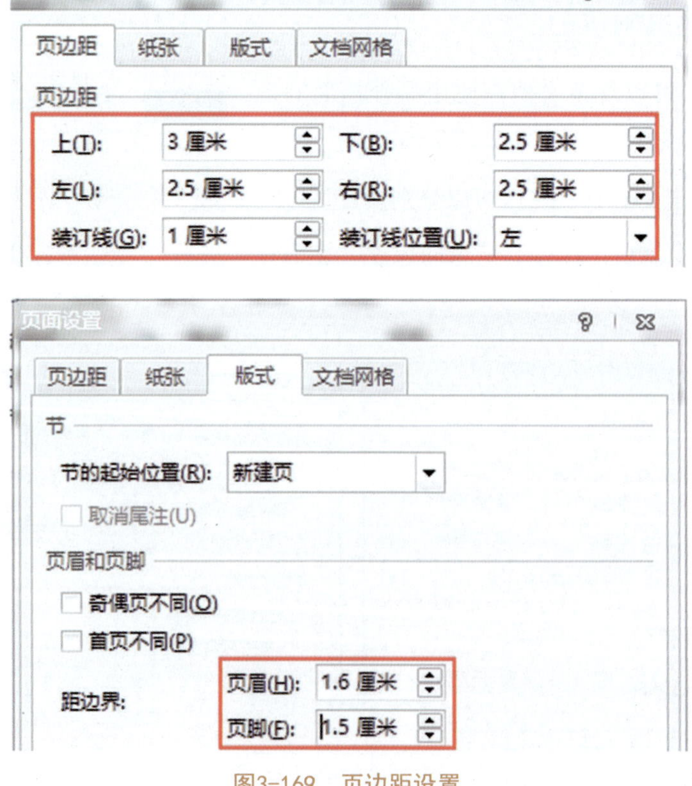

图3-169　页边距设置

（2）由于从正文开始要显示不同的页眉、页脚内容，所以必需分节。光标定位于正文前，在“页面布局”选项卡的“分隔符”中选择“下一页”分节符（见图3-170）。

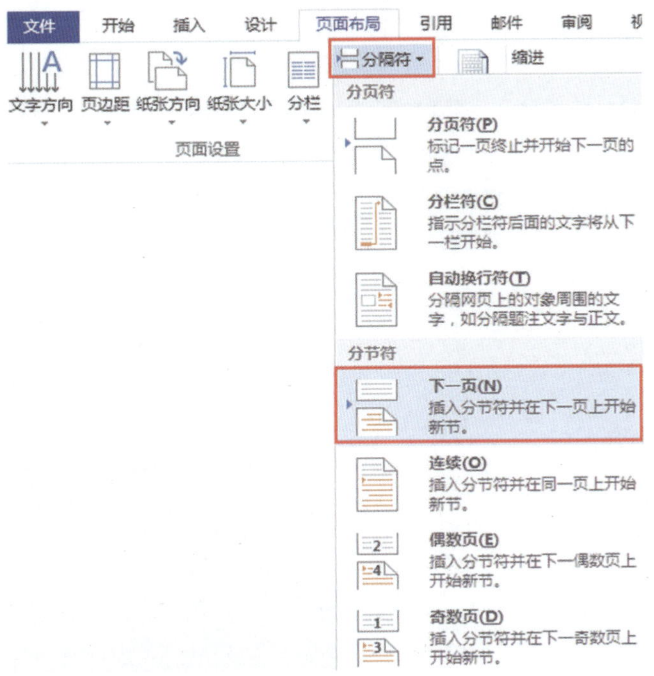

图3-170　插入分节符

双击正文首页的页眉部分，进入编辑状态，先取消“链接到前一条页眉”，然后在页眉区域输入“×××学院毕业论文（设计）”，选定页眉区的文字，设置居中，5号宋体（见图3-171）。

提示：默认情况下，每一个新建的节，都会自动“链接到前一条页眉”，意思是本节会自动调用前面节的页眉和页脚。根据要求，正文后部分的有页眉页脚，而它前面的部分是没有页眉页脚的，也就是说这两个节的页眉页脚是不一样的，所以我们要取消“链接到前一条页眉”，如果没有取消，那么在这里设置了页眉页脚后，正文前面的部分也会跟着显示相同的页脚。

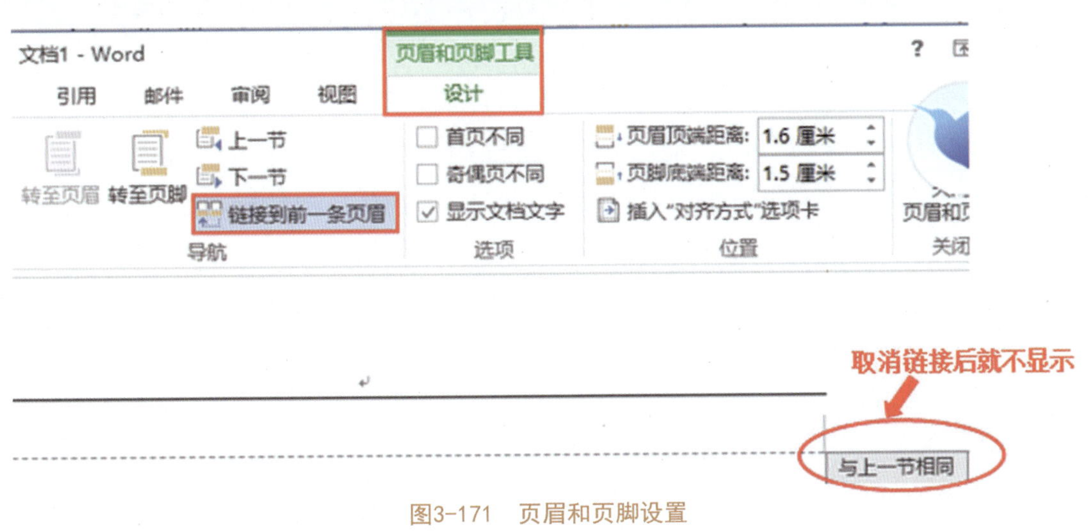

图3-171　页眉和页脚设置

（3）双击正文首页的页脚部分，进入编辑状态，先取消“链接到前一条页眉”，在“页眉和页脚工具→设计”选项卡中选择“页码”下拉命令中的“设置页码格式”（见图3-172）。这样从正文开始才显示页码。

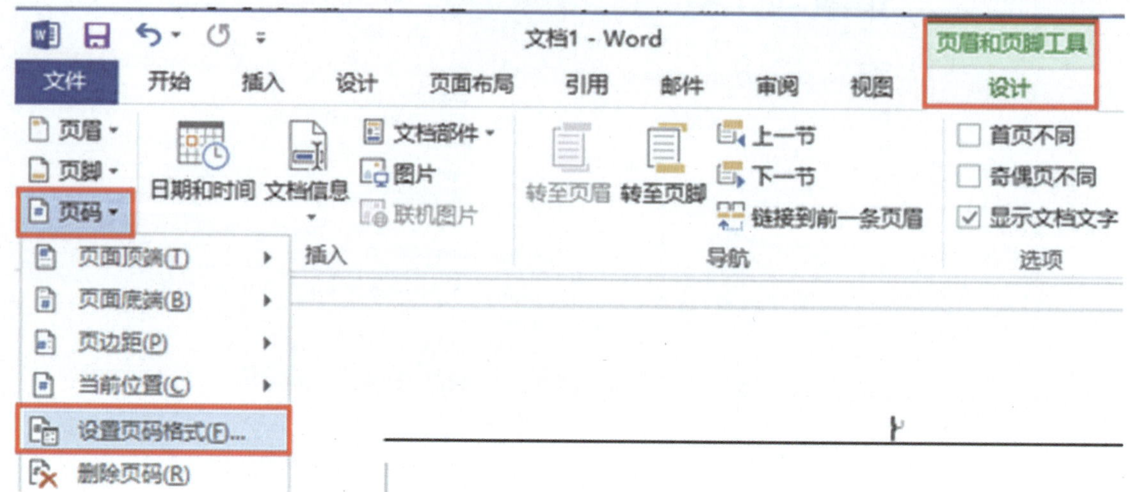

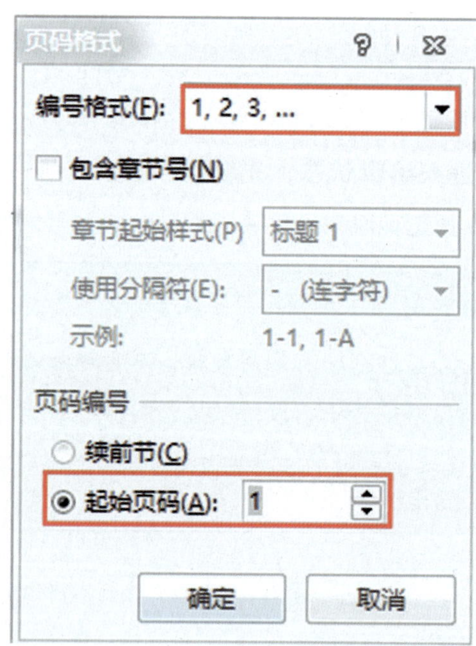

图3-172 设置页码格式

设置好页码格式后再插入页码。选定页码，设置字号为小5号宋体（见图3-173）。

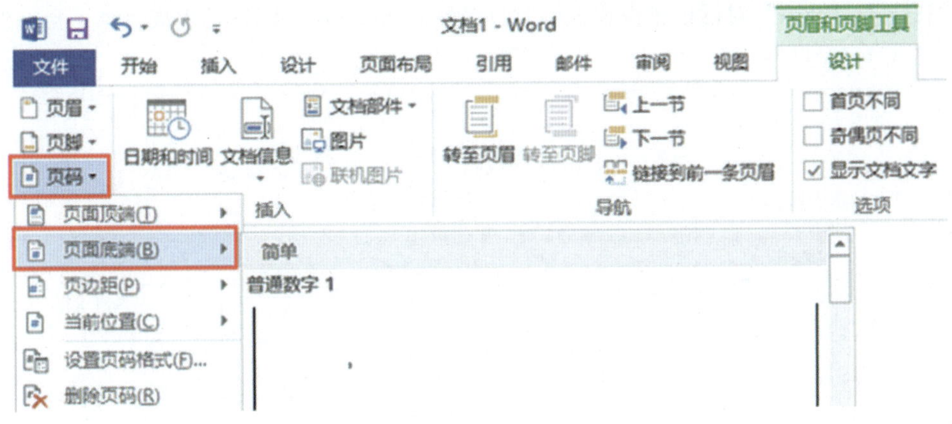

图3-173 插入页码

扫一扫：观看教学视频

操作四 自动生成目录

【操作要求】

当内容全部确定后，就可以生成目录。目录的内容是Word自动从文档中抽取出那些带有级别标题的段落来组成的。这就是为什么一开始就要设置级别标题样式。在目录已经确定的情况下，如果正文中与目录有关的文本需要调整，可以在已经生成的目录上右击，更新域来实现目录的刷新。

（1）单击要插入目录的位置。

（2）从正文开始确认各级标题是否已设置为对应的“标题1”“标题2”“标题3”。

（3）“引用”选项卡中“目录”选项组中“目录”下选择“自定义目录…”（见图3-174）。

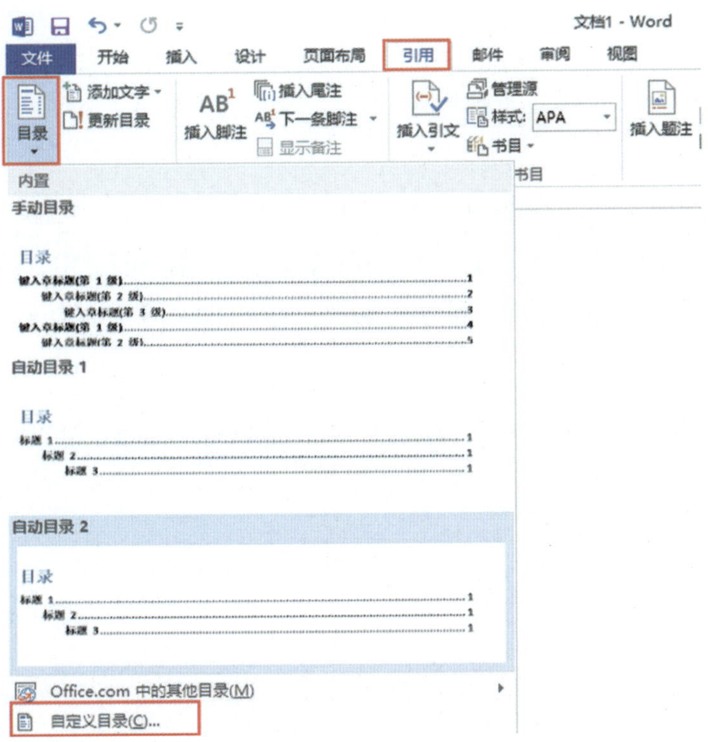

图3-174 自定义目录

（4）在“自定义目录…”对话框中设置显示3级标题，单击确定，即自动生成目录（见图3-175）。

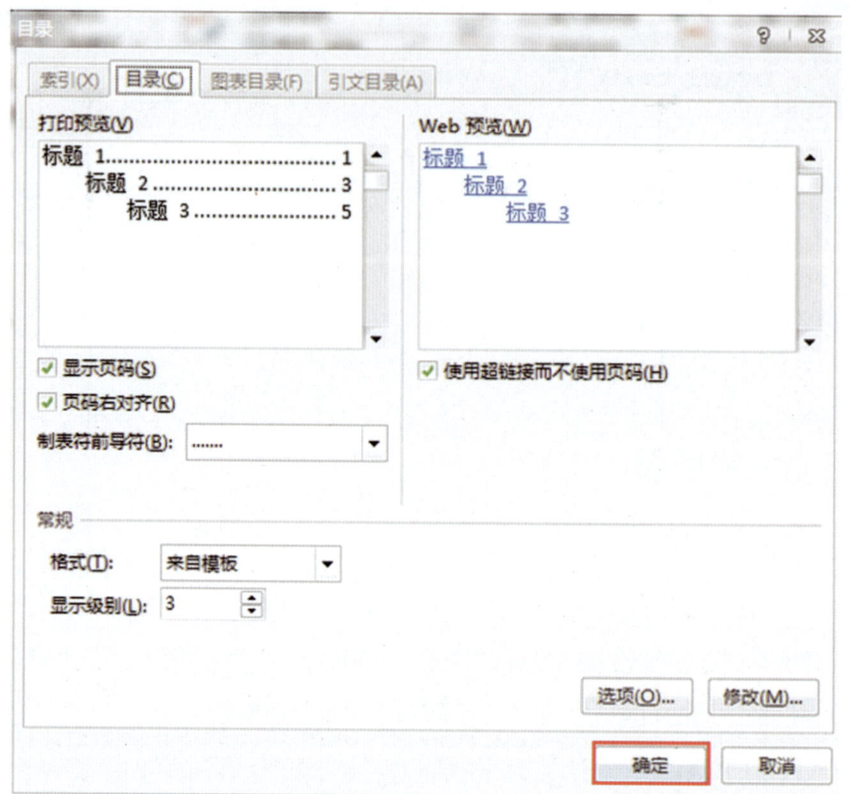

图3-175　生成自定义目录

实训　长文档排版

（1）打开习题“员工手册.docx”，修改样式库中“正文”的字号为“小四”、首行缩进“2个字符”、行距为“多倍行距1.25”。

（2）对文章的正文应用“正文”样式；设置标题的字号为“二号”、居中。

（3）对文章正文中所有的“第一章、第二章、第三章、……”标题行应用“标题1”样式；对文章正文中所有的“2.1，2.2，2.3……”标题行应用“标题2”样式。对文章正文中所有的“1，2，3……”等标题行应用“标题3”样式。

（4）在标题和正文之间添加目录，并插入分节符，正文开始插入页码，从1开始。

扫一扫：观看教学视频

小 结

本项目主要介绍了Word 2013工作界面的各组成部分及功能，使用Word 2013进行文字处理、图文混排、制作流程图、表格制作和长文档的排版等。通过本项目的学习，希望读者能熟练掌握Word 2013软件的使用，在实际工作中能灵活运用。

习 题

1.创建一份导游小报。

上网收集素材，确定一个旅游景点，收集相关的文字说明和图片。运用所学的艺术字、插图和文本框的知识进行总体的应用。

2.制作下面的表格：

订阅者单位		订阅者姓名	
地址		邮政编码	
电话		传真	
订阅杂志名称			份数
金额（大写）	万 仟 佰 拾 元 角 分整		

（3）对一本图书进行排版。

整体要求：按双面打印格式来排版，要求封面、序、目录没有页眉，正文和参考文献的页脚是靠外侧显示的页码，正文的奇数页页眉为当前章的标题，偶数页眉为书名，每一章的起始位置是下一个奇数页。

①封面，封面不显页码，内容自定义。

②序言，不显页码，从封面后的奇数页开始。

③目录，目录内容由Word自动生成，目录内的样式可自定义。

④正文，可设三级标题，样式自定义；正文各段原则要求首行缩进两个字符；在页脚居外侧显示页码，阿拉伯数字，从1开始。

⑤正文的图、表，图和表无缩进居中，图表标题居中，其他样式自定义；图标题位于图下，表标题位于表上。

项目四 Excel 2013

Microsoft Office 2013是目前微软最受欢迎的办公自动化软件，Excel 2013是当中不可或缺的一部分，主要用来进行繁重计算任务的预算、财务、数据汇总等工作。因此，熟练地掌握Excel 2013可以方便、快捷、轻松地处理日常办公中的所有数据。

学习目标

★ 认识Excel 2013。

★ 掌握Excel 2013工作界面的各组成部分及功能。

★ 掌握Excel 2013的基本操作。

★ 掌握Excel 2013的数据处理与分析。

★ 掌握Excel 2013公式与简单函数应用。

★ 掌握Excel 2013数据编辑与工作表操作。

任务一 初步认识Excel 2013

学习目标

1. 了解Excel 2013的功能和作用。

2. 了解Excel 2013新增的功能。

3. 熟悉Excel 2013的操作界面。

4. 了解Excel 2013操作环境的相关设置。

5. 了解Excel 2013不同版本之间的兼容问题。

学习内容

本任务主要介绍Excel的窗口界面与基本功能。

一、Excel 2013的功能和作用

（1）处理大型数据表格。

（2）制作简单规范的表格。

（3）公式的强大计算功能和函数的广泛应用。

（4）图表在实际中的运用。

（5）数据的统计和分析。

二、Excel 2013新增功能

（1）全新的功能区取代原来的菜单栏和工具栏。

（2）新增快速分析工具。

（3）新增实时预览功能。

（4）新增智能的推荐数据透视表和推荐图标。

（5）增加数据透视表功能。

（6）强大的网络联机功能。

三、熟悉Excel 2013操作界面

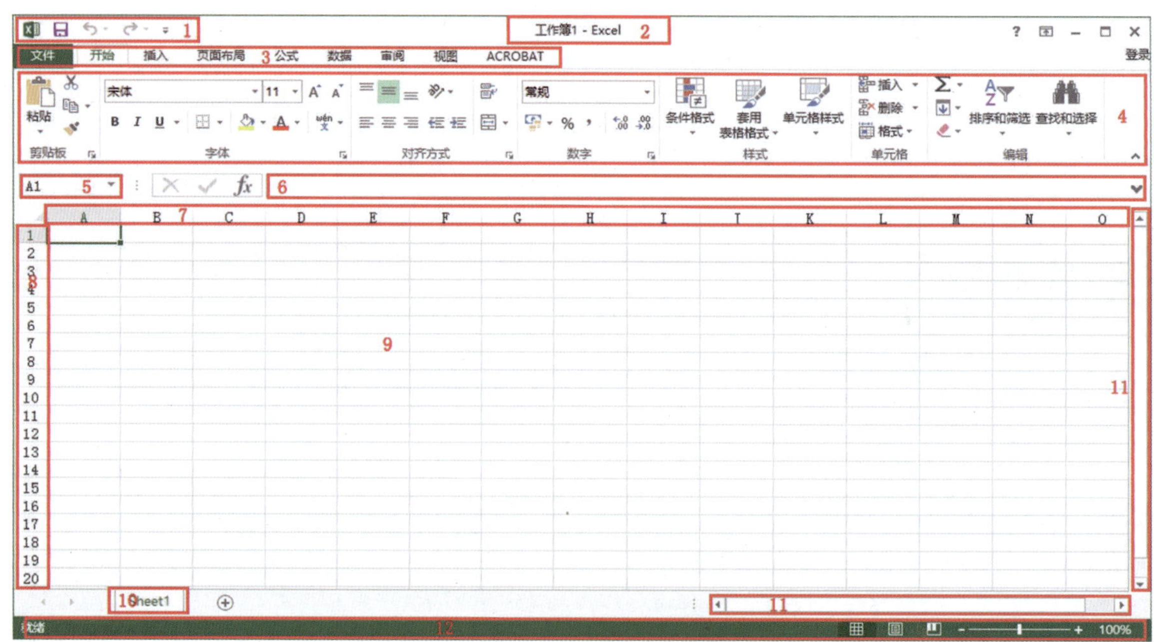

图4-1　Excel 2013工作界面

1.Excel的工作界面（见图4-1）。

（1）快速访问工具栏：添加用户常用的命令，方便快速操作和访问。

（2）标题栏：此处一般显示Excel工作簿的保存名称。

（3）选项卡：其实这是Excel 2013的菜单栏，这里呈现了Excel中执行的核心任务。

（4）工具栏：可以通过工具栏快速的执行操作。

（5）单元格名称框：在这里可以对单元格和单元格区域定义名称。

（6）编辑栏：可在编辑栏输入数据和Excel公式。

（7）列标：显示每一列单元格的列标。

（8）行号：显示每一行单元格的行号。

（9）工作区：工作区由很多Excel单元格组成，工作区的每一个方格都是一个单元格。

（10）工作表标签：每一个Excel工作簿都会默认创建3个工作表标签，可以添加、删除Excel工作表。

（11）滚动条：分别为垂直和水平滚动条。

（12）状态栏：显示工作表的状态，还有调节工作表显示比例的按钮。

2.Excel的基本功能区

（1）Excel的文件操作功能，主要有新建、打开、打印、保存、撤销、恢复及Excel选项（实现Excel工作环境设置）等功能（见图4–2）。

图4–2 Excel的基本功能区

（2）工作簿的编辑功能由“开始”选项卡各功能组的相关功能组成，包括剪贴板、字体、数字、对齐方式、样式、单元格、编辑等功能（见图4–3）。

图4–3 工作簿的编辑功能区

（3）插入各种元素功能，由“插入”选项卡功能组的各项功能组成，包括表格、插图、图表、链接、文本及符号等功能（见图4–4）。

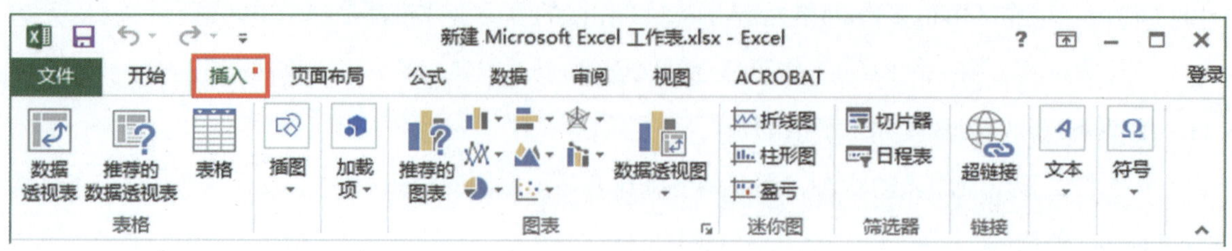

图4-4　插入菜单

（4）网页布局功能，由“页面布局”选项卡功能组的各项功能组成，包括主题、页面设置、调整为合适大小、工作表选项及排列等功能（见图4–5）。

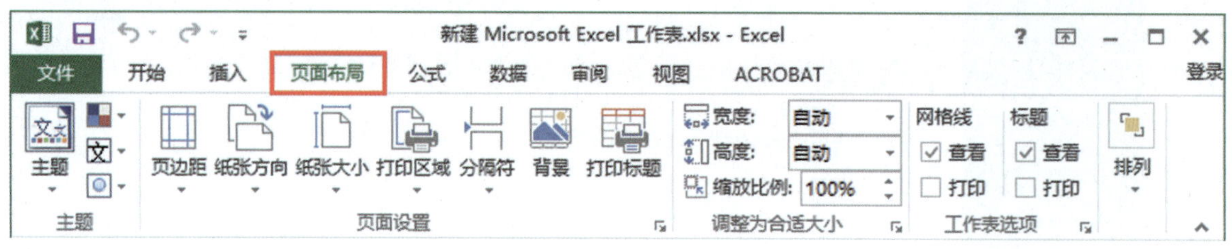

图4-5　页面布局菜单

（5）公式与函数计算功能，由“公式”选项卡功能组的各项功能组成，包括函数库、定义的名称、公式审核、计算等功能（见图4–6）。

图4-6　公式菜单

（6）数据处理功能，由“数据”选项卡功能组的各项功能组成，包括获取外部数据、连接、数据工具及分级显示等功能（见图4–7）。

图4-7　数据菜单

（7）审阅、检查与保护功能，由“审阅”选项卡功能组的各项功能组成，包括校对、中文简繁转换、语言、批注及更改等功能（见图4–8）。

图4-8　审阅菜单

（8）工作簿视图功能，由“视图”选项卡功能组的各项功能组成，包括工作簿视图、显示、显示比例、窗口及宏等功能（见图4–9）。

图4-9　视图菜单

（9）滚动条，位于页面区域的底端和右侧，使用鼠标拖动滚动条中的滑块或单击滚动条两端的滚动箭头按钮，可以上下或左右滚动查看当前屏幕上未显示出来的文档内容。

（10）状态栏，位于窗口的最下端，用于显示当前文档插入点所在的位置等信息，包括插入点目前所在页码、总页数、发现校对错误以及视图和缩放比例等。

四、Excel 2013操作环境的相关设置

（参照Word 2013设置方法）

五、Excel 2013不同版本之间的兼容问题

（参照Word 2013设置方法）

任务二 制作成绩表——Excel 2013的基本操作

学习内容

1.掌握使用Excel 2013新建、保存、打开与关闭文档的方法。

2.掌握在Excel 2013中合并单元格的方法。

3.掌握在Excel 2013中页面设置和打印的方法。

4.掌握在Excel 2013中数据的输入与文字排版的方法。

学习目标

本任务主要介绍常用单元格数据的输入，新建、保存、打开与关闭文档，以及进行简单的单元格格式设置、页面设置及文件打印（见图4-10）。

扫一扫：观看教学视频

学生成绩表				
学号	姓名	总分	班级	排名
20170910	郑华秋	775	17电子商务5	1
20170909	白山元	395	17电子商务5	10
20170908	陈玉勋	585	17电子商务5	3
20170907	何文远	554	17电子商务5	6
20170906	刘壮实	432	17电子商务5	9
20170905	叶菲	558	17电子商务5	5
20170904	刘梅	654	17电子商务5	2
20170903	陈华强	445	17电子商务5	7
20170902	李丽	438	17电子商务5	8
20170901	张喜东	578	17电子商务5	4

图4-10 制作学生成绩表

操作一　输入、编辑《学生成绩表》内容

【操作要求】

新建表格，双击工作表名称，修改Sheet1工作表名称为“学生成绩表”，录入成绩表数据。

【操作步骤】

（1）启动Excel 2013。

（2）在Excel工作表中录入和输入文字内容（见图4-11）。

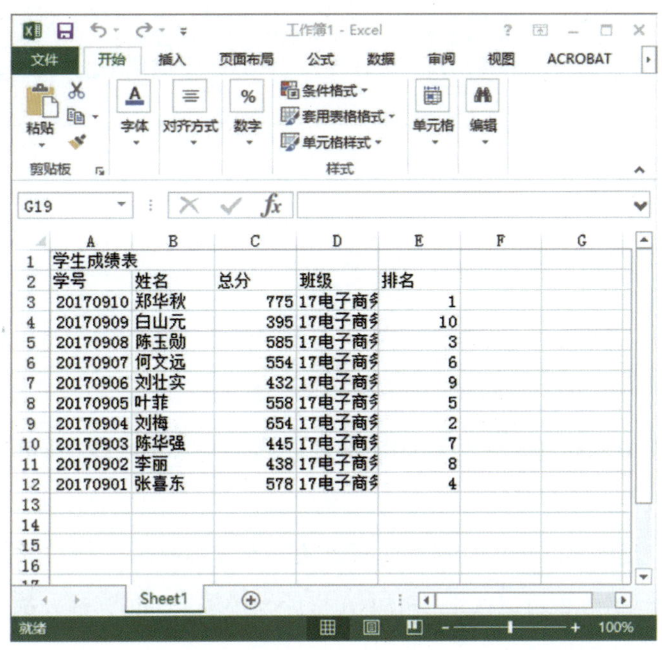

图4-11　输入文字内容

知识链接

1.Excel工作簿的基本概念

（1）工作簿

Excel中用来进行数据处理的文件叫作工作簿，每一个工作簿都可以包含若干个工作表。工作表中通过行、列的形式定义了一个个单元格，单元格是工作表中的最小工作单位，用来存放数据。

（2）工作表

启动Excel后，在Excel中可以看到有行、列组成的单元格，将其称之为一个工作表，标签名字为“Sheet1”，可以通过标签名旁边的“+”号按钮增加新的工作表（见图4-12）。

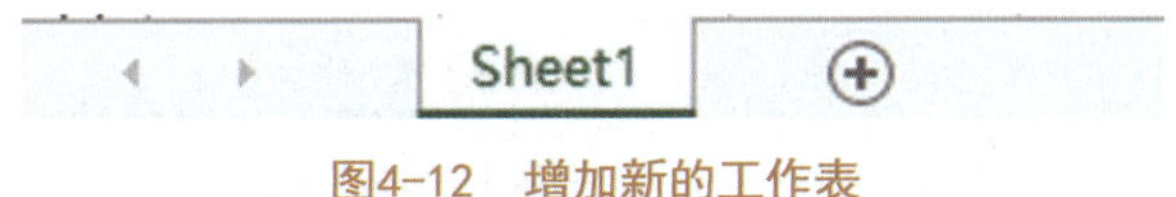

图4-12　增加新的工作表

（3）单元格

单元格是Excel中数据处理的最小存储单位，每个单元格都是由数字表示的行与大写英文字母表示的列来命名，例如：第一行和第一列交集点为一个活动单元格（A1），该名称也叫单元格地址。

当我们选中单元格的时候，名称地址也显示在左侧的名称框中，并且单元格内容同时显示在编辑栏当中（见图4-13）。

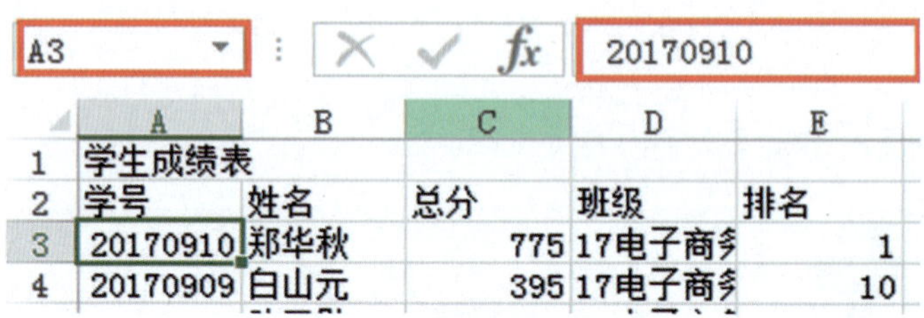

A3 | 20170910

	A	B	C	D	E
1	学生成绩表				
2	学号	姓名	总分	班级	排名
3	20170910	郑华秋	775	17电子商务	1
4	20170909	白山元	395	17电子商务	10

图4-13　选中单元格

（4）工作表和单元格的选定。

当前编辑的工作表和单元格转换成活动工作表以及活动单元格，可以通过键盘和鼠标来切换。

①选定一个工作表：单击工作表标签。

②选定多个工作表：按住“Shift”键，再单击第一个和最后一个工作表，可以将所有工作表都选中。按住“Ctrl”键，通过鼠标左键单击，可以实现同时选中多个工作表。

③选定单个单元格：单击或使用键盘移动光标来进行选定单元格，按“Enter”键可以使活动单元格下移，按“Tab”键可以使活动单元格右移。

④选定一个矩形区域（连续单元格）：鼠标左键选定一个单元格后，拖动鼠标到待选区域的单元格，可以选定矩形区域中的所有单元格。也可以选定一个单元格后，按着“Shift”键，选定另一个单元格，那么两个单元格间的列、行内所有单元格都被选定。

⑤选定不连续单元格区域：按定“Ctrl”键，鼠标左键单击或拖动，可以将不连续的单元格同时选定。

⑥选定单行或单列单元格：单击该行行号或者该列的列标。

⑦选定整个工作表：单击行号、列标交叉处或按下“Ctrl＋A”组合键（见图4-14）。

	A	B	C	D	E	F
1	学生成绩表					
2	学号	姓名	总分	班级	排名	
3	20170910	郑华秋	775	17电子商务	1	
4	20170909	白山元	395	17电子商务	10	

图4-14　选定整个工作表

操作二 设置文字格式和单元格格式

【操作步骤】

（1）选定A1至E1单元格，进行“合并后居中”操作（见图4-15）。

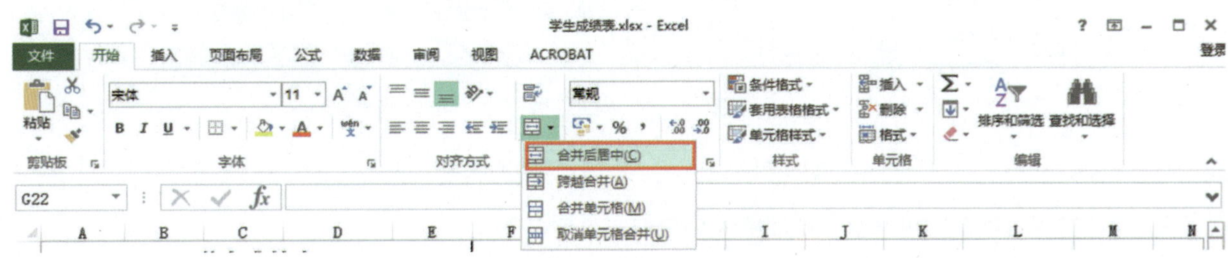

图4-15 单元格的合并后居中

（2）单击第1行行号，选中第1行单元格，右击打开行高对话框（见图4-16），输入“27”（见图4-17），单击“确定”。

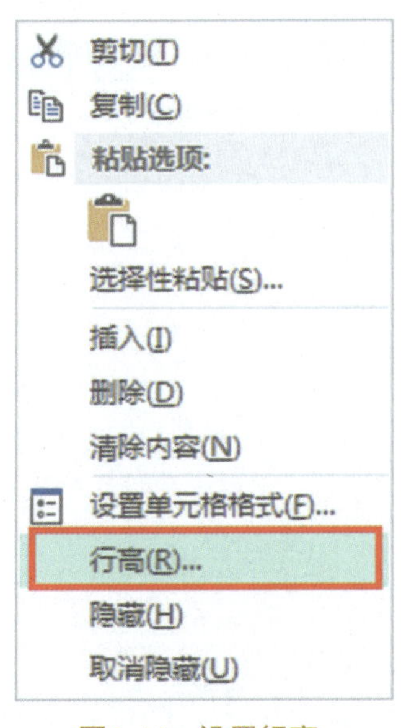

图4-16 设置行高

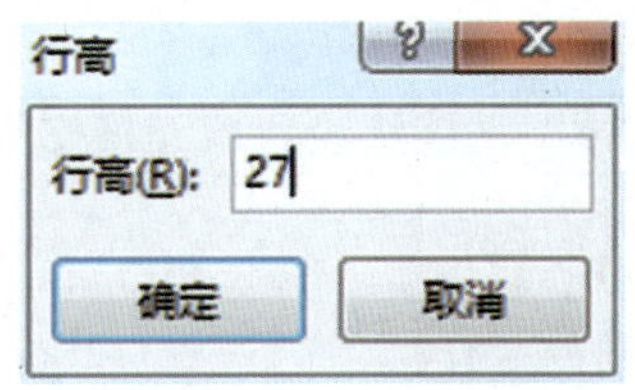

图4-17 设置行高

（3）选定合并后的单元格，将字体设置为“宋体”“16”，并选定第1行、第2行单元格将字体“加粗”（见图4-18）。

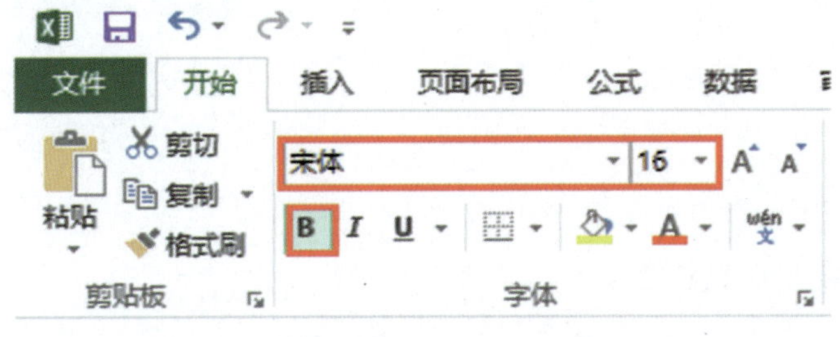

图4-18 设置单元格字体字号

（4）选定所有有数据的单元格，设置文字“上下居中”“左右居中”（见图4-19）。

图4-19　设置单元格“上下左右居中”

（5）选定所有有数据的单元格，添加单元格边框（见图4-20）。

图4-20　添加单元格边框

知识链接

1.设置单元格格式

（1）通过“字体”功能组设置单元格格式（见图4-21）。

①设置单元格边框 。

②填充单元格颜色 。

（2）通过“对齐方式”功能组设置单元格格式，见图4-22。

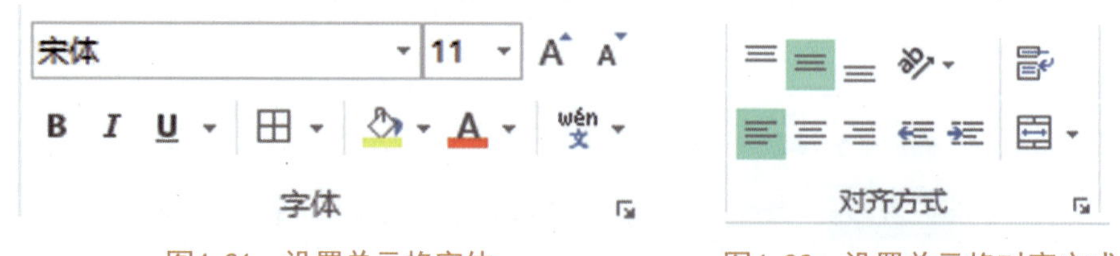

图4-21　设置单元格字体

图4-22　设置单元格对齐方式

①沿对角或旋转方向对齐文字 。

②减少缩进量 ，增加缩进量 。

③合并单元格 。

④自动换行 。

2.打开设置单元格格式对话框

右击单元格，单击“设置单元格格式”，通过“设置单元格格式”对话框，我们可以找到与功能区里面相对应的设置操作（见图4-23）。

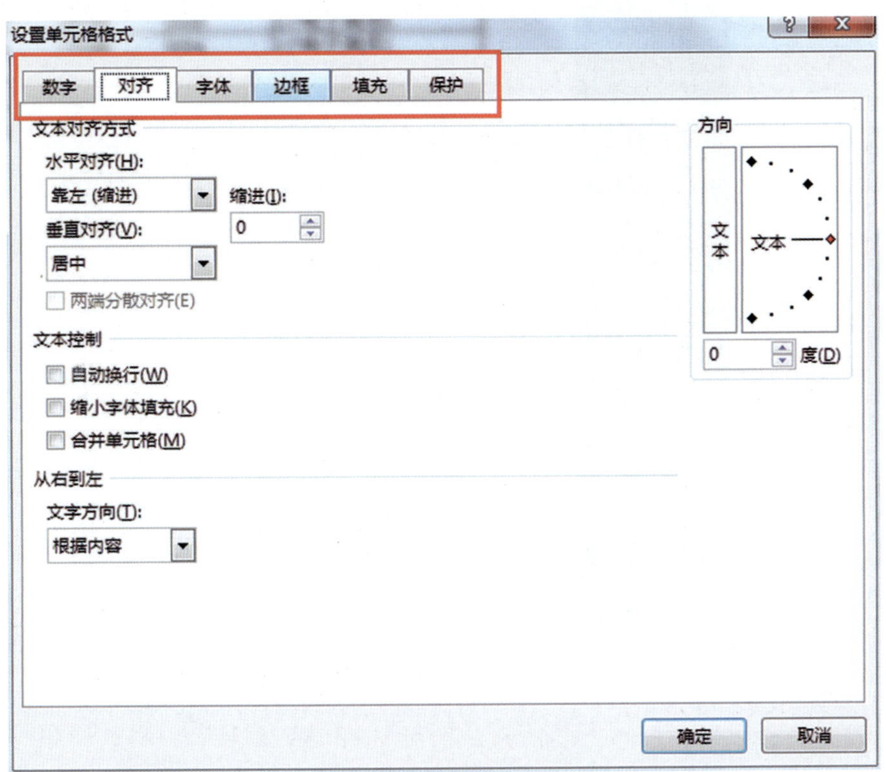

图4-23　设置单元格格式

操作三　页面设置与打印

【操作步骤】

（1）检查打印机是否启动，是否与计算机正常连接并处于准备好状态。

（2）打开“学生成绩表.xlsx”。

（3）设置文档打印格式：A4纸、纵向；自定义边距（见图4-24）；“居中方式”选择“水平”居中、“垂直”居中（见图4-25）。

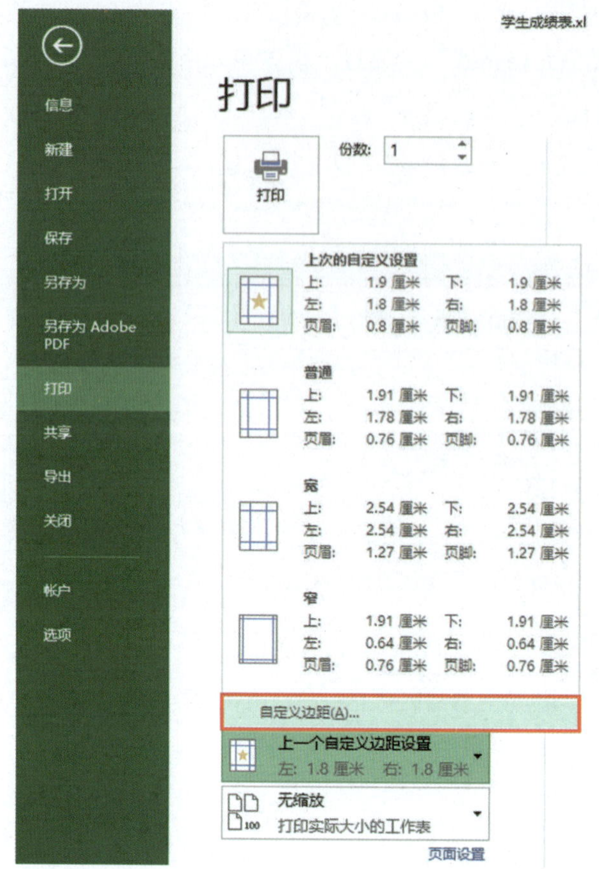

图4-24　打印设置

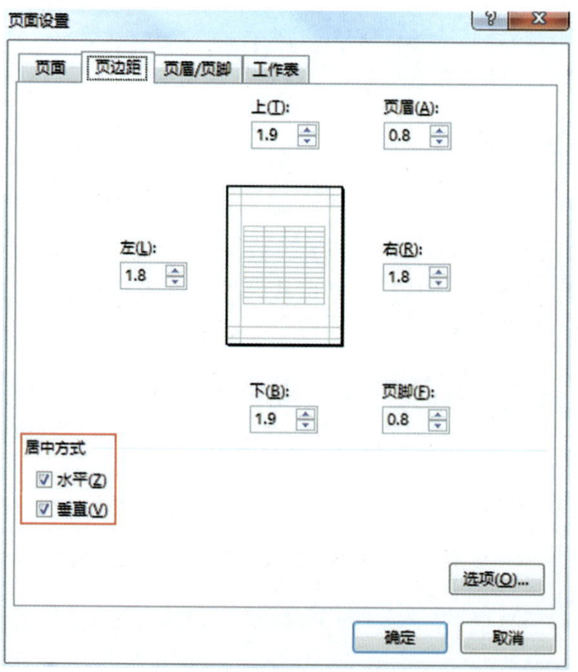

图4-25　页面设置

知识链接

1.Excel页面设置

具体设置内容与Word类似。

2.工作簿与工作表的打印

（1）打印之前要进行打印预览，通过打印预览确认打印输出的最终效果，同时可以通过“文件”→“打印”命令具体打印工作簿或者工作表的内容。

（2）在打印对话框下，用户可以选择“打印活动工作表”“打印整个工作簿”“打印选定区域”（见图4-26）。

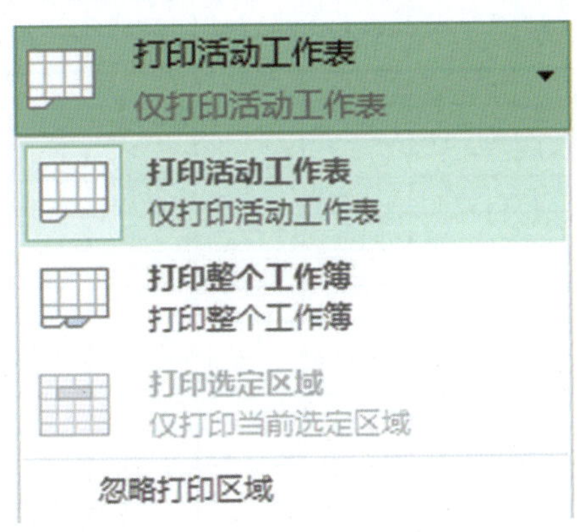

图4-26 打印工作表

在默认情况下，打印操作会打印Excel表格中非空单元格中的内容。如果需要选择性打印，可以进行如下操作。

①打开Excel工作表窗口，选中需要打印的工作表内容。

②切换到“页面布局”功能区。在“页面布局”分组中单击“打印区域”，并在打开的列表中单击“设置打印区域”命令即可。

③当设置的打印区域后，希望临时打印全部内容，可以单击“忽略打印区域”。

实训 学校来访人员登记表的制作与打印

扫一扫：观看教学视频

（1）按照图4-27制作“来访人员登记表”。

（2）第1行行高“28”、字体为“宋体”“24”号字。

（3）第2行至第23行行高“20”、字体为“宋体”、“12”号字。

（4）A列至K列列宽为“9”，L列列宽为“26”。

（5）单元格内文字，“水平居中”、“垂直居中”。

（6）页面设置：A4纸，横向打印。

图4-27　制作来访人员登记表

任务三 学生资料信息表——数据编辑及工作表的操作

学习目标

1.掌握Excel 2013各种不同类型的数据输入方法。

2.掌握Excel 2013各种有规律的数据输入、序列填充方法。

3.掌握Excel 2013工作表中数据的各种编辑方法。

学习内容

本任务主要介绍各种不同类型的数据输入方法，以及各种有规律的数据输入、序列填充方式以及还有工作表中数据的各种编辑方法。

【操作要求】

（1）新建文档，文件命名为“学生资料信息表”，保存到“E:\Excel 2013练习”中。

（2）在工作簿中建立两个工作表，分别命名“学生基本信息表”“期末成绩表”。

（3）在“学生基本信息表”中，输入姓名、身份证号、性别的内容，其中，性别采用“限定选择”方式输入，身份证号采用“文本”方式输入，学号暂时不输入（见图4–28）。

（4）在“期末成绩表”中通过数据复制的方法输入姓名，学号暂时不输入；输入Flash、Photoshop、数据库、计算机应用的成绩，成绩有效范围为0～100的整数，拒绝接受不符合条件的输入数据，并且系统提示是“数据有效范围是0～100”，内容是“数据输入超出数据范围，请重新输入！”信息，保证输入学生成绩的有效性（见图4–29）。

扫一扫：观看教学视频

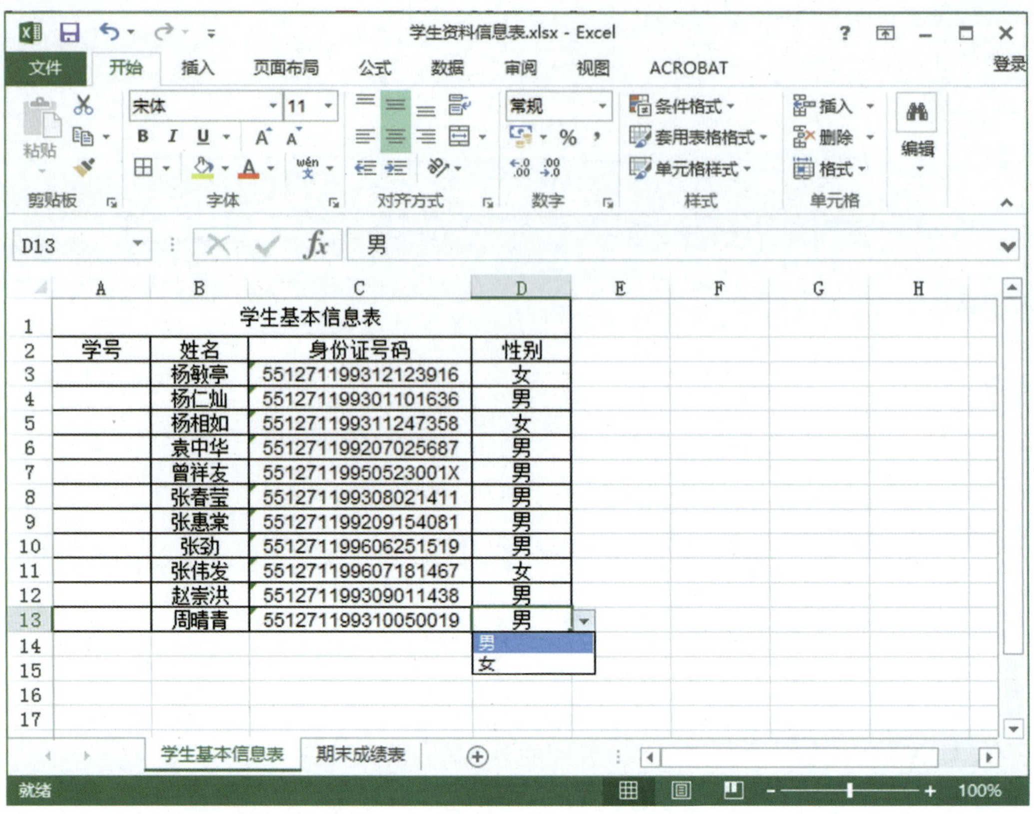

图4-28　制作学生资料信息表

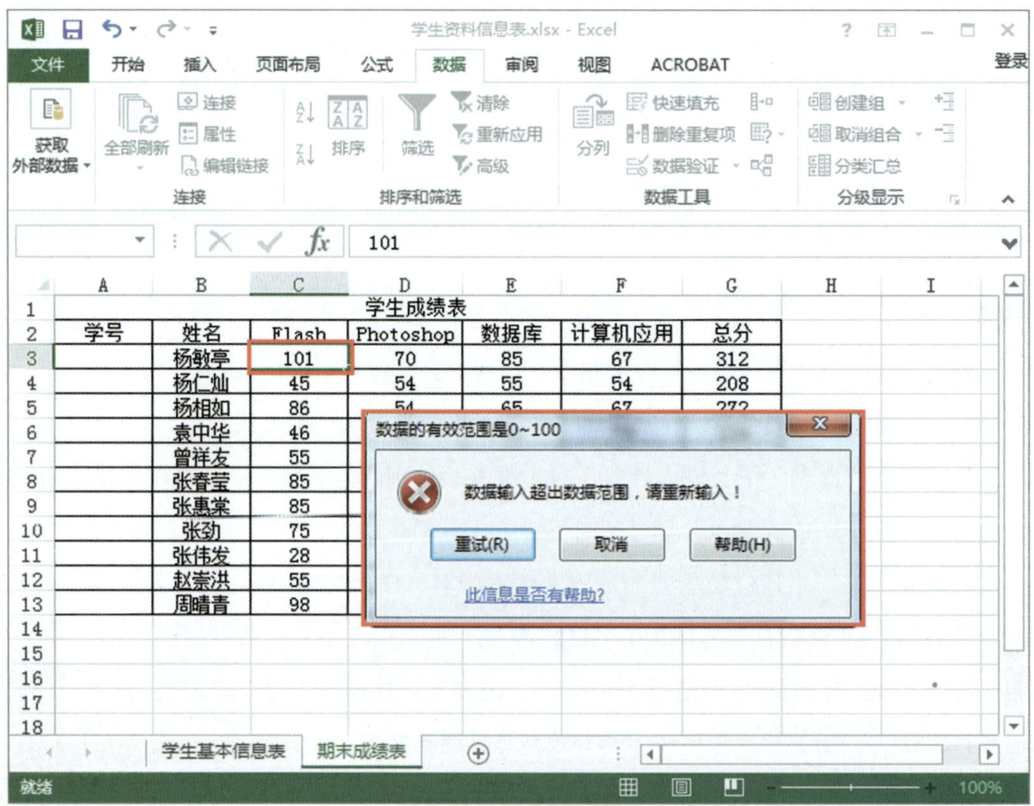

图4-29　制作学生成绩表

（5）按照拖动法输入“学生基本信息表”及“期末成绩表”中每个学生的学号。

（6）按照输入相同数据的操作方法，重新输入“学生基本信息表”中性别的内容，首先清除性别单元格的内容，然后，再按照所讲方法输入性别内容。

（7）在“期末成绩表”中，将所有学生的“总分”成绩增加10分。

（8）设置表标题：将标题区域合并单元格，设置标题内容单元的行高25，水平居中，标题内容字设置为隶书、22磅字、加粗。

（9）设置表体：所有表格的列宽采用“自动调整列宽”，表体（A2:D13）行高为18、字体为宋体12磅字。所有单元格均采用水平、垂直居中对齐。

（10）隐藏“学生基本信息表”的“身份证”列。

（11）设置“期末成绩表”成绩的条件格式：将所有不及格成绩的字体设置为红色加粗显示。

【操作步骤】

（1）新建一个空白Excel工作簿，然后按“另存为”，名称为“学生资料信息表”，保存到“E:\Excel 2013练习”中。

（2）双击Sheet1工作表名称，更改名称为“学生基本信息表”，按照图4-28输入数据，合并相对应单元格。

（3）选中C2:C13单元格内容，右击“设置单元格格式”，打开“设置单元格格式”对话框（见图4-30），设置“文本”数据类型，然后输入学生身份证号码。

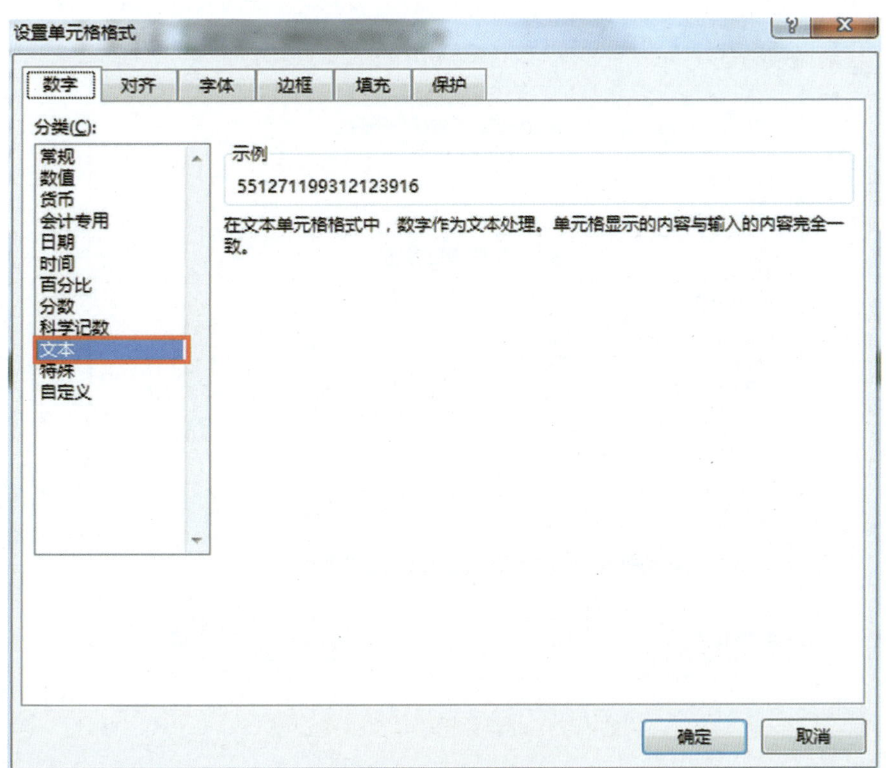

图4-30 设置文本格式

（4）设置性别输入限制，选中D3:D13，单击“数据”功能区，单击“数据验证”，打开“数据验证”对话框（见图4–31），然后选择输入性别。

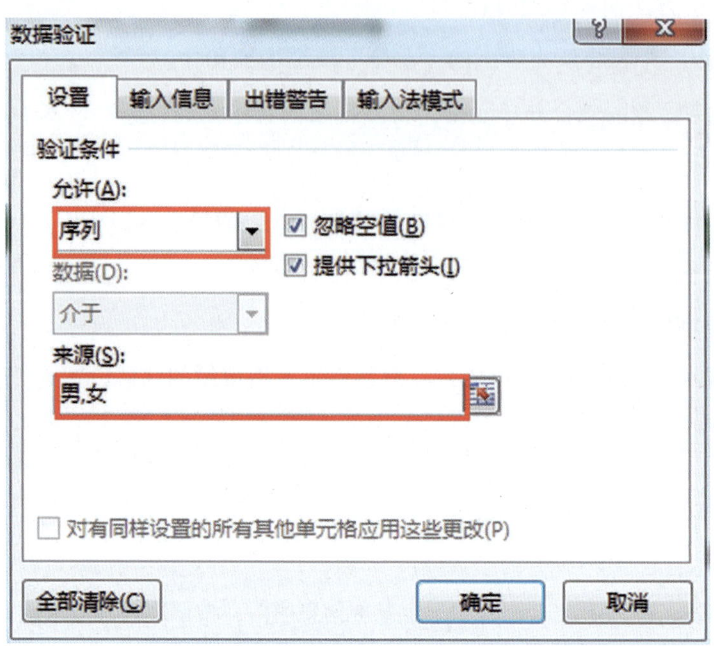

图4–31　设置数据验证

（5）将Sheet2表更名为“期末成绩表”，在图4–29中进行数据输入，将“学生基本信息表”中的姓名复制到“期末成绩表”中，然后选中C3:F13单元格，进行“数据验证”设置（见图4–32、图4–33）。

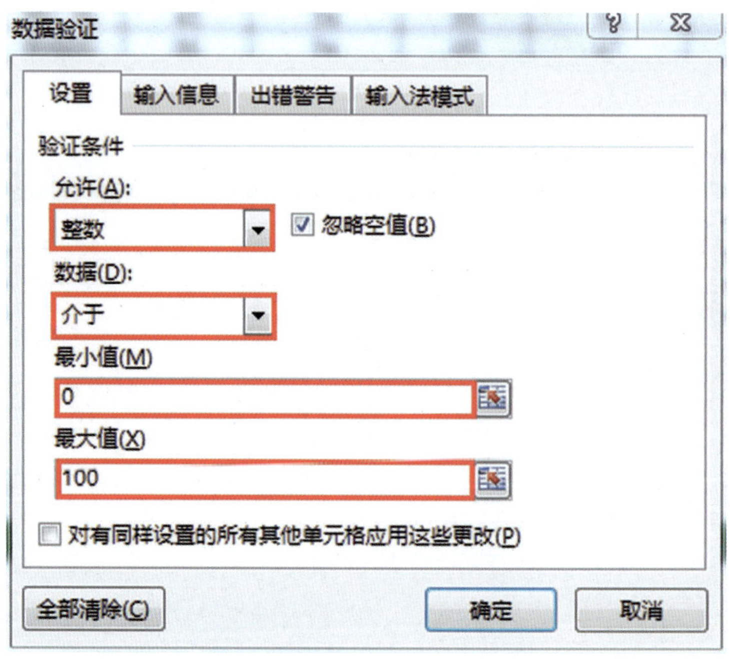

图4–32　设置数据验证最大最小值

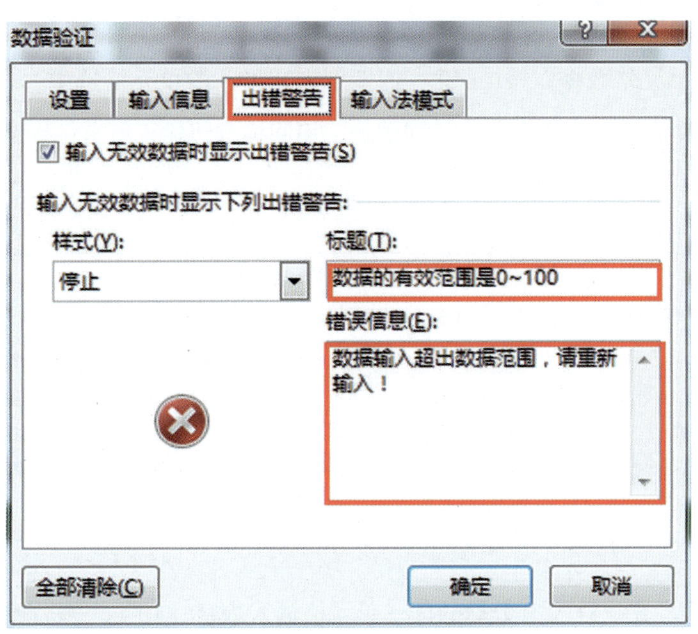

图4-33 设置数据验证出错警告

（6）在“学生基本信息表”中，A3和A4分别输入连续的两个学生学号，然后选中这两个单元格，将鼠标移动到A4单元格右下角，会出现一个十字标记，称为“填充柄”，按定鼠标左键，向下拖动到A13单元格，会自动生成连续的学号（见图4-34）。

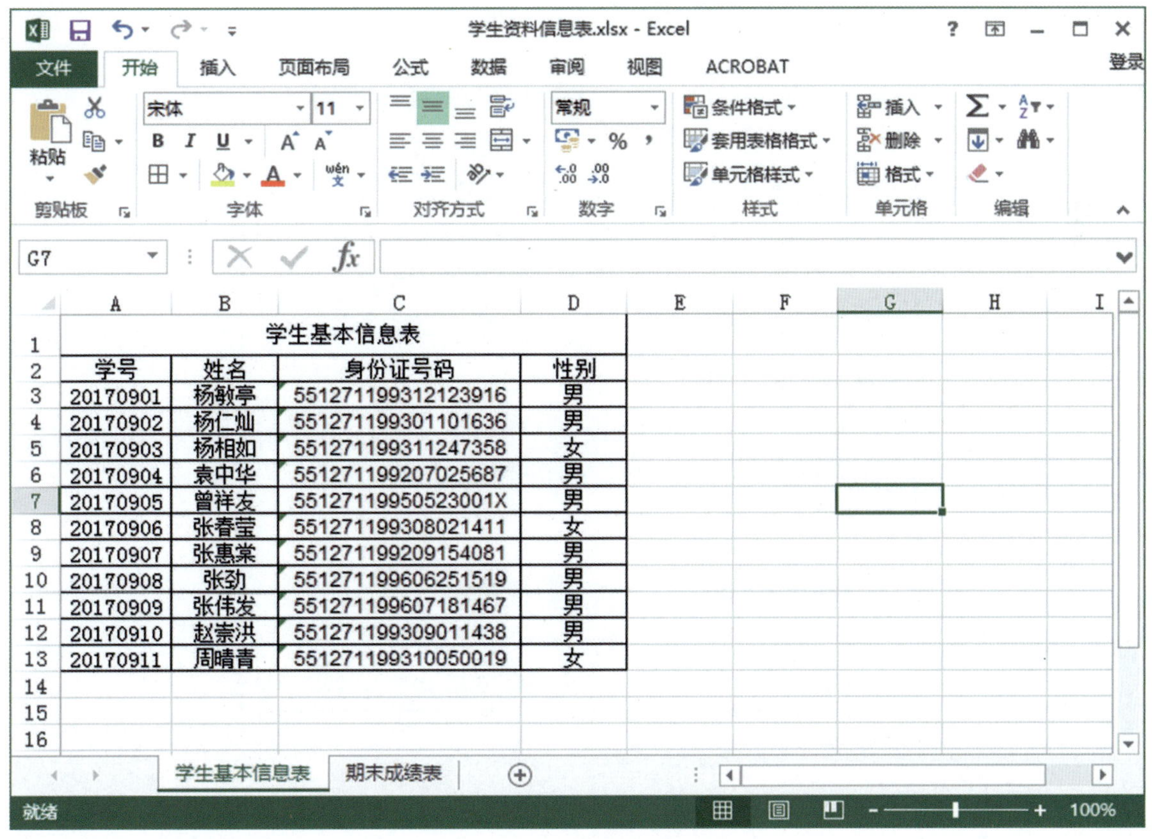

学生基本信息表			
学号	姓名	身份证号码	性别
20170901	杨敏亭	551271199312123916	男
20170902	杨仁灿	551271199301101636	男
20170903	杨相如	551271199311247358	女
20170904	袁中华	551271199207025687	男
20170905	曾祥友	55127119950523001X	男
20170906	张春莹	551271199308021411	女
20170907	张惠棠	551271199209154081	男
20170908	张劲	551271199606251519	男
20170909	张伟发	551271199607181467	男
20170910	赵崇洪	551271199309011438	男
20170911	周晴青	551271199310050019	女

图4-34 连续自动填充学号

（7）选中D3:D13单元格内容，单击“编辑”功能组中的“全部清除”功能（见图4-35），清除原本定义的“数据验证”规则及单元格数据。按Ctrl键，把性别为“男”的单元格选中，输入“男”，按住“Ctrl+Enter”组合键，实现同时在多个单元格中输入相同数据，用同样方法输入所有性别为“女”的单元格。

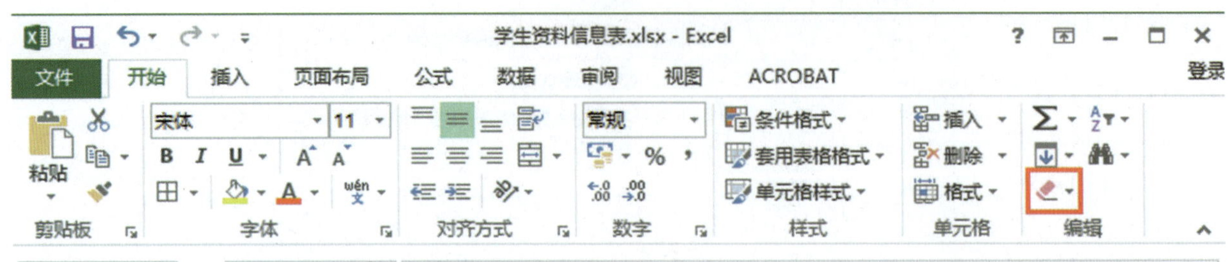

图4-35　数据验证

（8）在“期末成绩表”中，在没有数据的任一单元格输入数字“10”，然后按“Ctrl+C”进行复制，然后选中G3:G13单元格右击，选择“选择性粘贴”打开“选择性粘贴”对话框，单击“运算”中的“加”单选按钮，再单击“确定”按钮，实现了在总分单元格中分别加上10分的操作（见图4-36、图4-37）。

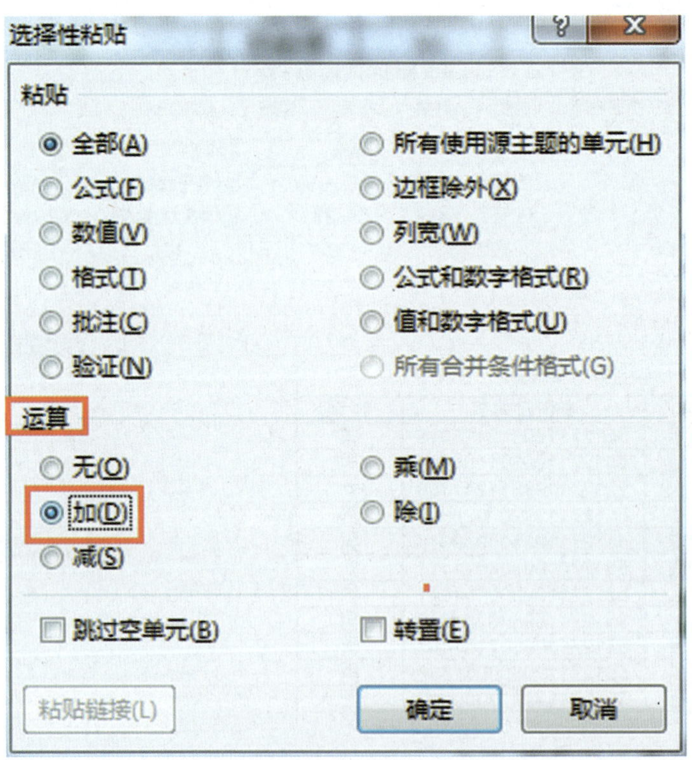

图4-36　选择性粘贴的设置

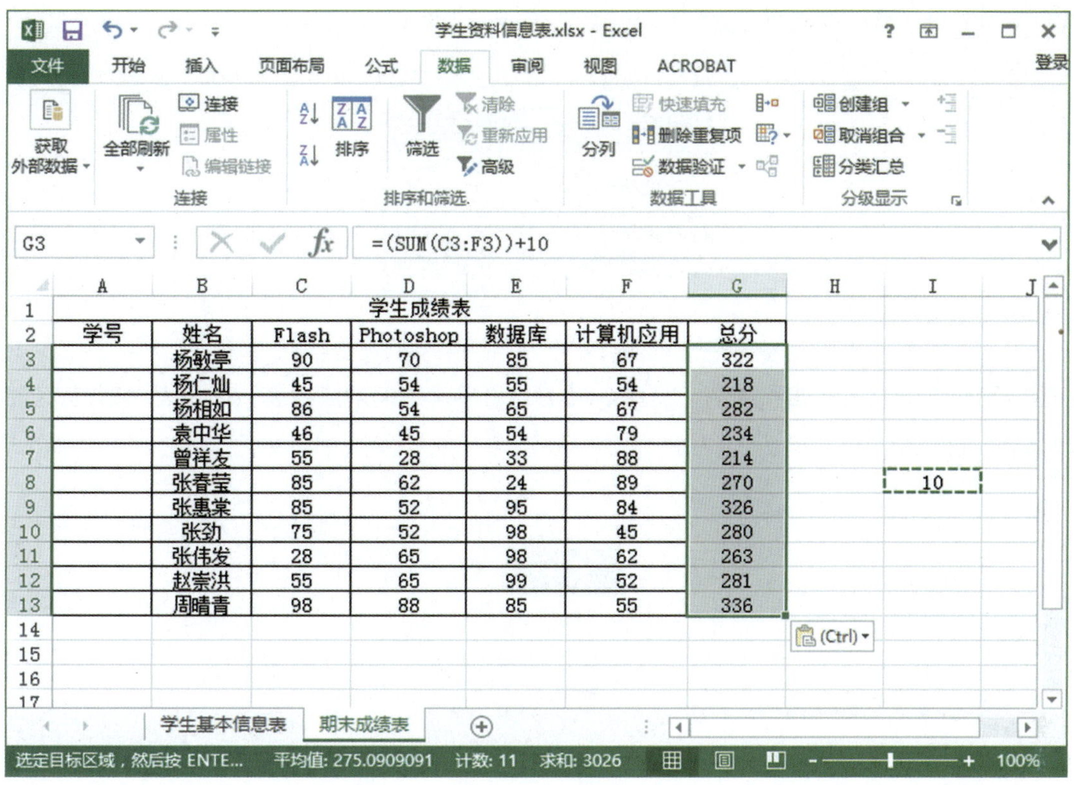

图4-37 选择性粘贴的应用

（9）选中“学生信息表”中合并后的标题单元格，右击选择“设置单元格格式”，在字体功能组中，选择字体“隶书”、字号“22”、字形“加粗”（见图4-38）。

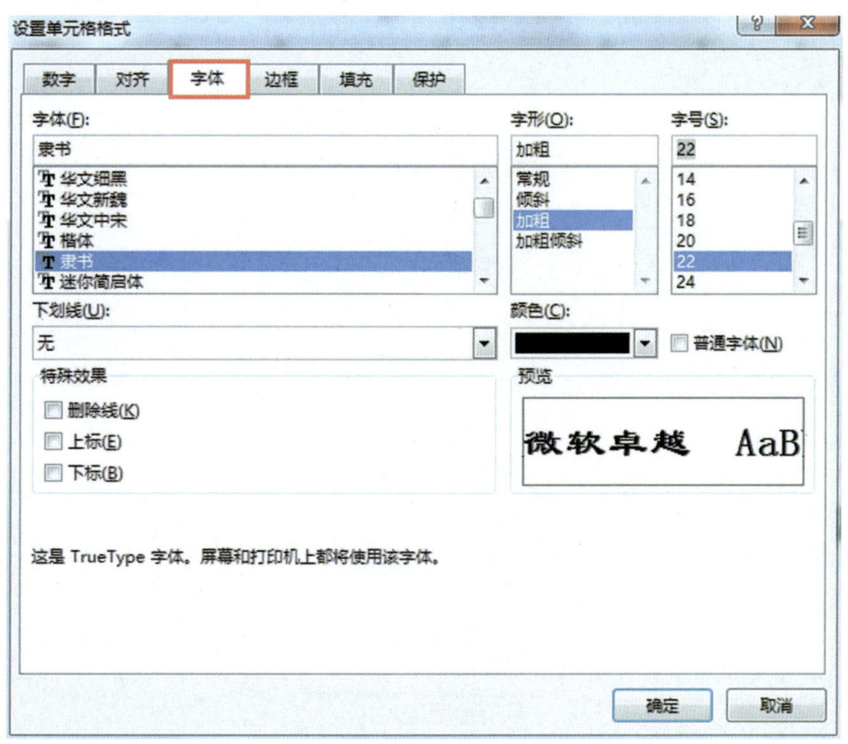

图4-38 设置字体、字号、字形

选定第1行单元格，右击选择“行高”，设置数值为25（见图4-39）。

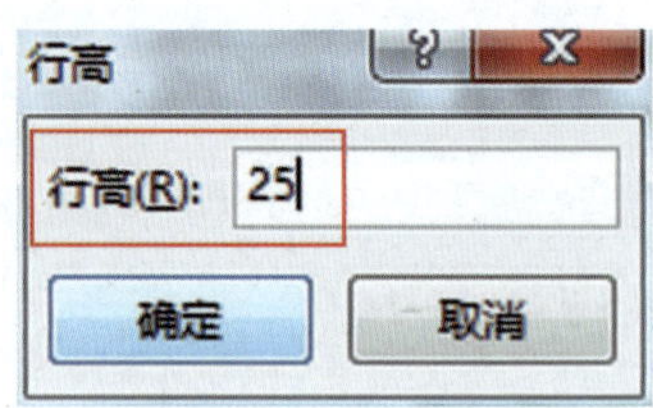

图4-39 设置行高

然后选定第1行单元格，单击格式刷（见图4-40），再单击“期末成绩表”工作表中第1行，将格式复制到“期末成绩表”标题中。

图4-40 设置格式刷

（10）将第2行至第13行单元格选中，右击选择“行高”，将“行高”设置为“18”“字体”为“宋体”“12号”字。

（11）单击“学生基本信息表”中C列列表右击，在快捷菜单中选择“隐藏”（见图4-41、图4-42）。

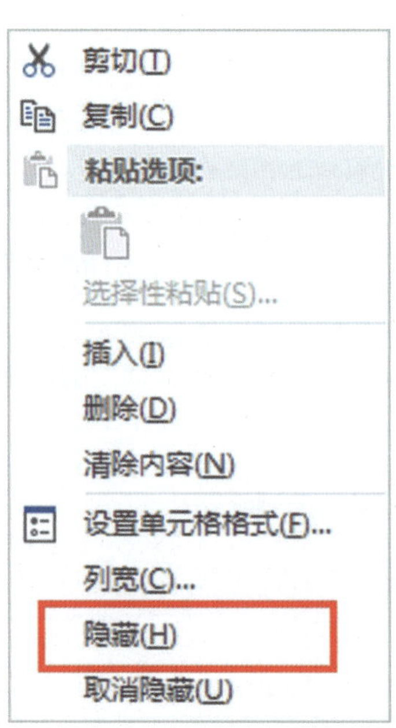

图4-41 隐藏单元格1

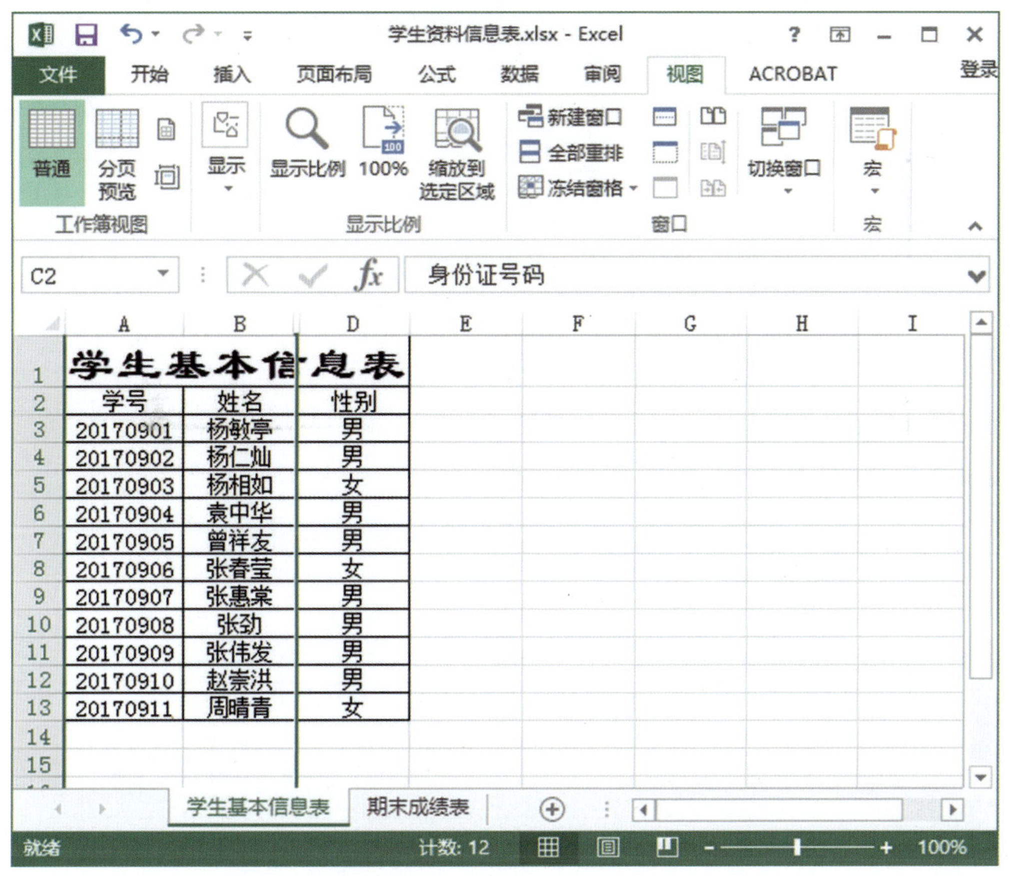

图4-42　隐藏单元格2

（12）选中“期末成绩表”中的C3:F13单元格（成绩区域），选择“样式”功能组中的“条件格式”按钮（见图4-43），选择“突出显示单元格规则”中的“小于”命令（见图4-44），在弹出的对话框中，输入设置单元格数值界限为60，再设置“自定义格式”（见图4-45），在“字体”选项卡中，“字形”选择“加粗”，“颜色”选择“红色”（见图4-46），单击“确定”，表格中成绩低于60分的数值以红色字体显示（见图4-47）。

图4-43　设置条件格式1

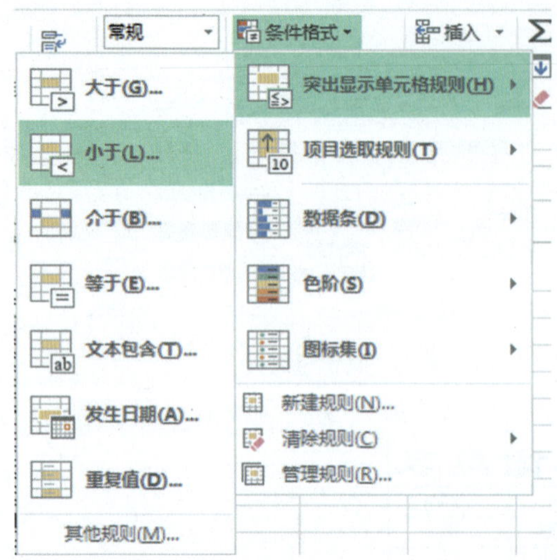

图4-44　设置条件格式2

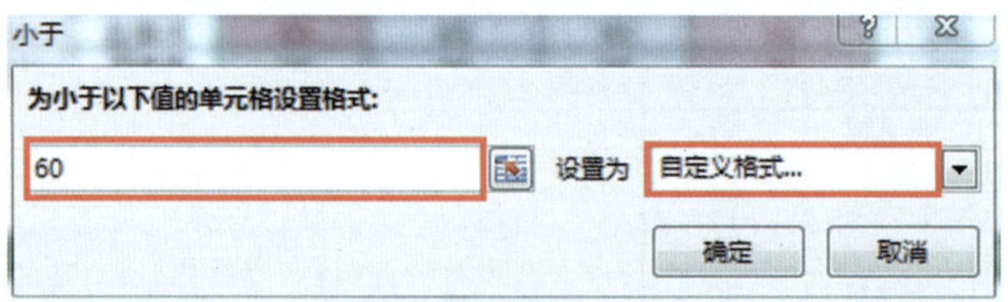

图4-45　设置条件格式3

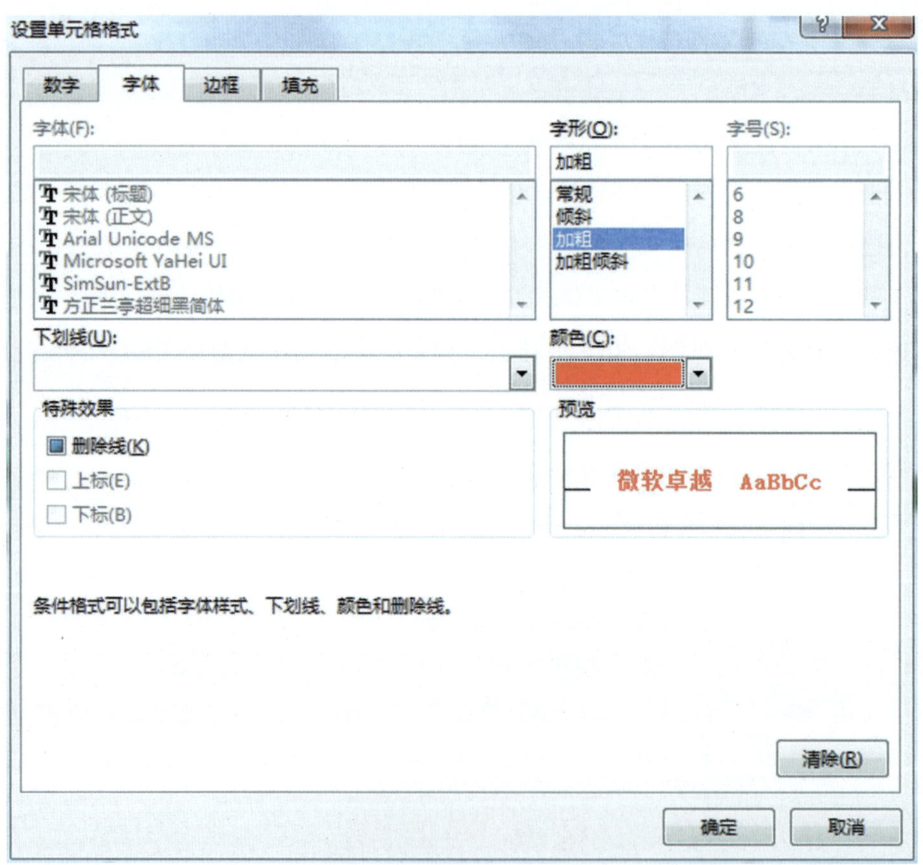

图4-46　设置单元格字体格式1

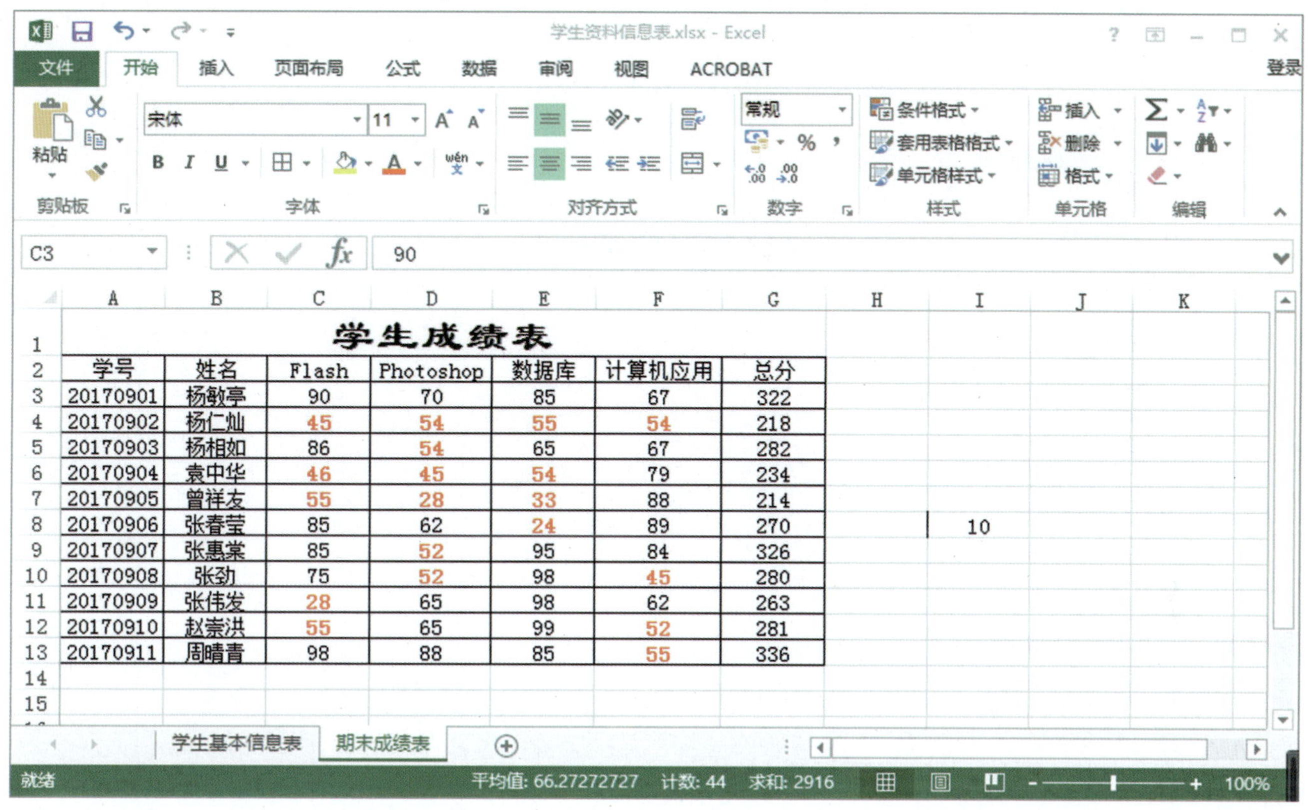

图4-47　设置条件格式2

知识链接

1.Excel基本数据输入要求

（1）Excel单元格中有两类数据：常量和公式，常量包括输入的各种数据类型，编辑后数据不会自行改变；公式会随着引用单元格的数据改变而改变。

（2）数值数据和文本数据

①数值数据在超过单元格范围后，会自动用科学记数法进行显示；在输入数值时，在单元格前面加上一个单引号，系统会自动将数值转化为文本数据，但是不显示单引号。

②输入文本数值的时候，如果文本长度超过单元格长度，系统会自动扩展到右侧单元格，超出部分会自动隐藏。

通过右击单元格，选择“单元格格式”对话框，可以在“数字”选项中改变单元格的数据类型（见图4-48）。

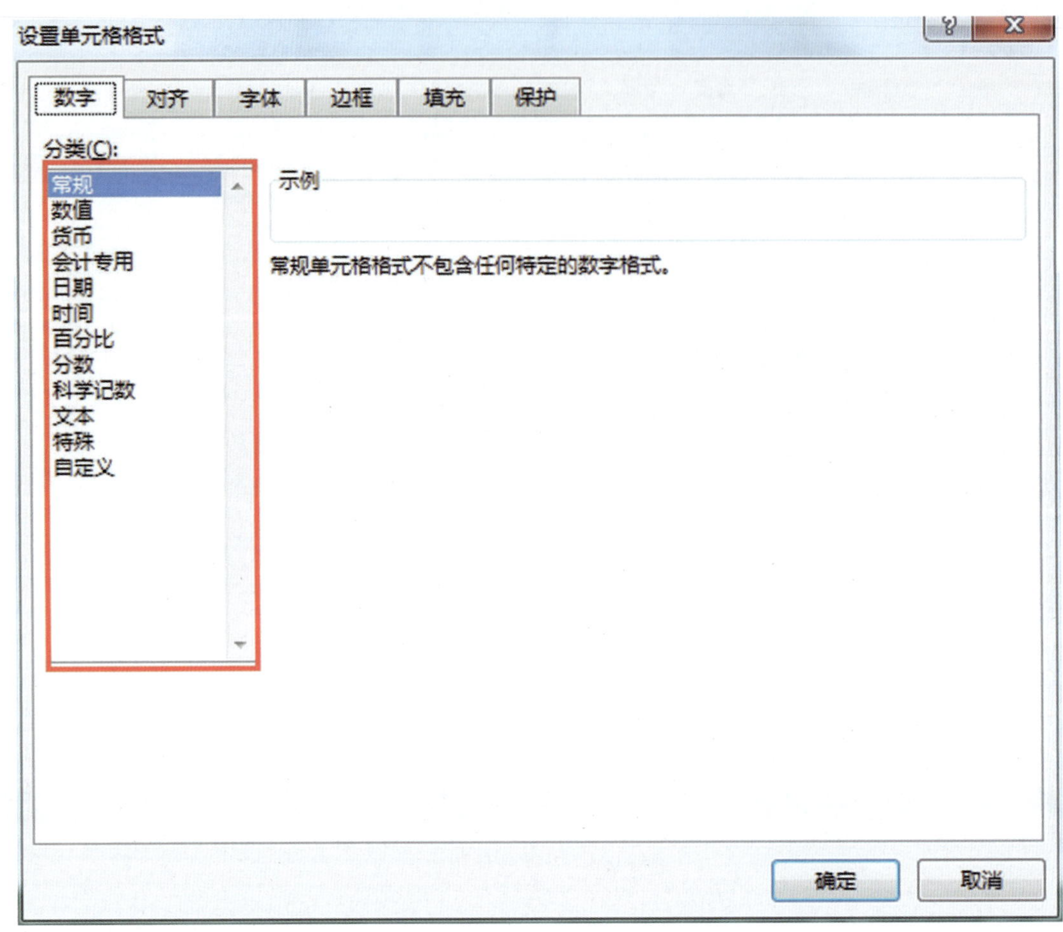

图4-48　改变单之格的数据类型

技巧：快捷键输入时间和日期：

按“Ctrl+;”组合键可以输入系统当天的日期。

按“Ctrl+Shift+;”组合键可以输入系统当前时间。

提示：输入日期“2014-6-7”日期会变成“2014/6/8”是由于Excel默认的时间格式为“2012/3/14”。

2.清除数据

（1）使用键盘按键。

使用键盘中的“Delete”键和“Backspace”键来进行单元格内容清除。

（2）使用命令按钮。

选择“编辑”选项组中的“清除”按钮，选择相应的删除方式（见图4-49）。

（3）使用右键快捷菜单中的“清除内容”命令。

3.复制和移动数据

复制数据可以在单元格直接右击，然后选择“复制”即可；或者使用“Ctrl+C”组合键进行复制。粘贴数据，可以找到需要粘贴的单元格，然后选中单元格，在开始导航栏的剪贴板中，单击“粘贴”，或者使用“Ctrl+V”，根据自己的需要选择“粘贴”按钮（见图4-50）。

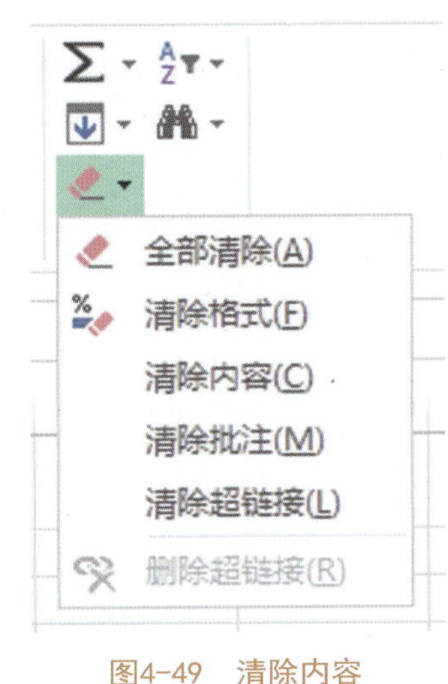

图4-49 清除内容

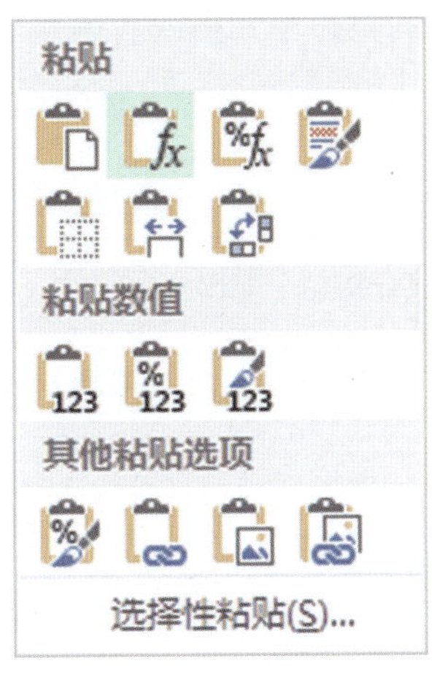

图4-50 选择性粘贴按钮

4.表格中数据的填充

（1）使用填充柄填充序列。

在单元格中填入数值，将鼠标移动到单元格右下角，呈现“十”字的形状，按住鼠标左键不放，向下拖至需要的单元格。

（2）使用序列对话框设定数值填充。

选择“编辑”功能组，单击“填充”按钮，选择“序列”（见图4-51）。

可以设定填充的数据类型，以及“步长”和“终止值”，然后通过“填充柄”来进行序列填充。

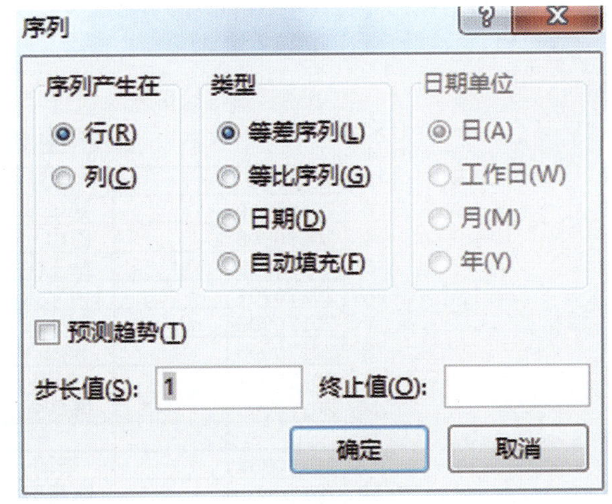

图4-51 序列对话框

5.复制和删除格式

（1）复制格式，可以通过“格式刷”来复制。选中源单元格，单击“格式刷”，然后再单击“目标单元格”，就可以将源单元格中的格式复制到目标单元格中。单击“格式刷”只能复制一次格式，双击“格式化”可以复制多次源格式，直到再次单击“格式刷”取消为止。

（2）删除格式，通过“编辑”功能组中的“清除格式”命令可以清除单元格中的格式。

6.工作表中的行列调整

（1）鼠标拖动调整。

把鼠标移动到两个行号的交界处，会呈现一个双“十”字箭头，鼠标上下移动可以调整行高。

把鼠标移动到两个列标的交界处，也会呈现一个双“十”字箭头，鼠标左右移动可以调节列宽。

> 技巧：把鼠标移动到两个列标中间，鼠标变成双“十”字箭头，双击鼠标，列宽会自动根据该列中最长字段内容自动调整列宽，行高也可以使用这种方法。

（2）命令设置。

选中要调整行高的整行单元格或者调整列宽的整列单元格，右击弹出快捷菜单，选择“行高”或者“列宽”打开对应对话框，输入数值调整（见图4–52、图4–53）。

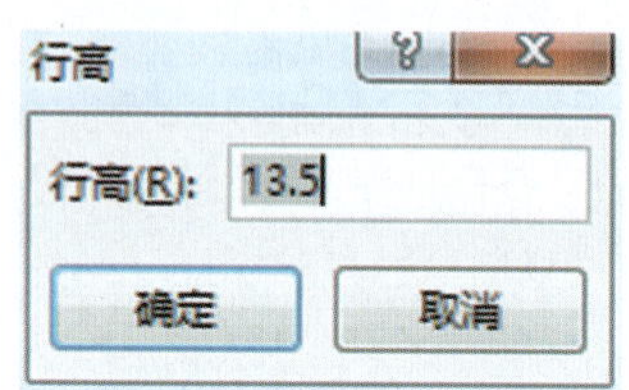

图4–52　行高设置

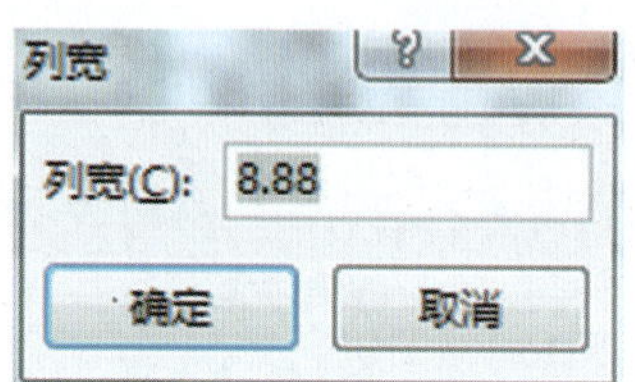

图4–53　列宽设置

7.行、列的插入与删除

（1）行、列的插入。

选择要插入的行、列，右击弹出菜单项，选择“插入”命令，分别在选择行的上方以及选择列的左边插入空白行与空白列（见图4–54）。

	A	B	C	D	E	F	G
1	学生成绩情况表						
2	学号		姓名	总分	班级	排名	
3	20170910		郑华秋	775	17电子商务5	1	
4	20170909		白山元	395	17电子商务5	10	
5	20170908		陈玉勋	585	17电子商务5	3	
6	20170907		何文远	554	17电子商务5	6	
7	20170906		刘壮实	432	17电子商务5	9	
8	20170905		叶菲	558	17电子商务5	5	
9	20170904		刘梅	654	17电子商务5	2	
10	20170903		陈华强	445	17电子商务5	7	
11							
12	20170902		李丽	438	17电子商务5	8	
13	20170901		张喜东	578	17电子商务5	4	
14							

图4–54　插入空白列

（2）行、列的删除。

选择要插入的行、列，右击弹出菜单项，选择“删除”命令，即可将该行或者该列删除。

8.单元格的插入与删除

（1）插入单元格。

选中单元格，右击弹出菜单项，选择“插入”命令，弹出“插入”对话框（见图4–55），可根据具体情况进行单元格的插入。

（2）删除单元格。

选中要删除的单元格，右击弹出菜单项，选择“删除”命令，弹出“删除”对话框（见图4-56），可根据具体情况进行单元格的删除。

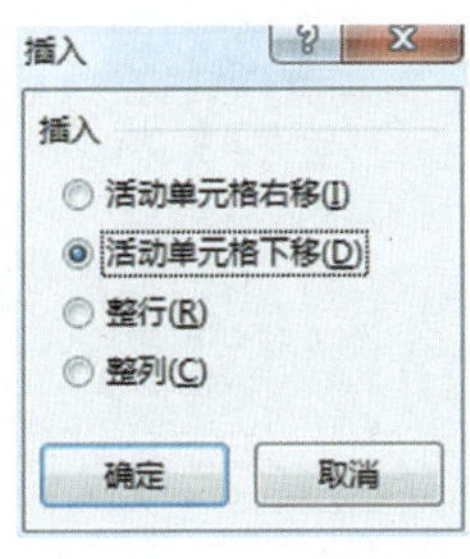

图4-55 插入单元格

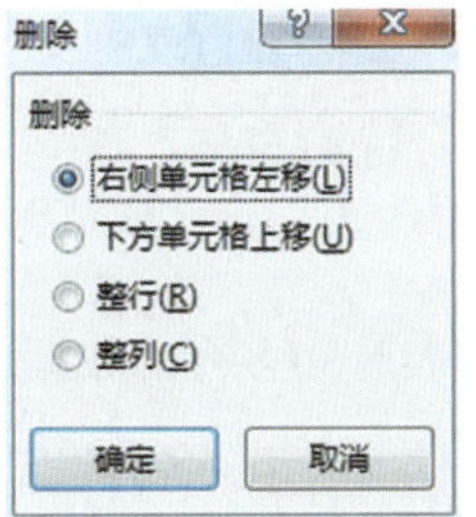

图4-56 删除单元格

注意：按Delete键只能删除所选单元格的内容，而不会删除单元格本身。

9.行、列的隐藏与取消隐藏

（1）行、列的隐藏。

选中要隐藏的行、列，右击弹出菜单项，选择“隐藏”命令。

（2）取消隐藏。

选中包含已被隐藏的行、列，右击弹出菜单项，选择“取消隐藏”命令。

10.窗口的拆分与冻结

1）拆分窗口

一个工作表的窗口可以拆分为“2个窗格”或4“个窗格”；EXCEL窗口拆分的作用在于，浏览较大的工作表时不能在一个屏幕中展示，但我们又希望同时查看到该工作表的几个不同位置的内容，这时拆分窗口将非常有用。

①拆分窗口为2“个窗格”时的方法，打开工作表，选择某行或某列，选择并切换到“视图”选项卡，单击“窗口”中的“拆分”按钮。

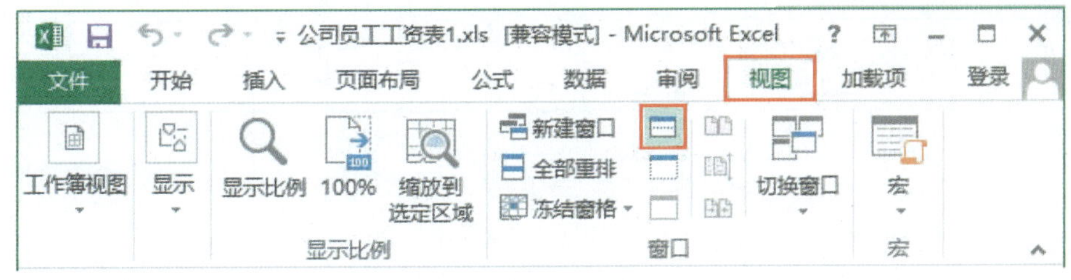

图4-57

②拆分窗口为4“个窗格”时的方法，打开工作表，将鼠标光标定位于想要拆分窗口的单元格，点击“拆分”按钮，将窗口拆分为4个部分；窗口拆分后，我们可以通过滑动鼠标滚轮来查看或操作每个窗格中的内容。

③工作表查看或操作完毕后，可再次点击“拆分”按钮，可将拆分取消。

2）冻结窗口

在excel表格中使用“冻结窗口”功能：能方便查看数据。工作表有时会遇到行数和列数都比较多，一旦向下或向右滚屏时，上面的标题行或最左边的那些列就会跟着滚动，这样在处理数据时往往难以分清各行或列数据对应的标题，这时就可以利用EXCEL的“冻结窗格”这一功能来解决这个问题。

例如图4-58中的工作表有30多行的数据，为了在向下滚动显示数据的同时看到第一行的字段名，将第一行冻结。

	编号	姓名	性别	工作日期	应发工资	补助
20	20019	叶文春	女	1976/3/4	3400	215
21	20020	卜展文	女	1993/2/15	1200	350
22	20021	陈家辉	男	1986/4/16	2100	120
23	20022	刘光荣	男	1993/3/2	1250	130
24	20023	单劲松	男	1984/7/7	1900	150
25	20024	梁晓燕	男	1992/1/9	3200	210
26	20025	邓必勇	男	1964/6/10	1800	160
27	20026	黄志强	男	1975/5/30	2600	210
28	20027	李玉青	女	1983/7/10	1400	310
29	20028	卢小宁	女	1983/5/2	2300	190
30	20029	陈雄志	女	1970/5/2	1450	170
31	20030	林艳	女	1966/12/24	950	140
32	20031	莫灼威	男	1982/3/22	1600	100
33	20032	潘何年	男	1967/12/15	2900	210
34	20033	温冠华	男	1976/8/20	1500	325
35	20034	巫胜祥	男	1977/10/18	3300	490
36	20035	谢绍中	男	1970/2/15	1360	230
37	20036	魏准	男	1988/8/21	1850	250
38	20037	段鹏	男	1985/5/8	3320	140
39	20038	宣俊	男	1981/3/7	1780	110

图4-58

①冻结第一行（首行/首列）：点击“菜单”栏→“视图”窗口→“冻结窗格”→“冻结首行/冻结首列”按钮。

②冻结前二行：选定第三行，点击“菜单”栏→“视图”窗口→“冻结窗格”→“冻结拆分窗格”按钮。

扫一扫：观看教学视频

若要取消冻结，点击“菜单”栏→“视图”窗口→点击之前所选择的冻结按钮。

课堂练习

打开“采购信息表.xlsx”，将“金额”和“单价”的“单元格格式”设置成“货币”格式，保留小数位2位，货币符号为“￥”；设置日期格式为“××××年××月××日”；供货商采用“相同数据的填充”方式填充；序号采用“序列”方式填充；删除多余的“单位”单元格；所有单元格内容上下、左右居中；对标题栏进行合并居中。

扫一扫：观看教学视频

实训　2017年上半年销售额统计表制作

2017年上半年销售额统计表

业务员编号	姓名	性别	部门	销售区域	销售月份（单位：万元）						销售总额	排名	备注
					1月	2月	3月	4月	5月	6月			
001	王丽		营销二部	青岛	20	15	18	16	19	21	109	6	
	耿方		营销一部	北京	30	26	35	33	28	31	183	2	
	张路		营销一部	上海	32	33	38	29	27	35	194	1	
	叶东		营销一部	深圳	13	16	18	14	12	11	84	9	
	谢华		营销二部	四川	25	26	24	28	27	22	152	3	
	陈晓		营销一部	天津	20	16	20	21	23	22	122	5	
	刘通		营销二部	吉林省	18	15	12	17	19	16	97	8	
	齐西		营销二部	辽宁省	20	21	25	26	24	20	136	4	
	郝园		营销一部	黑龙江省	19	15	17	14	15	18	98	7	
	赵华		营销二部	内蒙古	12	10	11	12	11	10	66	10	

图4-59　制作上半年销售额统计表

（1）制作“2017年上半年销售额统计表”，如图4-59所示。

（2）“业务员编号”通过“填充柄”顺序填充。

（3）“性别”字段设置“数字验证”，只允许输入“男”和“女”。

（4）“备注”字段设置“数据验证”，只允许输入不超过20个字符长度，超过长度提示“请输入不超过20个字符长度”。

任务四 期末成绩汇总——Excel公式与简单函数应用

学习目标

1.掌握Excel 2013中公式的定义要素。

2.了解Excel 2013中运算符的分类。

3.了解Excel 2013中运算符的优先级。

4.了解Excel 2013中单元格的引用类型。

5.掌握Excel 2013中函数的应用。

学习内容

本任务主要介绍Excel公式的定义、运算符分类、运算符的优先级、单元格的引用类型以及函数的应用。

【操作要求】

（1）新建Excel工作簿，命名为“期末成绩汇总表”，保存到“E:\Excel 2013练习”中。

扫一扫：观看教学视频

（2）在工作簿中，建立五个工作表，名称分别为图4-60的“Flash成绩”、图4-61的“Photoshop成绩”、图4-62的“数据库成绩”、图4-63的“计算机应用成绩”、图4-64的“期末成绩汇总”，分别将数据输入相应的表格中。

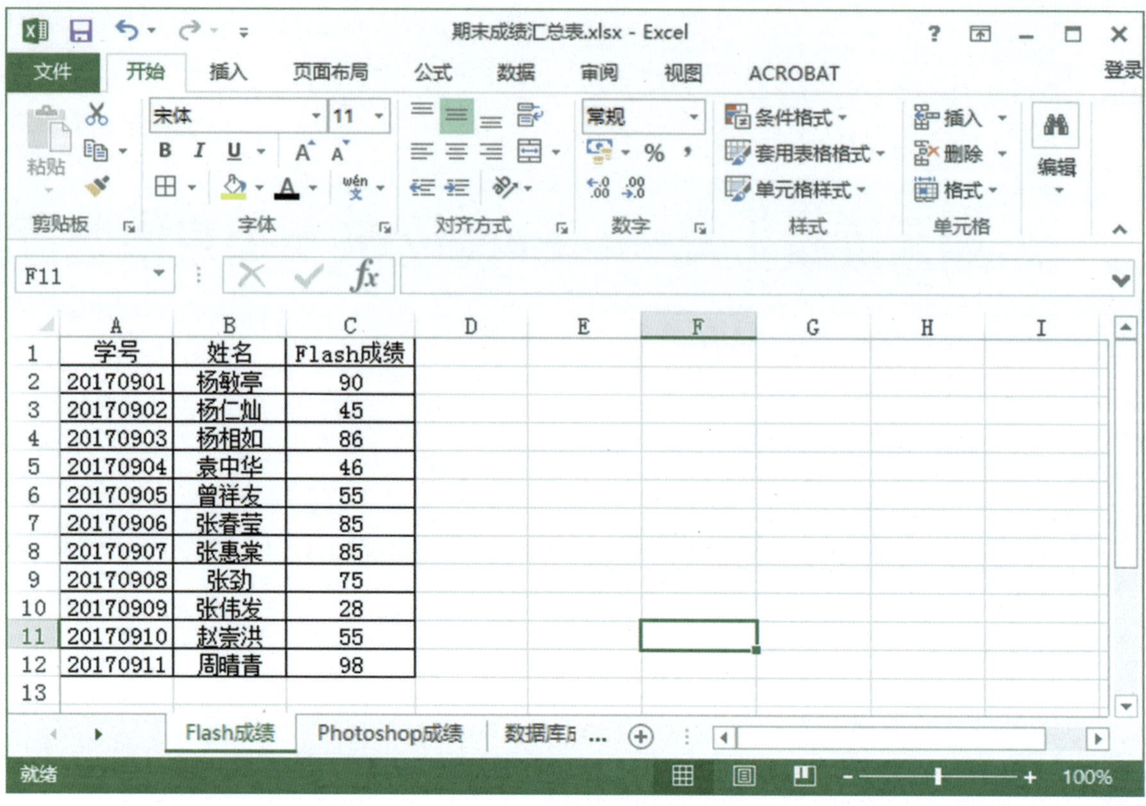

学号	姓名	Flash成绩
20170901	杨敏亭	90
20170902	杨仁灿	45
20170903	杨相如	86
20170904	袁中华	46
20170905	曾祥友	55
20170906	张春莹	85
20170907	张惠棠	85
20170908	张劲	75
20170909	张伟发	28
20170910	赵崇洪	55
20170911	周晴青	98

图4-60　Flash成绩表

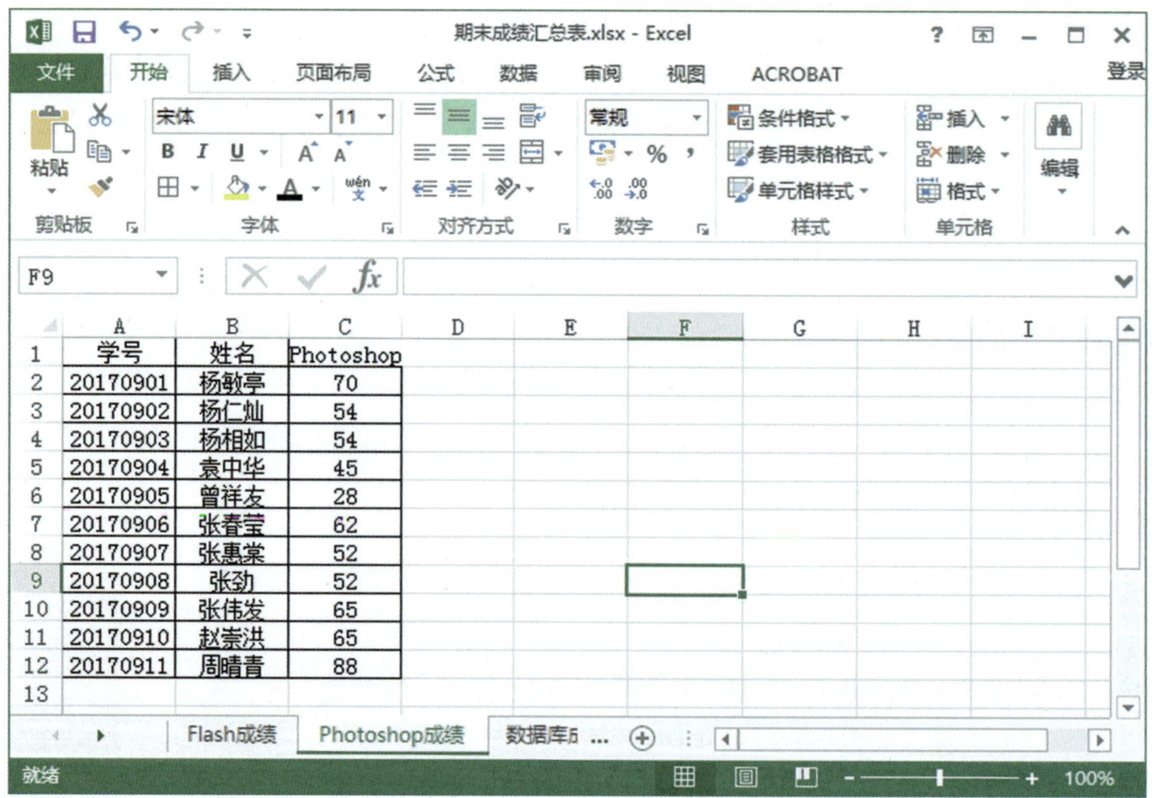

学号	姓名	Photoshop
20170901	杨敏亭	70
20170902	杨仁灿	54
20170903	杨相如	54
20170904	袁中华	45
20170905	曾祥友	28
20170906	张春莹	62
20170907	张惠棠	52
20170908	张劲	52
20170909	张伟发	65
20170910	赵崇洪	65
20170911	周晴青	88

图4-61　Photoshop成绩表

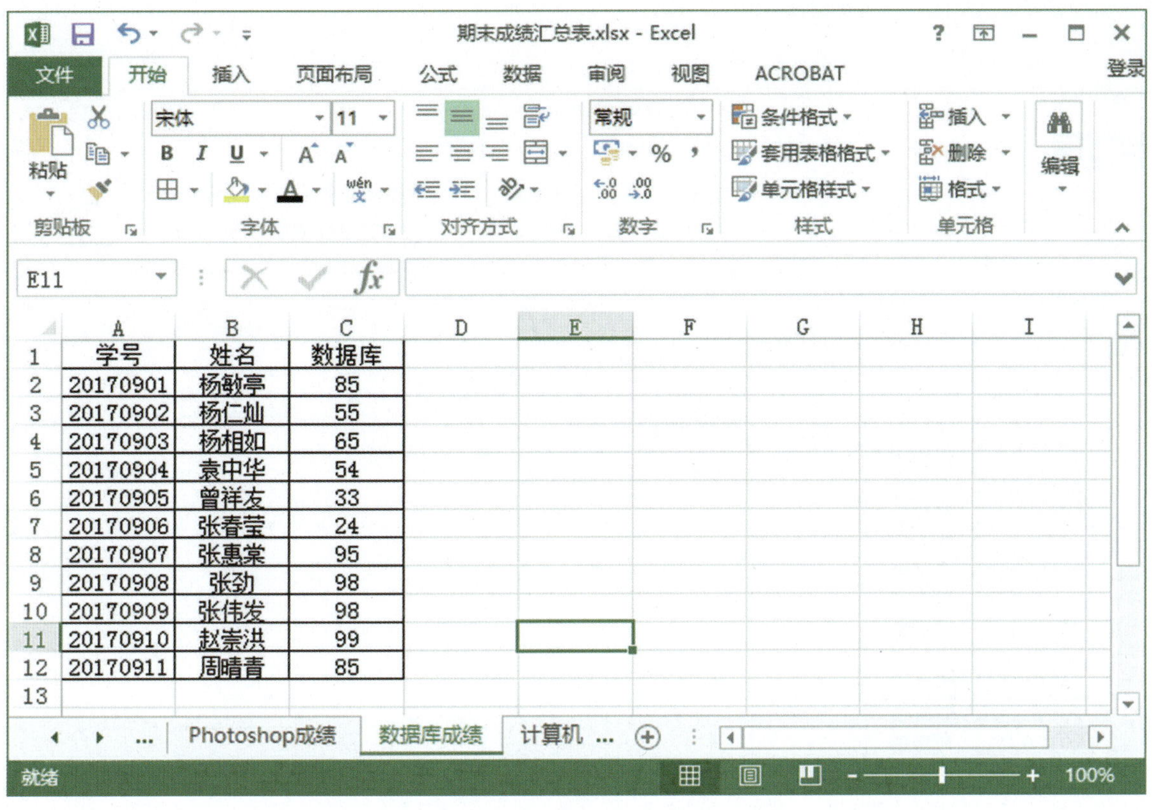

	A	B	C
1	学号	姓名	数据库
2	20170901	杨敏亭	85
3	20170902	杨仁灿	55
4	20170903	杨相如	65
5	20170904	袁中华	54
6	20170905	曾祥友	33
7	20170906	张春莹	24
8	20170907	张惠棠	95
9	20170908	张劲	98
10	20170909	张伟发	98
11	20170910	赵崇洪	99
12	20170911	周晴青	85

图4-62 数据库成绩表

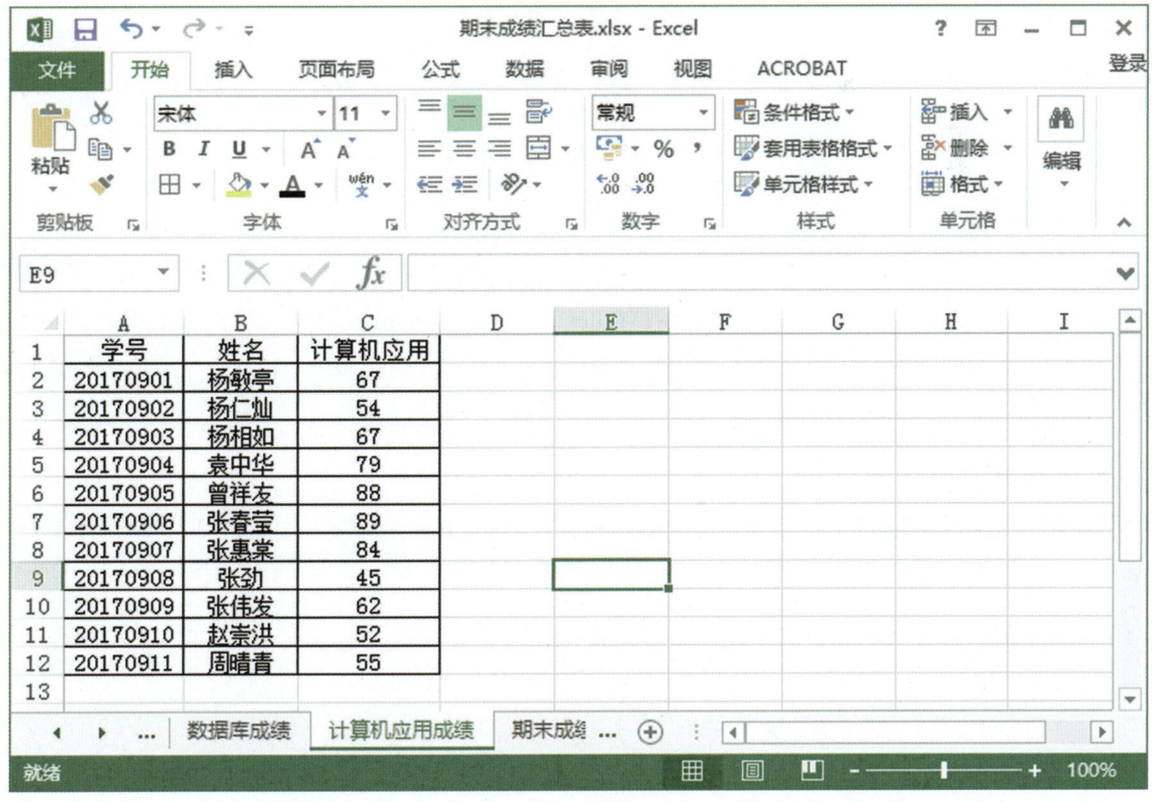

	A	B	C
1	学号	姓名	计算机应用
2	20170901	杨敏亭	67
3	20170902	杨仁灿	54
4	20170903	杨相如	67
5	20170904	袁中华	79
6	20170905	曾祥友	88
7	20170906	张春莹	89
8	20170907	张惠棠	84
9	20170908	张劲	45
10	20170909	张伟发	62
11	20170910	赵崇洪	52
12	20170911	周晴青	55

图4-63 计算机应用成绩表

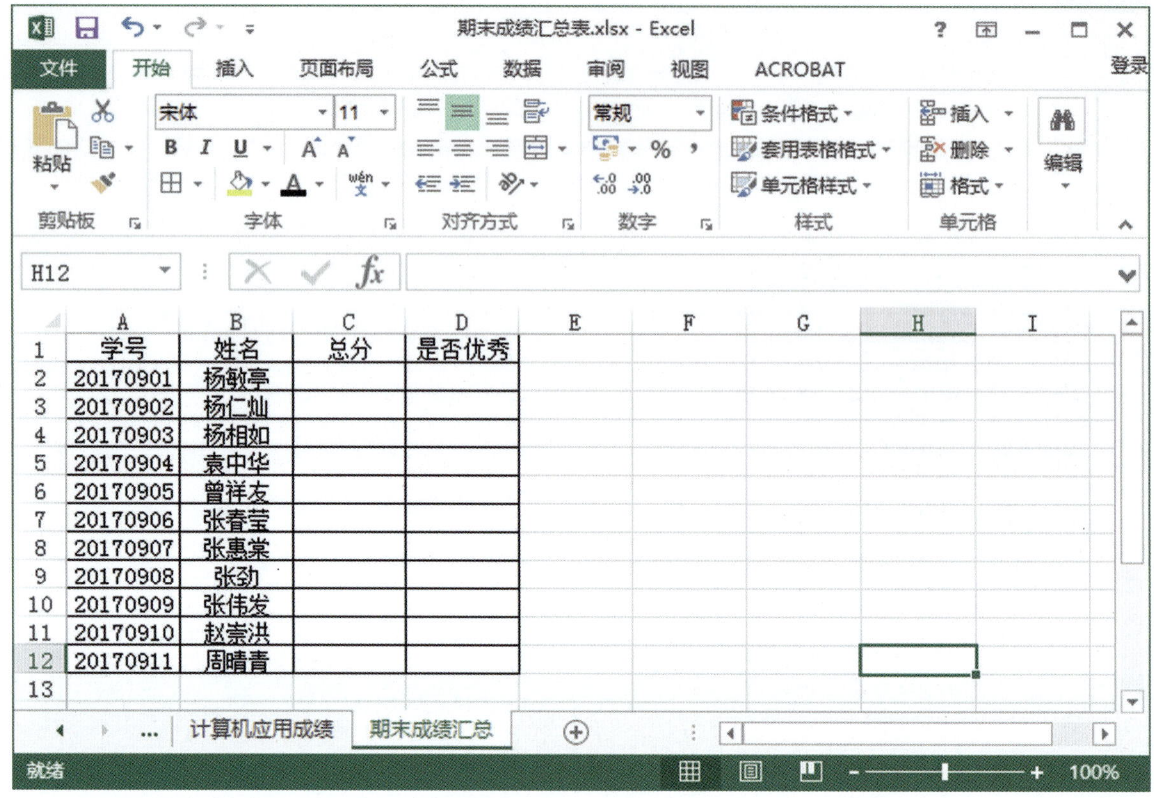

学号	姓名	总分	是否优秀
20170901	杨敏亭		
20170902	杨仁灿		
20170903	杨相如		
20170904	袁中华		
20170905	曾祥友		
20170906	张春莹		
20170907	张惠棠		
20170908	张劲		
20170909	张伟发		
20170910	赵崇洪		
20170911	周晴青		

图4-64　期末成绩汇总表

（3）利用公式，在“期末成绩汇总”表中，统计出期末各科成绩总分，并且给出评优等级，总分300分以上为“优秀”，总分300分以下为“良好”。

【操作步骤】

（1）在如图4-65所示的“期末成绩总分表”C2单元格中输入公式："=Flash成绩!C2+Photoshop成绩!C2+数据库成绩!C2+计算机应用成绩"C2，然后按“Enter”键，C2单元格将统计出四个工作表中学生的成绩总分。

（2）选中单元格C2，鼠标移到单元格右下角，显示“十”字填充柄符号，左键按住往下拖动到C12，相应统计出其余同学的总分。

（3）在D2单元格中输入公式：=IF（C2>300,"优秀","良好"），然后按“Enter”键，将学生的评优登记显示出来。

（4）同样方式，将公式填充到D3:D12，如图4-66所示。

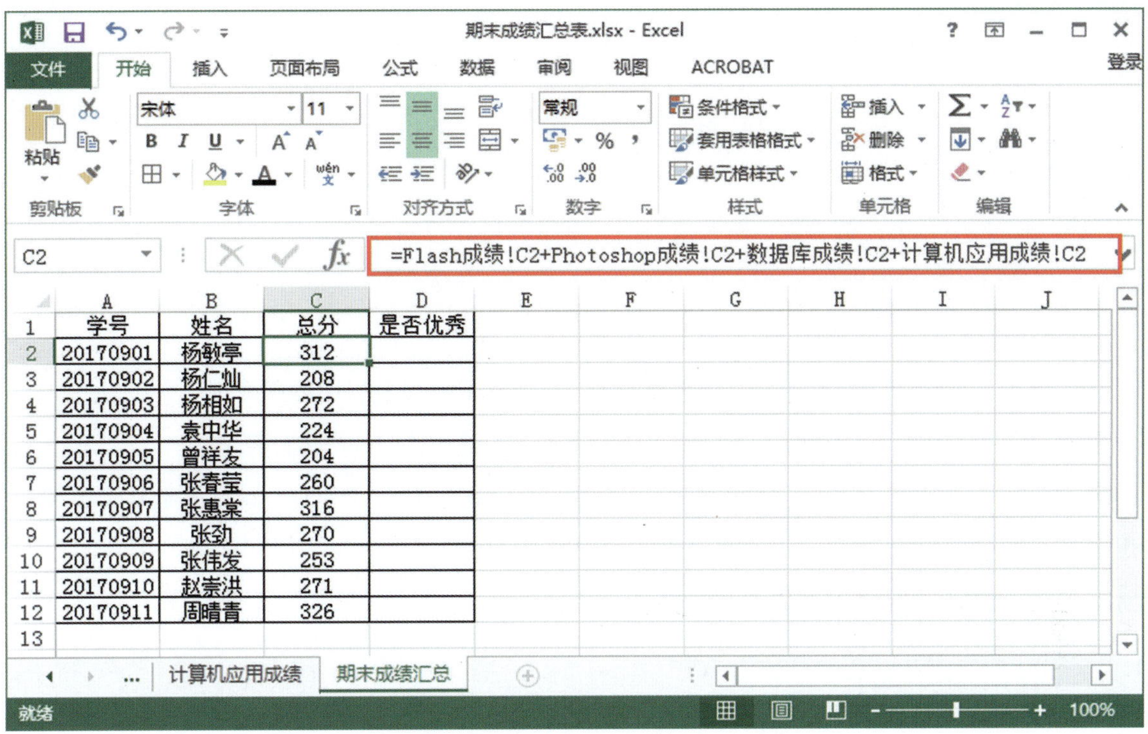

学号	姓名	总分	是否优秀
20170901	杨敏亭	312	
20170902	杨仁灿	208	
20170903	杨相如	272	
20170904	袁中华	224	
20170905	曾祥友	204	
20170906	张春莹	260	
20170907	张惠棠	316	
20170908	张劲	270	
20170909	张伟发	253	
20170910	赵崇洪	271	
20170911	周晴青	326	

图4-65　期末成绩总分表

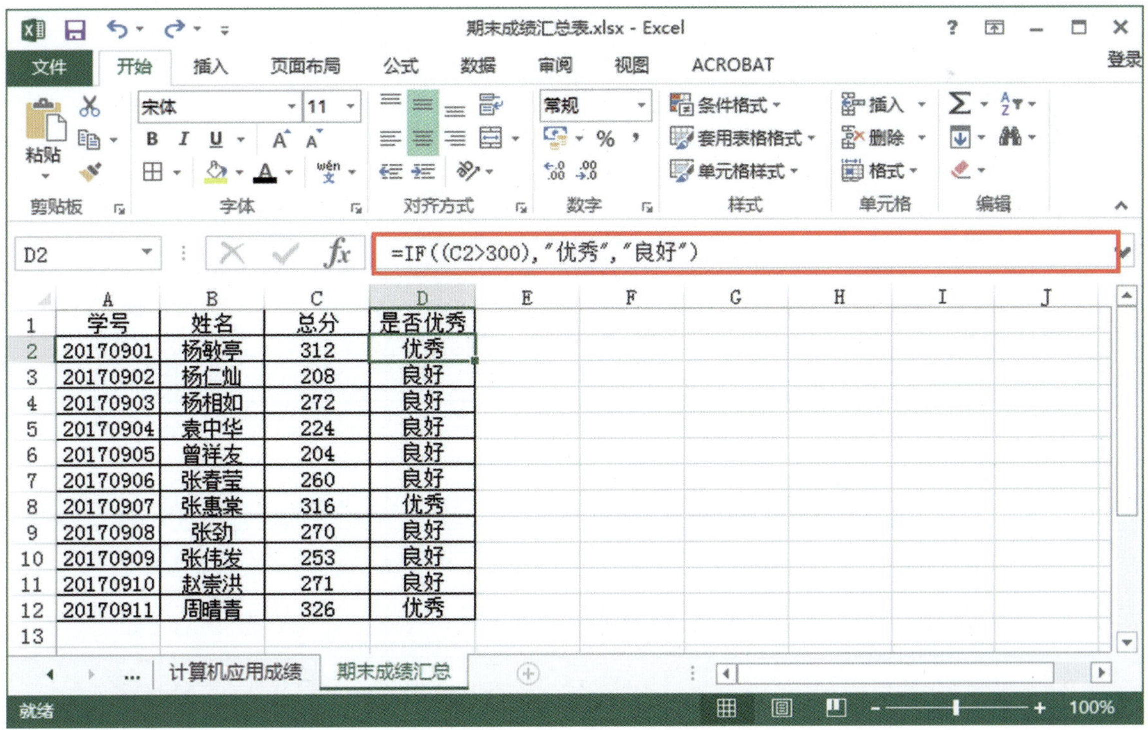

学号	姓名	总分	是否优秀
20170901	杨敏亭	312	优秀
20170902	杨仁灿	208	良好
20170903	杨相如	272	良好
20170904	袁中华	224	良好
20170905	曾祥友	204	良好
20170906	张春莹	260	良好
20170907	张惠棠	316	优秀
20170908	张劲	270	良好
20170909	张伟发	253	良好
20170910	赵崇洪	271	良好
20170911	周晴青	326	优秀

图4-66　评优登记表

知识链接

1.公式的组成

公式是对工作表中的数据进行计算和分析的主要工具。

（1）公式的结构。

公式以等号“=”开头，由函数、单元格引用、常量和运算符四部分组成，“=”等号不输入公式本身的组成部分，只是Excel用来识别公式的标记。

（2）公式运算符。

公式中的运算符有4类：算术运算符、比较运算符、文本运算符以及引用运算符。

算术运算符：+（加）、-（减）、*（乘）、/（除）等，链接数字并产生计算结果。

比较运算符：=（等于）、>（大于）、<（小于）、≥（大于等于）、≤（小于等于）和≠（不等于），用来比较两个数值大小关系，返回逻辑值TRUE或者FALSE。

文本运算符：“&”用于连接两段文本内容。

引用运算符：用于将单元格区域合并运算。

运算符的含义如表4-1所示。

表4-1 运算符的含义

类 别	运算符及含义	含 义	示 例
算术	+（加号）	加	1+2
	–（减号）	减	2-1
	–（负号）	负数	-1
	*（星号）	乘	2*3
	/（斜杠）	除	4月2日
	%（百分比）	百分比	10%
	^（乘方）	乘幂	3 ^ 2
比较	=	等于	A1=A2
	>（大于号）	大于	A1>A2
	<（小于号）	小于	A1<A2
	≥（大于等于号）	大于等于	A1≥A2
	≤（小于等于号）	小于等于	A1≤A2
	≠（不等号）	不等于	A1≠A2

续上表

类　别	运算符及含义	含　义	示　例
文本	&（连字符）	将两个文本连接起来产生连续的文本	“2009”&“年”（结果为“2009年”）
引用	:（冒号）	区域运算符，对两个引用之间包括这两个引用在内的所有单元格进行引用	A1:D4（引用A1到D4范围内的所有单元格）
	，（逗号）	联合运算符，将多个引用合并为一个引用	SUM（A1:D1，A2:C2）将A1:D1和A2:C2两个区域合并为一个
	（空格）	交集运算符，生成对两个引用中共有的单元格的引用	A1:D1 A1:B4（引用A1:D1和A1:B4两个区域的交集即A1:B1）

（3）运算符的优先级别。

运算符的优先级是指在一个公式含有多种运算符的情况下Excel的运算顺序。在Excel中将会按照运算符的优先级顺序来完成运算。同一优先级的从左到右依次计算，也可以通过括号（）来改变运算的优先顺序。表4-2所示为运算符优先级的详细内容。

表4-2　运算符优先级的顺序

运算符（优先级从高到低）	说明
：（冒号）	区域运算符
（单个空格）	交集运算符
，（逗号）	联合运算符
–（负号）	负数
%（百分号）	百分比
^（乘方）	乘幂
*和/	乘和除
+和–	加和减
&	连接两个文本字符串（串联）
=、>、<、≥、≤、≠	比较运算符

（4）公式的输入。

要统计单元格C3、D3两个数值之和，输入公式：直接在单元格中输入=C3+D3，按“Enter”键，如图4-67所示。

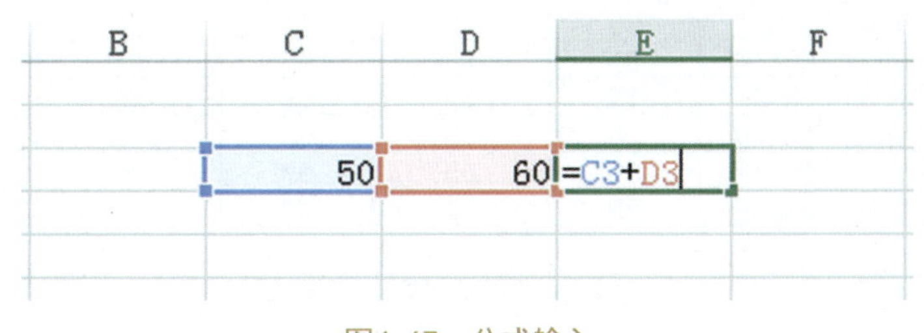

图4-67　公式输入

鼠标引用单元格输入公式：在单元格中输入等于号“＝”，鼠标选择单元格C3，输入加号“＋”，鼠标再选择单元格D3，按Enter键，见图4-68鼠标选中C3、图4-69鼠标选中D3。

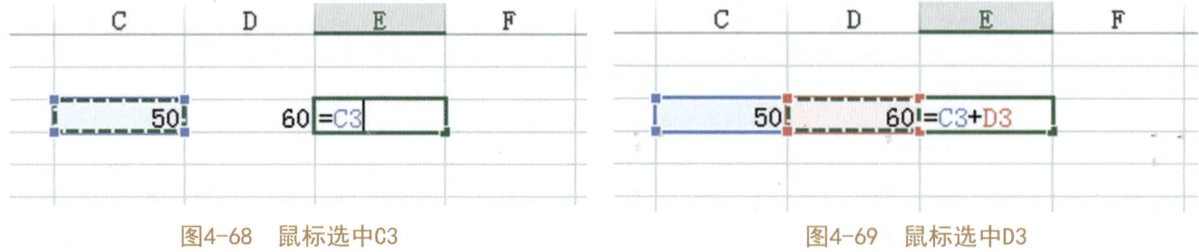

图4-68　鼠标选中C3　　　　图4-69　鼠标选中D3

（5）公式的复制。

如果多个单元格中所使用的表达式相同，即可通过复制公式来解决（见图4-70），复制单元格G3公式，然后粘贴在G4单元格中（见图4-71），Excel会自动地调整所复制单元格的相对引用地址，使这些引用地址替换为新位置对应的单元格。

G3　　=C3+D3+E3+F3

	A	B	C	D	E	F	G
1	学生成绩表						
2	学号	姓名	Flash	Photoshop	数据库	计算机应用	总分
3	20170901	杨敏亭	90	70	85	67	312
4	20170902	杨仁灿	45	54	55	54	
5	20170903	杨相如	86	54	65	67	
6	20170904	袁中华	46	45	54	79	
7	20170905	曾祥友	55	28	33	88	
8	20170906	张春莹	85	62	24	89	
9	20170907	张惠棠	85	52	95	84	
10	20170908	张劲	75	52	98	45	
11	20170909	张伟发	28	65	98	62	
12	20170910	赵崇洪	55	65	99	52	
13	20170911	周晴青	98	88	85	55	

图4-70　选中复制单元格

G4　　=C4+D4+E4+F4

	A	B	C	D	E	F	G
1	学生成绩表						
2	学号	姓名	Flash	Photoshop	数据库	计算机应用	总分
3	20170901	杨敏亭	90	70	85	67	312
4	20170902	杨仁灿	45	54	55	54	208
5	20170903	杨相如	86	54	65	67	
6	20170904	袁中华	46	45	54	79	
7	20170905	曾祥友	55	28	33	88	
8	20170906	张春莹	85	62	24	89	
9	20170907	张惠棠	85	52	95	84	
10	20170908	张劲	75	52	98	45	
11	20170909	张伟发	28	65	98	62	
12	20170910	赵崇洪	55	65	99	52	
13	20170911	周晴青	98	88	85	55	

图4-71　向下复制单元格

2.引用单元格

引用单元格的作用在于标识工作表上单元格或单元格区域，并获取公式中所使用的数值或数据。用户在引用单元格时，可对单元格进行相对应用、绝对引用、混合引用，同时还可以引用其他工作表的数据。

（1）相对引用。

相对引用是指公式中包含单元格的地址，在复制到一个新的单元格中，公式中的单元格地址也会随之改变。例如，在图4–72中，单元格D1的公式是“＝A1＋B1＋C1”，复制到D2后变成图4–73中的“＝A2＋B2＋C2”。

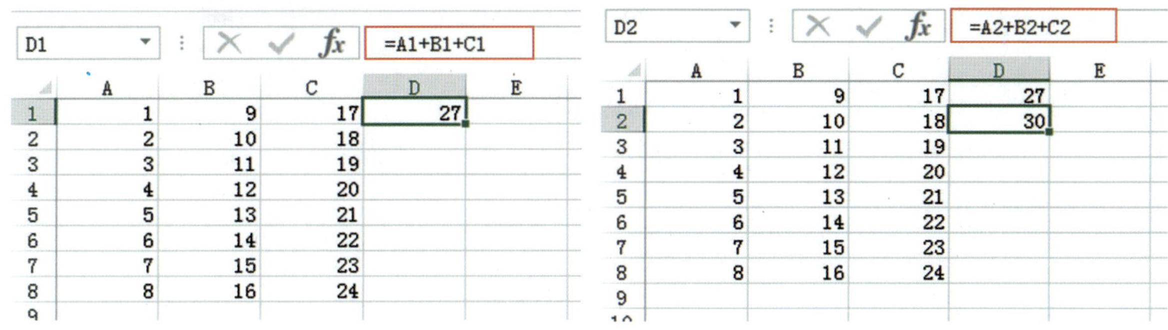

D1　=A1+B1+C1

	A	B	C	D	E
1	1	9	17	27	
2	2	10	18		
3	3	11	19		
4	4	12	20		
5	5	13	21		
6	6	14	22		
7	7	15	23		
8	8	16	24		

图4–72　相对引用1

D2　=A2+B2+C2

	A	B	C	D	E
1	1	9	17	27	
2	2	10	18	30	
3	3	11	19		
4	4	12	20		
5	5	13	21		
6	6	14	22		
7	7	15	23		
8	8	16	24		

图4–73　相对引用2

从以上图中可以看出，在输入公式时，公式所在单元格和所引用的单元格有一个相对的位置关系。当公式被复制到另外一个单元格的时候，这种相对关系将会自动调整，使目的单元格和引用单元格之间的相对位置保持不变，这就是相对引用。

（2）绝对引用。

绝对引用是基于特定位置引用单元格。如果公式所在单元格的位置改变，绝对引用将保持不变。绝对引用的方式就是在公式中引用单元格的地址行号和列标前都加上一个“$”符号。

例如，图4–74，在D1单元格公式中，行号和列标前都加上了“$”符号，然后将D1单元格复制到D2单元格，则会发现在图4–75中，D2单元格的公式与D1单元格中的公式和计算值都保持一致。不管复制到哪一个单元格，该单元格中的公式和值均保持不变，这种引用称为绝对引用。

D1　=$A$1+$B$1+$C$1

	A	B	C	D	E
1	1	9	17	27	
2	2	10	18		
3	3	11	19		
4	4	12	20		
5	5	13	21		
6	6	14	22		
7	7	15	23		
8	8	16	24		

图4–74　绝对引用

D2　=$A$1+$B$1+$C$1

	A	B	C	D	E
1	1	9	17	27	
2	2	10	18	27	
3	3	11	19		
4	4	12	20		
5	5	13	21		
6	6	14	22		
7	7	15	23		
8	8	16	24		

图4–75　绝对引用

（3）混合引用。

在复制公式的时候，需要行的数值不发生改变而改变列的数值，或者列的数值不发生改变而改变行的数值，这时就需要公式中的单元格引用既有相对引用，又有绝对引用的形式，我们将其称之为混合引用。例如，图4–76所示，D1单元格中输入公式：“＝$A1＋B$1”，按“回车”键后，单元格计算结果是10；将D1单元格的公式复制到E4单元格后，其公式变成：“＝$A4＋C$1”，结果是21，如图4–77所示。

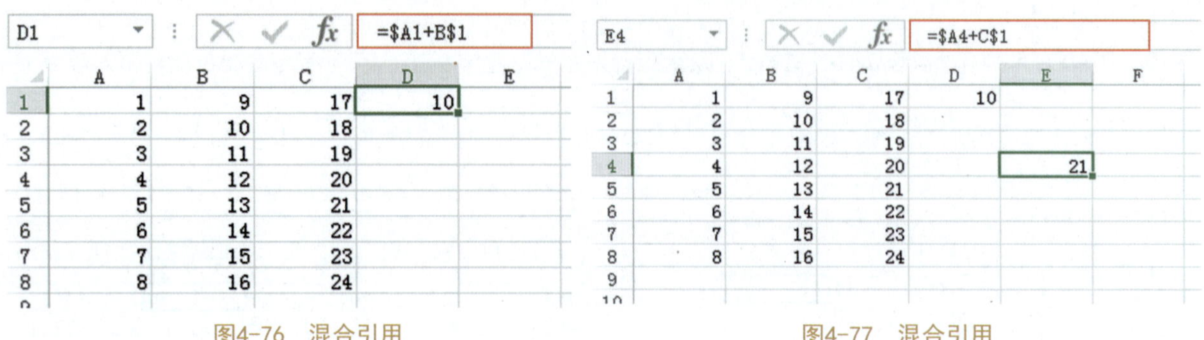

图4–76　混合引用　　　　图4–77　混合引用

（4）引用其他工作表数据。

在Excel中，进行公式运算的时候，可以引用同一个工作簿中不同工作表的单元格，格式如下：<工作表名!><列标><行号>，如图4–78所示。

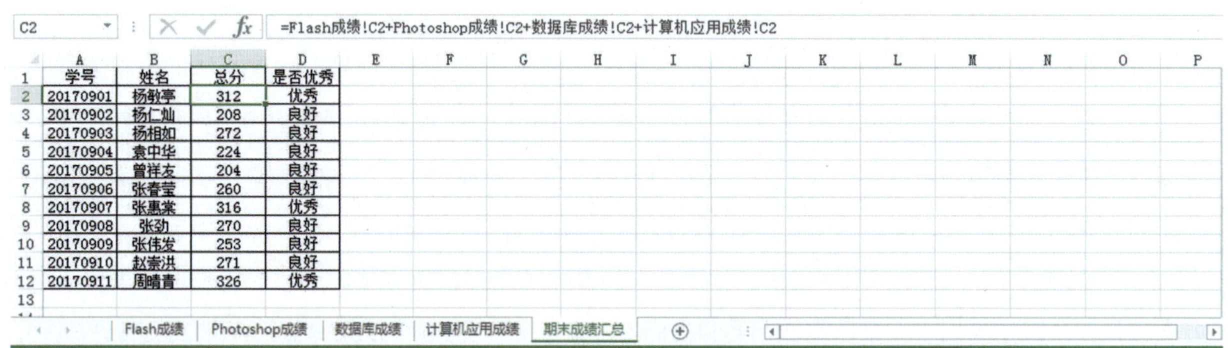

图4–78　引用其他工作表数据

3.函数

函数是Excel中预先定义好的公式，主要由等号、函数主题、括号和参数组成。函数的语法形式如下：函数名称（参数1，参数2……）。

在“公式”功能区里面有系统预定义的函数，用户可以选择相应的函数来实现各种功能。

（1）插入函数的方法。

通过“公式”功能区中的“函数库”功能组里面的按钮来插入各种函数（见图4–79）。

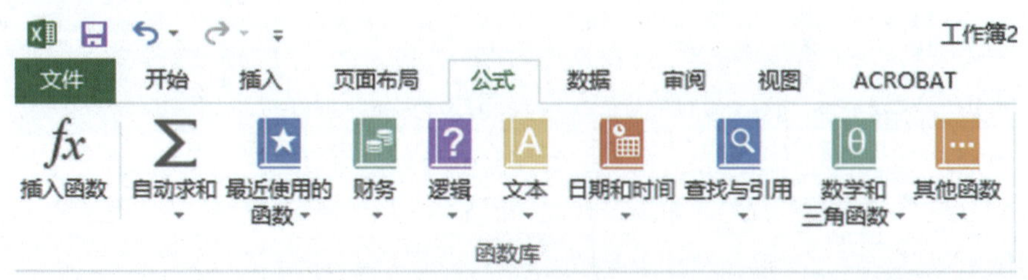

图4–79　插入函数库

也可以通过“编辑栏”旁边的插 f_x （插入函数）按钮打开“插入函数”对话框来实现函数的插入（见图4-80）。

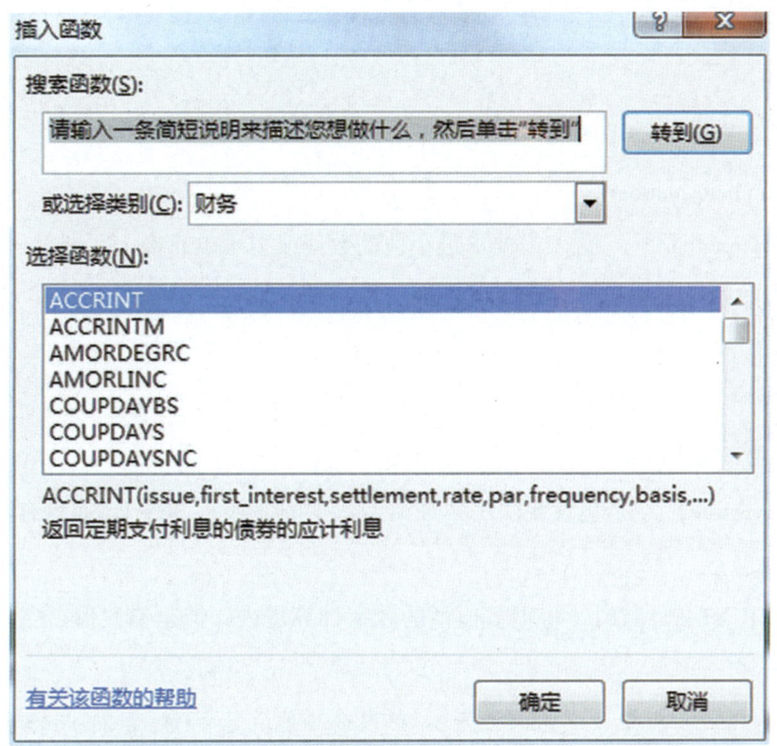

图4-80 插入函数

（2）常用统计函数

（1）SUM函数

函数名称：SUM

主要功能：计算所有参数数值的和。

使用格式：SUM（Number1,Number2……）

参数说明：Number1、Number2……代表需要计算的值，可以是具体的数值、引用的单元格（区域）、逻辑值等。

（2）AVERAGE函数

函数名称：AVERAGE

主要功能：求出所有参数的算术平均值。

使用格式：AVERAGE(number1,number2,……)

参数说明：number1,number2,……：需要求平均值的数值或引用单元格（区域），参数不超过30个。

（3）MAX函数

函数名称：MAX

主要功能：求出一组数中的最大值。

使用格式：MAX(number1,number2……)

参数说明：number1,number2……代表需要求最大值的数值或引用单元格（区域），参数不超过30个。

特别提醒：如如果参数中有文本或逻辑值，则忽略。

（4）MIN函数

函数名称：MIN

主要功能：求出一组数中的最小值。

使用格式：MIN(number1,number2……)

参数说明：number1,number2……代表需要求最小值的数值或引用单元格（区域），参数不超过30个。

特别提醒：如果参数中有文本或逻辑值，则忽略。

（5）COUNT函数

函数名称：COUNT

使用格式： COUNT(value1,value2, ...)

参数说明：Value1, value2, ... 是包含或引用各种类型数据的参数(1~30个)，但只有数字类型的数据才被计数。

特别提醒：函数COUNT在计数时，将把数值型的数字计算进去；但是错误值、空值、逻辑值、文字则被忽略。

【例1】：在图4-81中C列的公式,可理解以上5个函数的功能。其中B列是5个人的奖金记录，C列和D列分别是计算公式和计算结果，E列描述了公式的功能。

	A	B	C	D	E
1	姓名	奖金	实例	计算结果	说明
2	陈春玲	2800	=SUM(B2:B6)	8400	计算所有的奖金的总和
3	张晓霞	已取出	=AVERAGE(B2:B6)	2800	计算所有的奖金的平均值
4	李洁梅	4000	=MAX(B2:B6)	4000	计算最高奖金
5	刘海霞		=MIN(B2:B6)	1600	计算最低奖金
6	陈佳怡	1600	=COUNT(B2:B6)	3	统计数值型单元格的个数

图4-81

（6）COUNTIF函数

函数名称：COUNTIF

主要功能：统计某个单元格区域中符合指定条件的单元格数目

使用格式：COUNTIF(Range,Criteria)

参数说明：Range代表要统计的单元格区域；Criteria表示指定的条件表达式。

特别提醒：允许引用的单元格区域中有空白单元格出现

（7）SUMIF函数

函数名称：SUMIF

主要功能：计算符合指定条件的单元格区域内的数值和。

使用格式：SUMIF（Range,Criteria,Sum_Range）

参数说明：Range代表条件判断的单元格区域；Criteria为指定条件表达式；Sum_Range代表需要计算的数

值所在的单元格区域。

【例2】：图4-82中的B列和C列分是“工龄（年）”和“职效工资”，用SUMIF函数和COUNTIF函数分别E2单元格中求工龄(年)为“5”，E4单元格中求工龄(年)为“5”或大于“5”的职效工资累加的和与E7单元格中统计有几个人工龄（年)为“5”的记录。

	A	B	C	D	E	F	G
1	姓名	工龄(年)	职效工资		工龄(年)为5职效工资总额		统计工龄(年)为5的职效工资累加和
2	陈春玲	5	1800		3900	←	=SUMIF(A4:A12,5,B4:B12)
3	张晓霞	10	2000		工龄(年)为5或大于5职效工资总额		
4	李洁梅	2	800		11500	←	=SUMIF(A4:A12,">=5",B4:B12)
5	刘海霞	5	1100				
6	陈佳怡	12	2500		工龄(年)为5的结果		统计有几笔工龄（年)为5的记录
7	李梅	4	1000		3	←	=COUNTIF(A4:B12,5)
8	陈文瑞	7	3100		工龄(年)为5或大于5的结果		
9	冯映强	5	1000		6	←	=COUNTIF(A4:A12,">=5")
10	吕小鹏	1	1200				

图4-82

（8）RANK函数

函数名称：RANK

主要功能：返回某一数值在一列数值中的相对于其他数值的排位。

使用格式：RANK（Number,ref,order）

参数说明：Number代表需要排序的数值；ref代表排序数值所处的单元格区域；order代表排序方式参数（如果为“0”或者忽略，则按降序排名，即数值越大，排名结果数值越小；如果为非“0”值，则按升序排名，即数值越大，排名结果数值越大；）。

（9）FREQUENCY函数

函数名称：FREQUENCY

主要功能：以一列垂直数组返回某个区域中数据的频率分布。

使用格式：FREQUENCY(data_array,bins_array)

参数说明：Data_array表示用来计算频率的一组数据或单元格区域；Bins_array表示为前面数组进行分隔一列数值。

3）逻辑函数

（1）IF函数

函数名称：IF

主要功能：根据对指定条件的逻辑判断的真假结果，返回相对应的内容。

使用格式：=IF(Logical,Value_if_true,Value_if_false)

参数说明：Logical代表逻辑判断表达式；Value_if_true表示当判断条件为逻辑“真（TRUE）”时的显示内容，如果忽略返回“TRUE”；Value_if_false表示当判断条件为逻辑“假（FALSE）”时的显示内容，如果忽略返回“FALSE”。

（2）OR函数

函数名称：OR

主要功能：返回逻辑值，仅当所有参数值均为逻辑“假（FALSE）”时返回函数结果逻辑“假（FALSE）”，否则都返回逻辑“真（TRUE）”。

使用格式：OR(logical1,logical2, ...)

参数说明：Logical1,Logical2,Logical3……：表示待测试的条件值或表达式，最多这30个。

特别提醒：如果指定的逻辑条件参数中包含非逻辑值时，则函数返回错误值“#VALUE!”或“#NAME”。

【例1】：在“岗位津贴”列，通过IF和OR函数求出每个职工的“岗位津贴”补助：职业等级为“高级讲师”或“高级技师”的“岗位津贴”补助为1000，职业等级为“讲师”或“技师”的“岗位津贴”补助为800，其余的补助为500。

IF　=IF(OR(C2="高级讲师",C2="高级技师"),1000,IF(OR(C2="讲师",C2="技师"),800,500))

OR（逻辑值1，[逻辑值2]，...）

	A	B	C	D	E
1	编号	姓名	职业等级	工资	岗位津贴
2	855211	张海峰	高级讲师	4300	讲师",C2
3	855212	丁瑞燕	讲师	3900	800
4	855213	叶雯欣	技师	3580	800
5	855214	韦金婵	高级讲师	4300	1000
6	855215	黄海韵	技师	3200	800
7	855216	甘显林	高级技师	4100	1000
8	855217	张鹏	讲师	4000	800
9	855218	古鸿钛	助理讲师	3030	500
10	855219	潘伟昌	高级工	2800	500
11	855220	罗康友	高级工	2900	500
12	855221	杨岳桦	助理讲师	2780	500
13	855222	范远浩	高级工	2320	500
14	855223	林琪琦	讲师	3100	800
15	855224	周舒琪	助理讲师	3150	500
16	855225	卢宇进	高级讲师	4600	1000

图4-83

（3）AND函数

函数名称：AND

主要功能：返回逻辑值：如果所有参数值均为逻辑“真（TRUE）”，则返回逻辑“真（TRUE）”，反之返回逻辑“假（FALSE）”。

使用格式：AND(logical1,logical2, ...)

参数说明：Logical1,Logical2,Logical3……：表示待测试的条件值或表达式，最多这30个。

特别提醒：如果指定的逻辑条件参数中包含非逻辑值时，则函数返回错误值“#VALUE!”或“#NAME”。

4）数学与三角函数

（1）ABS函数

函数名称：ABS

主要功能：求出相应数字的绝对值。

使用格式：ABS(number)

参数说明：number代表需要求绝对值的数值或引用的单元格。

【例1】：在图4-84“学生在校生活调查表”中用ABS函数在“差额（元）”列计算学生在3月份生活费和4月份生活费的差额。

SUM =ABS(D3-E3)

	A	B	C	D	E	F	G
1	学生在校生活费调查表						
2	序号	姓名	性别	3月份生活费	4月份生活费	增/减	差额（元）
3	01	林敬森	男	960	1100		=ABS(D3-E3)
4	02	凌康胜	男	1253	855	减	ABS（数值）
5	03	刘火日	男	870	880	增	10
6	04	陆志泉	男	755	1005	增	250
7	05	莫广华	男	1650	1355	减	295
8	06	潘荣文	男	685	820	增	135
9	07	黄威鸿	男	1150	785	减	365
10	08	莫小瑶	女	985	1210	增	225
11	09	张邦	男	1470	1385	减	85
12	10	李恒星	男	1050	752	减	298
13	11	韦彩霞	女	855	885	增	30
14	12	何锡超	男	768	1030	增	262
15	13	叶雯欣	女	1350	1260	减	90
16	14	韦金婵	女	1350	1670	增	320
17	15	黄海韵	女	850	942	增	92

图4-84

（2）INT函数

函数名称：INT

主要功能：将数值向下取整为最接近的整数。

使用格式：INT(number)

参数说明：number表示需要取整的数值或包含数值的引用单元格。

（3）MOD函数

函数名称：MOD

主要功能：求出两数相除的余数。

使用格式：MOD(number,divisor)

参数说明：number代表被除数；divisor代表除数。

5）文本函数

（1）LEFT函数

函数名称：LEFT

主要功能：从一个文本字符串的第一个字符开始，截取指定数目的字符。

使用格式：LEFT(text,num_chars)

参数说明：text代表要截字符的字符串；num_chars代表给定的截取数目。

特别提醒：此函数名的英文意思为“左”，即从左边截取，Excel很多函数都取其英文的意思。

（2）RIGHT函数

函数名称：RIGHT

主要功能：从一个文本字符串的最后一个字符开始，截取指定数目的字符。

使用格式：RIGHT(text,num_chars)

参数说明：text代表要截字符的字符串；num_chars代表给定的截取数目。

特别提醒：Num_chars参数必须大于或等于0，如果忽略，则默认其为1；如果num_chars参数大于文本长度，则函数返回整个文本。

（3）MID函数

函数名称：MID

主要功能：从一个文本字符串的指定位置开始，截取指定数目的字符。

使用格式：MID(text,start_num,num_chars)

参数说明：text代表一个文本字符串；start_num表示指定的起始位置；num_chars表示要截取的数目。

特别提醒：公式中各参数间，要用英文状态下的逗号“,”隔开。

【例1】：在图4-85中用LEFT、RIGHT和MID函数分别求出相应结果：“编号”列的数据中的第1个字符代表“所在省份（湘）”、第3、4个字符代表“各行名称（建设）”、最后两个字符代表“参赛才年龄（23）”。

	A	B	C	D	E	F	G
1	各省银行点钞比赛名单						
2	序号	编号	姓名		所在省份	各行名称	参赛者年龄
3	01	湘－建设银行023	杨如贞		=LEFT(B3, 1)		23
4	02	京－中国银行935	麦伟华		LEFT（字符串，[字符个数]）		
5	03	粤－工商银行128	黄秀禧		粤	=MID(B5, 3, 2)	
6	04	津－建设银行225	卢小敏		津	MID（字符串，开始位置，字符个数）	
7	05	晋－中国银行724	朱素明		晋	中国	=RIGHT(B7, 2)
8	06	陕－招商银行637	张伟佳		陕	招商	RIGHT（字符串，[字符个数]）
9	07	贵－交通银行542	冯仲华		贵	交通	42
10	08	云－发展银行339	李穗文		云	发展	39
11	09	琼－农业银行426	蔡晓梅		琼	农业	26

图4-85

（4）LEN函数

函数名称：LEN

主要功能：统计文本字符串中字符数目。

使用格式：LEN(text)

参数说明：text表示要统计的文本字符串。

特别提醒：LEN要统计时，无论中全角字符，还是半角字符，每个字符均计为“1”；与之相对应的一个函数——LENB，在统计时半角字符计为“1”，全角字符计为“2”。

（5）TEXT函数

函数名称：TEXT

主要功能：根据指定的数值格式将相应的数字转换为文本形式。

使用格式：TEXT(value,format_text)

参数说明：value代表需要转换的数值或引用的单元格；format_text为指定文字形式的数字格式。

特别提醒：format_text参数可以根据“单元格格式”对话框“数字”标签中的类型进行确定。

（6）VALUE函数

函数名称：VALUE

主要功能：将一个代表数值的文本型字符串转换为数值型。

使用格式：VALUE(text)

参数说明：text代表需要转换文本型字符串数值。

（7）CONCATENATE函数

函数名称：CONCATENATE

主要功能：将多个字符文本或单元格中的数据连接在一起，显示在一个单元格中。

使用格式：CONCATENATE(Text1，Text……)

参数说明：Text1、Text2……为需要连接的字符文本或引用的单元格。

6）日期与时间函数

（1）TODAY函数

函数名称：TODAY

主要功能：给出系统日期。

使用格式：TODAY()

参数说明：该函数不需要参数。

特别提醒：显示出来的日期格式，可以通过单元格格式进行重新设置（参见附件）。

（2）DATEDIF函数

函数名称：DATEDIF

主要功能：计算返回两个日期参数的差值。

使用格式：=DATEDIF(date1,date2,"y")、=DATEDIF(date1,date2,"m")、=DATEDIF(date1,date2,"d")

参数说明：date1代表前面一个日期，date2代表后面一个日期；y（m、d）要求返回两个日期相差的年（月、天）数。

特别提醒：这是Excel中的一个隐藏函数，在函数向导中是找不到的，可以直接输入使用，对于计算年龄、工龄等非常有效。

【例1】：在图4-86的“H3”单元格中求出系统日期，并在“年龄”列计算出每个职工的年龄。

SUM　=DATEDIF(E3,TODAY(),"Y")

	A	B	C	D	E	F	G	H
1	职工信息表							
2	姓名	性别	专业	代码	工作日期	年龄		系统日期
3	陈静仪	女	化学	29	1964/6/10	=DATEDIF(E3,TODAY(),"Y")		2019/6/15
4	王日仁	男	法学	22	1982/6/22	DATEDIF（开始日期，终止日期，比较单位）		=TODAY()
5	钟敏慧	女	法学	21	1987/8/18	31		
6	林茵	女	物理	20	1984/9/21	34		
7	陈寻好	女	电子	18	1983/7/10	35		
8	李禄寿	男	土木	18	1988/10/7	30		
9	周喜妹	女	电子	17	1970/6/15	49		
10	夏雪翎	女	化学	25	1967/2/15	52		
11	钟梦生	男	电子	17	1986/4/16	33		
12	王晓宁	男	土木	28	1966/11/24	52		
13	梁金燕	女	土木	18	1982/11/23	36		
14	张明辉	男	化学	19	1987/11/9	31		
15	李小清	男	物理	20	1984/7/7	34		
16	陈静	女	土木	19	1975/5/30	44		
17	杨晓娟	女	电子	17	1993/2/15	26		
18	林红	女	电子	18	1981/3/3	38		
19	李秋颖	女	物理	21	1977/11/18	41		

图4-86

（3）DATE函数

函数名称：DATE

主要功能：给出指定数值的日期。

使用格式：DATE(year,month,day)

参数说明：year为指定的年份数值（小于9999）；month为指定的月份数值（可以大于12）；day为指定的天数。

（4）DAY函数

函数名称：DAY

主要功能：求出指定日期或引用单元格中的日期的天数。

使用格式：DAY(serial_number)

参数说明：serial_number代表指定的日期或引用的单元格。

特别提醒：如果是给定的日期，请包含在英文双引号中

（5）MONTH函数

函数名称：MONTH

主要功能：求出指定日期或引用单元格中的日期的月份。

使用格式：MONTH(serial_number)

参数说明：serial_number代表指定的日期或引用的单元格。

（6）WEEKDAY函数

函数名称：WEEKDAY

主要功能：给出指定日期的对应的星期数。

使用格式：WEEKDAY(serial_number,return_type)

参数说明：serial_number代表指定的日期或引用含有日期的单元格；return_type代表星期的表示方式[当Sunday（星期日）为1、Saturday（星期六）为7时，该参数为1；当Monday（星期一）为1、Sunday（星期日）为7时，该参数为2（这种情况符合中国人的习惯）；当Monday（星期一）为0、Sunday（星期日）为6时，该参数为3]。

（7）NOW函数

函数名称：NOW

主要功能：给出当前系统日期和时间。

使用格式：NOW()

参数说明：该函数不需要参数。

特别提醒：显示出来的日期和时间格式，可以通过单元格格式进行重新设置。

7）其它函数

（1）DCOUNT函数

函数名称：DCOUNT

主要功能：返回数据库或列表的列中满足指定条件并且包含数字的单元格数目。

使用格式：DCOUNT(database,field,criteria)

参数说明：Database表示需要统计的单元格区域；Field表示函数所使用的数据列（在第一行必须要有标志项）；Criteria包含条件的单元格区域。

【例1】在图4-87中的J3单元格用DCOUNT函数统计平均成绩大于85分的个数。

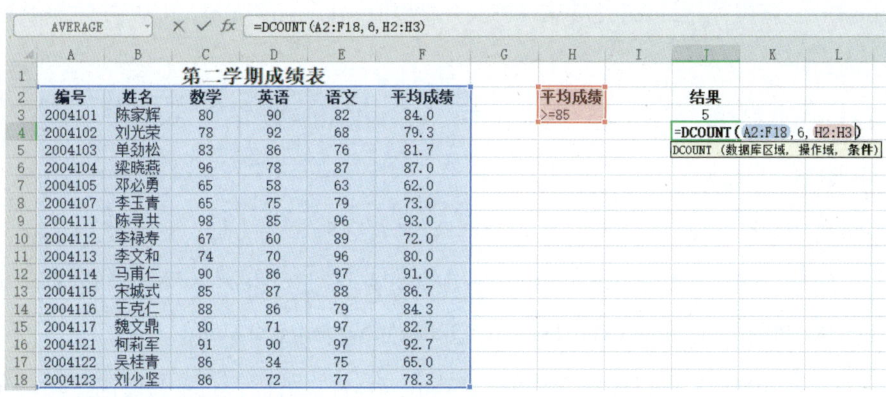

第二学期成绩表

编号	姓名	数学	英语	语文	平均成绩
2004101	陈家辉	80	90	82	84.0
2004102	刘光荣	78	92	68	79.3
2004103	单劲松	83	86	76	81.7
2004104	梁晓燕	96	78	87	87.0
2004105	邓必勇	65	58	63	62.0
2004107	李玉青	65	75	79	73.0
2004111	陈寻共	98	85	96	93.0
2004112	李禄寿	67	60	89	72.0
2004113	李文和	74	70	96	80.0
2004114	马甫仁	90	86	97	91.0
2004115	宋城式	85	87	88	86.7
2004116	王克仁	88	86	79	84.3
2004117	魏文鼎	80	71	97	82.7
2004121	柯莉军	91	90	97	92.7
2004122	吴桂青	86	34	75	65.0
2004123	刘少坚	86	72	77	78.3

图4-87

（2）ISERROR函数

函数名称：ISERROR

主要功能：用于测试函数式返回的数值是否有错。如果有错，该函数返回TRUE，反之返回FALSE。

使用格式：ISERROR(value)

参数说明：Value表示需要测试的值或表达式。

（3）COLUMN 函数

函数名称：COLUMN

主要功能：显示所引用单元格的列标号值。

使用格式：COLUMN(reference)

参数说明：reference为引用的单元格。

（4）INDEX函数

函数名称：INDEX

主要功能：返回列表或数组中的元素值，此元素由行序号和列序号的索引值进行确定。

使用格式：INDEX(array,row_num,column_num)

参数说明：Array代表单元格区域或数组常量；Row_num表示指定的行序号（如果省略row_num，则必须有column_num）；Column_num表示指定的列序号（如果省略column_num，则必须有 row_num）。

（5）MATCH函数

函数名称：MATCH

主要功能：返回在指定方式下与指定数值匹配的数组中元素的相应位置。

使用格式：MATCH(lookup_value,lookup_array,match_type)

参数说明：Lookup_value代表需要在数据表中查找的数值；

Lookup_array表示可能包含所要查找的数值的连续单元格区域；

Match_type表示查找方式的值（-1、0或1）。

如果match_type为-1，查找大于或等于 lookup_value的最小数值，Lookup_array 必须按降序排列；

如果match_type为1，查找小于或等于 lookup_value 的最大数值，Lookup_array 必须按升序排列；

如果match_type为0，查找等于lookup_value 的第一个数值，Lookup_array 可以按任何顺序排列；如果省略match_type，则默认为1。

特别提醒：Lookup_array只能为一列或一行。（33）VLOOKUP函数

（6）VLOOKUP函数

函数名称：VLOOKUP

主要功能：在数据表的首列查找指定的数值，并由此返回数据表当前行中指定列处的数值。

使用格式：VLOOKUP(lookup_value,table_array,col_index_num,range_lookup)

参数说明：Lookup_value代表需要查找的数值；Table_array代表需要在其中查找数据的单元格区域；Col_index_num为在table_array区域中待返回的匹配值的列序号（当Col_index_num为2时,返回table_array第2列中的数值，为3时，返回第3列的值……）；Range_lookup为一逻辑值，如果为TRUE或省略，则返回近似匹配值，也就是说，如果找不到精确匹配值，则返回小于lookup_value的最大数值；如果为FALSE，则返回精确匹配值，如果找不到，则返回错误值#N/A。

特别提醒：Lookup_value参见必须在Table_array区域的首列中；如果忽略Range_lookup参数，则Table_array的首列必须进行排序；在此函数的向导中，有关Range_lookup参数的用法是错误的。

课堂练习

扫一扫：观看教学视频

（1）打开“业务员档案信息表.xlsx”，用公式获取业务员的出生日期“××××年××月××日”。

（2）打开“业务员档案信息表.xlsx”，根据身份证号码第17位，单数为“男”，双数为“女”，获取业务员的性别。

实训　期末成绩统计汇总

打开如图4-88所示名称为“期末成绩统计汇总”的表格，然后按照要求用公式或者函数来获得相应的数值。

扫一扫：观看教学视频

考号	姓名	语文	数学	英语	文综	理综	体育	总分1（用函数）	总分2（用累加公式）	平均分	若总分大于300，就显示合格，其他就显示不合格
103212013	杨文娟	75	19	25	27	37	30				
103211091	陈晓	76	42	19	26	38	30				
103212010	徐红	69	43	0	39	53	28				
103212014	赵珊珊	80	20	43	20	41	30				
103212009	王艳丽	0	71	94	57	0	27				
103212011	徐娇	85	27	39	34	44	28				
103212002	李文秀	78	62	0	66	52	26				
103211105	孙建鹏	84	57	42	47	48	20				
103211106	卢小龙	82	41	47	42	58	30				
103212004	慈莹莹	96	72	108	66	0	0				
103211107	赵军伟	78	77	77	63	46	30				
103212006	张红	93	47	81	58	66	29				
103212007	臧娟娇	84	73	106	52	43	29				
103211095	刘炳文	89	65	88	63	58	27				
103212008	李芸	95	74	67	67	59	30				
103212012	刘燕飞	96	59	101	55	60	29				
103212001	刘文蝶	98	82	111	83	0	30				
103212005	岳倩	73	85	103	80	50	28				
103212003	瞿文选	103	90	110	84	67	27				
单科最大值											
单科最小值											

图4-88　期末成绩统计汇总表

任务五 销售统计汇总表——学生Excel数据处理与分析

学习目标

1. 掌握Excel 2013中数据的排序与筛选。

2. 掌握Excel 2013中数据的分类汇总。

3. 掌握Excel 2013中图表的制作。

4. 掌握Excel 2013中数据透视表和透视图的制作。

学习内容

本任务介绍了数据的排序与筛选、数据的分类汇总、图表的制作以及数据透视表和透视图的制作。

【操作要求】

（1）用函数求出图4-80中“销售统计汇总表”中“销售总金额”字段的值。

（2）增加“区域按性别排序”“广州”“上海”“按销售区域分类汇总”和“人员销售总额图”5张表。

扫一扫：观看教学视频

（3）在“区域按性别排序”表中生成区域按性别排序工作表，性别和区域都按升序排序。

（4）在“广州”表中筛选出广州区域的销售数据。

（5）在“上海”表中筛选出上海区域的且销售总金额大于340万元的销售数据。

（6）在“按销售区域分类汇总”表中，生成按销售地分类的销售总金额汇总工作表。

（7）根据“销售统计汇总表”所给数据，生成按人员销售总金额的饼状图表，将生成的图形复制到“人员销售额图表”的表中。

（8）根据“销售统计汇总表”所给数据，在新工作表中插入数据透视表，命名为“销售数据透视表及图”，按照“业务员标号”作为筛选条件，以“销售区域”为行标签，“性别”为列标签，对“销售总金额”进行求和汇总并生成相应的二维簇状柱形数据透视图。

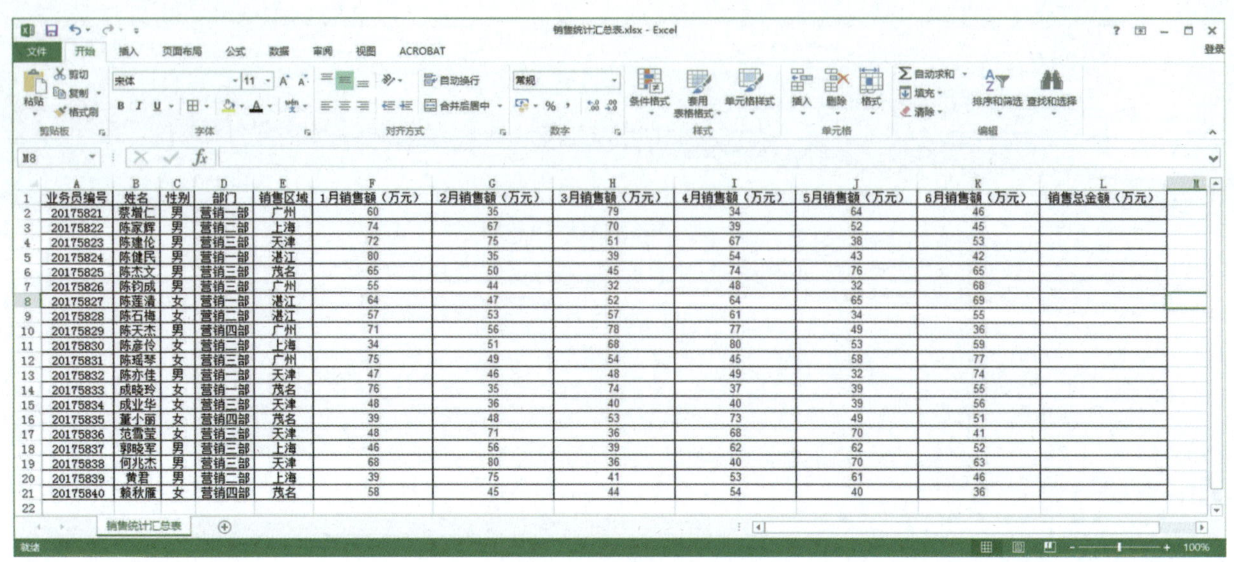

业务员编号	姓名	性别	部门	销售区域	1月销售额（万元）	2月销售额（万元）	3月销售额（万元）	4月销售额（万元）	5月销售额（万元）	6月销售额（万元）	销售总金额（万元）
20175821	蔡增仁	男	营销一部	广州	60	35	79	34	64	46	
20175822	陈家辉	男	营销二部	上海	74	67	70	39	52	45	
20175823	陈建伦	男	营销三部	天津	72	75	51	67	38	53	
20175824	陈健民	男	营销一部	湛江	80	35	39	54	43	42	
20175825	陈杰文	男	营销三部	茂名	65	50	45	74	76	65	
20175826	陈钧成	男	营销三部	广州	55	44	32	48	32	68	
20175827	陈莲清	女	营销一部	湛江	64	47	52	64	65	69	
20175828	陈石梅	女	营销二部	湛江	57	53	57	61	34	55	
20175829	陈天杰	男	营销四部	广州	71	56	78	77	49	36	
20175830	陈彦伶	女	营销二部	上海	34	51	68	80	53	59	
20175831	陈瑶琴	女	营销三部	广州	75	49	54	45	58	77	
20175832	陈亦佳	男	营销一部	天津	47	46	48	49	32	74	
20175833	成晓玲	女	营销一部	茂名	76	35	74	37	39	55	
20175834	成业华	女	营销三部	天津	48	36	40	40	39	56	
20175835	董小丽	女	营销四部	茂名	39	48	53	73	49	51	
20175836	范雪莹	女	营销三部	天津	48	71	36	68	70	41	
20175837	郭晓军	男	营销三部	上海	46	56	39	62	62	52	
20175838	何兆杰	男	营销三部	天津	68	80	36	40	70	63	
20175839	黄君	男	营销二部	上海	39	75	41	53	61	46	
20175840	赖秋雁	女	营销四部	茂名	58	45	44	54	40	36	

图4-89　销售统计汇总表

【操作步骤】

（1）新建空白Excel工作簿，将Sheet1更名为“销售统计汇总表”，然后按照图4-89将数据输入工作表当中。

（2）在L2单元格输入公式“=SUM（F2:K2）”，然后通过填充柄，将公式全部填充到L3:L21单元格内，得到“销售总金额（万元）”数值，见图4-90。

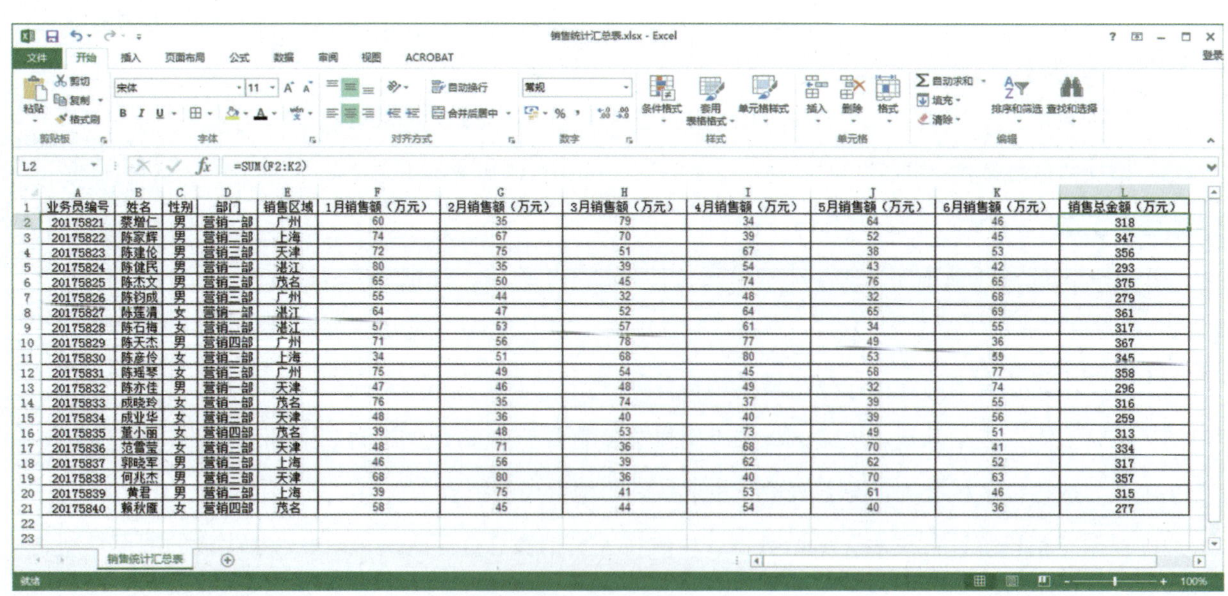

业务员编号	姓名	性别	部门	销售区域	1月销售额（万元）	2月销售额（万元）	3月销售额（万元）	4月销售额（万元）	5月销售额（万元）	6月销售额（万元）	销售总金额（万元）
20175821	蔡增仁	男	营销一部	广州	60	35	79	34	64	46	318
20175822	陈家辉	男	营销二部	上海	74	67	70	39	52	45	347
20175823	陈建伦	男	营销三部	天津	72	75	51	67	38	53	356
20175824	陈健民	男	营销一部	湛江	80	35	39	54	43	42	293
20175825	陈杰文	男	营销三部	茂名	65	50	45	74	76	65	375
20175826	陈钧成	男	营销三部	广州	55	44	32	48	32	68	279
20175827	陈莲清	女	营销一部	湛江	64	47	52	64	65	69	361
20175828	陈石梅	女	营销二部	湛江	57	53	57	61	34	55	317
20175829	陈天杰	男	营销四部	广州	71	56	78	77	49	36	367
20175830	陈彦伶	女	营销二部	上海	34	51	68	80	53	59	345
20175831	陈瑶琴	女	营销三部	广州	75	49	54	45	58	77	358
20175832	陈亦佳	男	营销一部	天津	47	46	48	49	32	74	296
20175833	成晓玲	女	营销一部	茂名	76	35	74	37	39	55	316
20175834	成业华	女	营销三部	天津	48	36	40	40	39	56	259
20175835	董小丽	女	营销四部	茂名	39	48	53	73	49	51	313
20175836	范雪莹	女	营销三部	天津	48	71	36	68	70	41	334
20175837	郭晓军	男	营销三部	上海	46	56	39	62	62	52	317
20175838	何兆杰	男	营销三部	天津	68	80	36	40	70	63	357
20175839	黄君	男	营销二部	上海	39	75	41	53	61	46	315
20175840	赖秋雁	女	营销四部	茂名	58	45	44	54	40	36	277

图4-90　统计销售总金额

（3）新增3个工作表，分别命名为“区域按性别排序”“广州”“上海”，然后复制“销售统计汇总表”中的数据到三个新增的工作表中。

（4）在“区域按性别排序”表中，按“Ctrl+A”组合键，全选表内内容，然后单击“数据”功能区，单击“排序”功能，打开排序对话框，“主要关键字”选择“性别”，“次要关键字”选择“销售区域”，“排序依据”选择“数值”，“次序”选择“升序”，单击“确定”按钮（见图4-91、图4-92）。

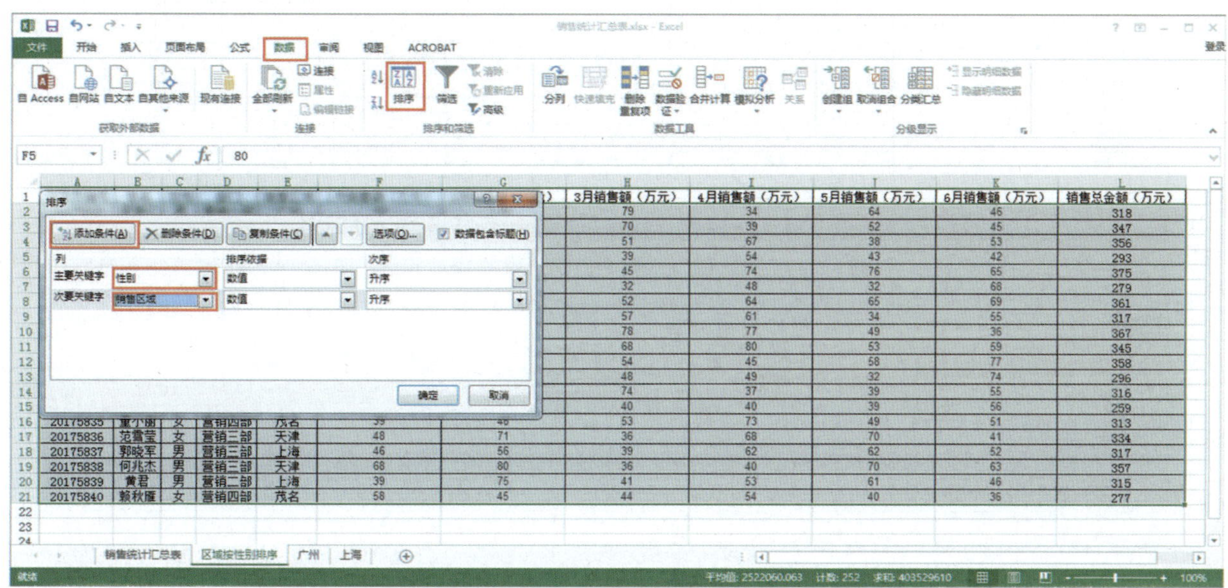

图4-91　打开排序对话框

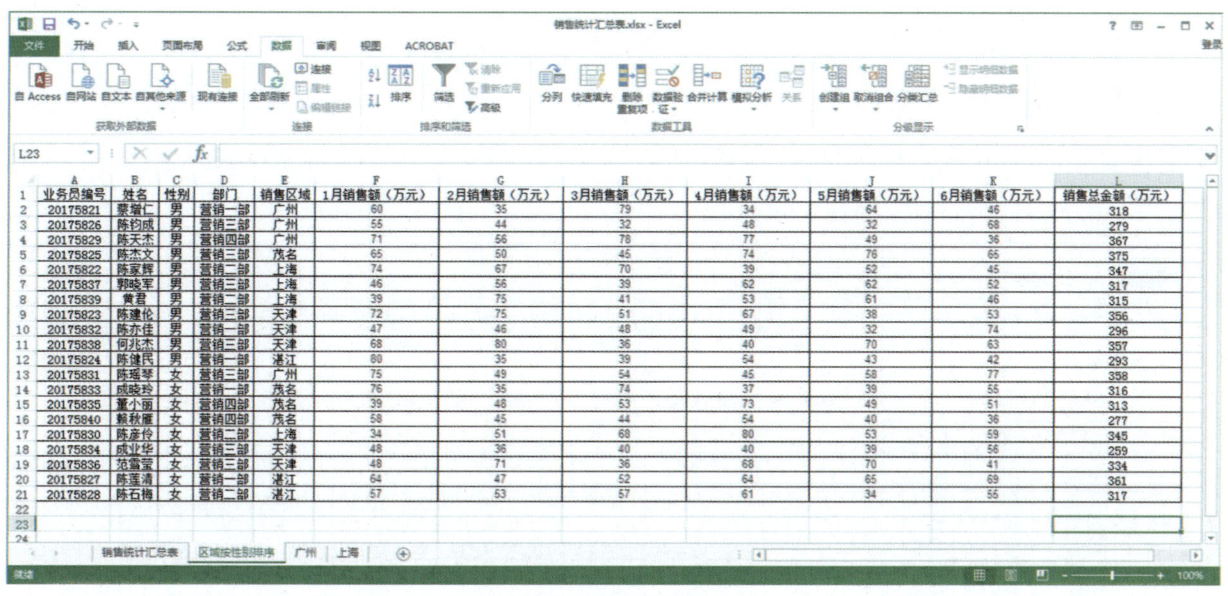

业务员编号	姓名	性别	部门	销售区域	1月销售额（万元）	2月销售额（万元）	3月销售额（万元）	4月销售额（万元）	5月销售额（万元）	6月销售额（万元）	销售总金额（万元）
20175821	蔡增仁	男	营销一部	广州	60	35	79	34	64	46	318
20175826	陈钧成	男	营销三部	广州	55	44	32	48	32	68	279
20175829	陈天杰	男	营销四部	广州	71	56	78	77	49	36	367
20175825	陈杰文	男	营销三部	茂名	65	50	45	74	76	65	375
20175822	陈家辉	男	营销二部	上海	74	67	70	39	52	45	347
20175837	郭晓军	男	营销三部	上海	46	56	39	62	62	52	317
20175839	黄君	男	营销二部	上海	39	75	41	53	61	46	315
20175823	陈建伦	男	营销三部	天津	72	75	51	67	38	53	356
20175832	陈亦佳	男	营销一部	天津	47	46	48	49	32	74	296
20175838	何兆杰	男	营销三部	天津	68	80	36	40	70	63	357
20175824	陈健民	男	营销一部	湛江	80	35	39	54	43	42	293
20175831	陈瑶琴	女	营销三部	广州	75	49	54	45	58	77	358
20175833	成晓玲	女	营销一部	茂名	76	35	74	37	39	55	316
20175835	董小丽	女	营销四部	茂名	39	48	53	73	49	51	313
20175840	赖秋雁	女	营销四部	茂名	58	45	44	54	40	36	277
20175830	陈彦伶	女	营销二部	上海	34	51	68	80	53	59	345
20175834	成业华	女	营销三部	天津	48	36	40	40	39	56	259
20175836	范雪莹	女	营销三部	天津	48	71	36	68	70	41	334
20175827	陈莲清	女	营销一部	湛江	64	47	52	64	65	69	361
20175828	陈石梅	女	营销二部	湛江	57	53	57	61	34	55	317

图4-92　区域按性别排序

（5）在“广州”表中，选中第1行行标全选第1行数据，单击“数据”功能组，单击“筛选”功能，单击“销售区域”列标题中的三角符号 ▼ 打开“筛选对话框”，选中 ☑“广州”多选框，取消其余多选框选项，单击“确定”按钮（见图4-93、图4-94）。

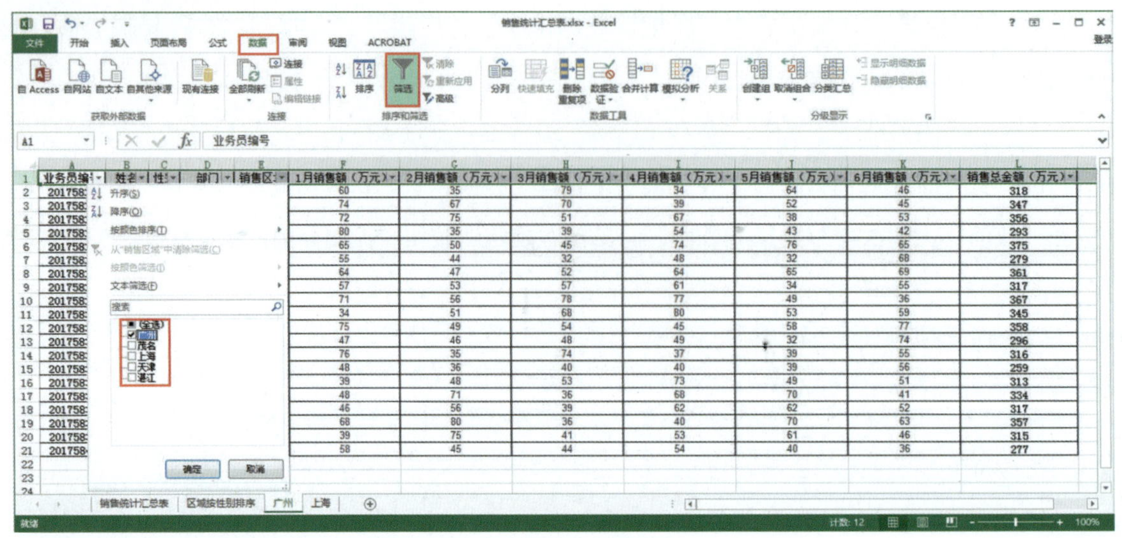

图4-93　销售区域筛选设置

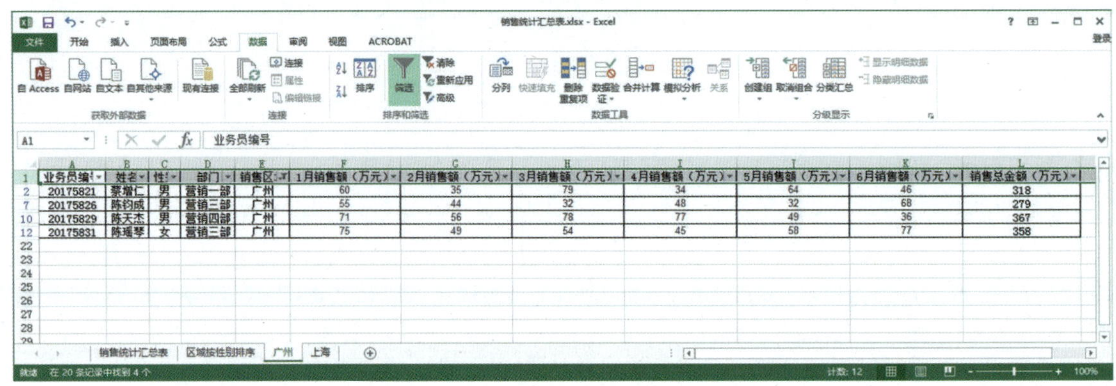

图4-94　销售区域筛选

（6）在图4-95空白的单元格处输入数值。在“数据”功能区内选择“排序和筛选”，单击“高级”按钮打开“高级筛选”对话框（见图4-96）。在“列表区域”内用鼠标拖动选中表格中A1:L21区域，“条件区域”内用鼠标拖动选中表格中的A25:B26区域（见图4-97），单击“确定”，筛选出销售区域在“上海”，“销售总额”大于340万元的销售数据（见图4-98）。

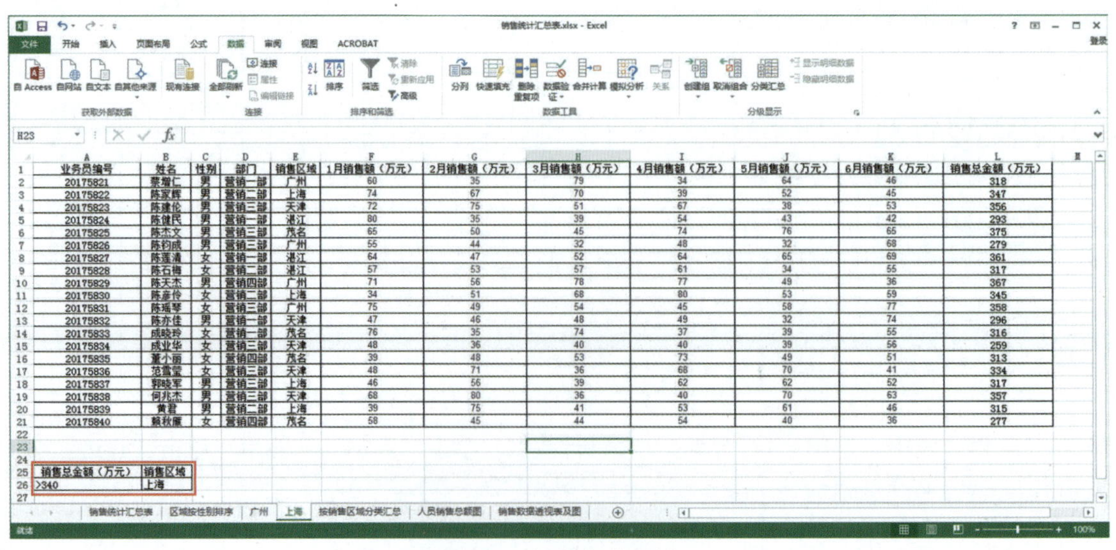

图4-95　设置条件区域

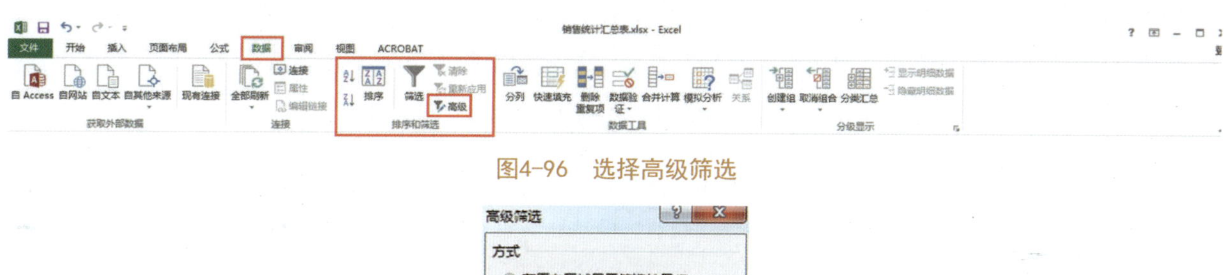

图4-96 选择高级筛选

图4-97 高级筛选设置

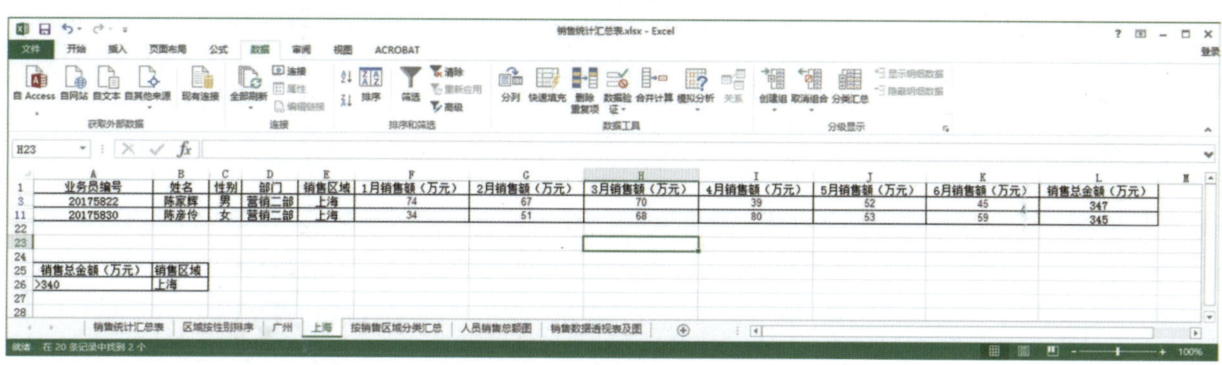

	业务员编号	姓名	性别	部门	销售区域	1月销售额（万元）	2月销售额（万元）	3月销售额（万元）	4月销售额（万元）	5月销售额（万元）	6月销售额（万元）	销售总金额（万元）
3	20175822	陈家辉	男	营销二部	上海	74	67	70	39	52	45	347
11	20175830	陈彦伶	女	营销二部	上海	34	51	68	80	53	59	345

销售总金额（万元）	销售区域
>340	上海

图4-98 筛选结果显示

（7）新增工作表，更名为“按销售区域分类汇总”，然后对表格中数据按“销售区域”升序或降序排列（见图4-99）。

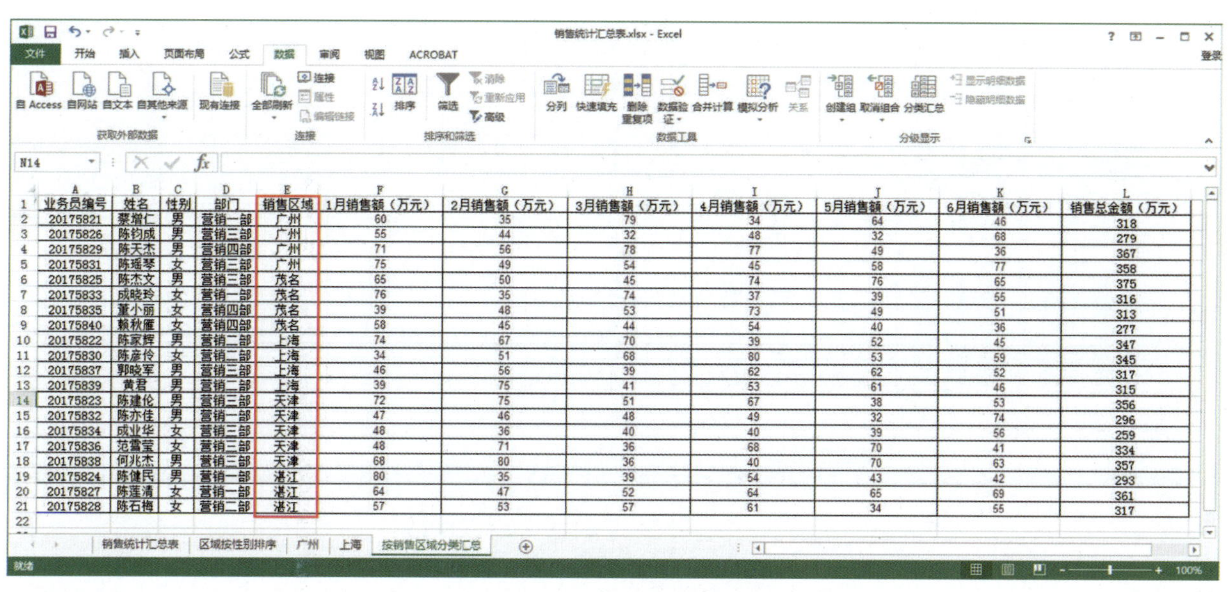

	业务员编号	姓名	性别	部门	销售区域	1月销售额（万元）	2月销售额（万元）	3月销售额（万元）	4月销售额（万元）	5月销售额（万元）	6月销售额（万元）	销售总金额（万元）
2	20175821	蔡增仁	男	营销一部	广州	60	35	79	34	64	46	318
3	20175826	陈钧成	男	营销三部	广州	55	44	32	48	32	68	279
4	20175829	陈天杰	男	营销四部	广州	71	56	78	77	49	36	367
5	20175831	陈瑶琴	女	营销三部	广州	75	49	54	45	58	77	358
6	20175825	陈杰文	男	营销三部	茂名	65	50	45	74	76	65	375
7	20175833	成晓玲	女	营销一部	茂名	76	35	74	37	39	55	316
8	20175835	董小丽	女	营销四部	茂名	39	48	53	73	49	51	313
9	20175840	赖秋雁	女	营销四部	茂名	58	45	44	54	40	36	277
10	20175822	陈家辉	男	营销二部	上海	74	67	70	39	52	45	347
11	20175830	陈彦伶	女	营销二部	上海	34	51	68	80	53	59	345
12	20175837	郭晓军	男	营销三部	上海	46	56	39	62	62	52	317
13	20175839	黄君	男	营销二部	上海	39	75	41	53	61	46	315
14	20175823	陈建伦	男	营销三部	天津	72	75	51	67	38	53	356
15	20175832	陈亦佳	男	营销一部	天津	47	46	48	49	32	74	296
16	20175834	成业华	女	营销三部	天津	48	36	40	40	39	56	259
17	20175836	范雪莹	女	营销三部	天津	48	71	36	68	70	41	334
18	20175838	何兆杰	男	营销三部	天津	68	80	36	40	70	63	357
19	20175824	陈健民	男	营销一部	湛江	80	35	39	54	43	42	293
20	20175827	陈莲清	女	营销一部	湛江	64	47	52	64	65	69	361
21	20175828	陈石梅	女	营销二部	湛江	57	53	57	61	34	55	317

图4-99 按销售区域分类汇总

然后全选工作表，单击“分类汇总”功能，打开“分类汇总”对话框，“分类字段”选择“销售区域”，“汇总方式”选择“求和”“选定汇总项”选择“销售总金额（万元）”，选中多选框“替换当前分类汇总”和“汇总结果显示在数据下方”，单击“确定”（见图4-100、图4-101）。

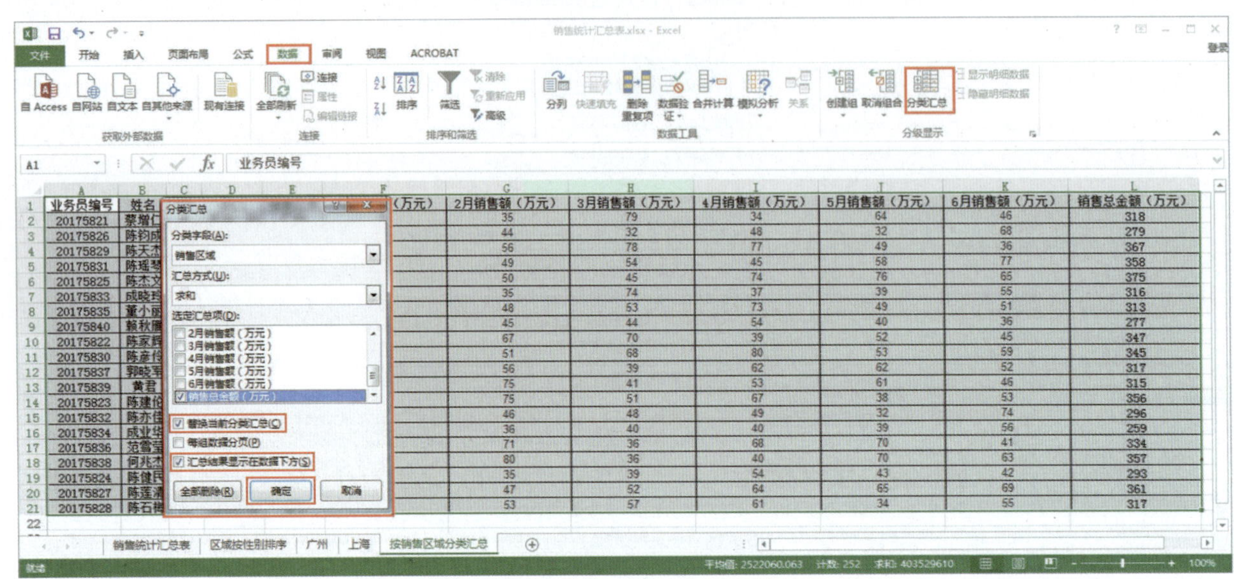

图4-100 分类汇总设置

业务员编号	姓名	性别	部门	销售区域	1月销售额（万元）	2月销售额（万元）	3月销售额（万元）	4月销售额（万元）	5月销售额（万元）	6月销售额（万元）	销售总金额（万元）
20175821	蔡增仁	男	营销一部	广州	60	35	79	34	64	46	318
20175826	陈钧威	男	营销三部	广州	55	44	32	48	32	68	279
20175829	陈天杰	男	营销四部	广州	71	56	78	77	49	36	367
20175831	陈瑶琴	女	营销三部	广州	75	49	54	45	58	77	358
				广州 汇总							1322
20175825	陈杰文	男	营销三部	茂名	65	50	45	74	76	65	375
20175833	成晓玲	女	营销一部	茂名	76	35	74	37	39	55	316
20175835	董小丽	女	营销四部	茂名	39	48	53	73	49	51	313
20175840	赖秋雁	女	营销四部	茂名	58	45	44	54	40	36	277
				茂名 汇总							1281
20175822	陈家辉	男	营销二部	上海	74	67	70	39	52	45	347
20175830	陈彦伶	女	营销二部	上海	34	51	68	80	53	59	345
20175837	郭晓军	男	营销三部	上海	46	56	39	62	62	52	317
20175839	黄君	男	营销二部	上海	39	75	41	53	61	46	315
				上海 汇总							1324
20175823	陈建伦	男	营销三部	天津	72	75	51	67	38	53	356
20175832	陈亦佳	男	营销一部	天津	47	46	48	49	32	74	296
20175834	成业华	女	营销三部	天津	48	36	40	40	39	56	259
20175836	范雪莹	女	营销三部	天津	48	71	36	68	70	41	334
20175838	何兆杰	男	营销三部	天津	68	80	36	40	70	63	357
				天津 汇总							1602
20175824	陈健民	男	营销一部	湛江	80	35	39	54	43	42	293
20175827	陈莲清	女	营销一部	湛江	64	47	52	64	65	69	361
20175828	陈石梅	女	营销二部	湛江	57	53	57	61	34	55	317
				湛江 汇总							971
				总计							6500

图4-101 分类汇总显示

（8）选中B列和L列单元格，在“插入”功能区中选择插入图标饼状图（见图4-102）。

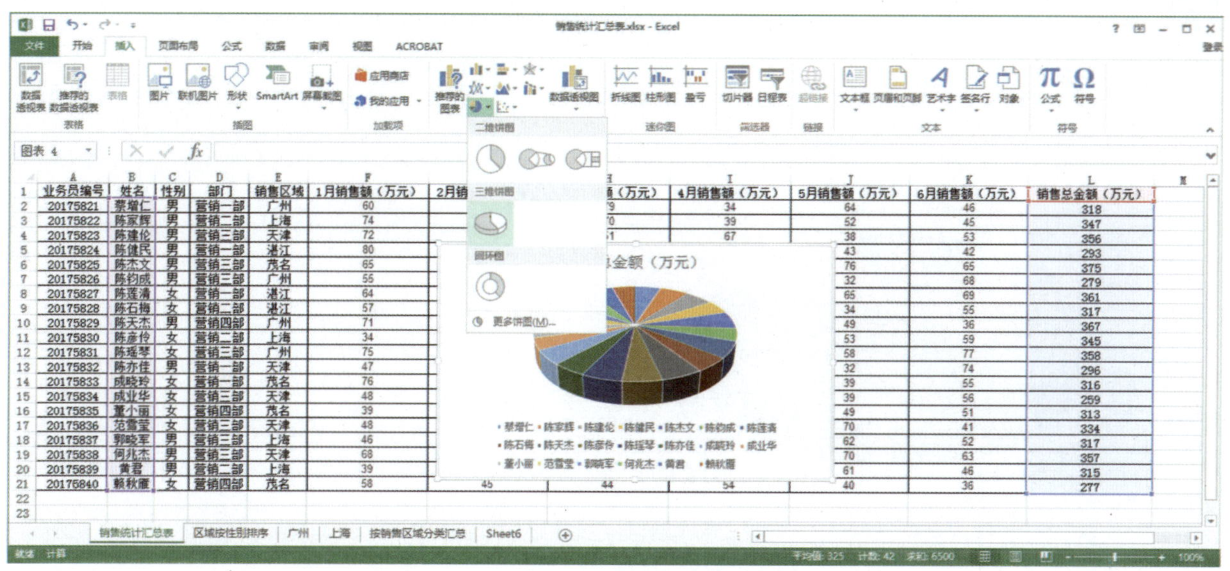

图4-102 插入图标饼状图

单击“饼状图”旁的加号标记 ➕ ，打开“图标元素”对话框，勾选“数据标签”复选框，勾除“图例”复选框（见图4-103）。在“数据标签”中选中“数据标注”。新增“人员销售总额图”表，将“饼状图”复制到“人员销售总额图”表中（见图4-104）。

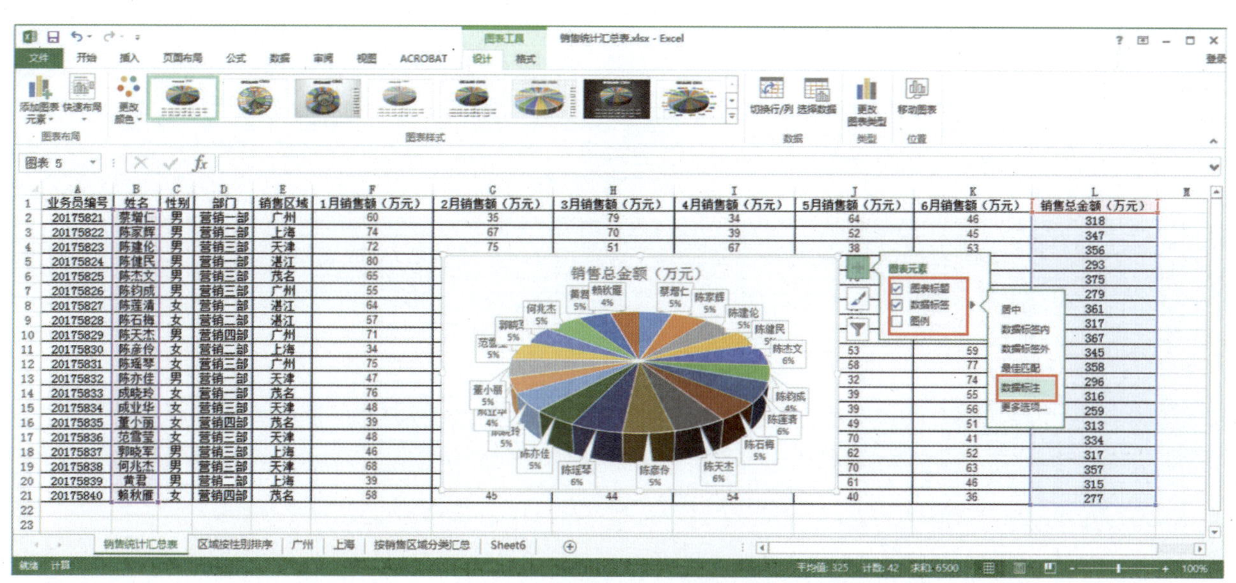

图4-103 设置总金额饼状图

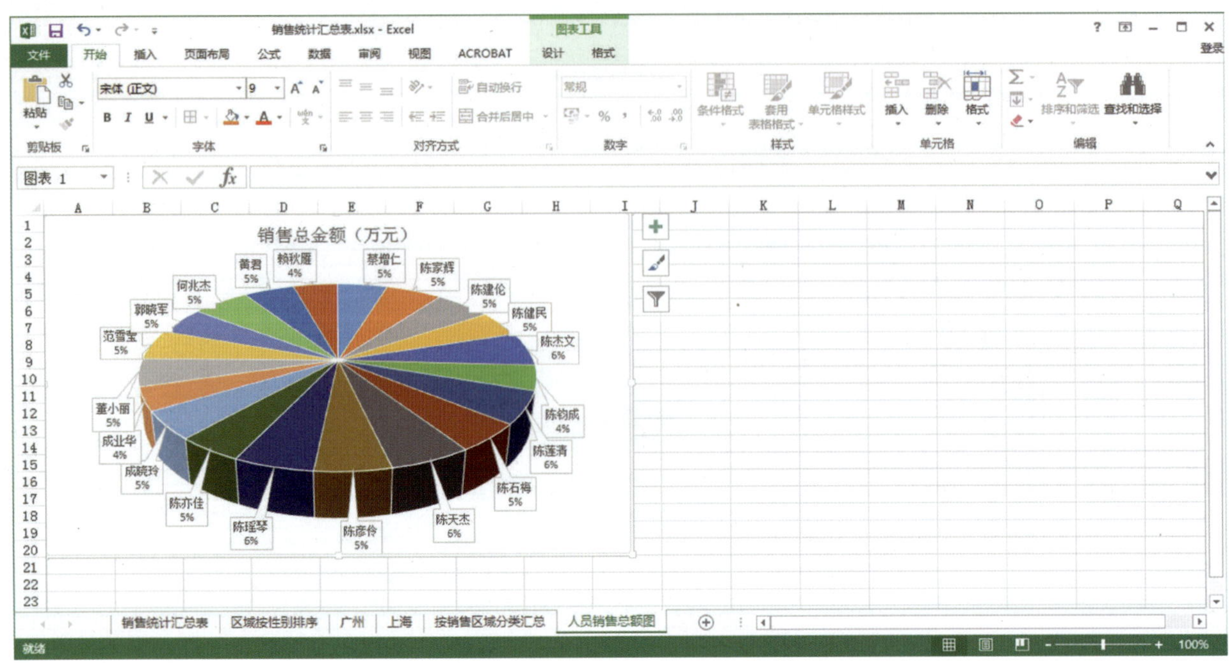

图4-104　完成总金额饼状图

（9）新增工作表，命名为“销售数据透视表及图”，在“销售统计汇总表”中，按“Ctrl+A”全选，然后在“插入”功能组中选择“数据透视图”，单击“数据透视图和数据透视表”，打开“创建透视表”对话框，见图4-105、图4-106。

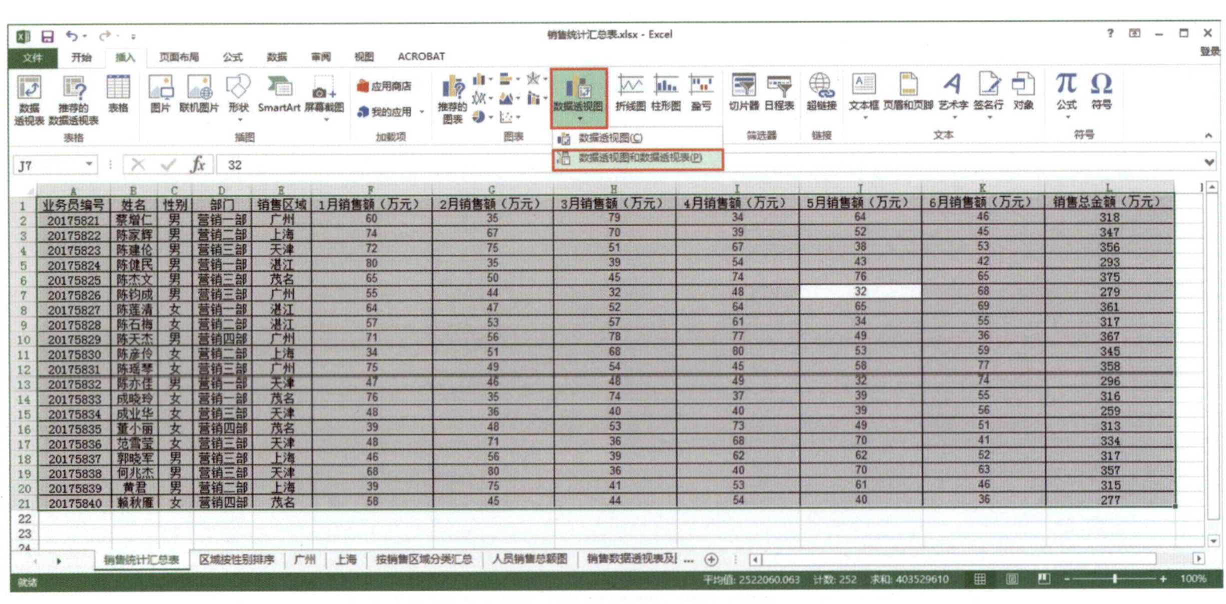

业务员编号	姓名	性别	部门	销售区域	1月销售额（万元）	2月销售额（万元）	3月销售额（万元）	4月销售额（万元）	5月销售额（万元）	6月销售额（万元）	销售总金额（万元）
20175821	蔡增仁	男	营销一部	广州	60	35	79	34	64	46	318
20175822	陈家辉	男	营销二部	上海	74	67	70	39	52	45	347
20175823	陈建伦	男	营销三部	天津	72	75	51	67	38	53	356
20175824	陈健民	男	营销一部	湛江	80	35	39	54	43	42	293
20175825	陈杰文	男	营销三部	茂名	65	50	45	74	76	65	375
20175826	陈钧成	男	营销三部	广州	55	44	32	48	32	68	279
20175827	陈莲清	女	营销一部	湛江	64	47	52	64	65	69	361
20175828	陈石梅	女	营销二部	湛江	57	53	57	61	34	55	317
20175829	陈天杰	男	营销四部	广州	71	56	78	77	49	36	367
20175830	陈彦伶	女	营销二部	上海	34	51	68	80	53	59	345
20175831	陈瑶琴	女	营销三部	广州	75	49	54	45	58	77	358
20175832	陈亦佳	男	营销一部	天津	47	46	48	49	32	74	296
20175833	成晓玲	女	营销一部	茂名	76	35	74	37	39	55	316
20175834	成业华	女	营销三部	天津	48	36	40	40	39	56	259
20175835	董小丽	女	营销四部	茂名	39	48	53	73	49	51	313
20175836	范雪莹	女	营销三部	天津	48	71	36	68	70	41	334
20175837	郭晓军	男	营销三部	上海	46	56	39	62	62	52	317
20175838	何兆杰	男	营销三部	天津	68	80	36	40	70	63	357
20175839	黄君	男	营销二部	上海	39	75	41	53	61	46	315
20175840	赖秋雁	女	营销四部	茂名	58	45	44	54	40	36	277

图4-105　创建销售数据透视表

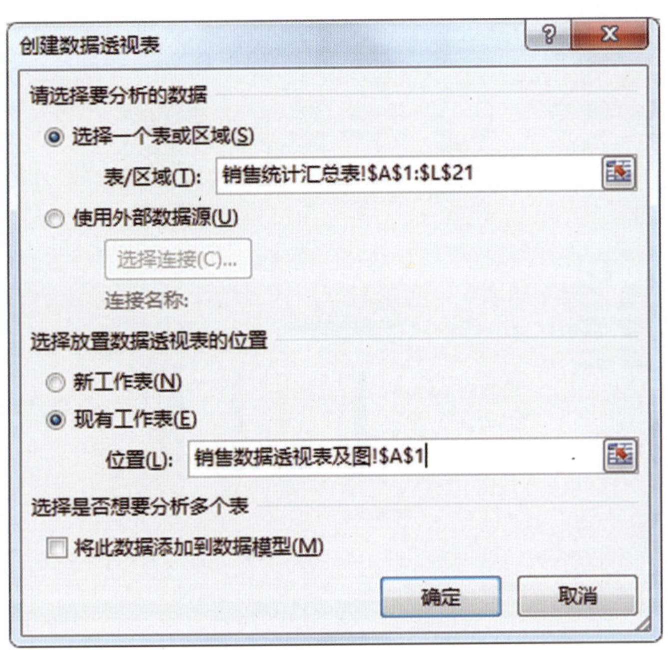

图4-106　数据透视表设置

“创建数据透视表”对话框中，在“选择放置数据透视表的位置”中选择“现有工作表”，“位置”输入“销售数据透视表及图!$A$1”，在“销售数据透视表及图”表中将会显示出空白数据图和空白数据表（见图4-107）。

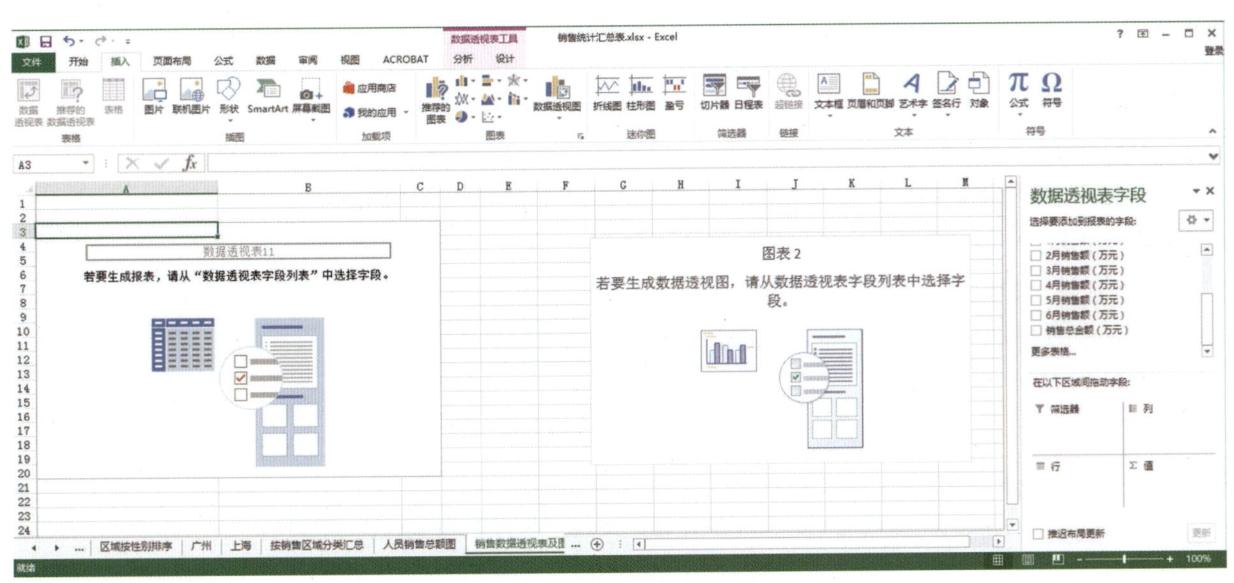

图4-107　销售数据透视表及图

（10）在工作表右侧显示了“数据透视表字段”，将“业务员编号”字段拖到“筛选器”区域当中，“性别”字段拖动到“列”区域当中，“销售区域”字段拖动到“行”区域当中，“销售总金额（万元）”字段拖动到“Σ值”区域当中（见图4-108）。

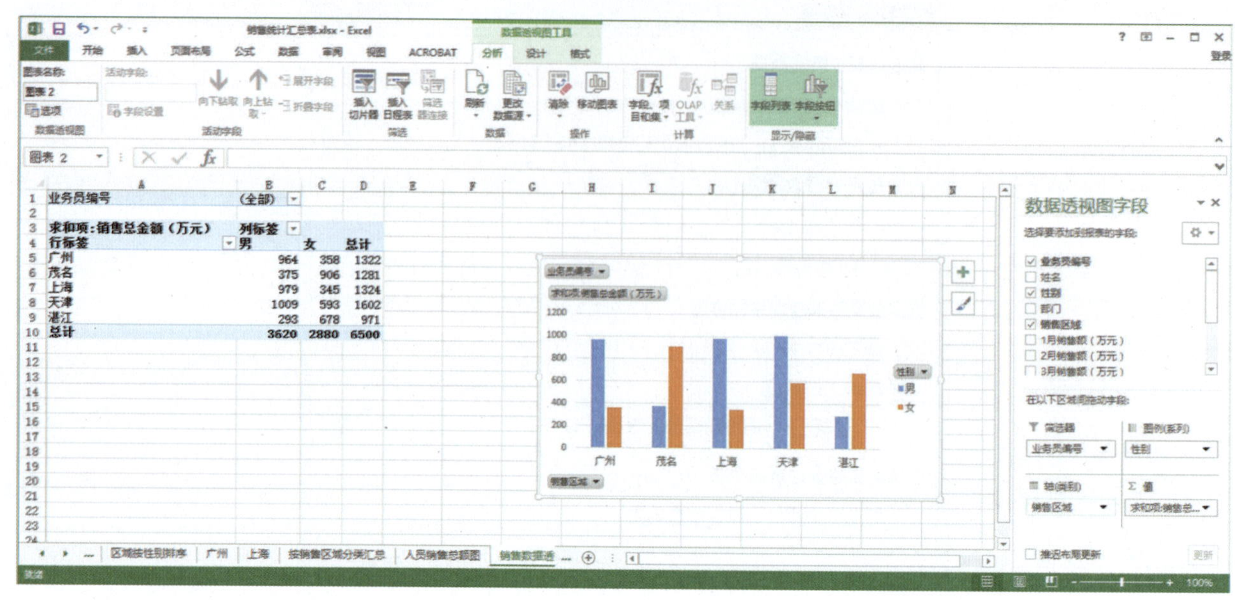

图4-108 设置数据透视图字段

（11）按“Ctrl+S”组合键保存当前Excel工作簿。

知识链接

1.数据排序

工作表中的数据输入完毕后，我们希望表中的数据能够按照要求的条件来进行一个顺序或者逆序的排列，那么就需要用到Excel中的排序功能。

（1）单一排序。

单一排序，表示只需要按照一个特定的条件来对表格中的数据进行排序操作（见图4-109）。若需要对“销售统计汇总表”中的“销售总金额”进行排序，操作方法如下：将包含“字段”以及“字段”下的所有数据都选中，然后在“数据”功能区中找到“排序”按钮，单击“升序”或者“降序”按钮，可以实现表格内容按“升序”或者“降序”进行排列（见图4-110）。

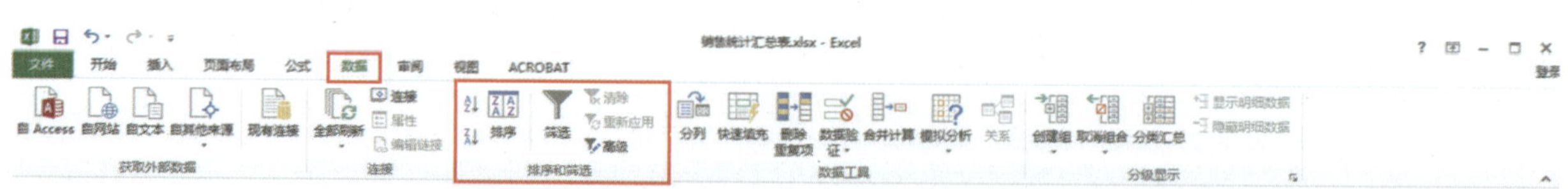

图4-109 单一排序

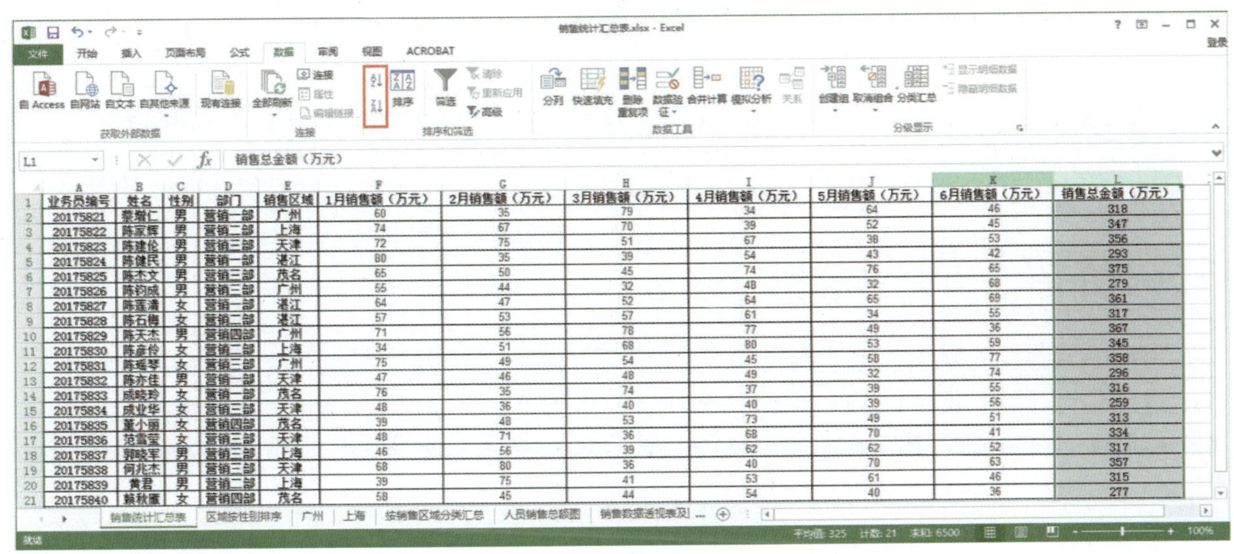

图4-110 升序或者降序排列

（2）自定义排序。

有些情况下，单个关键字排序无法满足我们的要求，需要多少关键字作为参考进行排序，可以采用“自定义排序”的方法来处理（见图4-111、图4-112）。排序的基本规律是，首先按照第一关键字来排序，第一个关键字相同则按照第二关键字来进行排列，以此类推。

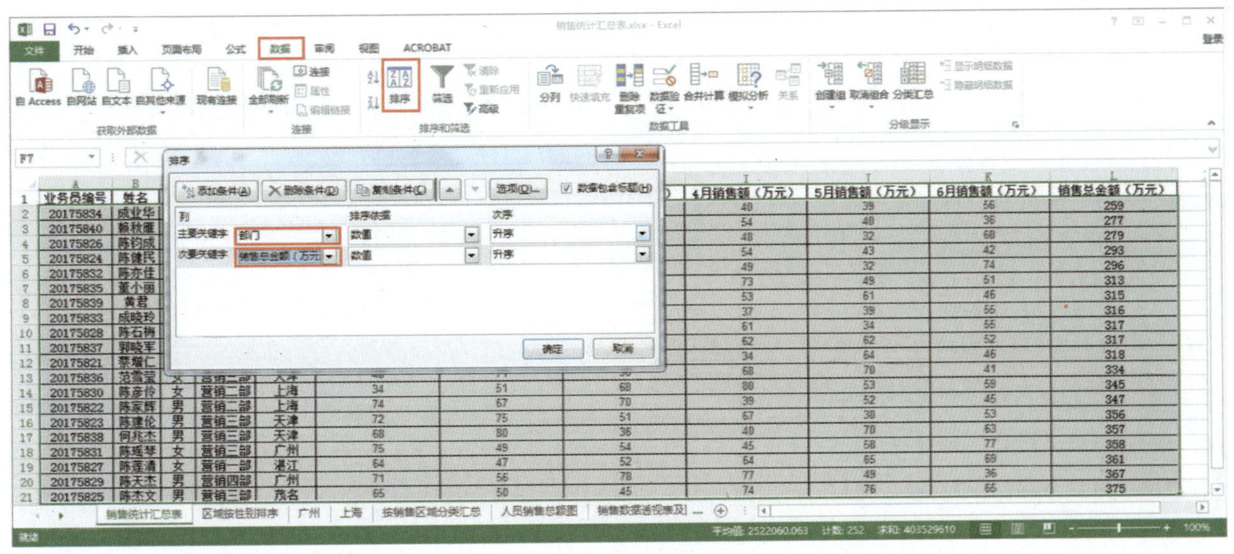

图4-111 自定义排序设置

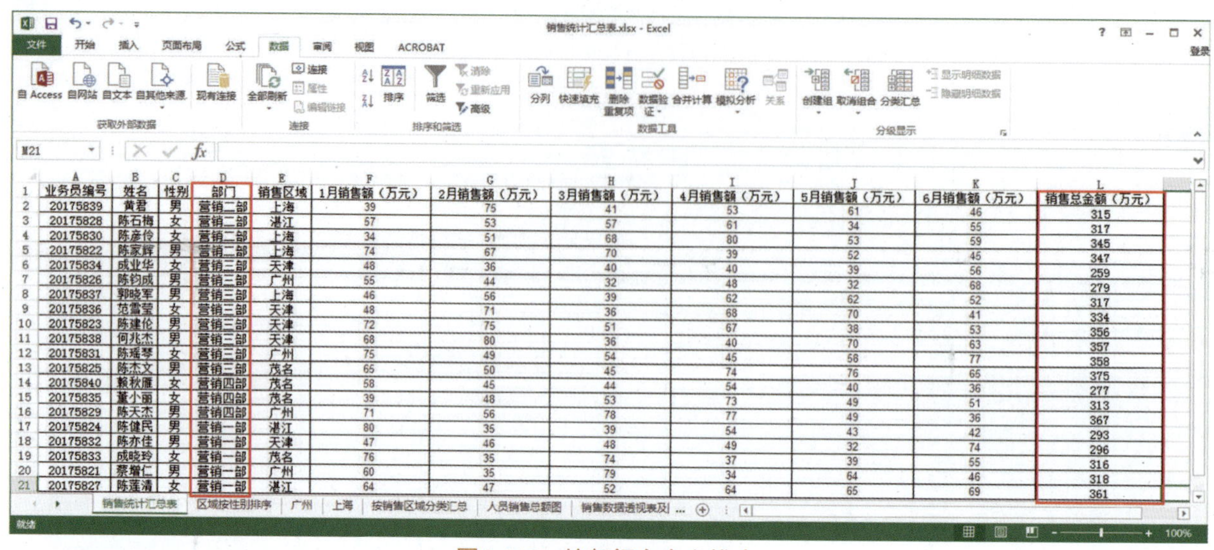

图4-112 按部门自定义排序

2.数据筛选

使用筛选功能，可以从庞大的数据集中挑选出需要的数据，只在工作表中显示需要的信息，而其他不符合需要的数据将被隐藏起来。

（1）手动筛选。

在“数据”选项卡下“排序和筛选”功能区找到“筛选”命令（见图4-113）。

图4-113 手动筛选设置

在“销售统计汇总表”中，选中第1行含有字段的单元格，然后点击“筛选”按钮，在第1行含有字段的单元格上出现一个可下拉的三角符号▼，如图4-114所示。可以直接筛选出广州区域的销售信息（见图4-115）。

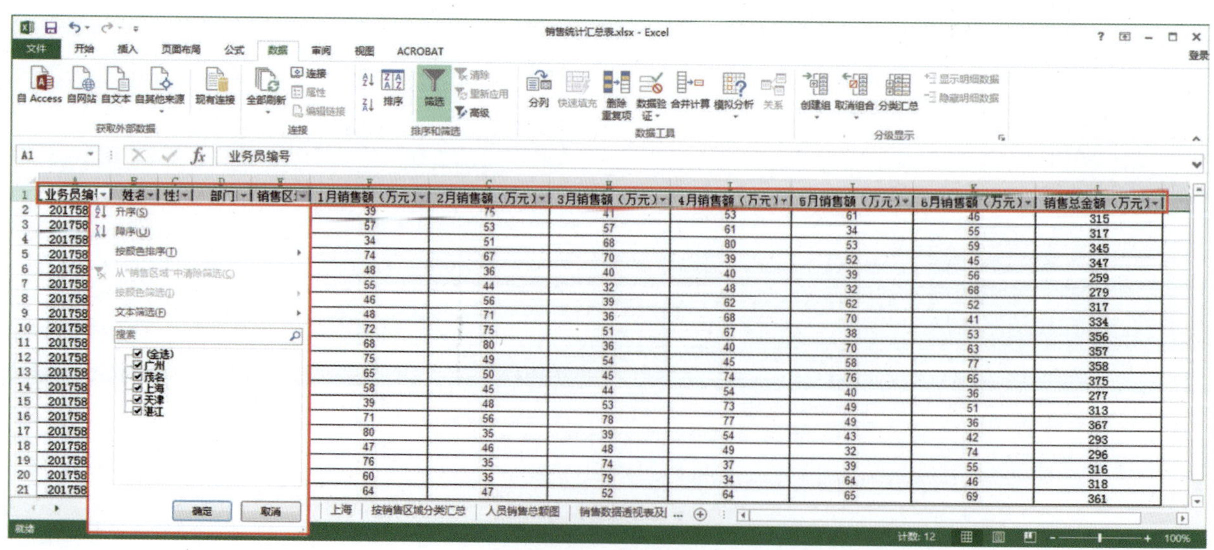

图4-114 手动筛选数据

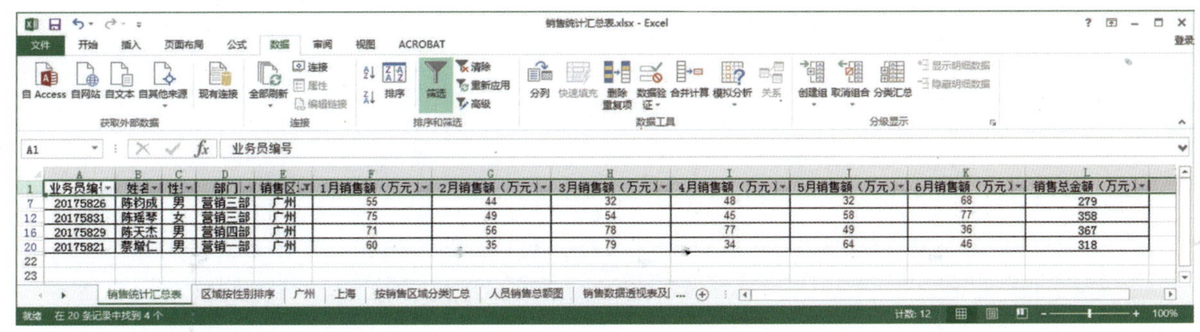

图4-115 手动筛选数据显示

（2）自定义筛选。

自定义筛选可以帮助我们找到特定条件下的数据，例如，“1月销售额超过50万元的人的信息”。通过“1月销售额（万元）”下拉框选择“数字筛选”，单击“大于或等于”按钮（见图4-116）。打开“自定义自动筛选方式”对话框，在筛选条件中，输入“大于或等于”50，单击“确定”按钮（见图4-117）。表格中将1月销售额大于等于50万元的销售信息显示出来（见图4-118）。

图4-116 自定义筛选设置

图4-117 自定义自动筛选方式

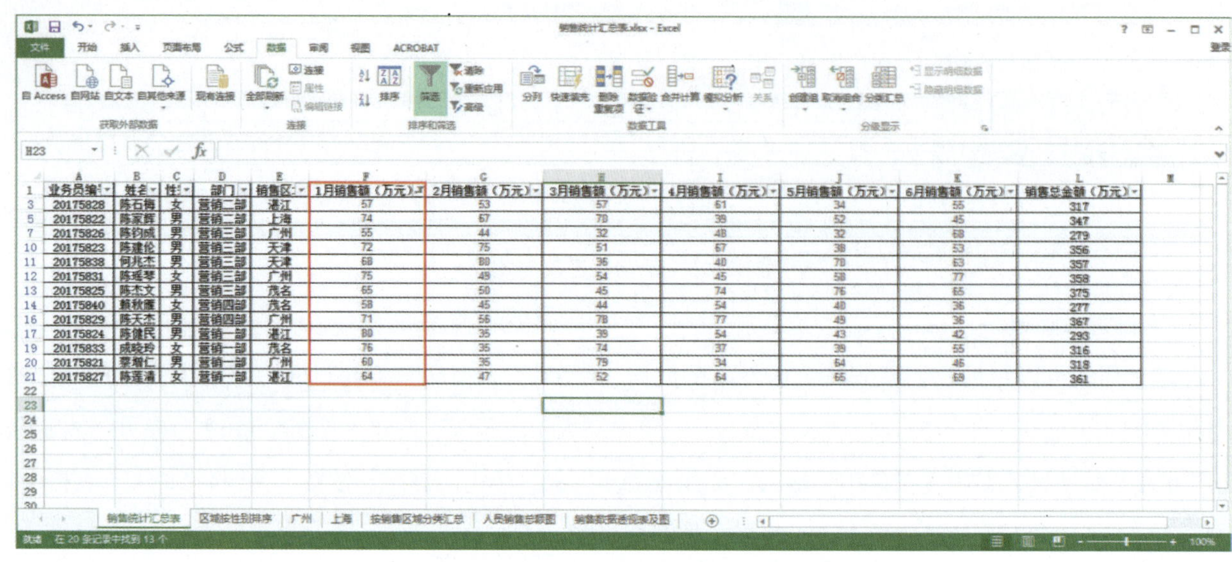

图4-118　自定义筛选结果显示

（3）取消筛选。

①单击已经筛选过的数据下拉按钮，从其下拉菜单中单击“从……清除筛选”。

②单击“排序和筛选”功能组中的“筛选”按钮。

（4）高级筛选。

如果筛选的条件比较复杂，使用手动筛选或者自定义筛选均不能满足要求，可以根据设定的条件，使用高级筛选功能。

3.分类汇总

分类汇总是将数据按照某个字段分类，然后把该字段值相同的数据放在一起，再对这些数据进行各种运算。在进行分类汇总之前，首先要对字段进行排序。

4.图表

在Excel中，可以轻松地将数据通过图表展示出来，图表可以使数据更加有趣、吸引人、易于阅读和评价，有利于帮助我们分析和对比数据。

（1）创建图表，我们以“期末成绩表”为例讲解如何创建图表。单击数据表中任一单元格，在“插入”功能区当中选择“二维柱状图”即可自动生成图表预览图（见图4-119）。

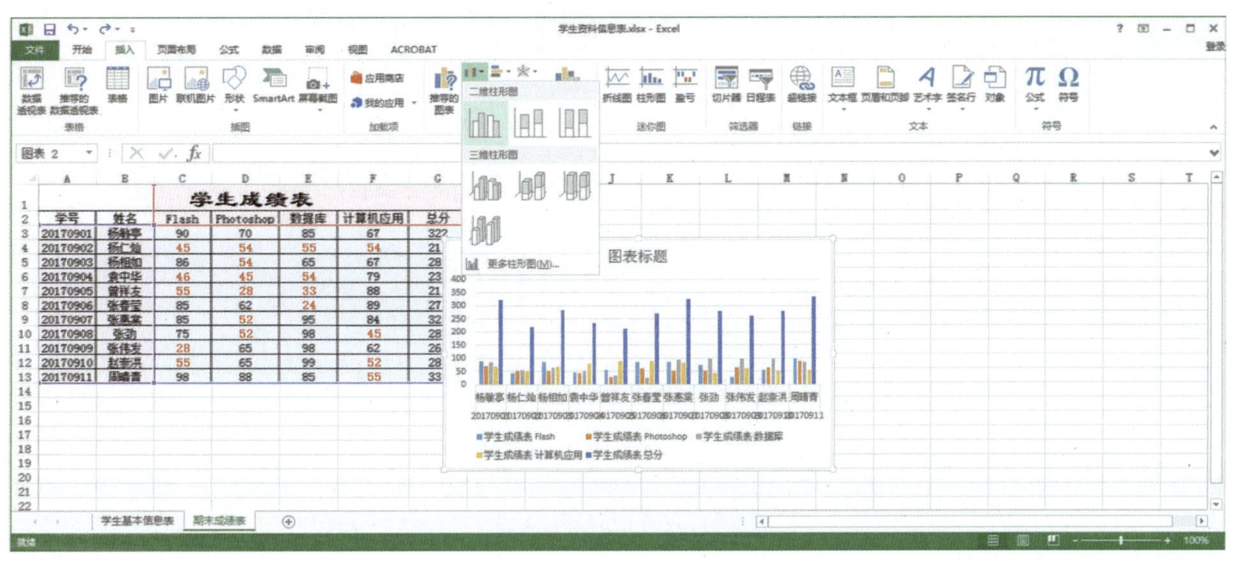

图4-119 创建二维柱状图

生成图表后，可以通过“图表元素”➕、“图表样式”🖌、“图表筛选器”▼来修改图表显示内容（见图4-120）。

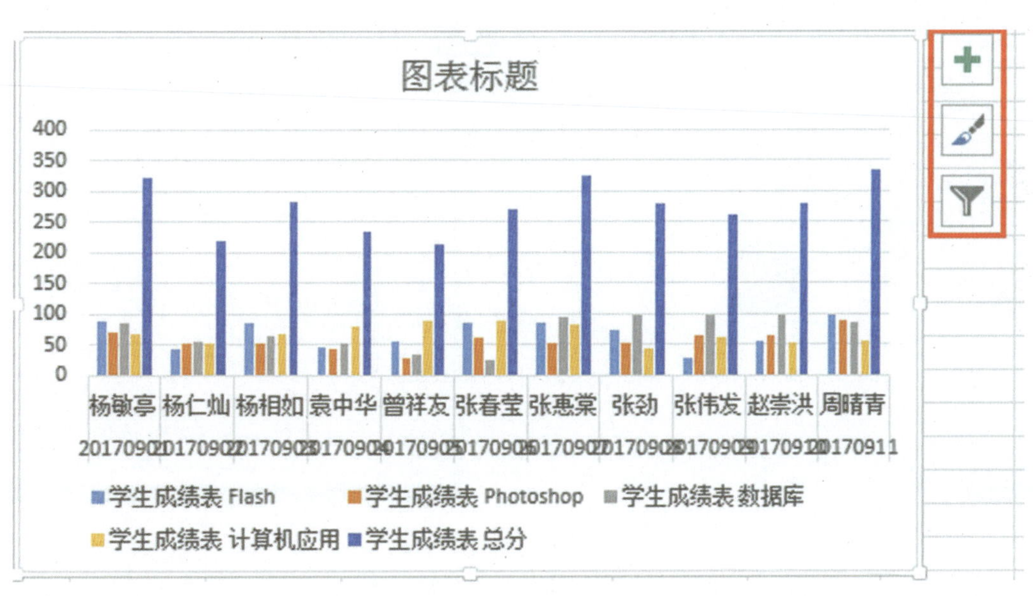

图4-120 生成图表

（2）图表快速布局。

生成的图表可以通过“快速布局”来更改图表布局（见图4-121）。

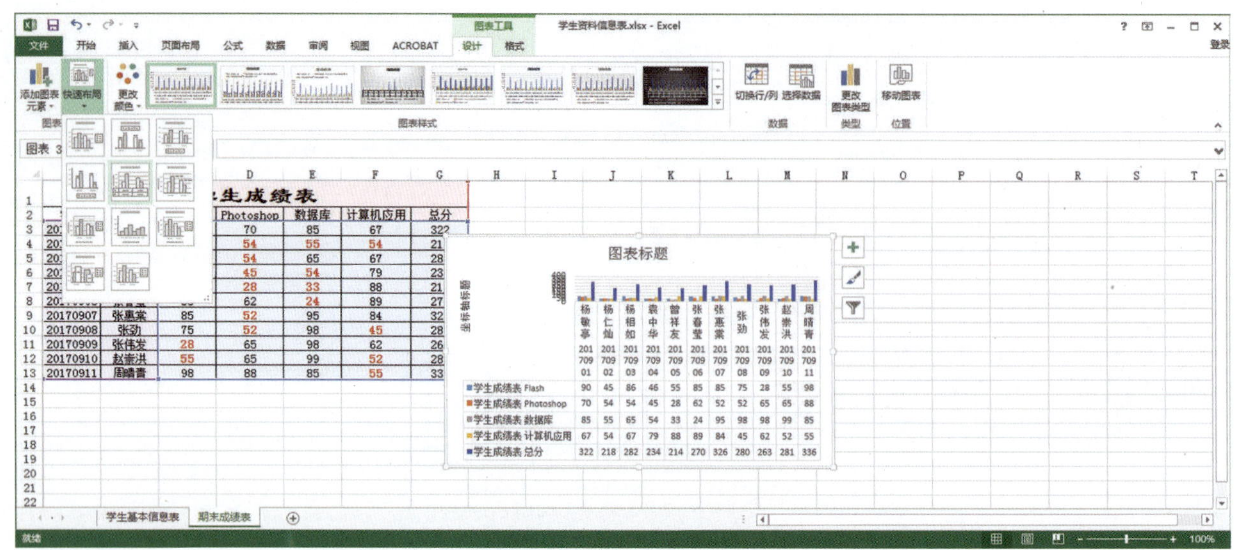

图4-121　图表快速布局

（3）图表的编辑。

①更改图表类型。

对已经创建的图表，可以通过“更改图表类型”随时更改成我们所需要的图表（见图4-122）。

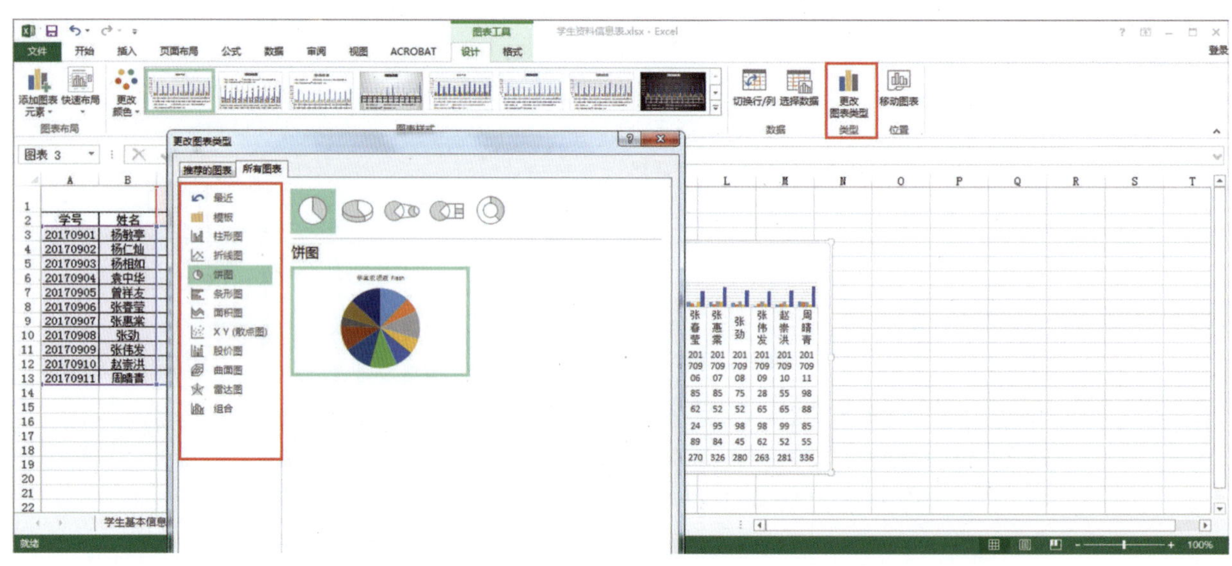

图4-122　图表编辑

②图表的移动、复制、缩放和删除。

图表的移动和复制：将鼠标移动到图表区，鼠标呈十字箭头，此刻可以拖动鼠标移动图表，在快捷菜单中选择“移动图表”，可以在对话框中选择图表移动的位置；如果需要将图表移动到其他工作表或者工作簿，可以利用“复制”“剪切”“粘贴”操作完成图表移动或复制。

图表的缩放：将鼠标移动到图表的边框，鼠标变成缩放箭头，拖动鼠标可以对图表进行缩放处理。

图表的删除：将鼠标移动到图标区，按“Delete”键可以删除图表。

③更改图表数据。

单击菜单中的“选择数据”，打开“选择数据源”对话框，可以对图表中的数据进行添加或删除（见图4–123）。

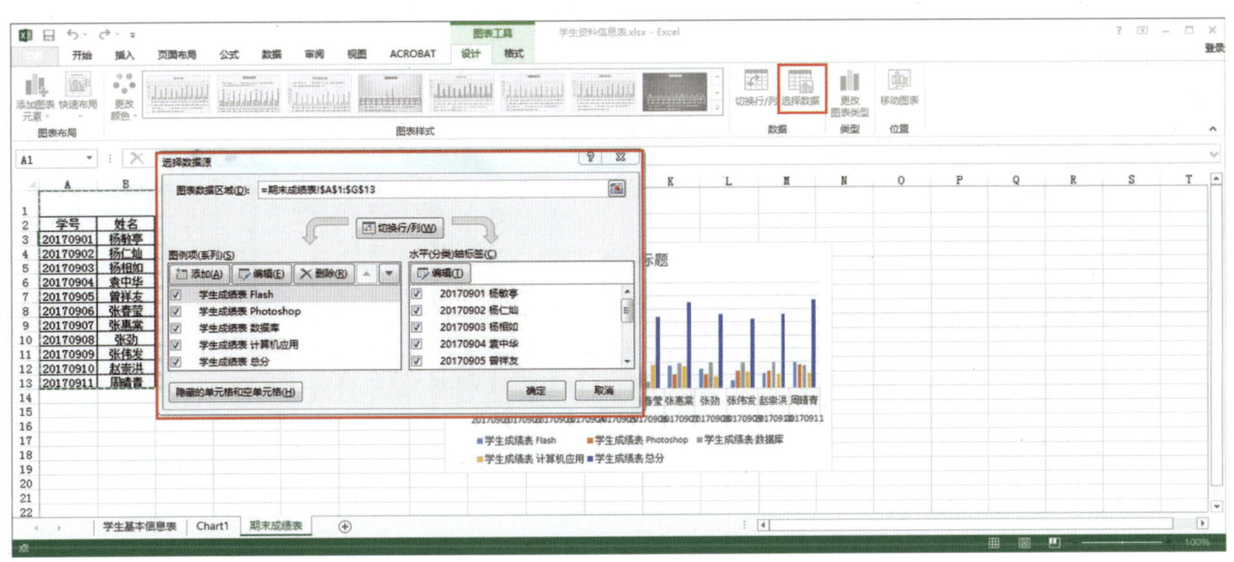

图4–123　更改图表数据

④转换图表的行、列。

单击“切换行/列”，可以对图表中的行、列数据进行转换（见图4–124），将“期末成绩表”中的行与列进行切换，得到图4–125。

图4–124　转换图表的行、列

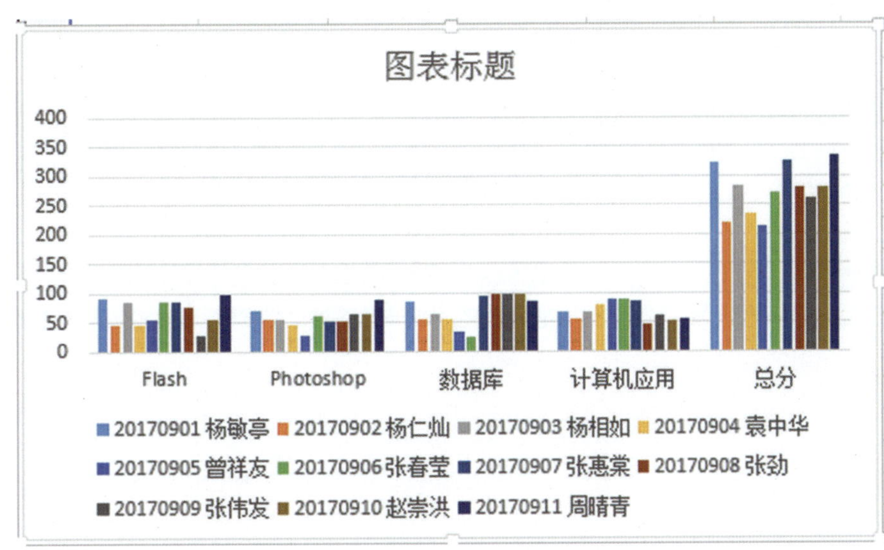

图4–125　图表结果显示

⑤图表的组成结构。

图表的组成结构有图表标题、绘图区、数据系列、数据标签、图例项、坐标轴等，如图4–126所示。

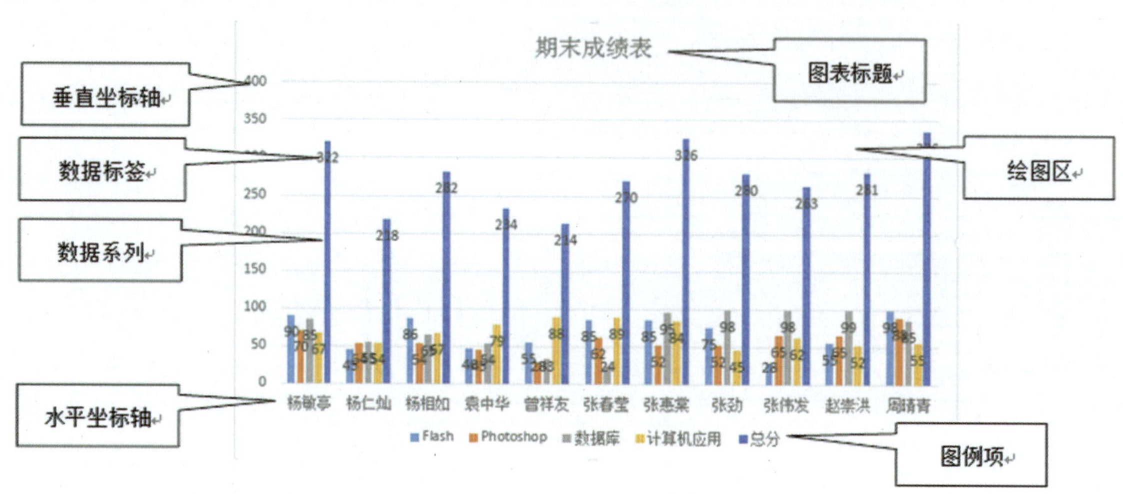

图4–126　图表的组成结构

⑥设置图表的数据标签与数据表。

数据标签：显示图表元素实际值（见图4–127）。

数据表：让数据以表格形式显示在图表中（见图4–128）。

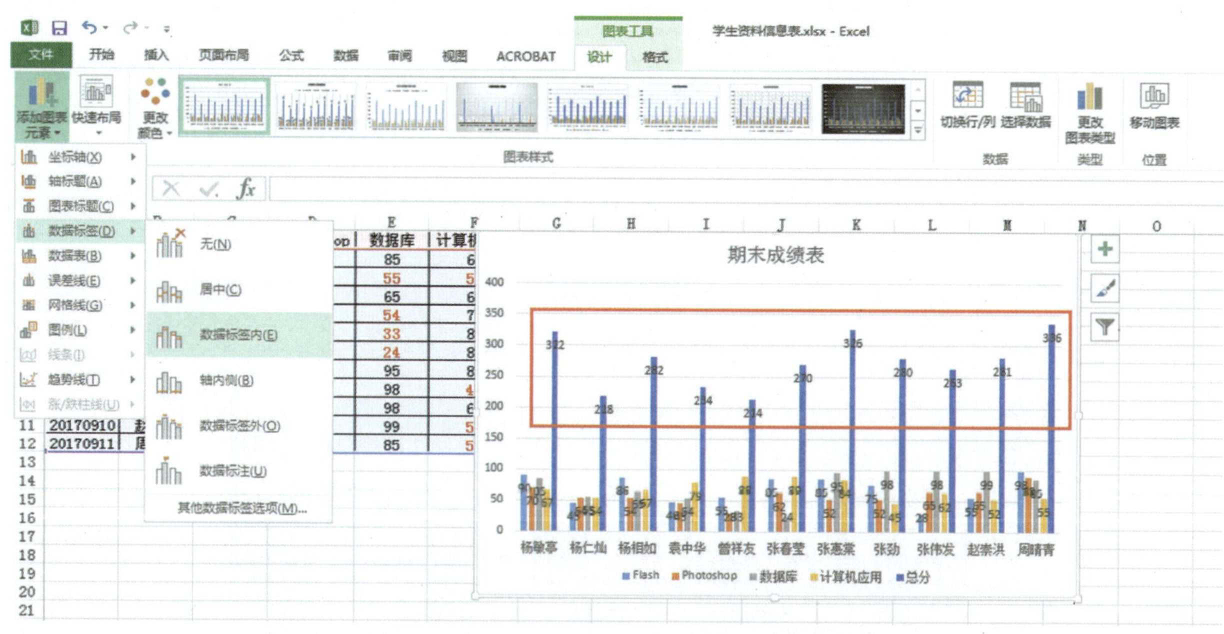

图4–127　显示图表元素实际值

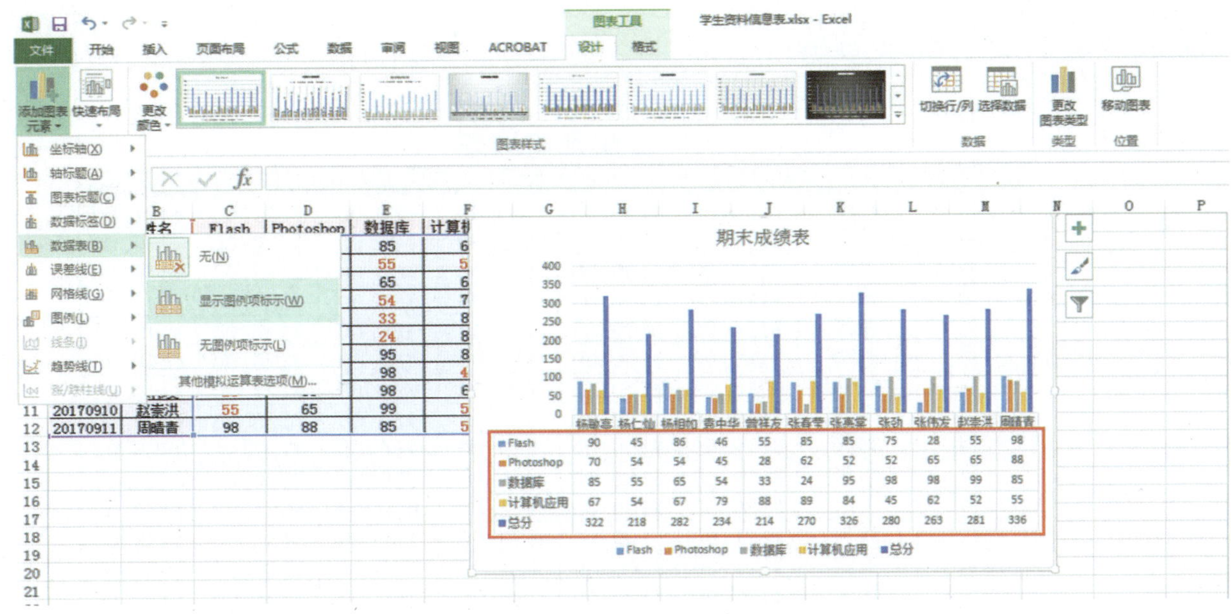

图4-128 数据以表格形式显示

5.数据透视表和透视图

数据透视表：根据需求对大量数据快速汇总和建立交叉列表的交互式列表，可以查看和分析原数据中的不同汇总结果。

数据透视图：以图表形式表示数据透视表中的数据。

通过“插入”功能区，在“图表”功能组中可以通过“数据透视图”按钮快速生成数据透视表和透视图（见图4–129）。

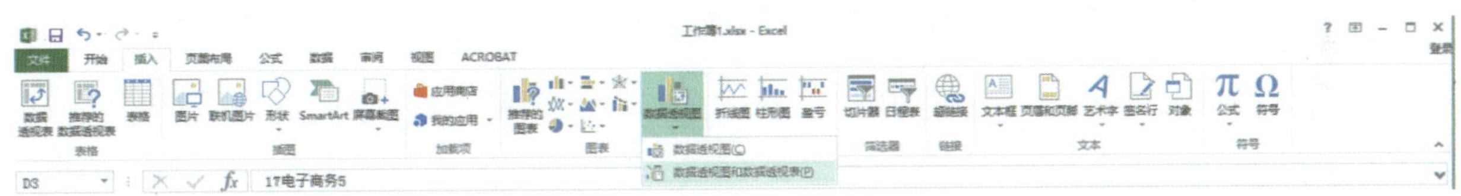

图4-129 数据透视表和透视图设置

修改“数据透视表”的数值，“数据透视图”的数值也会随之进行改变。

课堂练习

（1）打开“销售额统计表.xlsx”，用“簇状柱形图”制作“销售统计图表”。

（2）打开“差旅费明细表”，创建数据透视表和数据透视图，展示1月和2月每个员工餐饮补贴的数据。

扫一扫：观看教学视频

扫一扫：观看教学视频

实训　差旅费明细表分析

差旅费明细表

出差月份	姓名	交通费	电话费	餐费补贴	住宿费	杂费	总额
1月	王丽	¥110.00	¥100.00	¥20.00	¥80.00	¥121.00	¥431.00
1月	耿方	¥111.00	¥100.00	¥21.00	¥80.00	¥122.00	¥434.00
1月	张路	¥112.00	¥100.00	¥22.00	¥80.00	¥123.00	¥437.00
1月	叶东	¥113.00	¥100.00	¥23.00	¥80.00	¥124.00	¥440.00
1月	谢华	¥114.00	¥100.00	¥24.00	¥80.00	¥125.00	¥443.00
1月	陈晓	¥115.00	¥100.00	¥25.00	¥80.00	¥126.00	¥446.00
1月	刘通	¥116.00	¥100.00	¥26.00	¥80.00	¥127.00	¥449.00
1月	齐西	¥117.00	¥100.00	¥27.00	¥80.00	¥128.00	¥452.00
1月	郝园	¥118.00	¥100.00	¥28.00	¥80.00	¥129.00	¥455.00
1月	赵华	¥119.00	¥100.00	¥21.00	¥80.00	¥130.00	¥450.00
2月	王丽	¥120.00	¥100.00	¥22.00	¥80.00	¥131.00	¥453.00
2月	耿方	¥121.00	¥100.00	¥23.00	¥80.00	¥132.00	¥456.00
2月	张路	¥122.00	¥100.00	¥24.00	¥80.00	¥133.00	¥459.00
2月	叶东	¥123.00	¥100.00	¥25.00	¥80.00	¥134.00	¥462.00
2月	谢华	¥124.00	¥100.00	¥26.00	¥80.00	¥135.00	¥465.00
2月	陈晓	¥125.00	¥100.00	¥27.00	¥80.00	¥136.00	¥468.00
2月	刘通	¥126.00	¥100.00	¥28.00	¥80.00	¥137.00	¥471.00
2月	齐西	¥127.00	¥100.00	¥29.00	¥80.00	¥138.00	¥474.00
2月	郝园	¥128.00	¥100.00	¥30.00	¥80.00	¥139.00	¥477.00
2月	赵华	¥129.00	¥100.00	¥31.00	¥80.00	¥140.00	¥480.00

扫一扫：观看教学视频

图4-130　差旅费明细表分析

按照图4-131生成“数据透视图和数据透视表”。

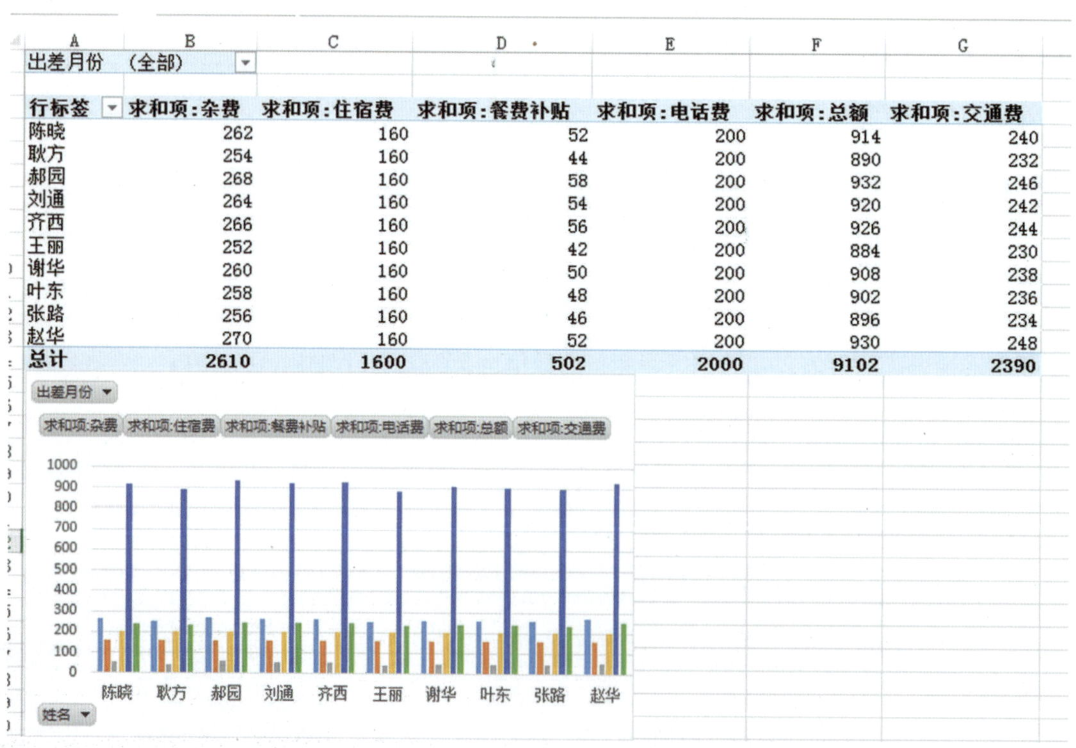

出差月份 （全部）

行标签	求和项:杂费	求和项:住宿费	求和项:餐费补贴	求和项:电话费	求和项:总额	求和项:交通费
陈晓	262	160	52	200	914	240
耿方	254	160	44	200	890	232
郝园	268	160	58	200	932	246
刘通	264	160	54	200	920	242
齐西	266	160	56	200	926	244
王丽	252	160	42	200	884	230
谢华	260	160	50	200	908	238
叶东	258	160	48	200	902	236
张路	256	160	46	200	896	234
赵华	270	160	52	200	930	248
总计	2610	1600	502	2000	9102	2390

图4-131　数据透视图和数据透视表

小 结

本项目主要介绍了Excel 2013工作界面的各组成部分及功能，使用Excel 2013进行表格制作，数据的排序与筛选，公式与函数运算，图、表制作。通过本项目的学习，希望读者能熟练掌握Excel 2013软件的使用，在实际工作中能灵活运用。

习 题

（1）创建名字为“职工工资表”的工作表（内容如下表所示），然后按照要求在同一个Excel工作簿中创建名字为“职工工资排序表”的工作表。

职工工资表						
姓名	性别	部门代码	基本工资（元）	奖金（元）	扣税（元）	实发金额（元）
李 力	男	0	980	300		
张 扬	女	2	650	450		
郝 明	男	5	1500	600		
陈 晨	女	3	500	260		

要求：

①全部单元格的行高、列宽设为最合适的高度和宽度，表格要有可视的外边框和内部边框（格式任意）。

②表格中文字部分（标题、行名称、列名称）设非红色底纹，部门代码为字符型，实发金额中低于800元的设红色底纹。

③表格内容水平居中、上下居中。

④表中“扣税”=（基本工资+奖金）×5%，“实发金额”=（基本工资+奖金-扣税），要用公式计算。

⑤在“排序”工作表中，按“实发金额”进行递增排序。

（2）创建名字为“学生成绩表”的工作表（内容如下表所示），然后按照要求在同一个Excel工作簿中创建名字为“排序”的工作表，用Excel的保存功能直接存盘。

学生成绩表						
	语文	数学	物理	英语	总分	平均分
李 力	80	92	88	97		
张 扬	95	68	76	81		
郝 明	78	76	89	95		
陈 晨	68	78	58	90		

要求：

①全部单元格的行高设为20，列宽设为10，表格要有可视的外边框和内部边框（格式任意）。

②表格中文字部分（标题、行名称、列名称）设非红色底纹，数字部分中不及格的设红色底纹。

③表格内容水平居中、上下居中。

④表中“总分”“平均分”内容要用函数公式进行计算，保留两位小数。

⑤在“排序”工作表中，按“英语”成绩进行递增排序。

⑥柱形图有标题，水平轴为学生姓名，垂直轴为成绩，图例在左侧。

项目五 PowerPoint 2013

PPT全称PowerPoint，是微软Office办公软件中的一款常用软件，主要用来进行演示和教育课件制作，适合进行项目总结、答辩展示、教学课件等制作和演示，极大地提高了演示者的效率。利用它，用户可以轻松地制作出具有专业水准的演示文稿，向观众展示一系列的集文字、图形、图像、声音和动画于一体的幻灯片，改变单纯枯燥乏味的文字表述，使人们在阐述观点或展示成果时具有极强的表达力和感染力。

学习目标

★ 认识PowerPoint 2013。

★ 掌握PowerPoint 2013工作界面的各组成部分及功能。

★ 掌握PowerPoint 2013的基本操作。

★ 掌握PowerPoint 2013的外观设置。

★ 掌握PowerPoint 2013动画与播放。

任务一 初步认识PowerPoint 2013

学习目标

1. 了解PowerPoint 2013的功能和作用。

2. 了解PowerPoint 2013新增的功能。

3. 熟悉PowerPoint 2013的操作界面。

4. 了解PowerPoint 2013操作环境的相关设置。

5. 了解PowerPoint 2013不同版本之间的兼容问题。

学习内容

一、PowerPoint 2013的功能和作用

（1）用户可以在投影仪或者计算机上进行演示，也可以将演示文稿打印出来，制作成胶片，以便应用到更广泛的领域中。

（2）利用Microsoft Office PowerPoint不仅可以创建演示文稿，还可以在互联网上召开面对面会议、远程会议或在网上给观众展示演示文稿。

二、PowerPoint 2013新增的功能

（1）全新的外观界面；

（2）增强联机模板功能；

（3）增加图形对象对齐和合并功能；

（4）改进动画效果；

（5）改良音频与视频编辑功能；

（6）增强网络联机功能。

三、熟悉PowerPoint 2013操作界面

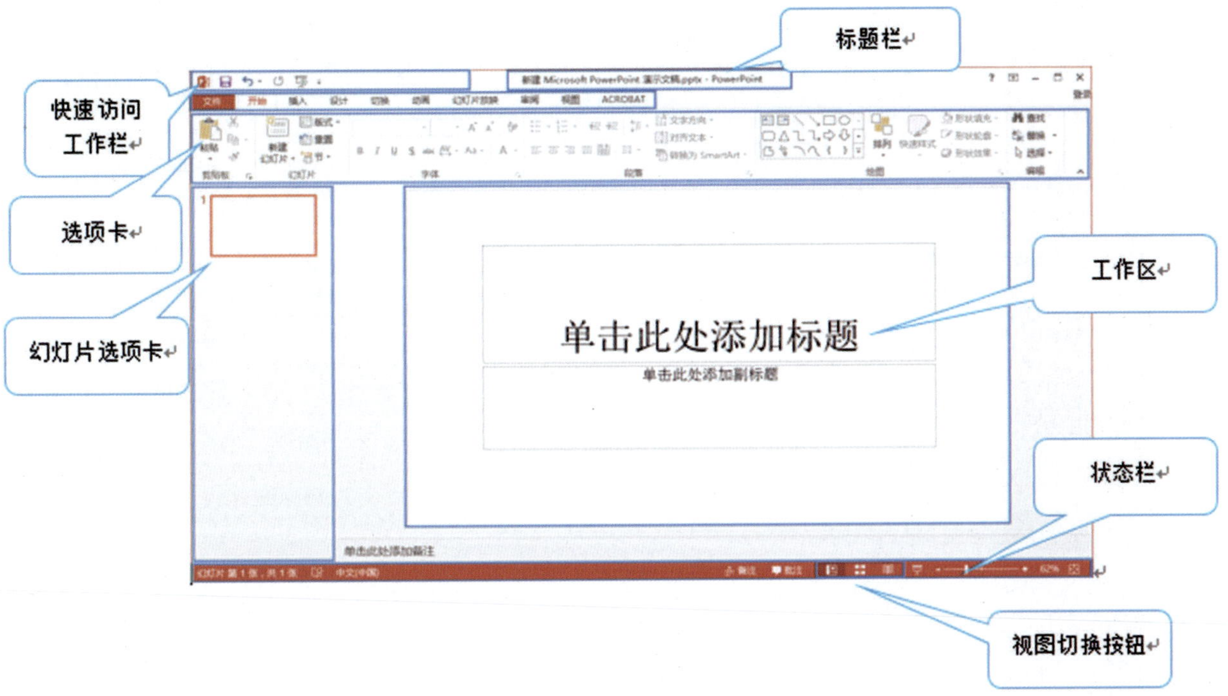

图5-1 PowerPoint 2013操作界面

1.PowerPoint的工作界面（见图5-1）

（1）快速访问工作栏：显示常用的功能按钮，方便快速操作。

（2）标题栏：显示演示文稿文件的标题。

（3）选项卡（标签）：每个选项卡中包含一些特定的功能。

（4）幻灯片选项卡：显示幻灯片的缩略图。

（5）状态栏：显示当前演示文稿的状态。

（6）视图切换按钮：切换不同的视图。

2.PowerPoint的基本功能区

（1）PowerPoint的文件操作功能区。打开此选项卡可以对演示文稿进行新建、打开、保存、打印等功能，如图5-2所示。

图5-2　PowerPoint的基本功能区

（2）演示文稿的编辑功能。包含剪贴板、幻灯片、字体、段落、绘图、编辑功能区。其中“幻灯片”功能区可以进行幻灯片的新建、增减以及模板选择操作（见图5-3）。

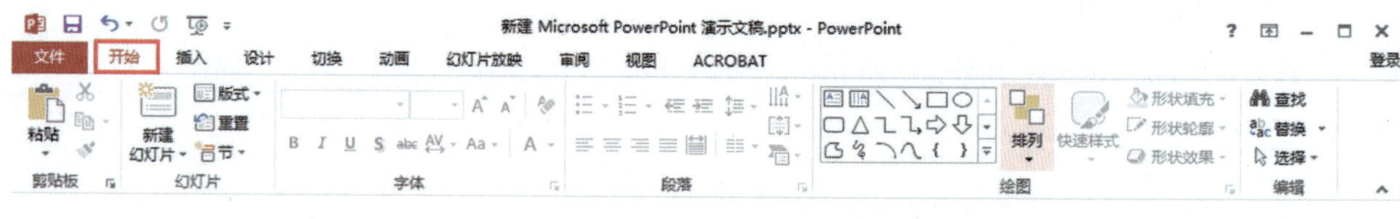

图5-3　演示文稿的编辑功能区

（3）插入各种元素功能，由“插入”选项卡功能组的各项功能组成，包括幻灯片、表格、图像、插图、加载项、链接、批注、文本、符号、媒体、Flash等功能（见图5–4）。

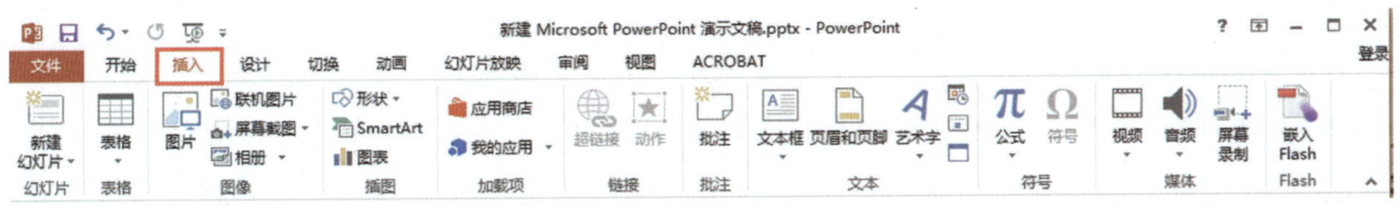

图5–4　插入各种元素功能区

（4）设计功能。由主题、变体和自定义3个功能区组成，分别用来选择主题、设置幻灯片的背景图形和背景图形的填充效果等以及页面设置和幻灯片方向，见图5–5。

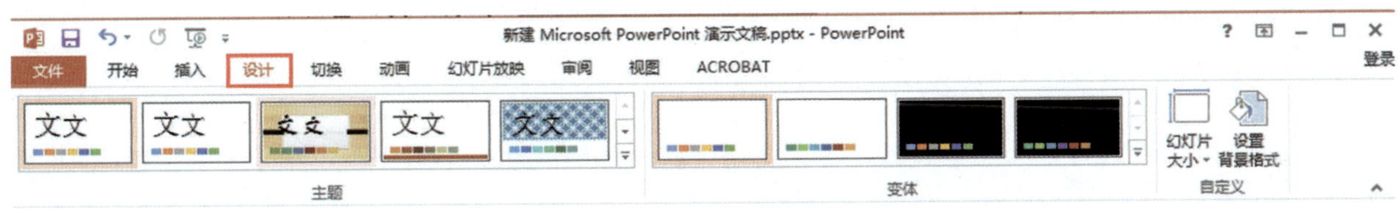

图5–5　设计功能菜单

（5）切换功能。由预览、切换到此幻灯片和计时功能区组成，用来设置幻灯片切换的效果以及添加声音等（见图5–6）。

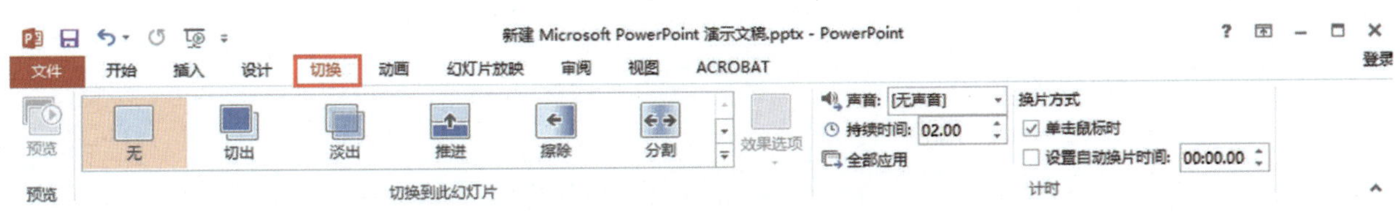

图5–6　切换功能菜单

（6）动画功能。由预览、动画、计时等组成，用来设置幻灯片中对象的动画效果、切换声音、切换速度（见图5–7）。

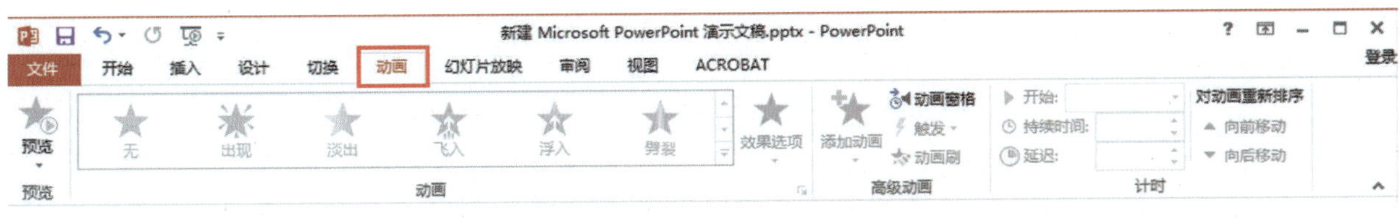

图5–7　动画功能菜单

（7）幻灯片放映功能。用于设置幻灯片的放映、幻灯片放映的方式以及设置放映时监视器的分辨率（见图5–8）。

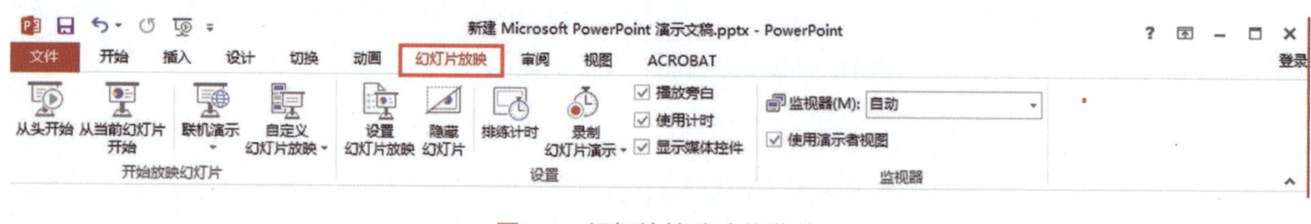

图5-8　幻灯片放映功能菜单

（8）审阅功能。用于对文字的处理和批注的添加（见图5-9）。

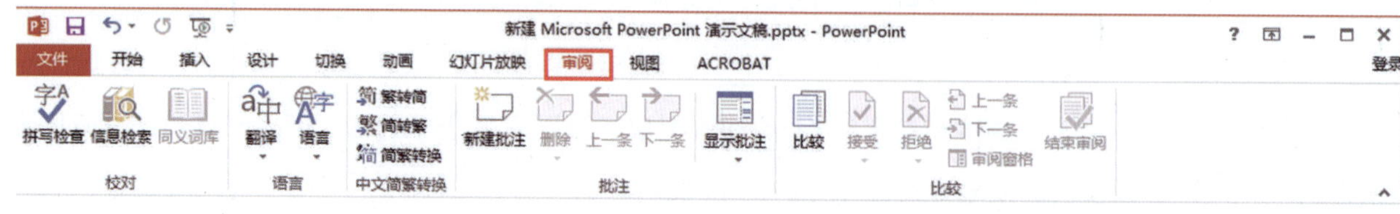

图5-9　审阅功能菜单

（9）视图功能。用于在不同的演示文稿视图之间切换、显示或隐藏标尺和网格线、设置显示比例等操作（见图5-10）。

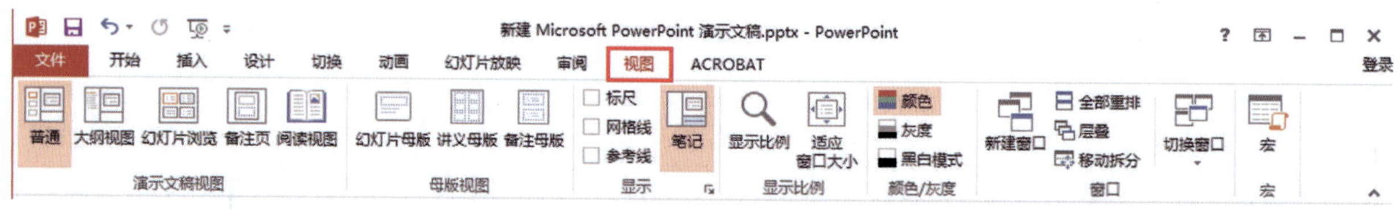

图5-10　视图功能菜单

四、PowerPoint 2013操作环境的相关设置

（参照Word 2013设置方法）

五、PowerPoint 2013不同版本之间的兼容问题

（参照Word 2013设置方法）

任务二 制作期末成绩总结演示文稿——PowerPoint 2013的基本操作

学习目标

1.掌握使用PowerPoint 2013 新建、保存、打开与关闭文档的方法。

2.掌握在PowerPoint 2013 中插入图片的方法。

3.掌握在PowerPoint 2013 中进行文字格式设置的方法。

4.掌握在PowerPoint 2013 中插入形状的方法。

5.掌握在PowerPoint 2013 中插入图表的方法。

6.掌握在PowerPoint 2013 中插入表格的方法。

学习内容

本任务主要介绍幻灯片的制作排版，新建、保存、打开与关闭文档，在幻灯片中插入图片、图表、形状、表格、页眉和页脚等（参见图5-11）。

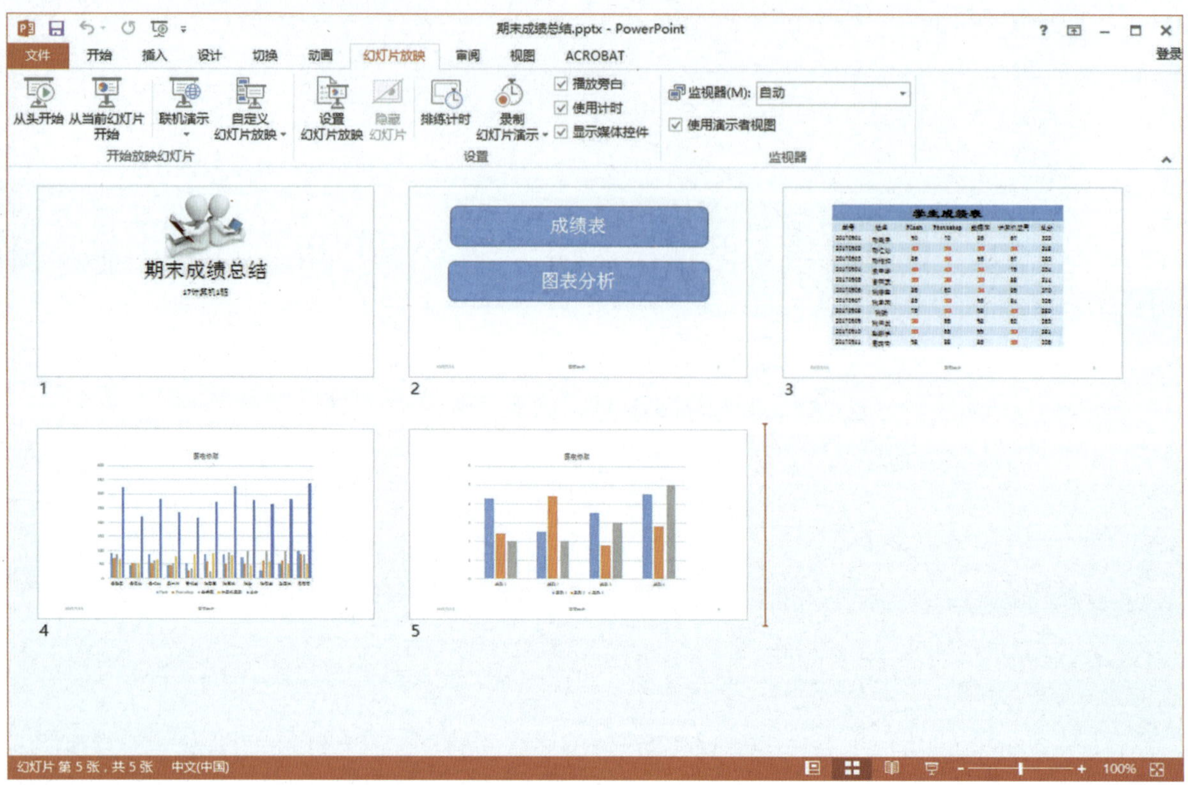

图5-11　PowerPoint 2013

【操作步骤】

（1）双击快捷键新建一个空白演示文稿（见图5-12）。

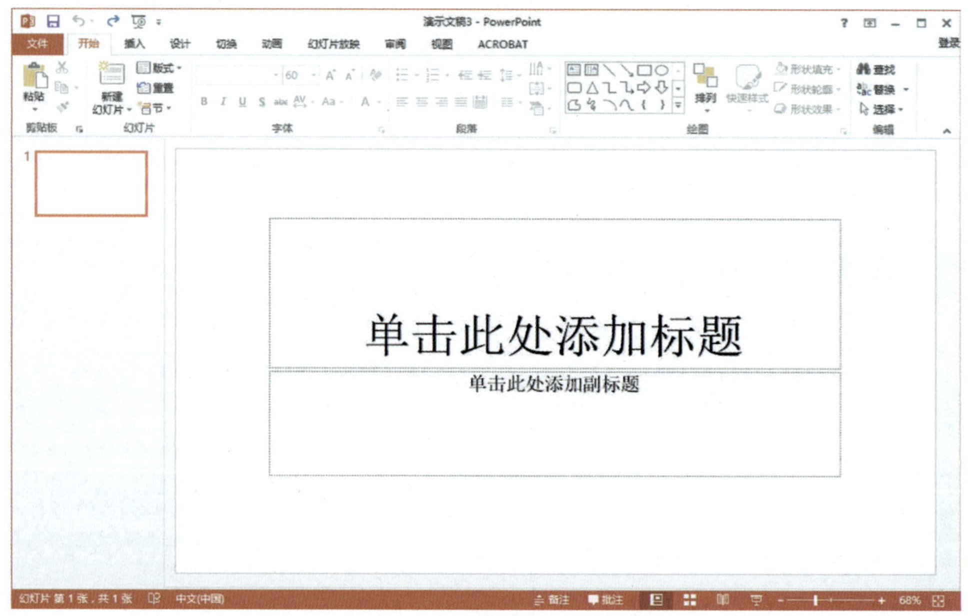

扫一扫：观看教学视频

图5-12　新建空白演示文稿

（2）在标题处输入“期末成绩总结”“宋体”“88”。副标题处输入“17计算机1班”“宋体”“32”如图5-13所示。

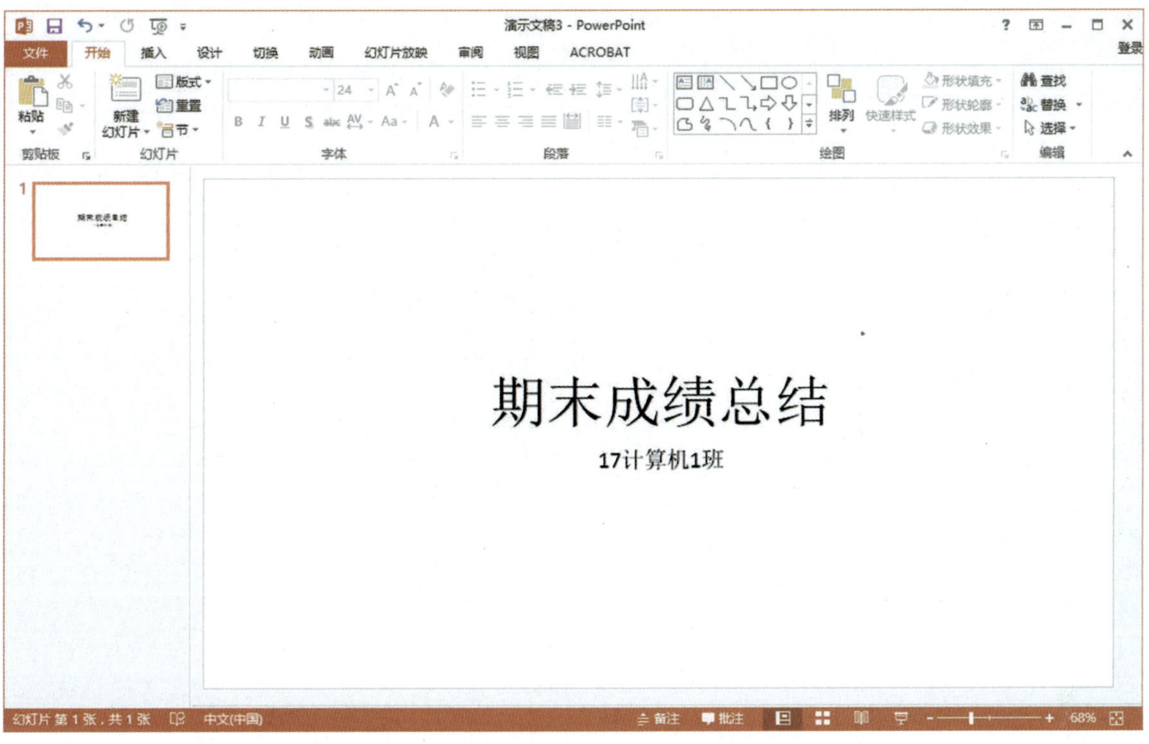

图5-13　输入内容

（3）在“插入”功能区选择“图片”，插入素材2-1，通过拖动边框调整大小（见图5-14）。

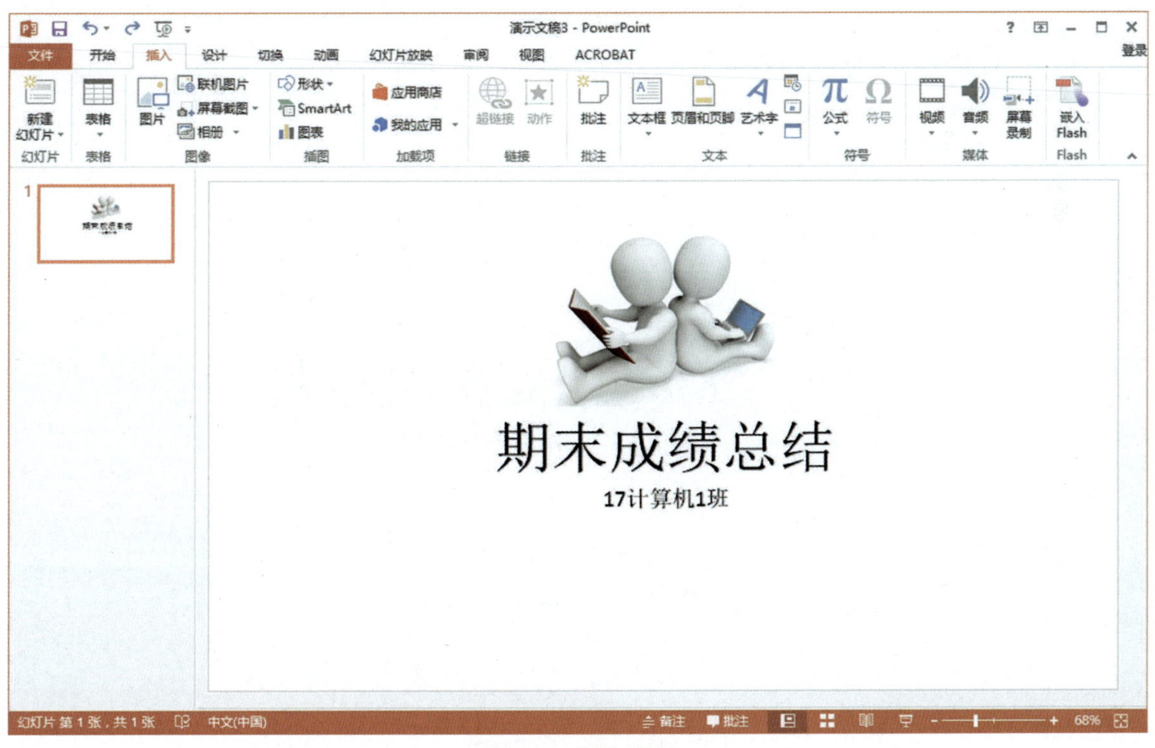

图5-14　插入素材

（4）右击“幻灯片缩略图”区域，在快捷菜单中选择“新建幻灯片”，然后单击“形状”命令，选择“圆角矩形”，插入两个颜色为“蓝色”的圆角矩形（见图5-15、图5-16）。

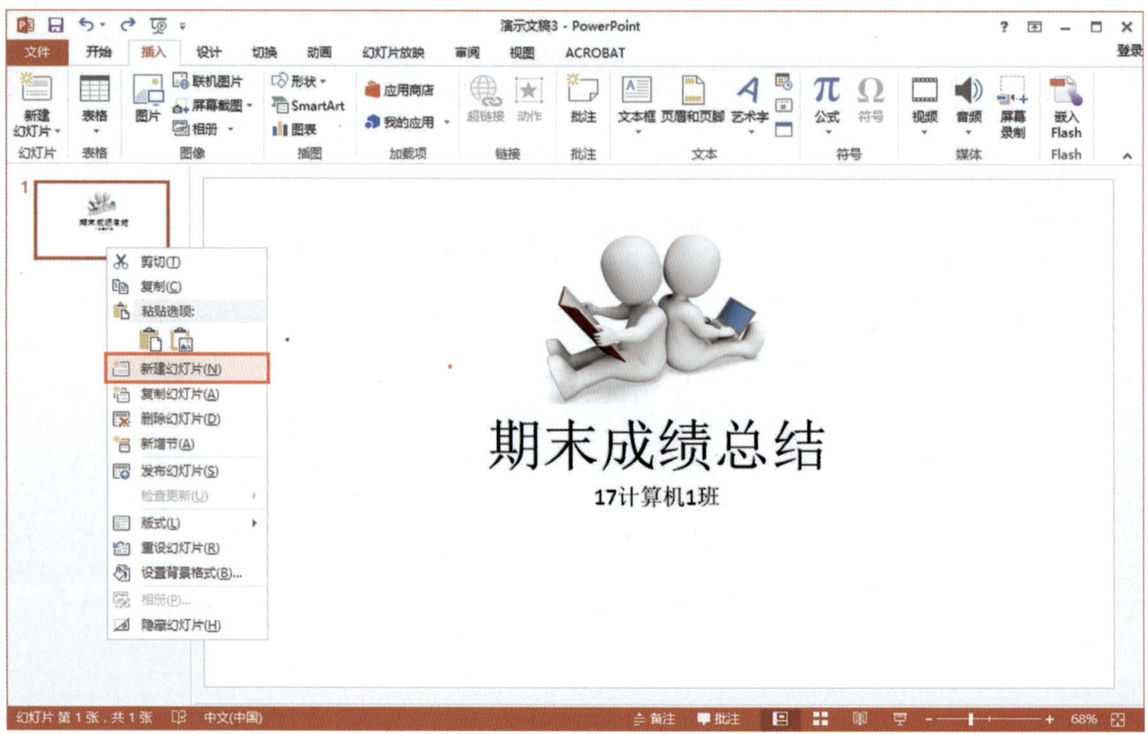

图5-15　新建幻灯片

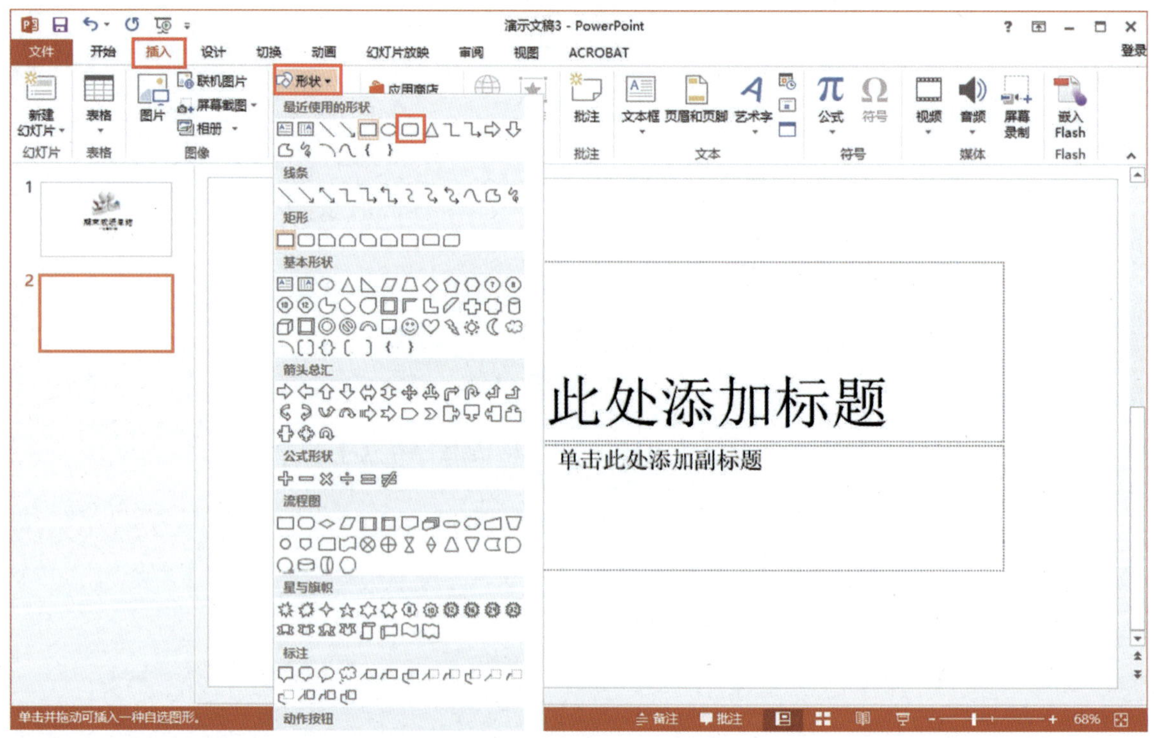

图5-16　插入自选图形

（5）在图形中输入相应文字，按着“Ctrl”键，用鼠标单击两个“圆角矩形”的边框，在“格式”功能区中选择“对齐”，然后将两个“圆角矩形”进行“左右居中”（见图5-17）。

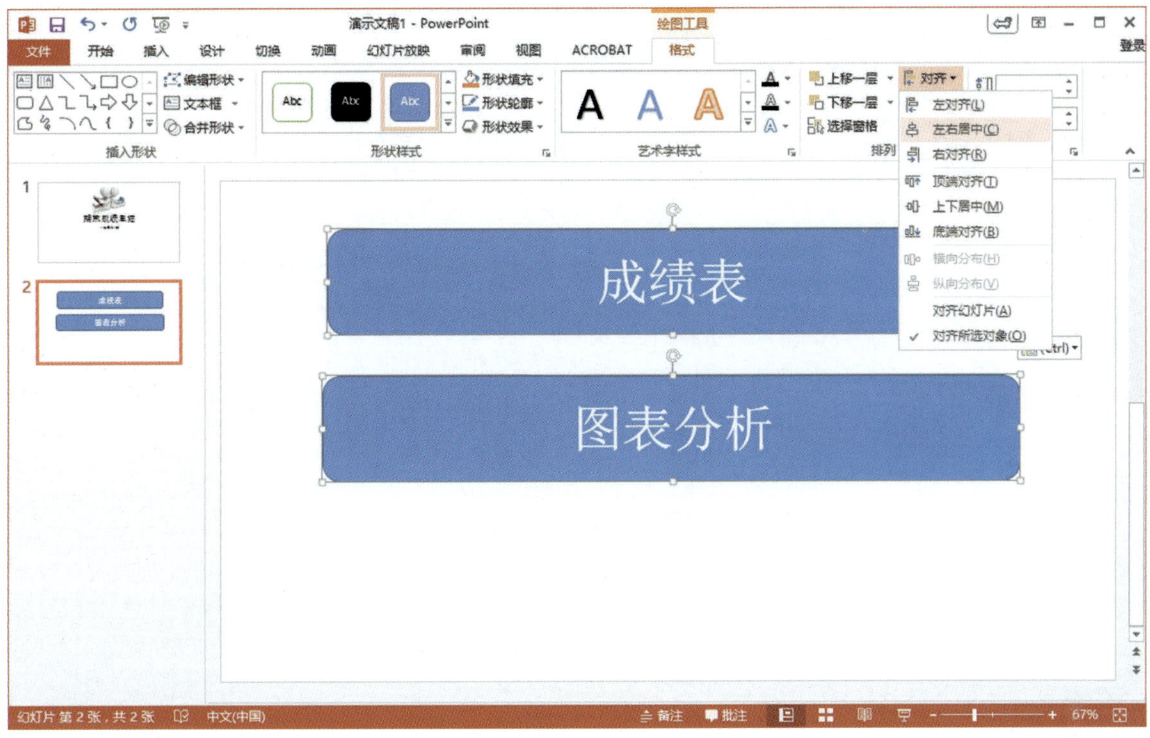

图5-17 设置图形格式

（6）在“插入”功能区中单击“表格”命令，按照“学生成绩表.xlsx”格式与内容插入相应的表格以及输入相应的表格内容（见图5-18、图5-19）。

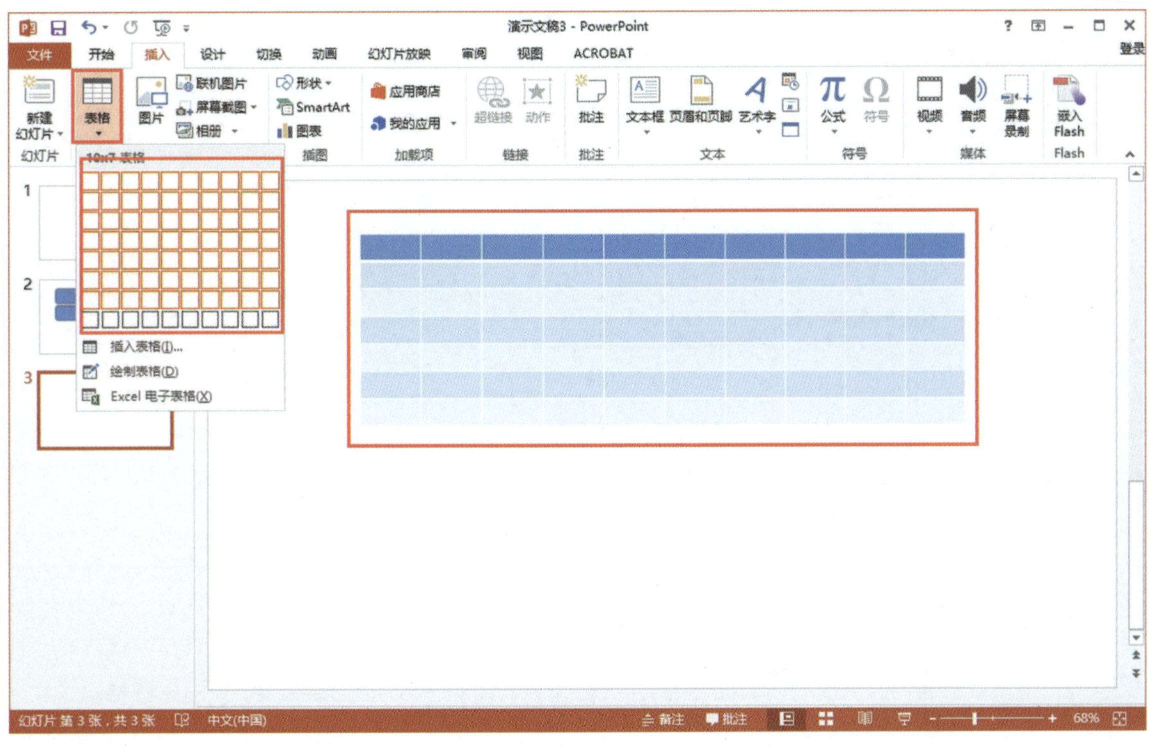

图5-18 插入表格

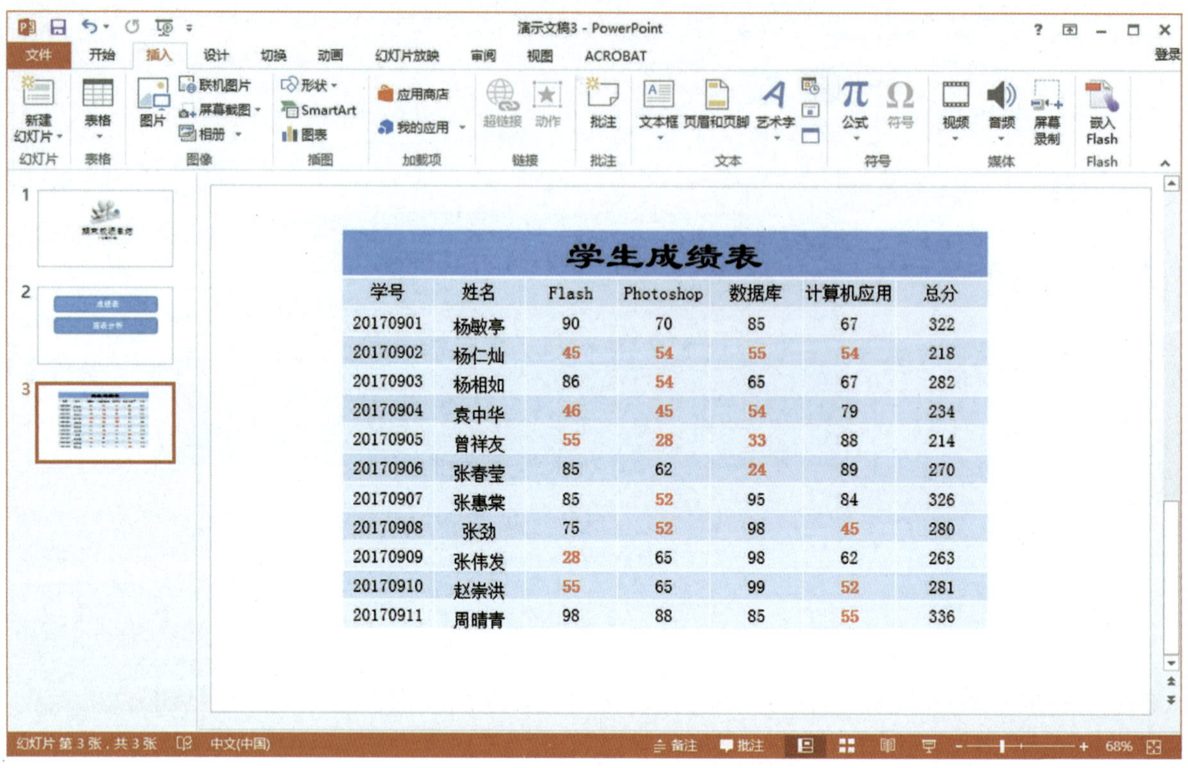

学生成绩表						
学号	姓名	Flash	Photoshop	数据库	计算机应用	总分
20170901	杨敏亭	90	70	85	67	322
20170902	杨仁灿	45	54	55	54	218
20170903	杨相如	86	54	65	67	282
20170904	袁中华	46	45	54	79	234
20170905	曾祥友	55	28	33	88	214
20170906	张春莹	85	62	24	89	270
20170907	张惠棠	85	52	95	84	326
20170908	张劲	75	52	98	45	280
20170909	张伟发	28	65	98	62	263
20170910	赵崇洪	55	65	99	52	281
20170911	周晴青	98	88	85	55	336

图5-19 插入表格内容

（7）在“插入”功能区中选择“图表”命令，插入一个“簇状柱形图”，然后将“学生成绩表.xlsx”的数据复制到柱形图的图表中。生成“簇状柱形图”（见图5-20～图5-23）。

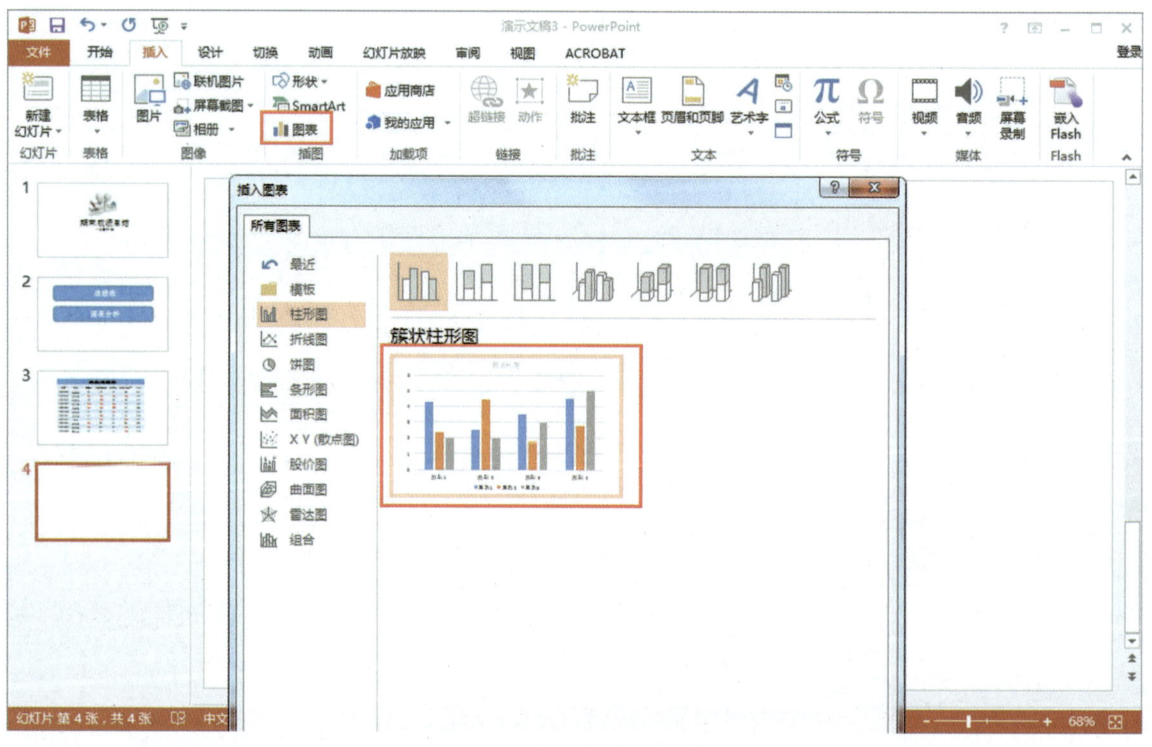

图5-20 插入簇状柱形图

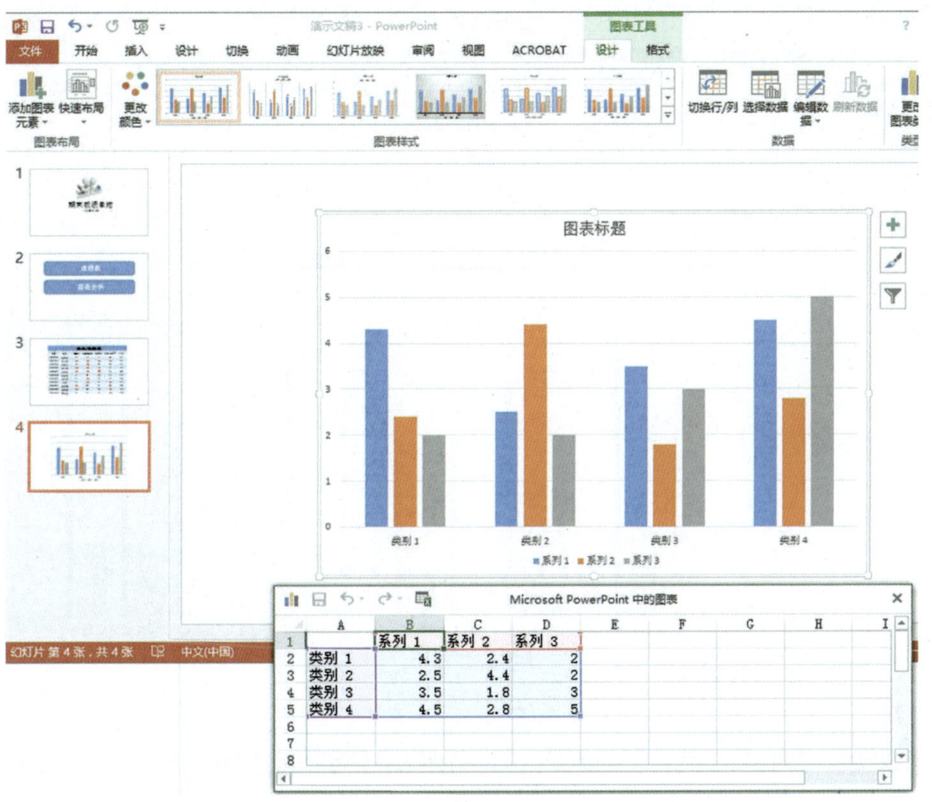

图5-21 复制成绩表数据1

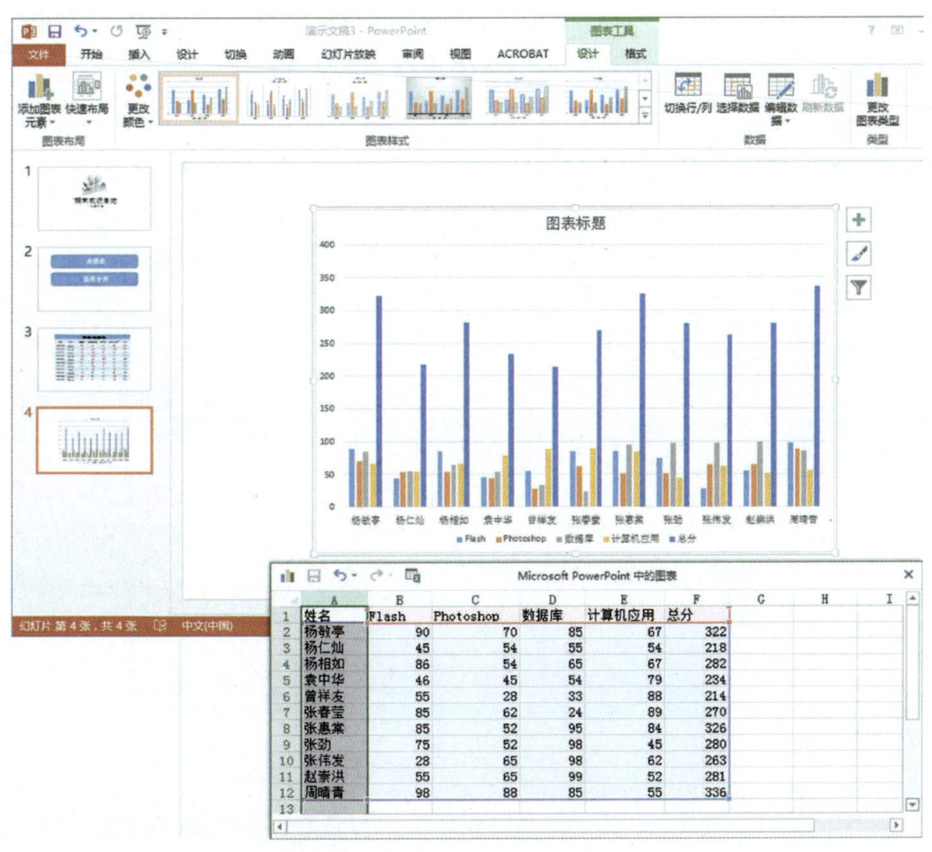

图5-22 复制成绩表数据2

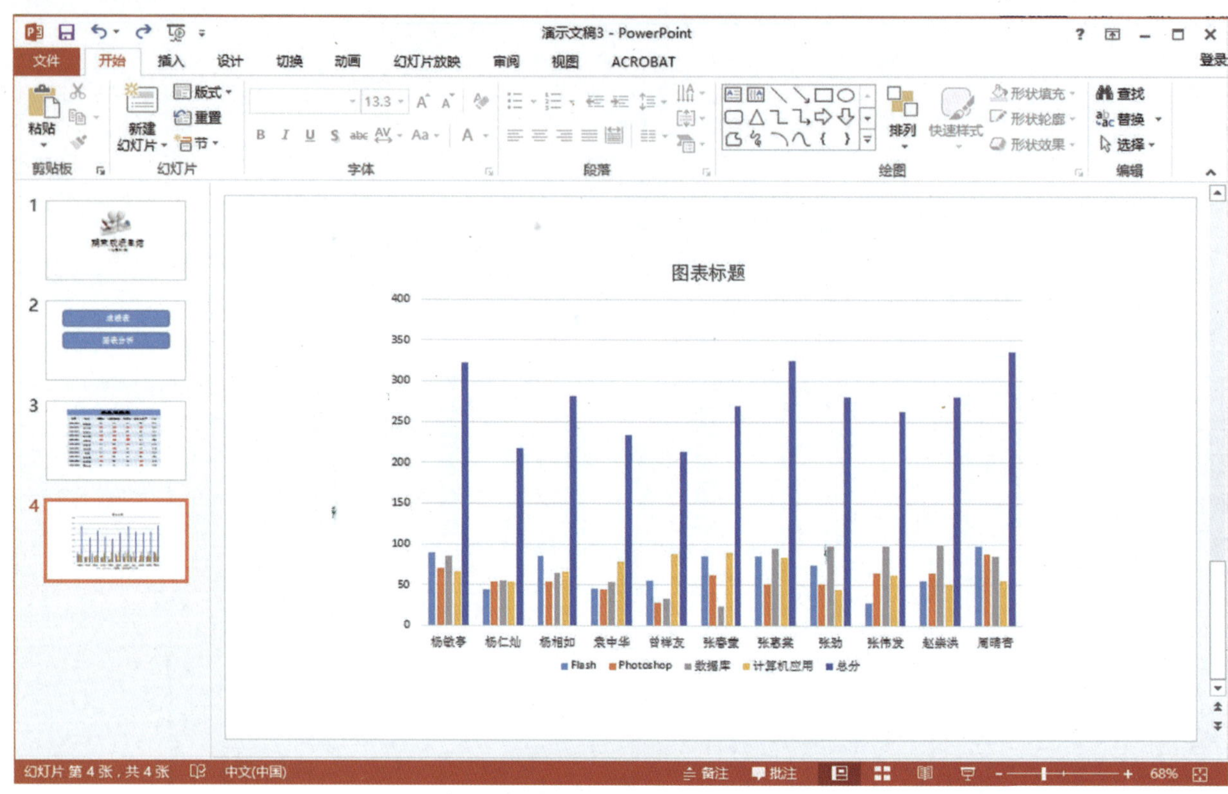

图5-23 簇状柱形图完成

（8）在“插入”功能区中，单击“页眉和页脚“命令，在弹出的“页眉和页脚”对话框中设置，在首页没有显示“页眉和页脚”，但是在其他幻灯片的底部按要求显示（见图5-24、图5-25）。

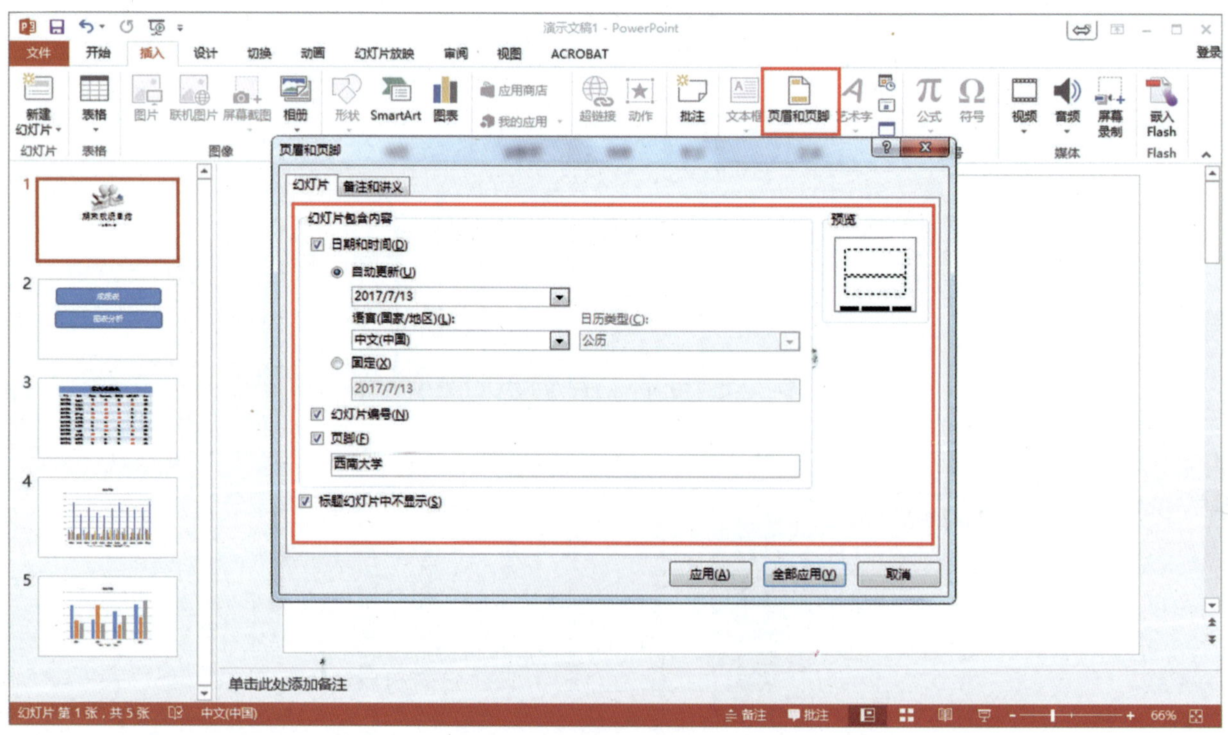

图5-24 插入页眉和页脚

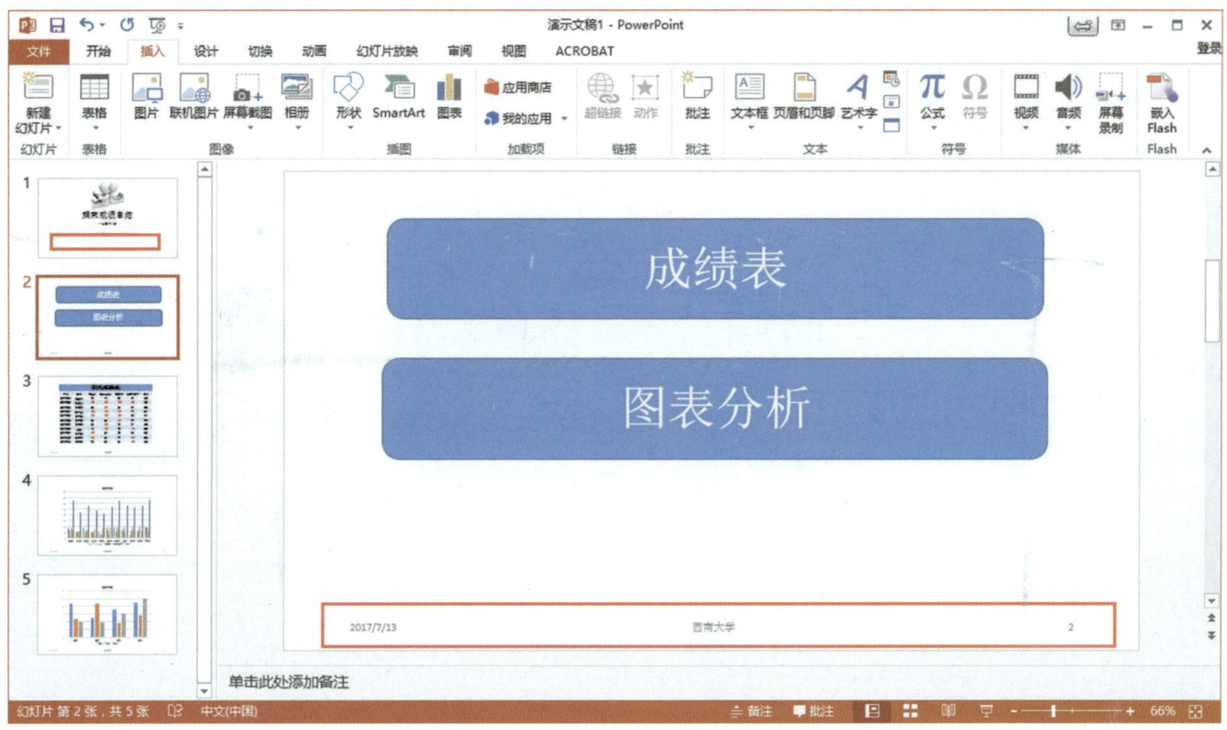

图5-25 显示页眉和页脚

（9）“保存”文件。

知识链接

1.新建幻灯片

（1）通过右击“幻灯片列表”中的缩略图，在“快捷菜单中”选择“新建幻灯片”。

（2）通过单击“幻灯片”选项卡中的“新建幻灯片”按钮新建幻灯片。

2.移动与复制幻灯片

（1）移动幻灯片：移动幻灯片的方法很简单，只需在演示文稿左侧的“幻灯片列表”中，按住鼠标左键不放，即可对幻灯片上下进行拖动。

（2）复制幻灯片：在“幻灯片列表”中右击，弹出快捷菜单，选择“复制幻灯片”，或者直接选中要复制的幻灯片，用“Ctrl+C”组合键进行复制。

3.删除幻灯片

删除幻灯片：通过右击“幻灯片列表”中的幻灯片，在快捷菜单中选择“删除幻灯片”；或者鼠标选定幻灯片后，按“Delete”键或者“Backspace”（后退）键，也能对幻灯片进行删除。

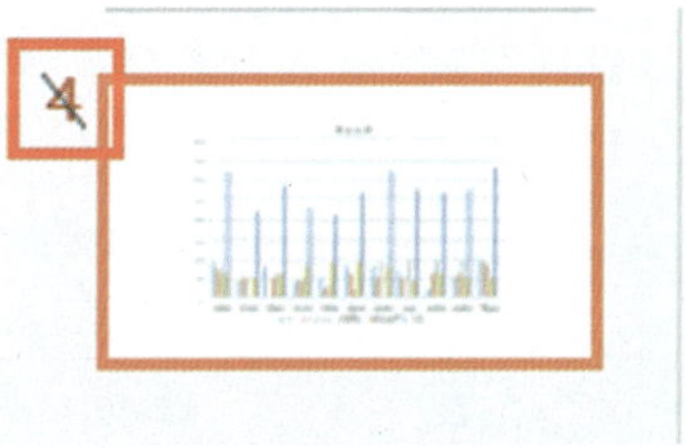

图5-26 隐藏幻灯片设置

4.隐藏幻灯片

在放映过程中，某些幻灯片可以不放映出来，对幻灯片进行“隐藏”操作。在“幻灯片列表”中，右击需要隐藏的幻灯片，在快捷菜单中选择“隐藏幻灯片”，那么在放映过程中，将跳过该幻灯片（见图5-26）。

5.演示文稿视图

（1）备注页视图：添加和查看幻灯片的备注信息（见图5–27）。

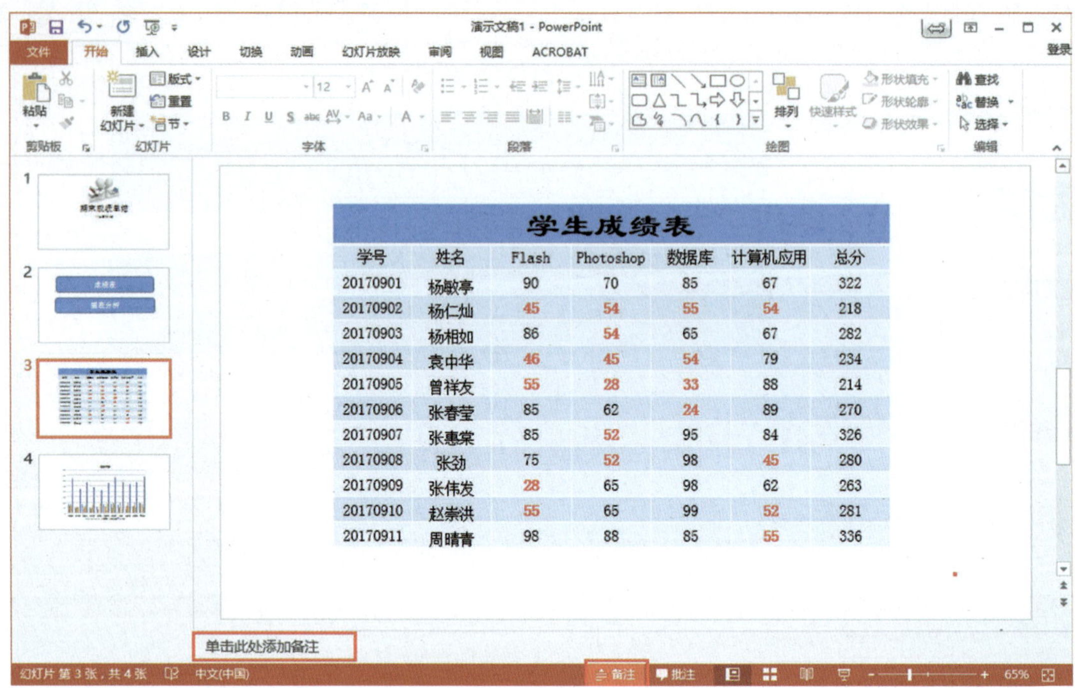

学号	姓名	Flash	Photoshop	数据库	计算机应用	总分
20170901	杨敏亭	90	70	85	67	322
20170902	杨仁灿	45	54	55	54	218
20170903	杨相如	86	54	65	67	282
20170904	袁中华	46	45	54	79	234
20170905	曾祥友	55	28	33	88	214
20170906	张春莹	85	62	24	89	270
20170907	张惠棠	85	52	95	84	326
20170908	张劲	75	52	98	45	280
20170909	张伟发	28	65	98	62	263
20170910	赵崇洪	55	65	99	52	281
20170911	周晴青	98	88	85	55	336

图5–27　添加备注信息

（2）批注视图：可以为幻灯片添加批注和查看批注（见图5–28）。

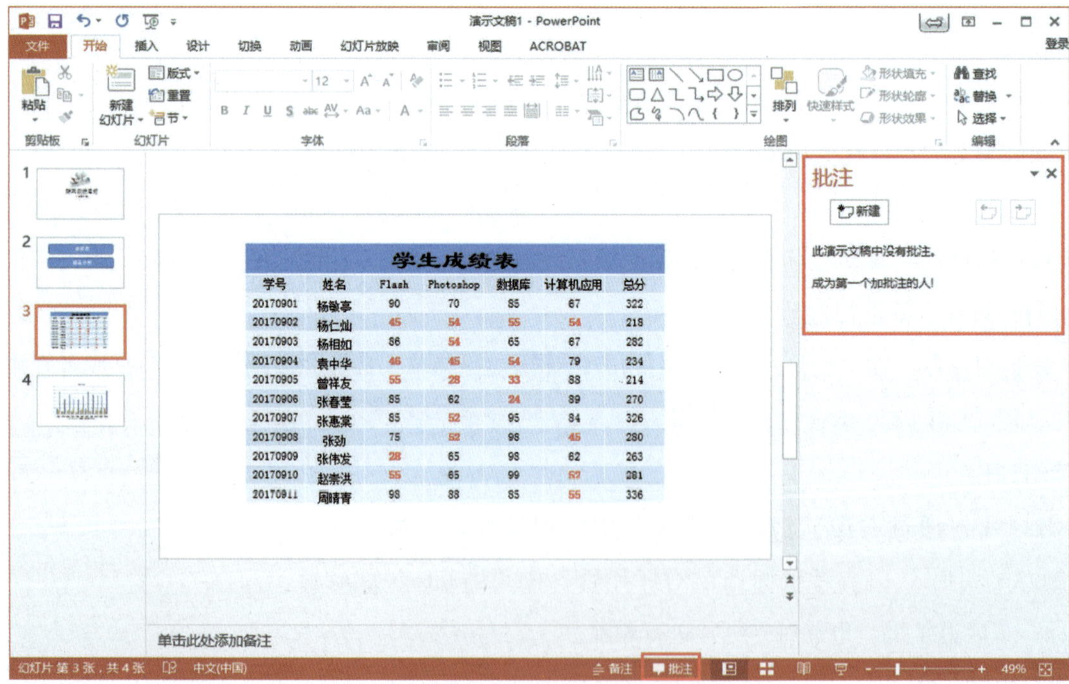

图5–28　幻灯片添加批注

（3）普通视图：主要用于编辑幻灯片，普通视图下又有普通模式和大纲模式两种。

①普通模式：PowerPoint默认打开的就是普通模式。

②大纲模式：单击普通模式就会进入大纲模式，再次单击就会返回普通模式，大纲模式可以迅速地了解文档的结构和内容概况（见图5-29）。

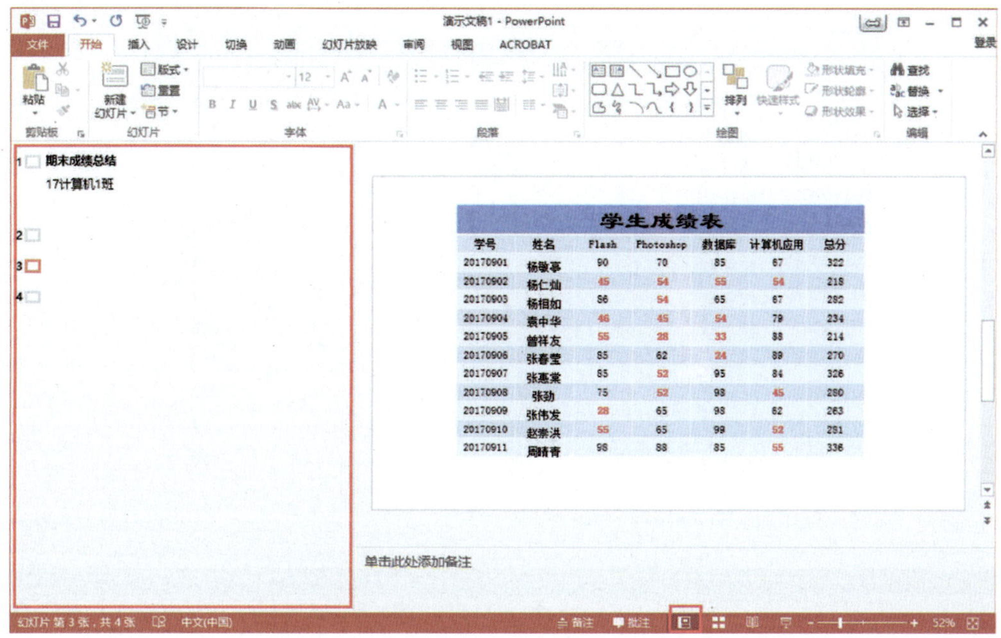

图5-29 大纲模式

③幻灯片浏览视图：以列表缩略图方式显示幻灯片，可以查看幻灯片整体效果和快速查阅幻灯片（见图5-30）。

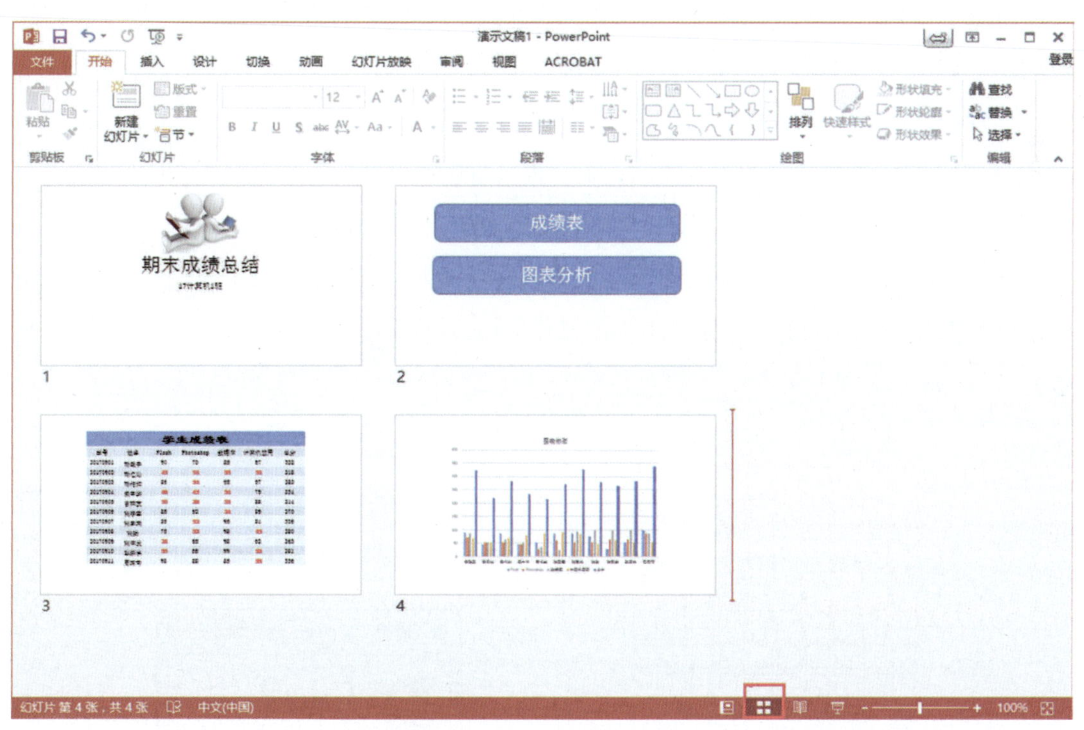

图5-30 幻灯片浏览视图

④阅读视图：主要用户在窗口中显示幻灯片，就像真实地播放幻灯片效果一样（见图5-31）。

学生成绩表

学号	姓名	Flash	Photoshop	数据库	计算机应用	总分
20170901	杨敏亭	90	70	85	67	322
20170902	杨仁灿	45	54	55	54	218
20170903	杨相如	86	54	65	67	282
20170904	袁中华	46	45	54	79	234
20170905	曾祥友	55	28	33	88	214
20170906	张春莹	85	62	24	89	270
20170907	张惠棠	85	52	95	84	326
20170908	张劲	75	52	98	45	280
20170909	张伟发	28	65	98	62	263
20170910	赵崇洪	55	65	99	52	281
20170911	周晴青	98	88	85	55	336

图5-31　阅读视图

⑤幻灯片视图：全屏演示放映幻灯片。

6.表格、图片、图表、形状及页眉页脚的插入

在编辑幻灯片的时候，需要用到各种不同的素材对幻灯片进行加工处理，使幻灯片更加生动有趣，所以提供了表格、图片、形状、图表的插入。

（1）表格的插入（见图5-32）。

图5-32　插入表格

在PowerPoint中提供了四种表格的插入方法：第一种，直接通过鼠标拖动选择行列进行插入（见图5-33）；第二种，通过“插入表格”输入行、列数值进行插入（见图5-34）；第三种，通过鼠标来绘制表格的方式进行插入；第四种，直接能够在幻灯片上插入一个Excel的工作簿，里面的操作与Excel的操作一模一样（见图5-35）。

图5-33　拖动选择行列进行插入

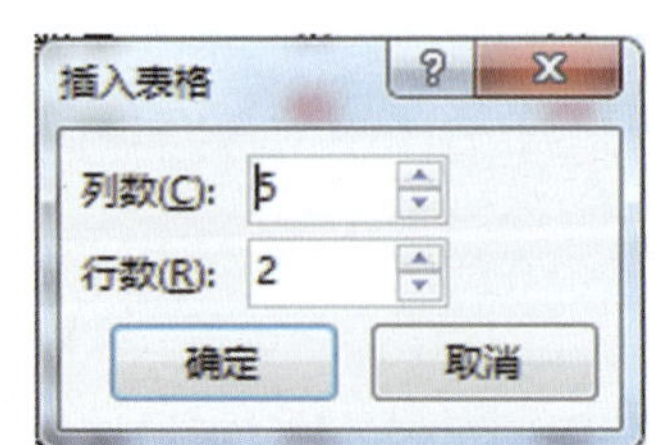

图5-34　输入行、列数值进行插入

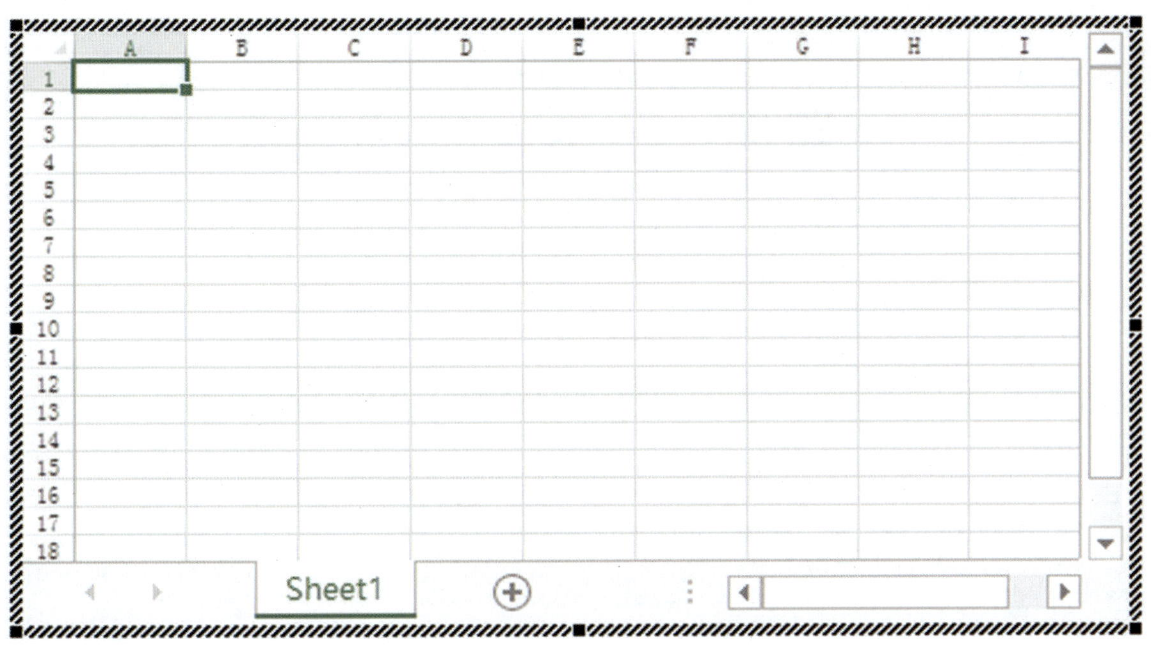

图5-35 插入一个Excel的工作簿

（2）图片的插入。

在“插入”功能区中单击“图片”，会打开一个插入图片对话框，选中需要插入的图片即可。

（3）形状的插入。

在“插入”功能区中单击“形状”，即可打开形状菜单，选择需要插入的形状（见图5-36）。每个形状都可以通过“格式”功能区来调整它的各方面参数，例如形状、样式、排列、艺术字样式以及大小（见图5-37）。

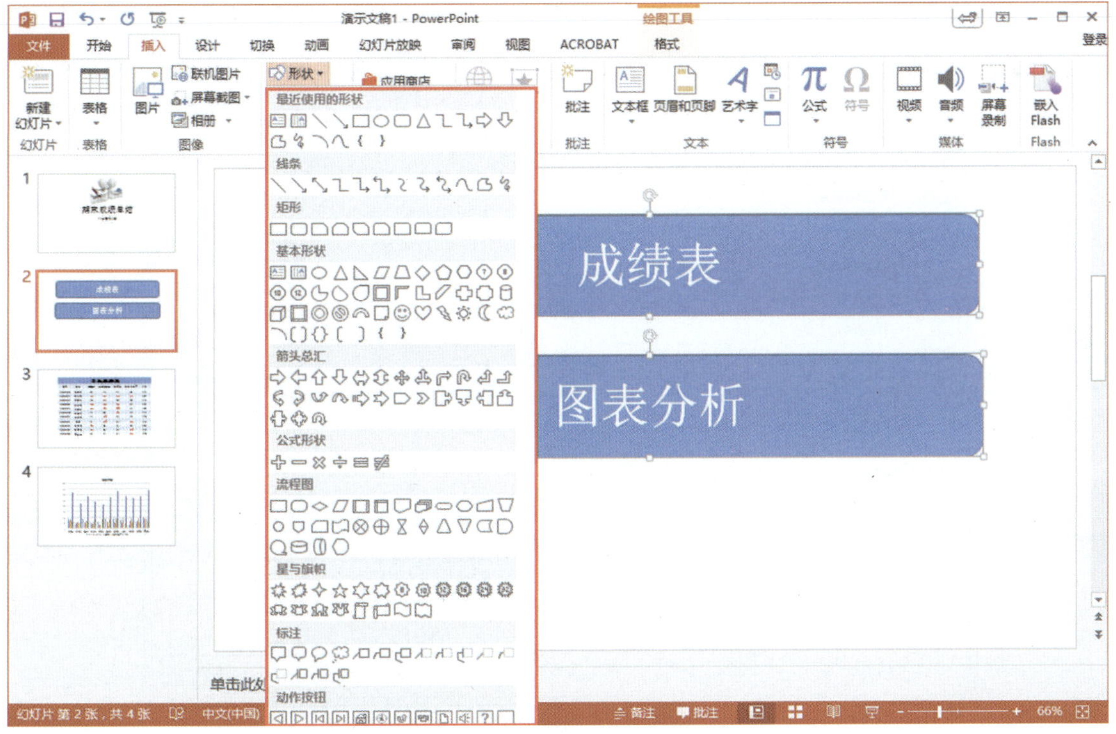

图5-36 插入形状

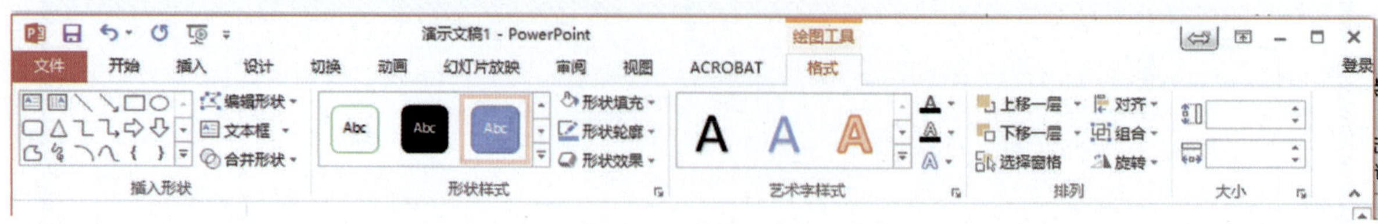

图5-37　插入艺术字

（4）图表的插入。

图表作为数据分析显示的一种工具，主要用作对数据进行图形化显示，能够让人直观地对数据进行对比，在“设计”→“格式”功能组中，可以根据需求对图表的颜色、布局、样式、类型、数据进行处理（见图5-38、图5-39）。

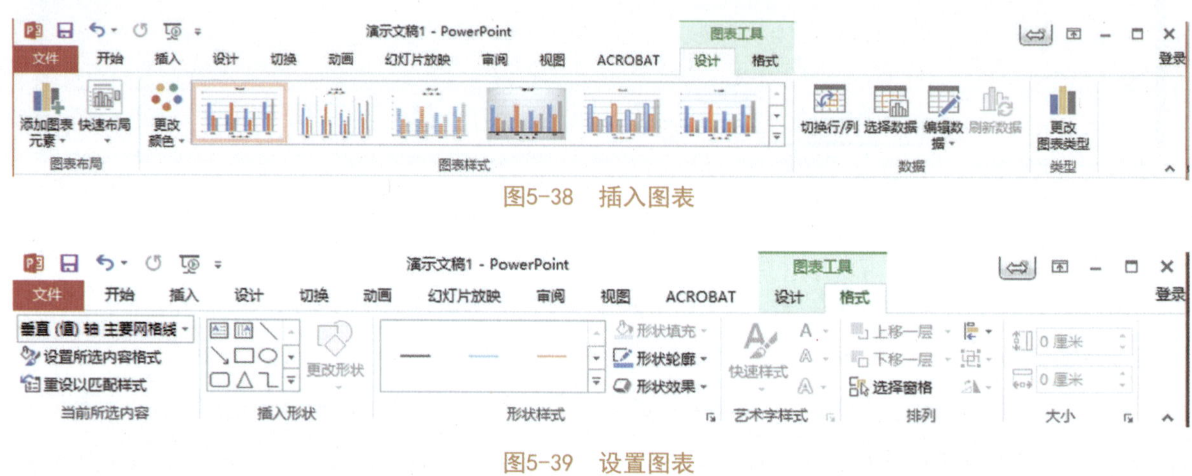

图5-38　插入图表

图5-39　设置图表

（5）页眉和页脚的插入。

页眉和页脚除了能够为幻灯片增加时间、页码、页脚显示之外，还能添加备注和讲义（见图5-40）。

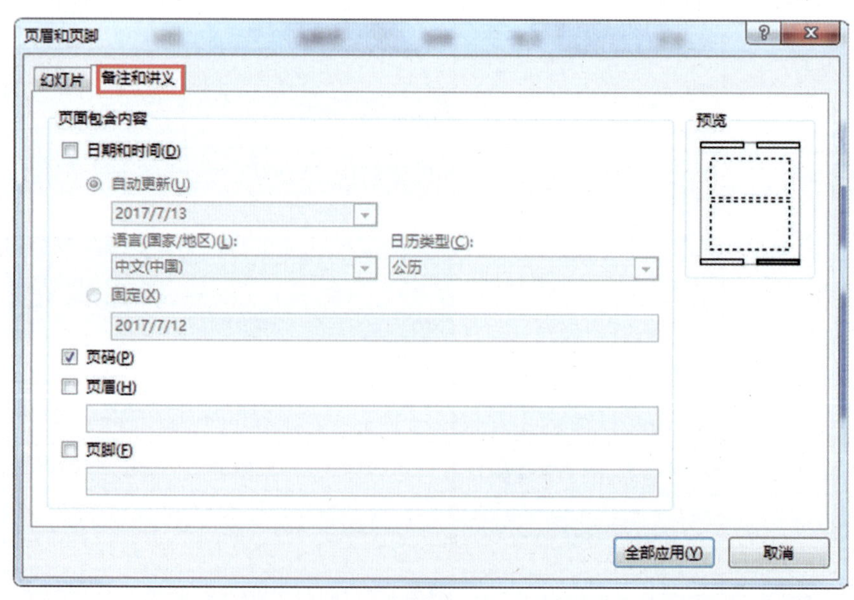

图5-40　添加备注和讲义

课堂练习

新建演示文稿，另存名称为“大纲视图练习.pptx”包含8张幻灯片，在“大纲视图”的“大纲”选项卡窗格中输入幻灯片内容（见图5-41），保存到“E:\PowerPoint 2013练习”中。

1 计算机的概念
2 计算机的发展历史
3 计算机的特点
4 计算机的分类
5 计算机的用户
6 计算机的数据表示
7 计算机系统构成
- 系统概述
- 工作原理
- 硬件系统
- 软件系统
- 微型计算机

8 计算机信息安全

扫一扫：观看教学视频

图5-41 大纲视图

实训 学生各科成绩分析

【实训要求】

（1）新建演示文稿，另存名称为“学生各科成绩分析.pptx”，保存到“E:\PowerPoint 2013练习”中。

（2）创建如图5-42～图5-44所示的三张幻灯片，为其设置背景，采用渐变填充，类型选择“标题阴影”，预设颜色为“中等渐变-着色6”。

（3）图5-42，标题：60号、宋体、白色、加粗；副标题：24号、宋体、白色。

（4）图5-43，表格样式：中度样式2-强调2，28号、宋体、居中。

（5）图5-44，图表标题：40号、加粗、默认样式。

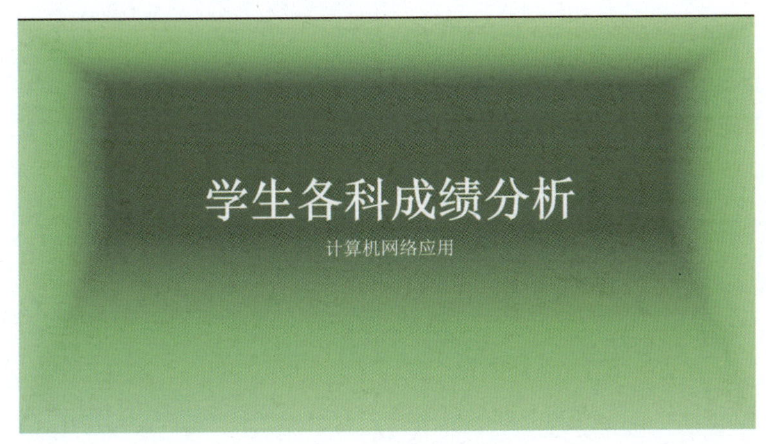

扫一扫：观看教学视频

图5-42 标题设置

姓名	Flash	Photoshop	数据库	计算机应用	总分
杨敏亭	90	70	85	67	322
杨仁灿	45	54	55	54	218
杨相如	86	54	65	67	282
袁中华	46	45	54	79	234
曾祥友	55	28	33	88	214
张春莹	85	62	24	89	270
张惠棠	85	52	95	84	326
张劲	75	52	98	45	280
张伟发	28	65	98	62	263
赵崇洪	55	65	99	52	281
周晴青	98	88	85	55	336

图5-43　表格样式设置

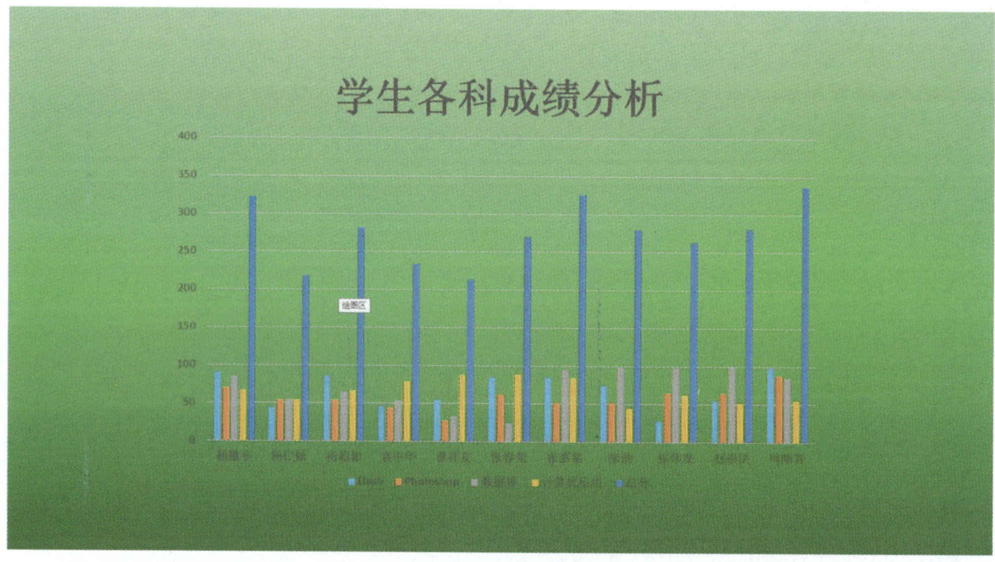

图5-44　图表标题设置

任务三 制作工作总结模板——PowerPoint演示文稿的外观设置

学习目标

1. 掌握在PowerPoint 2013 中母版的设计与选用。

2. 掌握在PowerPoint 2013中幻灯片主题和背景的设计。

学习内容

本任务主要介绍演示文稿中幻灯片母版的设计、主题和背景的设置（见图5-45）。

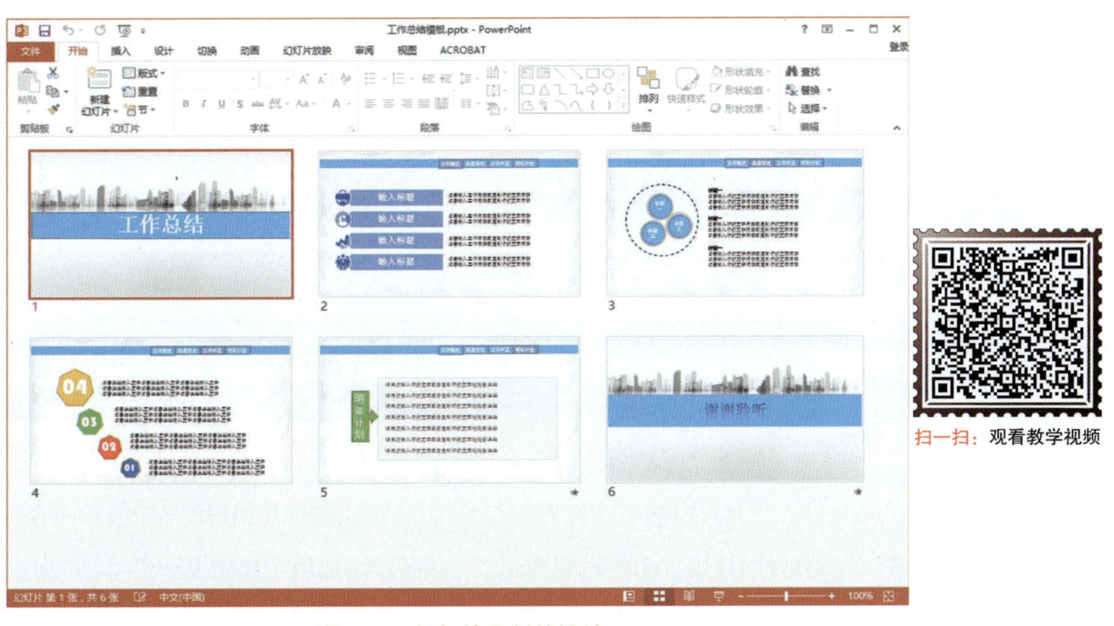

图5-45　幻灯片母版的设计

扫一扫：观看教学视频

【操作要求】

（1）新建一个空白演示文稿，另存为“工作总结模板.pptx”，保存到“E:\PowerPoint 2013练习”中。

（2）在“幻灯片母版”的“标题幻灯片 版式”中插入素材2-1（见图5-46）。

扫一扫：观看教学视频

图5-46　插入背景素材

（3）在“标题和内容 版式”“节标题 版式”“两栏内容 版式”“比较 版式”中分别插入素材2-2作为背景（见图5-47），然后制作如图的标题栏（见图5-48）。

图5-47　插入背景素材

工作概况 完成情况 工作不足 明年计划

工作概况 完成情况 工作不足 明年计划

工作概况 完成情况 工作不足 明年计划

工作概况 完成情况 工作不足 明年计划

图5-48　制作标题栏

（4）新建五个幻灯片，幻灯片1选用“标题幻灯片 版式”，幻灯片2选用“标题和内容 版式”，幻灯片3选用“节标题 版式”，幻灯片4选用“两栏内容 版式”，幻灯片5选用“比较 版式”。

（5）幻灯片的内容请自行设计或参考本书任务样题制作。

【操作步骤】

（1）新建空白演示文稿，在“视图”功能区中单击“幻灯片母版”进入“幻灯片母版”设计页面（见图5-49、图5-50）。

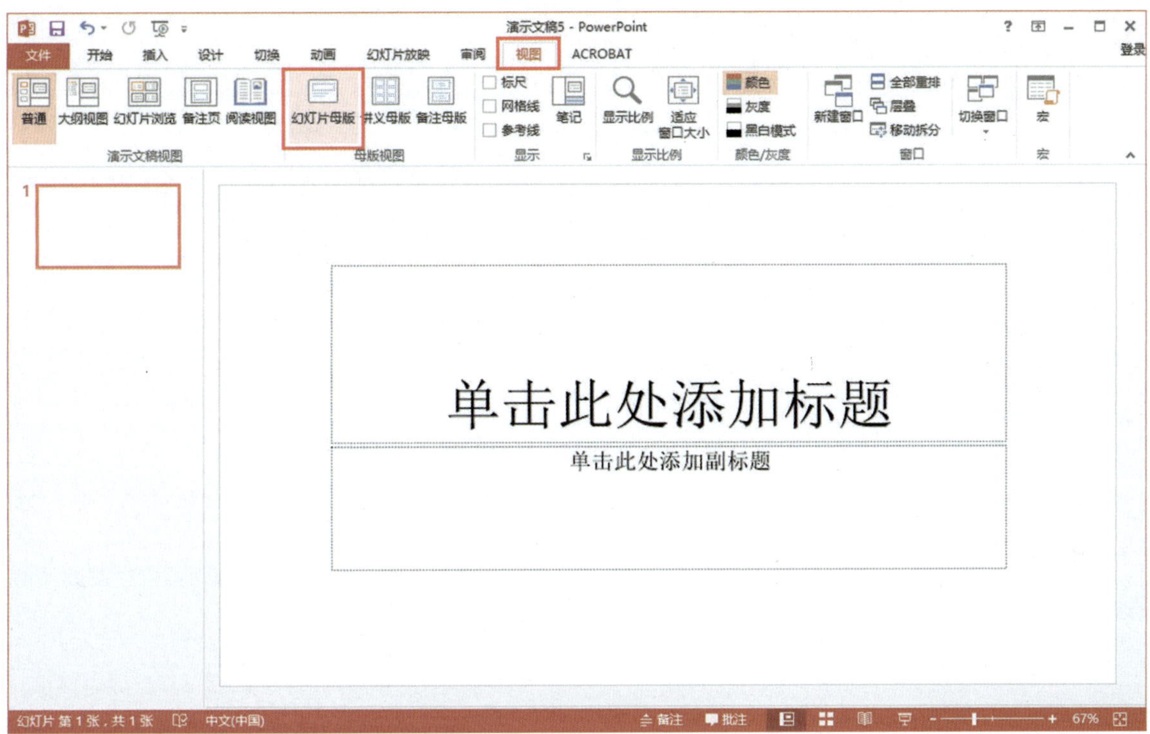

图5-49 新建空白演示文稿

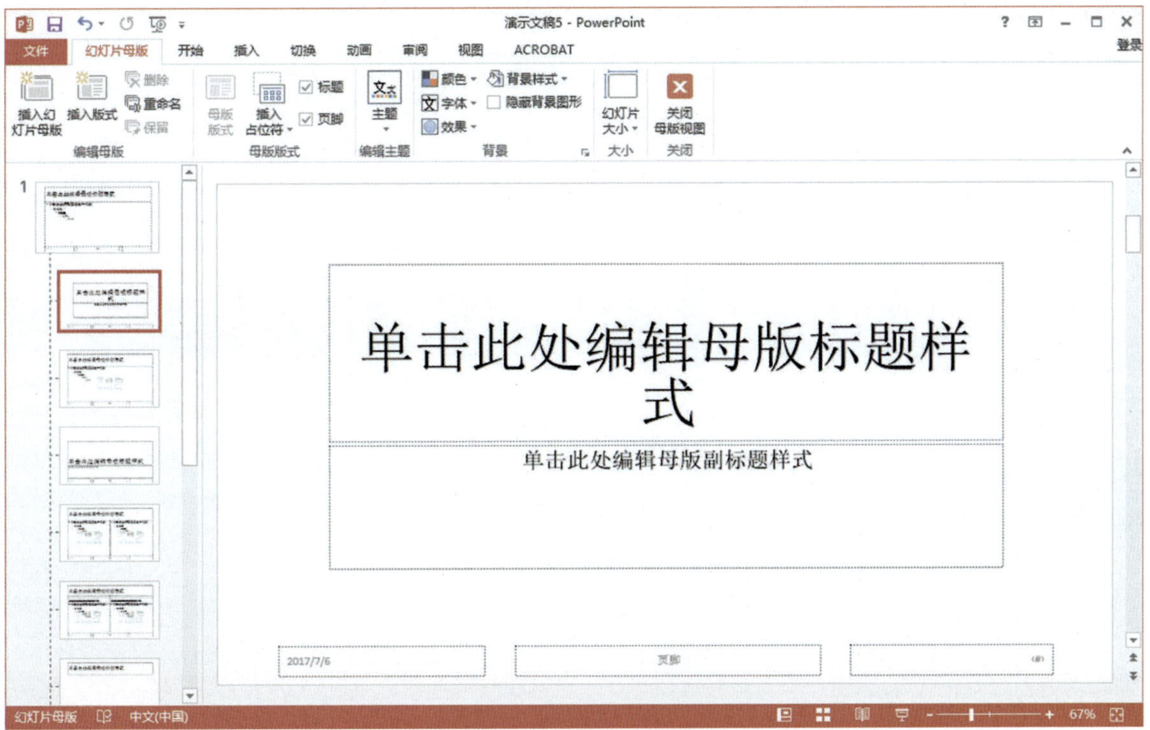

图5-50 设置“幻灯片母版”

（2）在“幻灯片母版”左侧的缩略图中，单击“标题幻灯片 版式”，然后在“插入”功能区中单击“图片”，将素材2-1插入PPT当中（见图5-51、图5-52）。

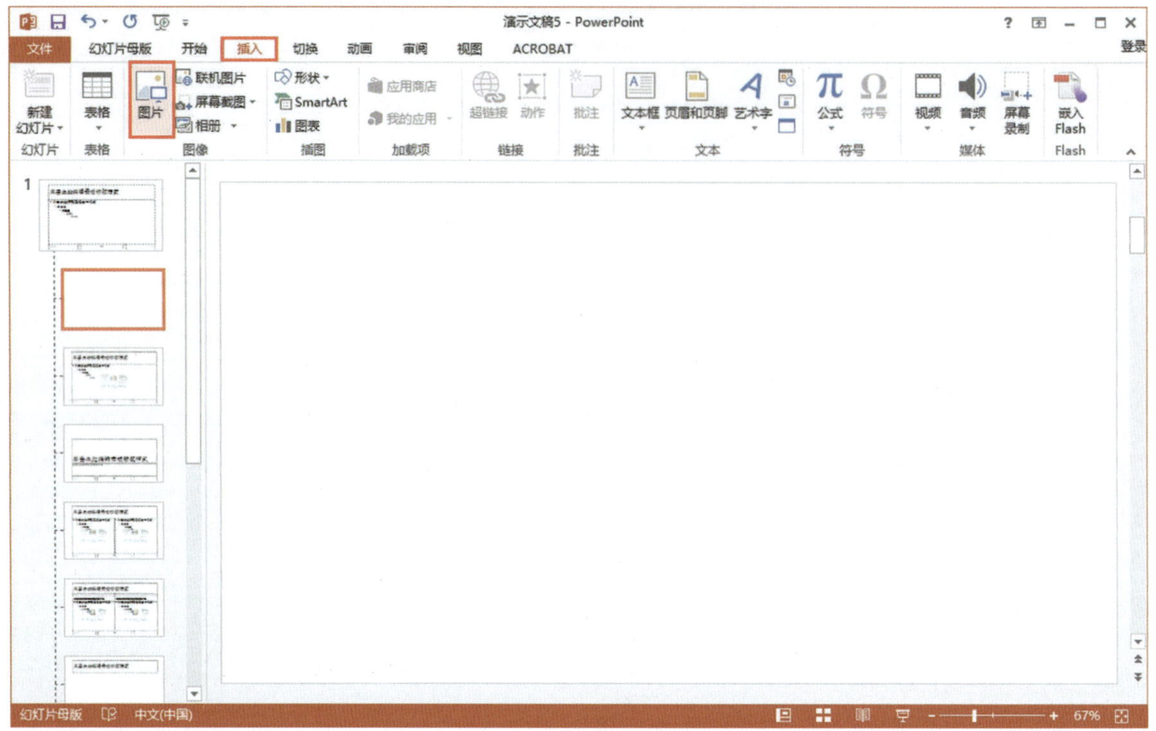

图5-51　插入图片

图5-52　插入图片素材

（3）鼠标单击缩略图中“标题和内容 版式”，插入图片素材2-2，插入“矩形”形状，颜色填充“浅蓝”，然后在矩形条中分别插入四个“矩形”形状，添加文字为“工作概况”“完成情况”“工作不足”“明年计划”“工作概况”（见图5-53、图5-54）。

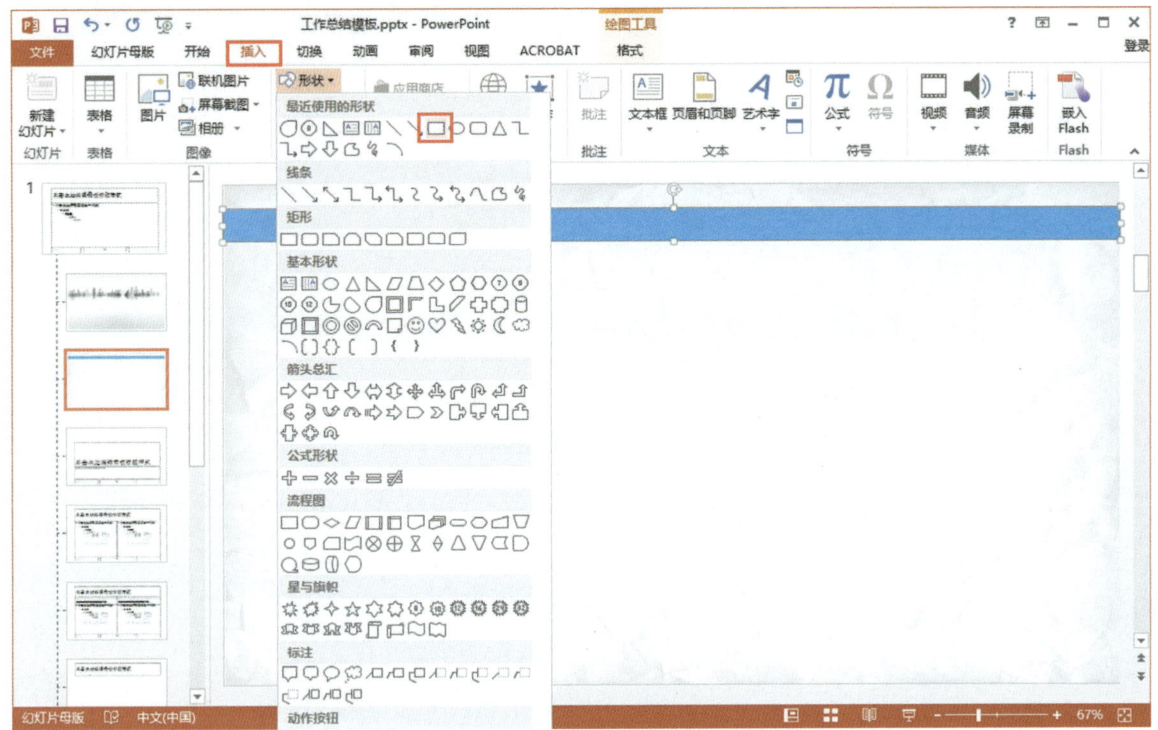

图5-53　插入“矩形”形状

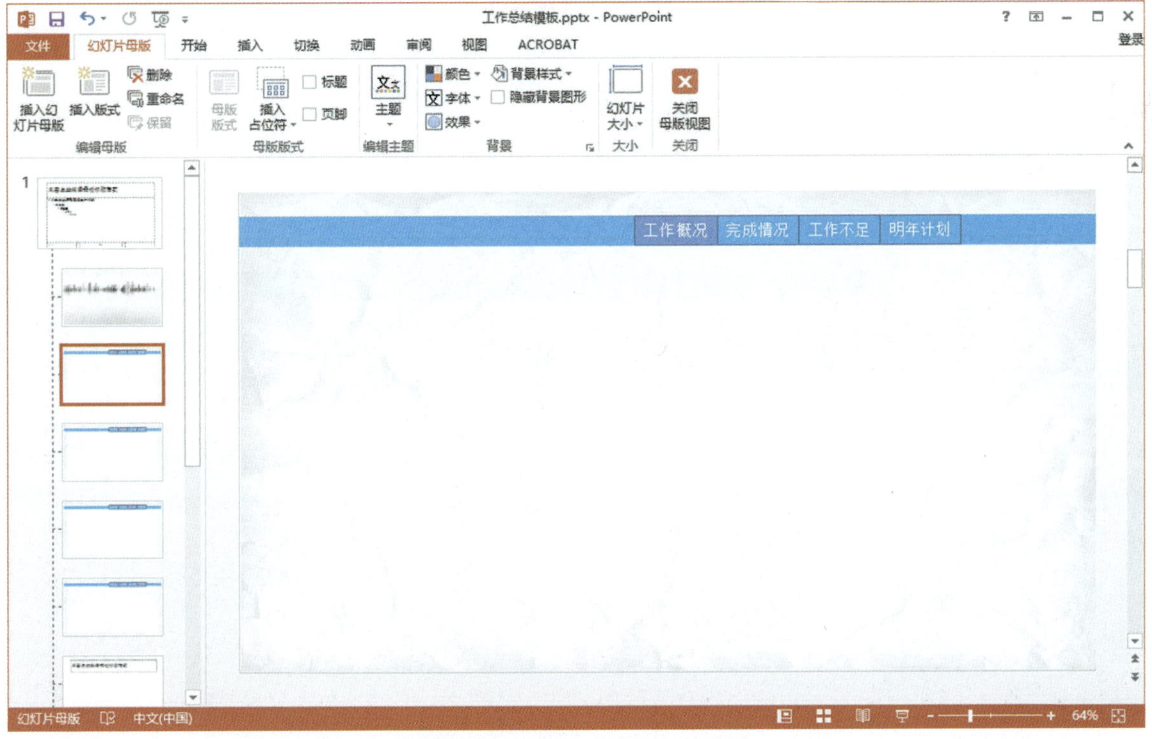

图5-54　调整“矩形”位置

（4）按定“Ctrl”键，将标题栏里面的素材全部选中，复制到其余的模板当中。修改“矩形”形状中的填充颜色（见图5-55～图5-58）。

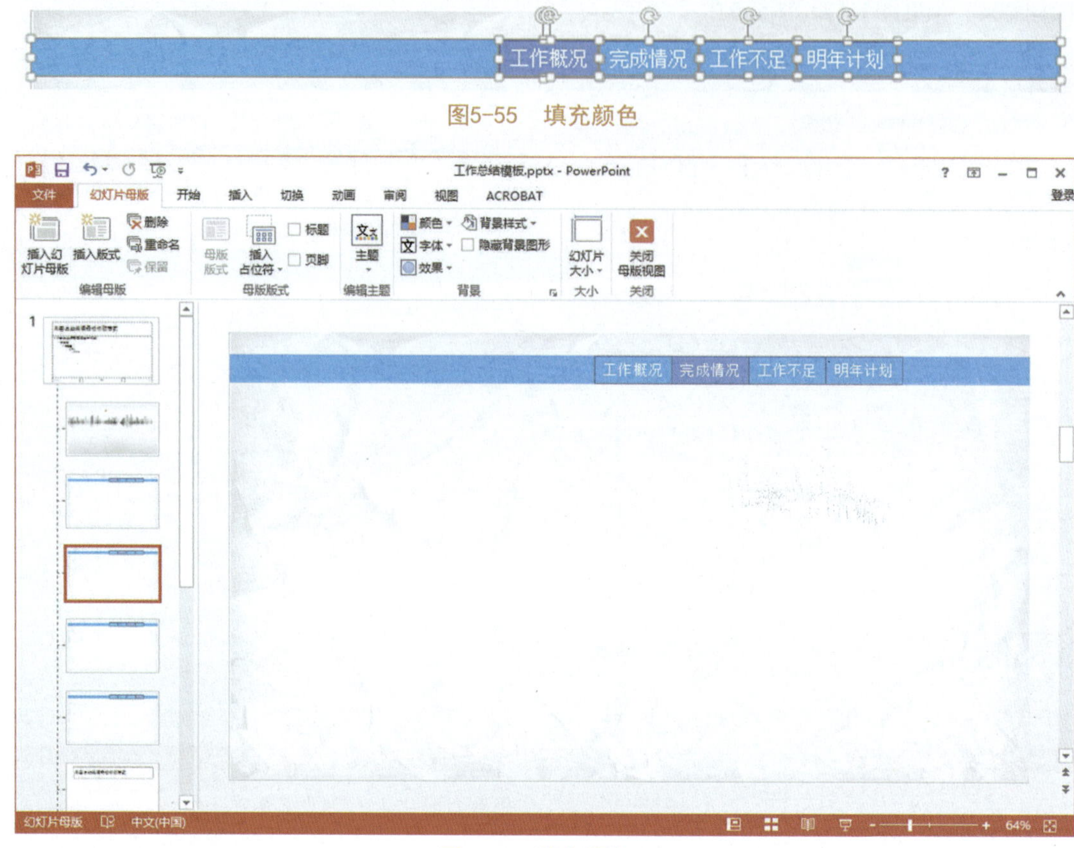

图5-55　填充颜色

图5-56　填充颜色2

图5-57　填充颜色3

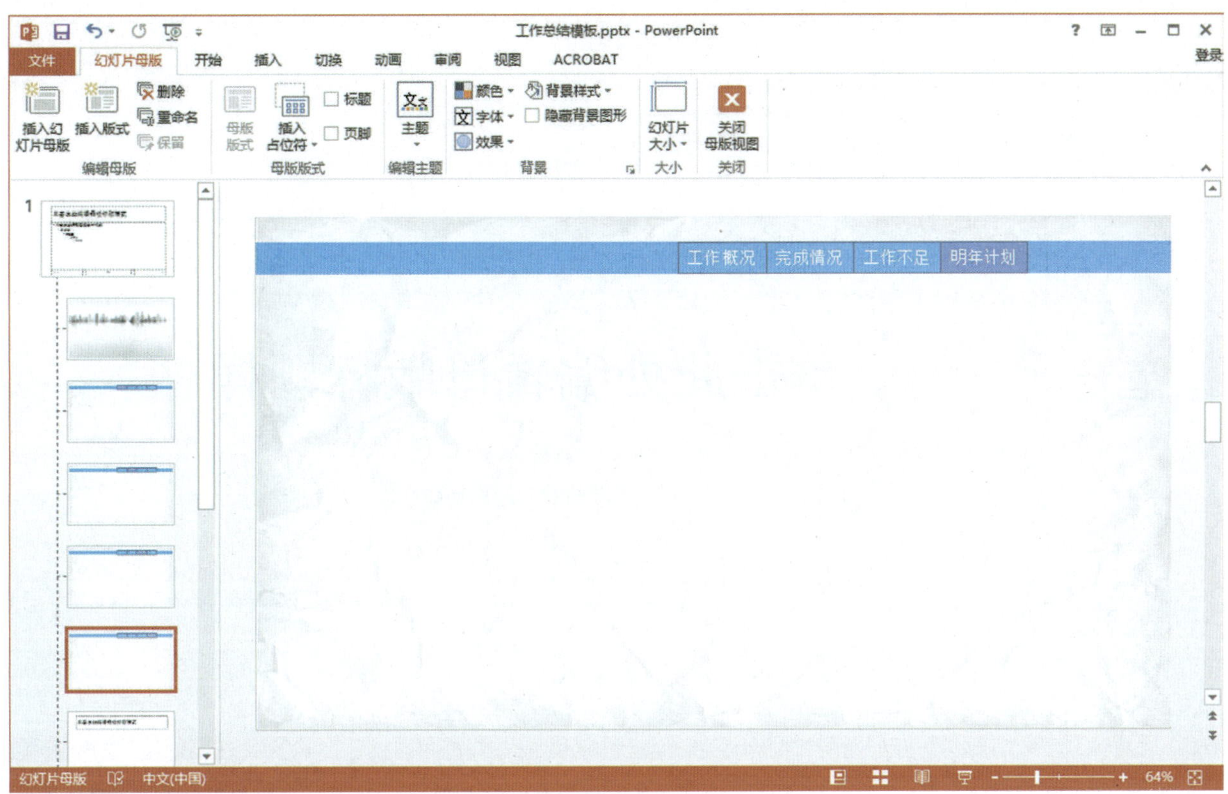

图5-58 填充颜色4

（5）保存文件。

知识链接

1.幻灯片母版和设计

一个完整且专业的演示文稿，它的内容、背景、配色和文字格式等都有着统一的设置。为了实现统一的设置需要用到幻灯片母版，可以使演示文稿中的所有幻灯片具有与设计母版相同的样式效果。

通过“视图”功能区，打开“幻灯片母版”这个功能（见图5-59）。

图5-59 打开“幻灯片母版”

对每个缩略图中的模板进行设计，可以在需要用到相同模板的时候快速调用（见图5-60）。

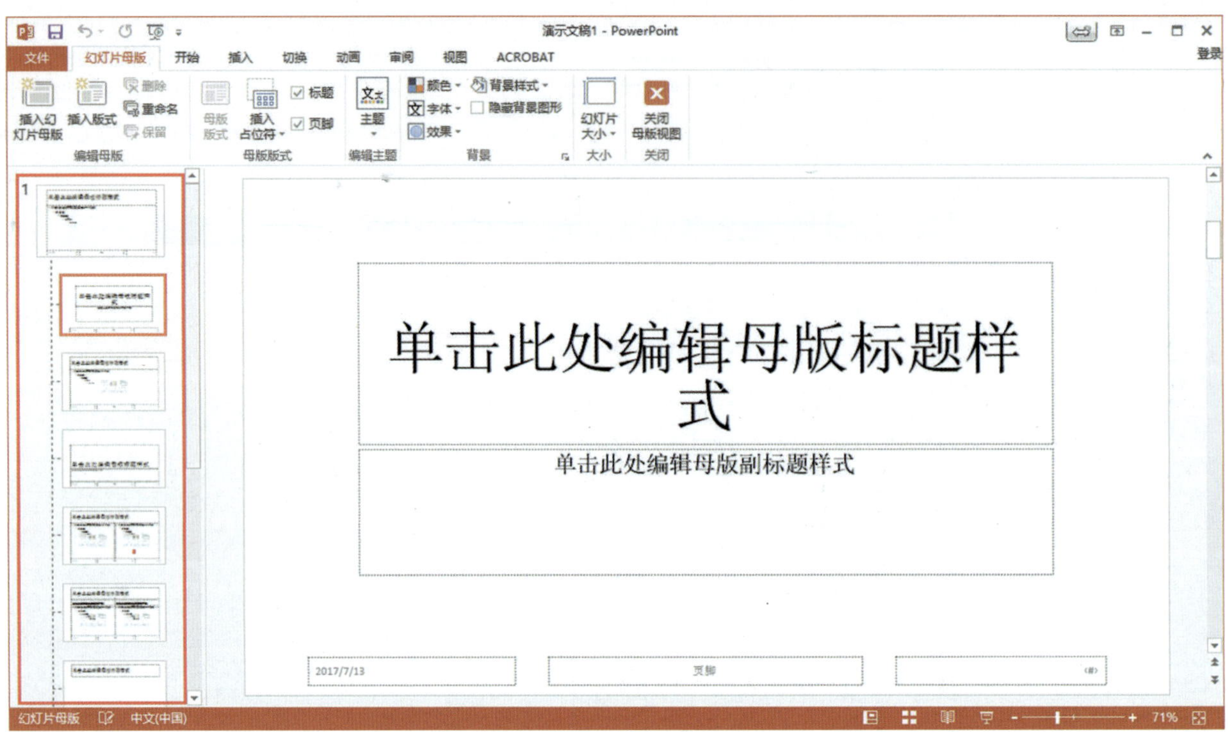

图5-60　设计缩略图中的模板

例如在本任务中，当新建幻灯片的时候，就可以从我们设计的模板中调用所需要的样式（见图5–61）。

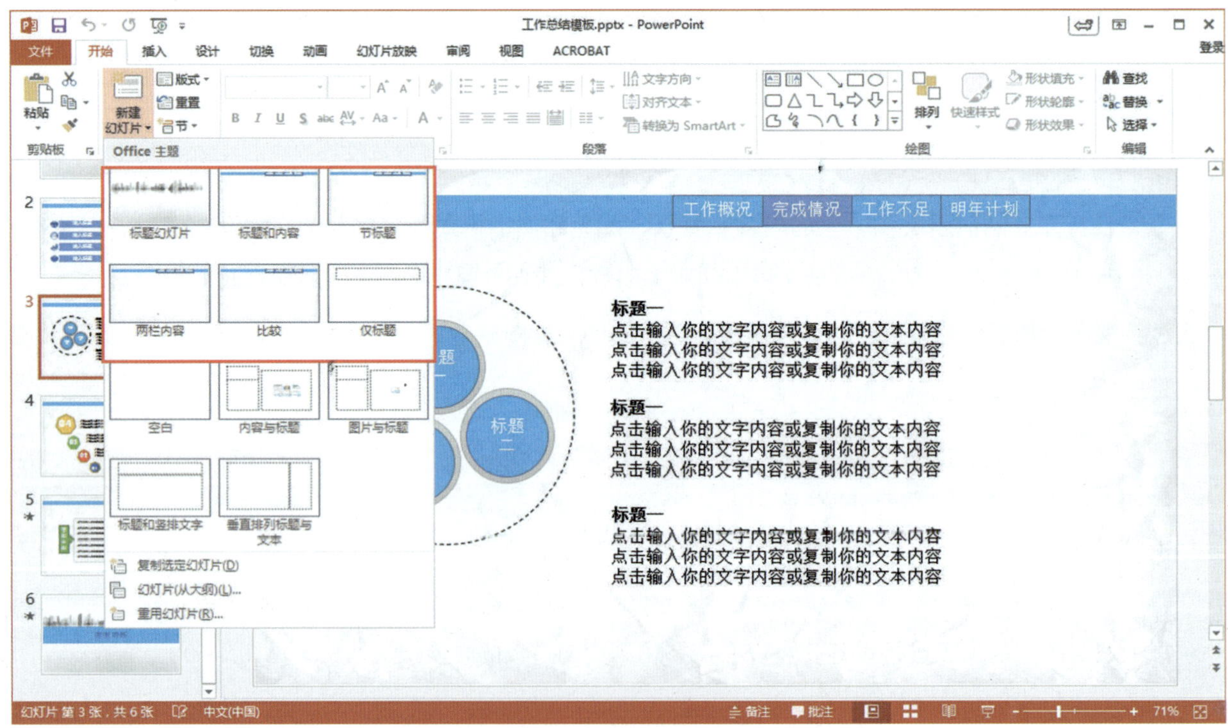

图5-61　调用设计好的模板样式

2.PowerPoint的主题和背景设计

（1）主题：幻灯片的母版除了可以自己设计以外，还可以使用软件自带的模板，我们将其称之为“主题”，在“设计”功能区当中，可以选择各种软件自带的模板，并且通过“变体”选项卡的功能来调整主题的图案样式及颜色，对于设计能力不是很强的用户，软件自带的“主题”能为其减少用来做设计的时间（见图5-62、图5-63）。

图5-62 PowerPoint的主题设计1

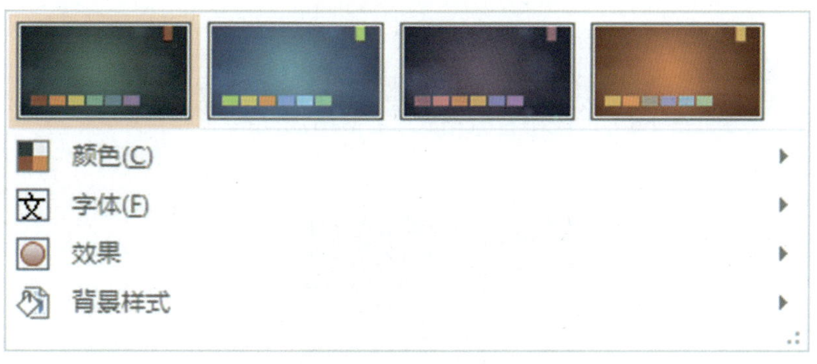

图5-63 PowerPoint的主题设计2

（2）背景：给幻灯片添加背景，可以增强幻灯片的对比度，突出文本的显示效果，使幻灯片看上去更精致美观。

我们可以通过两种方式来更换幻灯片背景。

①在“设计”功能区里面，单击“变体”选项卡右下角的三角形下拉选项功能，可以直接选择系统的内置背景（见图5-64、图5-65）。

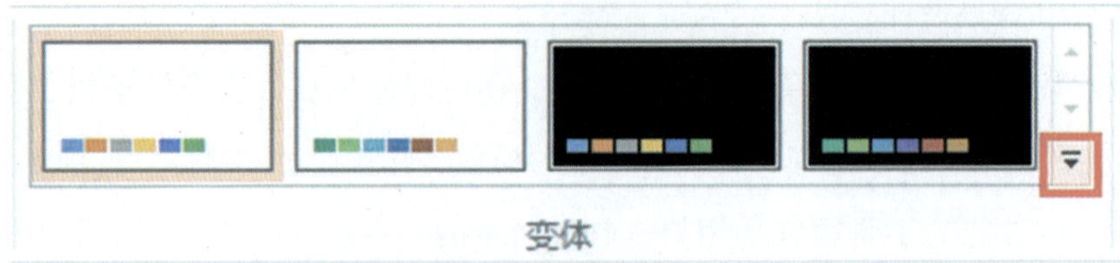

图5-64　变体

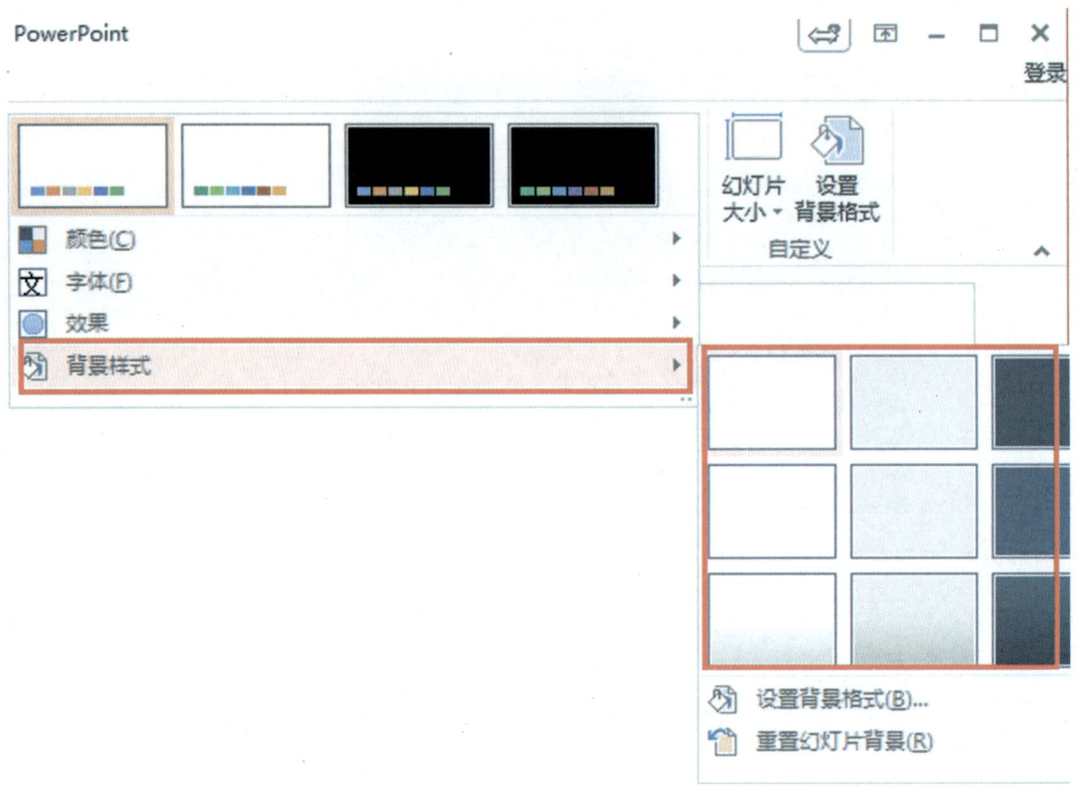

图5-65　选择背景样式

②通过“设置背景格式”来更换背景：点击“背景样式”中的“设置背景格式”；右击幻灯片弹出的快捷菜单“设置背景格式”（见图5-66）。应用背景格式如图5-67所示。

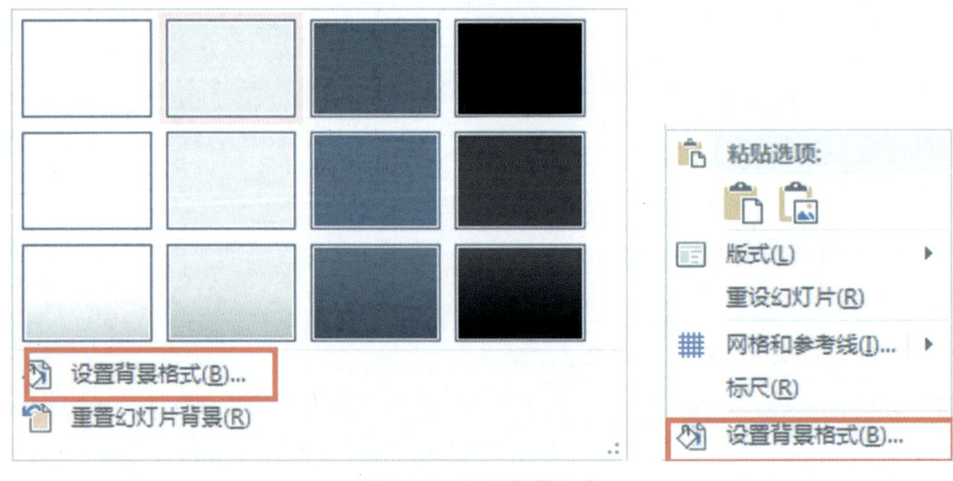

图5-66　设置背景格式

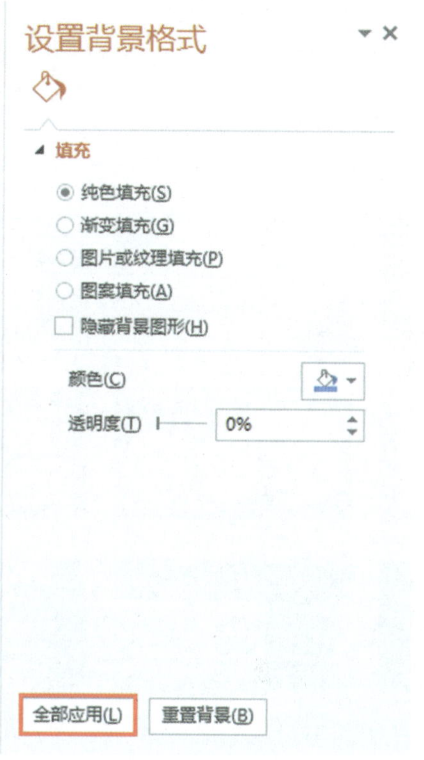

图5-67 应用背景格式

课堂练习

扫一扫：观看教学视频

新建演示文稿，选择主题“柏林”，如图5-68所示设计幻灯片，另存名称为“我的主题.pptx”，保存到“E:\PowerPoint 2013练习”中。

图5-68 选择主题

实训　制作母版PPT

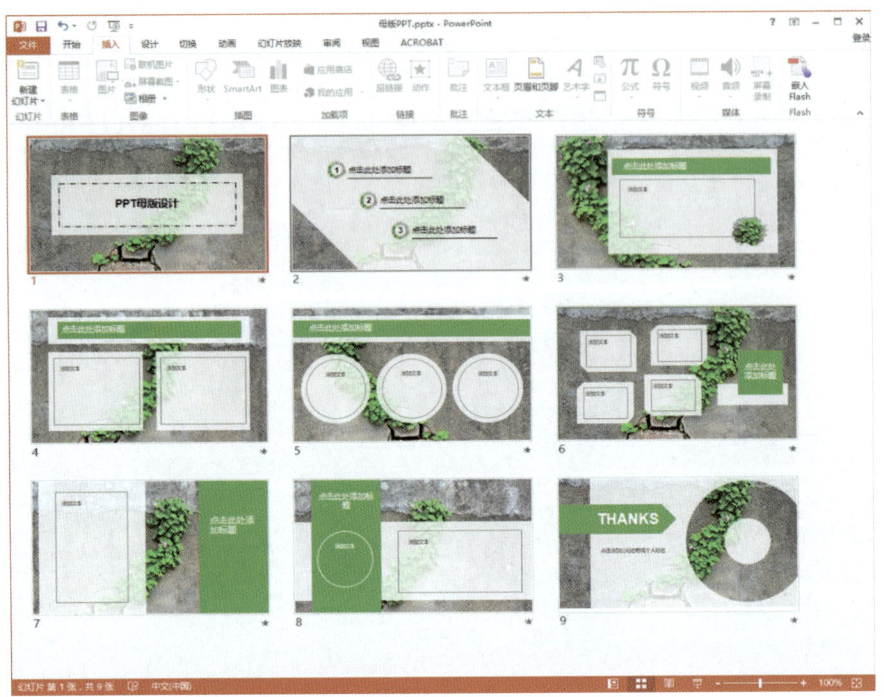

图5-69　制作PPT母版

扫一扫：观看教学视频

【实训要求】

（1）新建演示文稿，另存名称为“PPT母版设计.pptx”，保存到“E:\PowerPoint 2013练习”中。

（2）用素材2-3、素材2-4进行母版制作（见图5-70）。

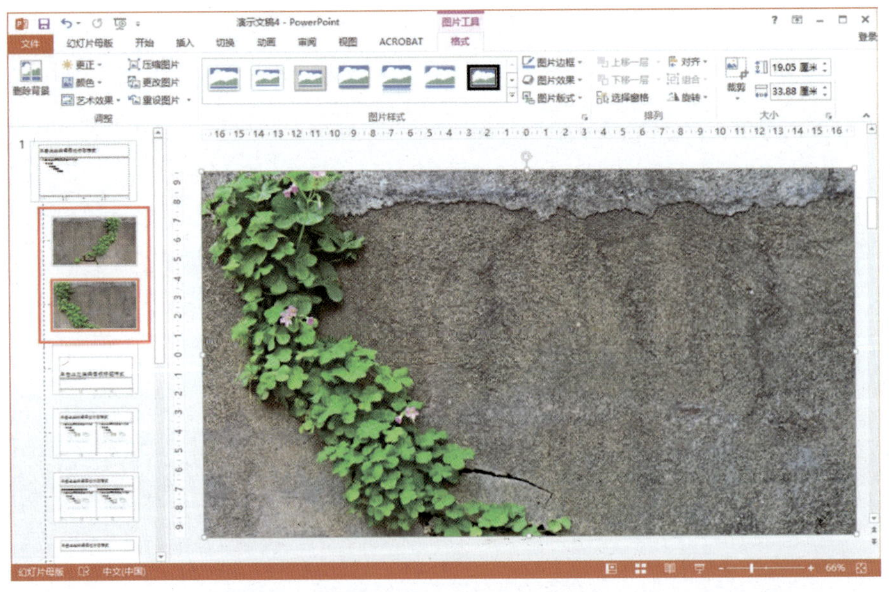

图5-70　设计制作PPT母版

（3）其余内容参考图5-69进行制作。

任务四 制作个人简历模板——PowerPoint动画与播放

学习目标

1.掌握在PowerPoint 2013中幻灯片动画添加的方法。

2.掌握在PowerPoint 2013中声音效果添加的方法。

3.掌握在PowerPoint 2013中超链接和动作按钮设置的方法。

4.掌握在PowerPoint 2013中幻灯片放映和放映控制的方法。

5.掌握在PowerPoint 2013中演示文稿的网上发布和打包的方法。

6.掌握在PowerPoint 2013 中打印演示文稿的方法。

学习内容

本任务主要介绍幻灯片动画的添加、声音效果的添加、超链接和动作按钮的设置、幻灯片放映和放映控制、演示文稿的网上发布和打包以及演示文稿的打印。

【任务要求】

（1）新建演示文稿，另存名称为“个人简历模板.pptx”，保存到“E:\PowerPoint 2013练习”中。

（2）以图5-71作为参考制作幻灯片。

（3）在“个人简历”模板幻灯片1上插入音频“发如雪.MP3”。

（4）在幻灯片播放的同时，音频自动播放，音频可以跨幻灯片，循环播放直到停止幻灯片播放。

（5）幻灯片2中的介绍内容可以通过超链接跳转到相应的幻灯片。

（6）自由发挥为幻灯片制作“切换”效果、“动画”效果，让模板更加生动有趣。

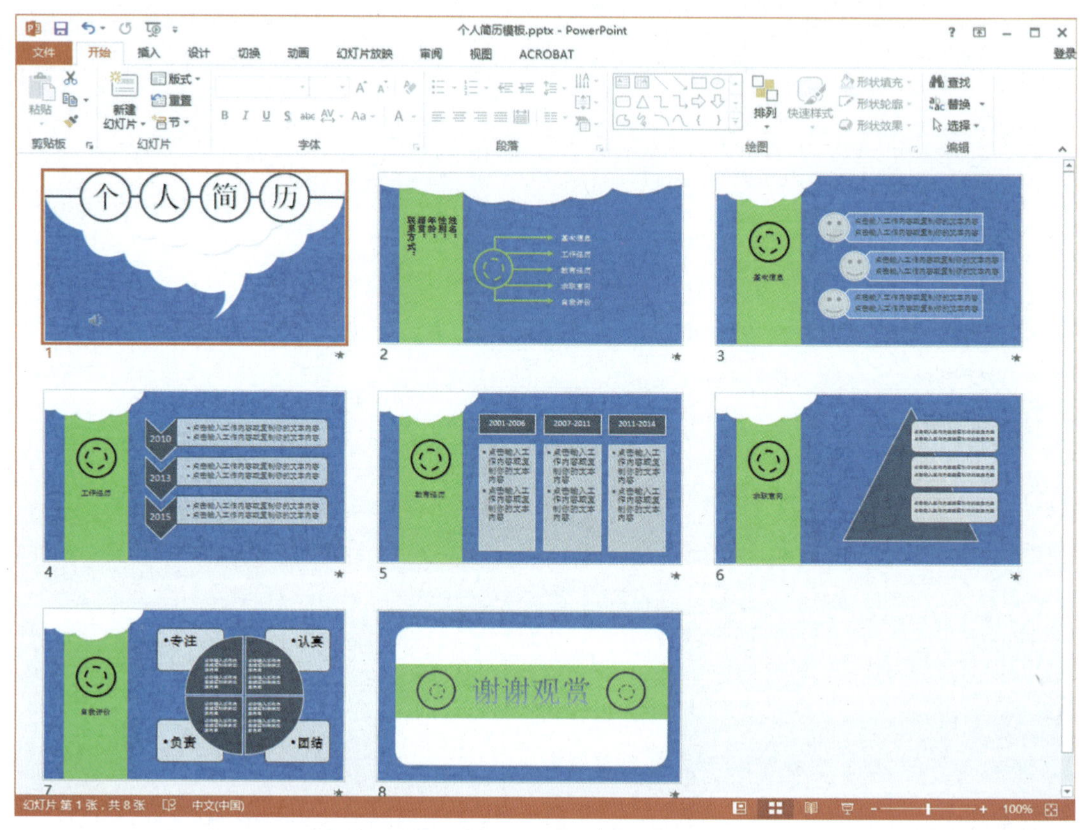

图5-71 制作个人简历1

操作一 制作静态PPT演示文稿

扫一扫：观看教学视频

【操作要求】

幻灯片1（见图5-72）

（1）将“幻灯片1”背景颜色设置为“蓝色”。

（2）将素材3-1、3-2插入“幻灯片1”当中，调整位置。

（3）插入四个“圆形”。“颜色填充”为白色、“形状轮廓”颜色为“蓝-灰”色，“形状轮廓”粗细为“6磅”。插入一条“直线”，“形状轮廓”颜色为“蓝-灰”色、“形状轮廓”粗细为“6磅”。

（4）插入“个人简历”四个“艺术字”，填充颜色“黑色，文本1，阴影”“宋体”“88”。

（5）圆形图案与直线“上下对齐”、圆形图案与文字“左右对齐”。

图5-72 制作个人简历2

2.幻灯片2（见图5-73）

（1）新建蓝色背景幻灯片，插入素材3-3，调整位置。

（2）插入宽度为“9”的“矩形”图形，填充“浅绿”色。

（3）插入2个“圆形”图案，3个“箭头”图形，2个“肘形箭头连接符”。“形状轮廓”颜色为“浅绿色”“形状轮廓”粗细为“6磅”，其中一个“圆形”图案的“形状轮廓”虚线为“短画线”。

（4）绿色“矩形”图形中文字“垂直”排列、“宋体”“黑色”。

（5）蓝色背景中文字“水平”排列、“宋体”“灰色-25%，背景2，深色10%”。

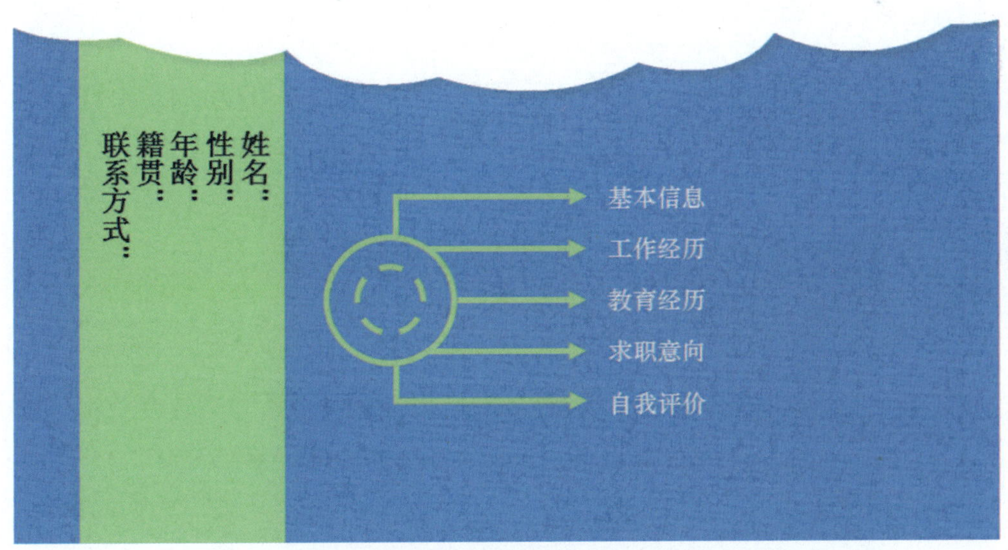

图5-73 制作个人简历3

幻灯片3（见图5-74）

（1）插入素材3-4，调整大小。

（2）插入“Smart Art”图片“垂直图片重点列表”。

（3）在“垂直图片重点列表”的小圆形中插入素材3-5。

（4）其余部分制作方法参考“幻灯片2”。

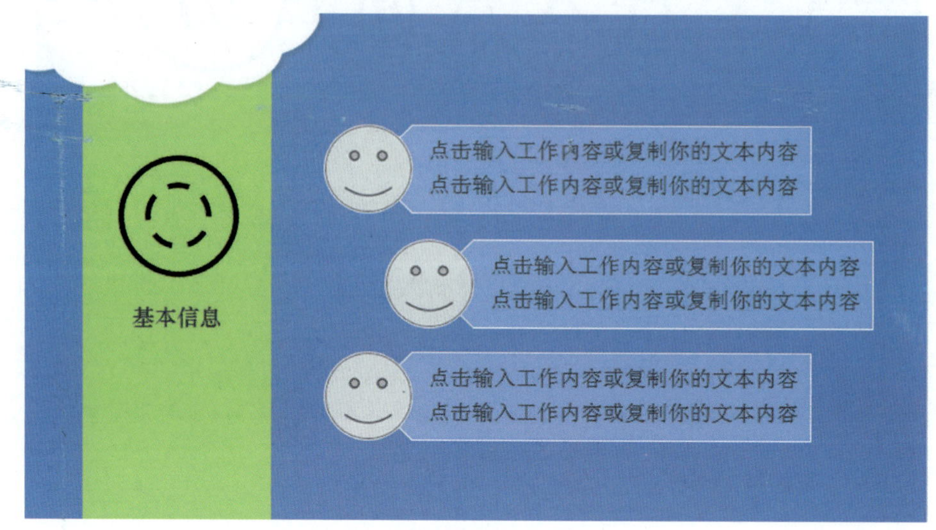

图5-74　制作个人简历4

4.幻灯片4～幻灯片8

操作要求参考幻灯片2。

【操作步骤】

1.幻灯片1

（1）在“幻灯片母版”中，将标题“标题幻灯片”的背景设置为“蓝色”（见图5-75）。

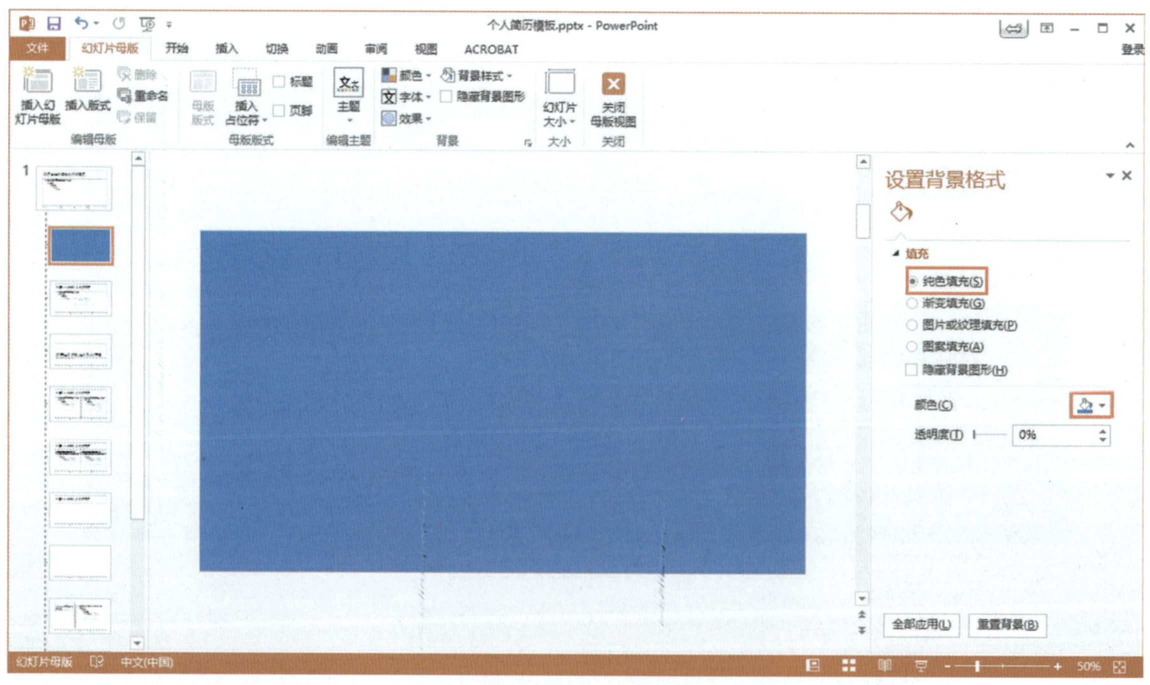

图5-75　背景设置

（2）在“幻灯片1”中插入素材3-1、素材3-2，调整素材大小摆放到恰当位置（见图5-76、图5-77）。

图5-76　插入素材

图5-77　调整素材大小

（3）在“插入”功能区中单击“形状”选中“椭圆”，按住“Shift”键在幻灯片中绘出正圆形的形状（见图5-78）。

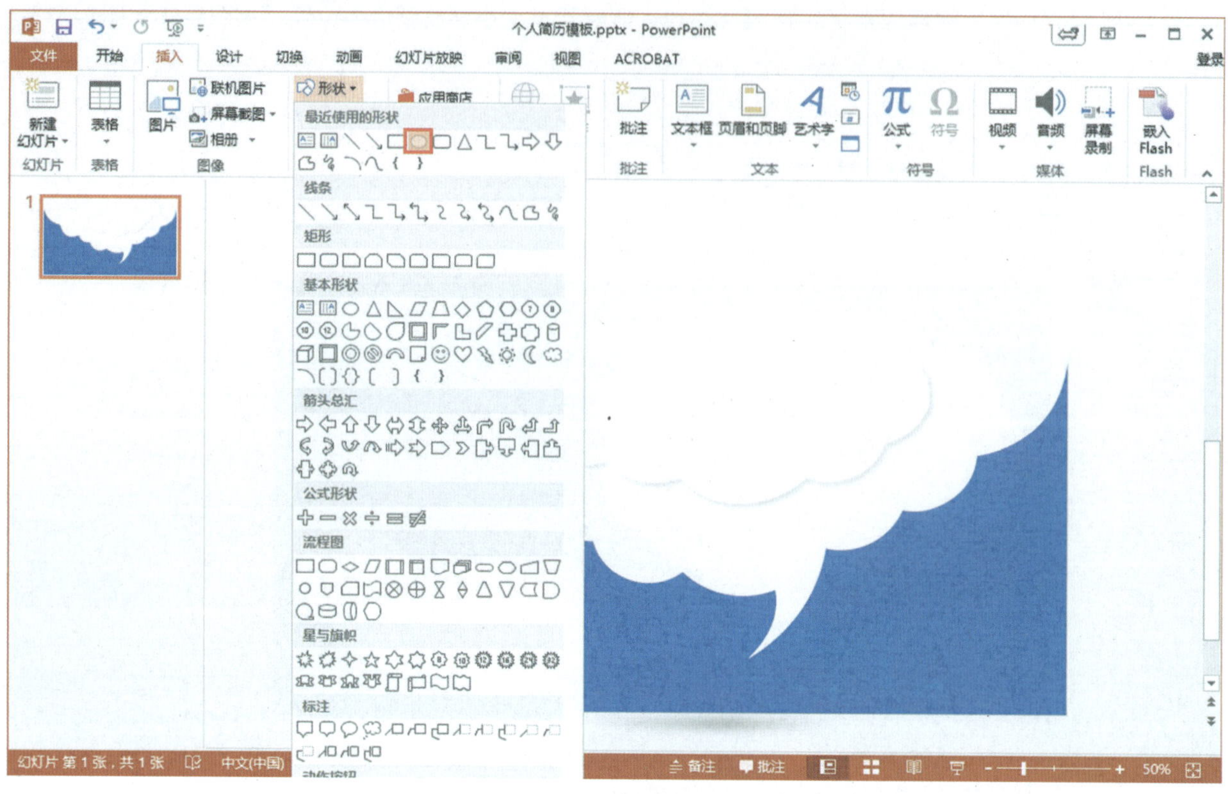

图5-78　插入自选形状

（4）插入四个“圆形”。颜色填充为白色，“形状轮廓”颜色为“蓝-灰”色、“形状轮廓”粗细为“6磅”。插入一条“直线”。“形状轮廓”颜色为“蓝-灰”色、“形状轮廓”粗细为“6磅”。

（5）插入“个人简历”四个“艺术字”，填充颜色“黑色，文本1，阴影”“宋体”“88”（见图5-79）。

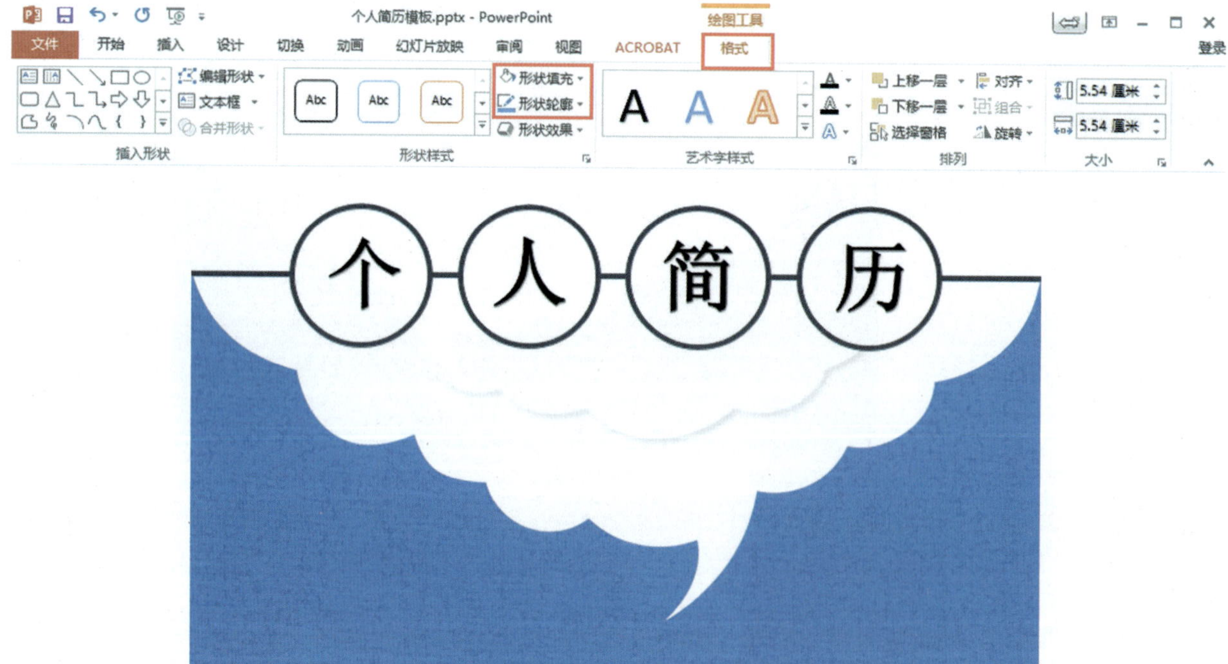

图5-79　输入文字

2.幻灯片2

（1）新建蓝色背景幻灯片，插入素材3-3，调整位置（见图5-80）。

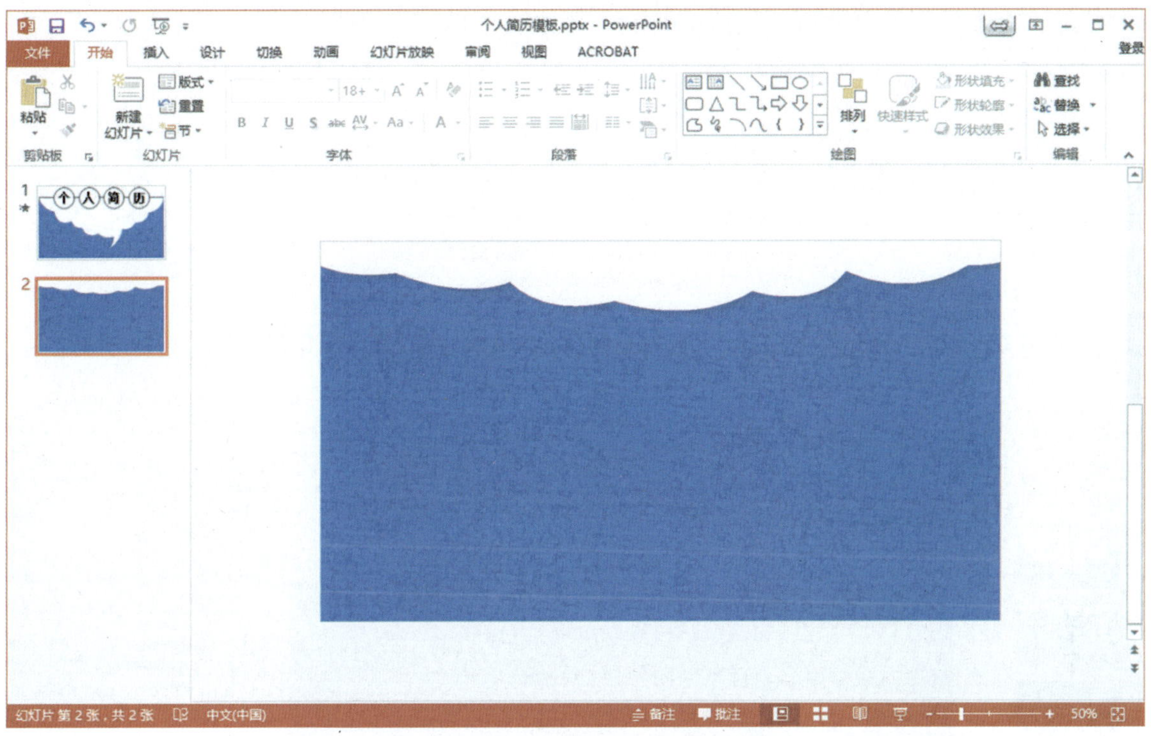

图5-80　新建蓝色背景幻灯片

（2）插入宽度为“9”的“矩形”图形，填充“浅绿”色，通过“下移一层”将“矩形”图形移动到云朵图案的底部（见图5-81）。

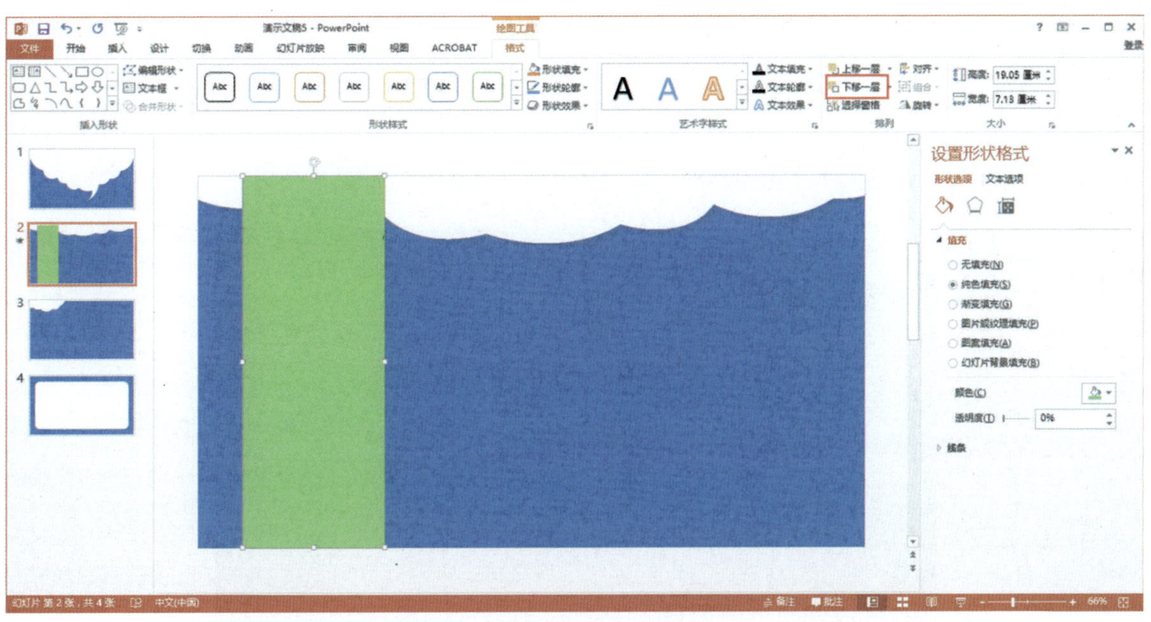

图5-81　插入“矩形”图形

（3）插入2个“圆形”图案，3个“箭头”图形，2个“肘形箭头连接符”。“形状轮廓”颜色为“浅绿色”，“形状轮廓”粗细为“6磅”，其中一个“圆形”图案的“形状轮廓”虚线为“短画线”。

（4）绿色“矩形”图形中文字“垂直”排列、“宋体”“黑色”（见图5-82）。

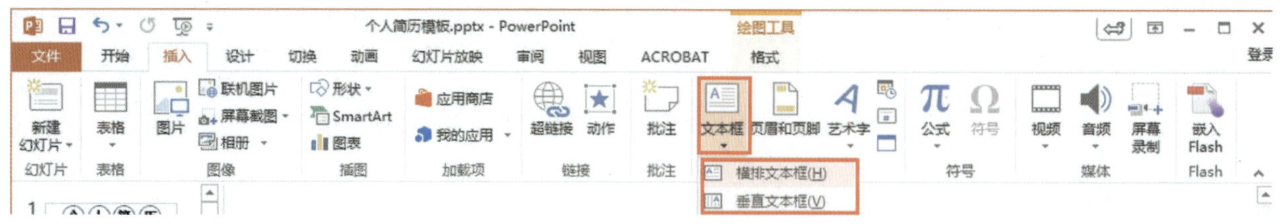

图5-82　设置图形中文字

（5）蓝色背景中文字“水平”排列、“宋体”“灰色-25%，背景2，深色10%”（见图5-83）。

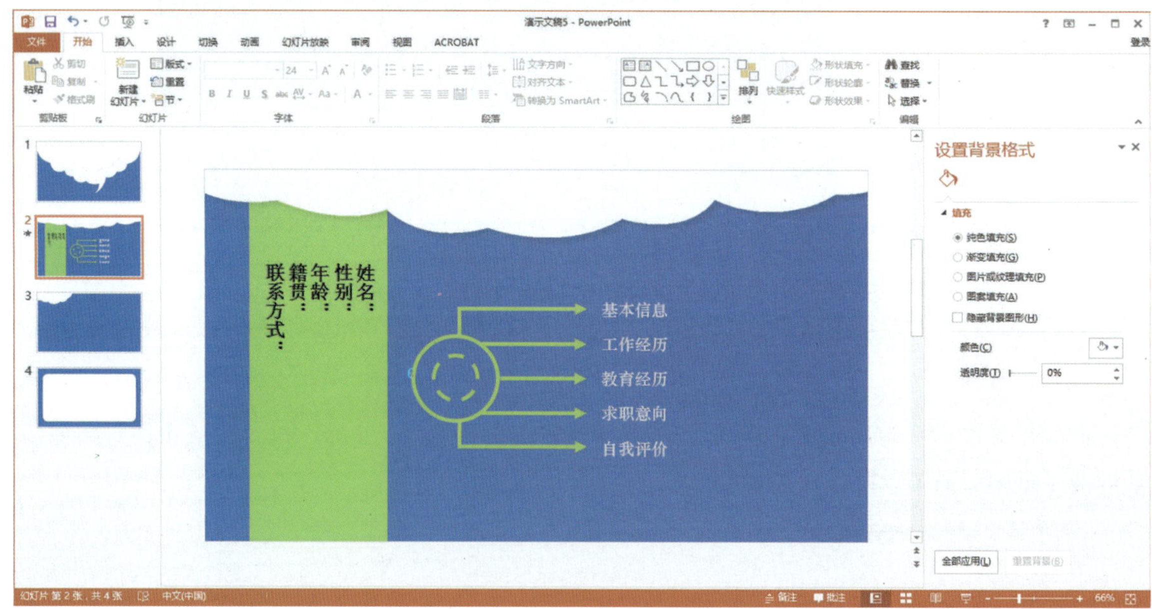

图5-83　设置字体颜色

3.幻灯片3

（1）插入素材3-4，调整大小（见图5-84）。

图5-84　插入素材

（2）插入“Smart Art”图片“垂直图片重点列表”（见图5-85、图5-86）。

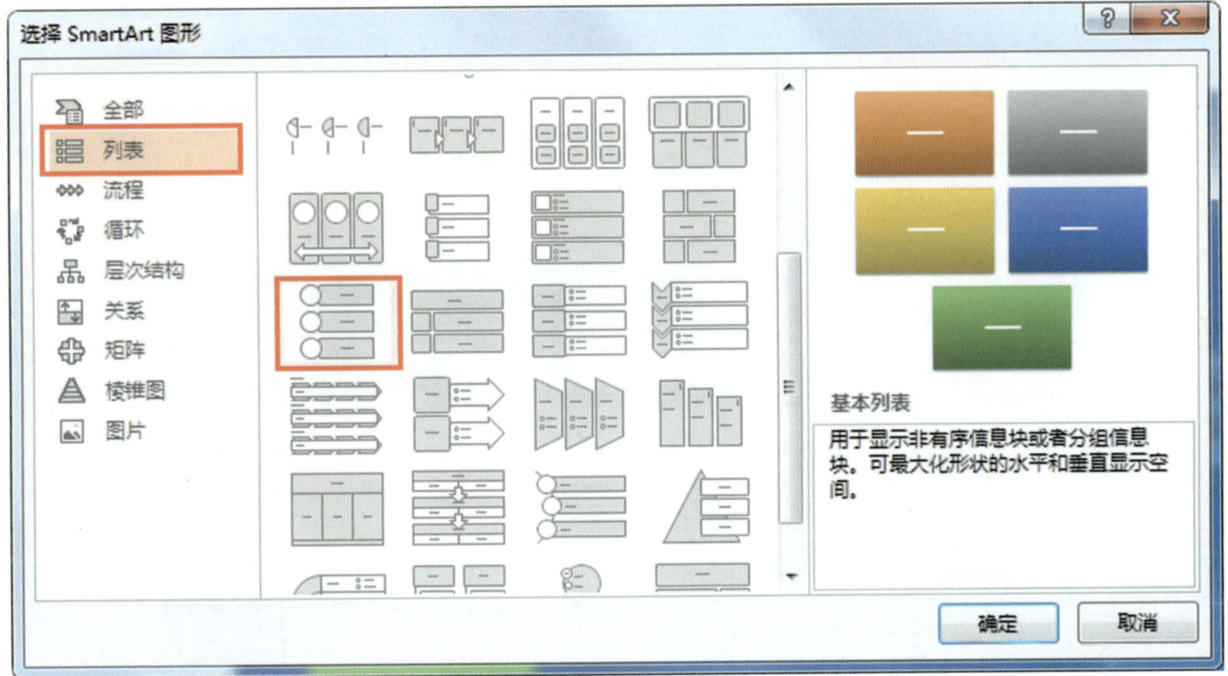

图5-85 插入“Smart Art”图片1

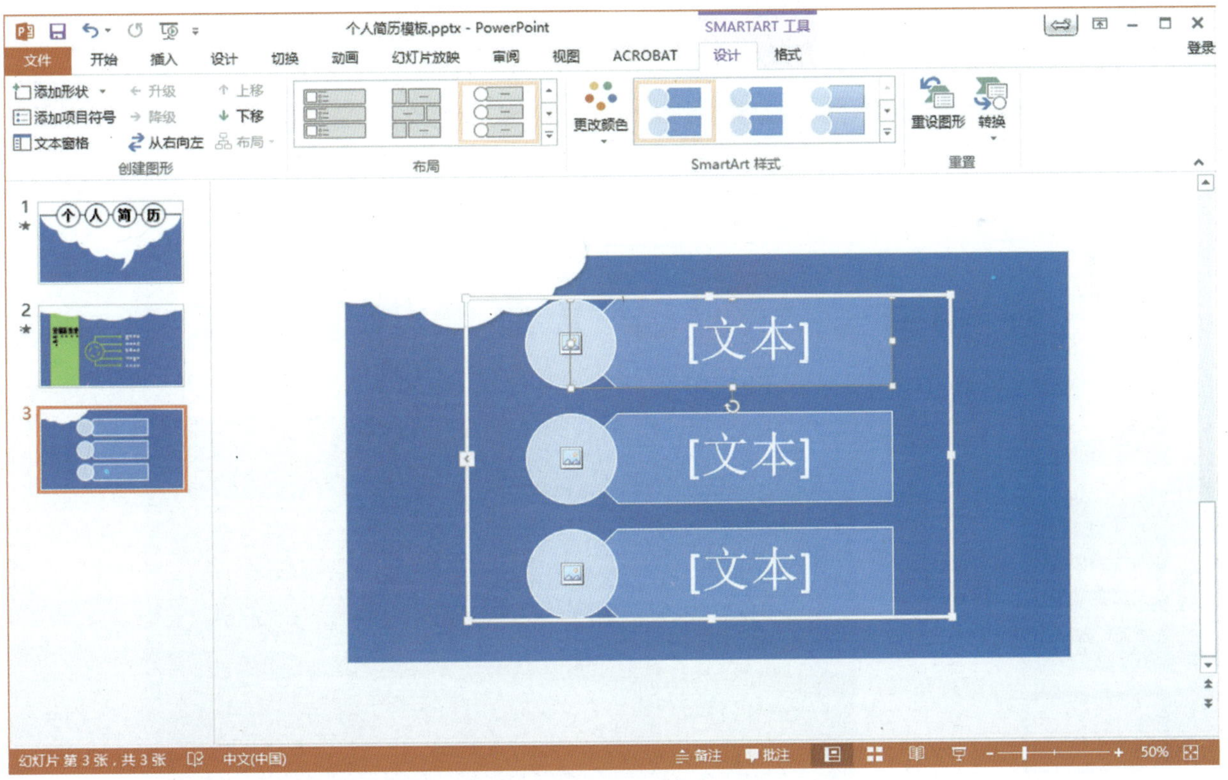

图5-86插入“Smart Art”图片2

（3）在“垂直图片重点列表”的小圆形中插入素材3-5（见图5-87、图5-88）。

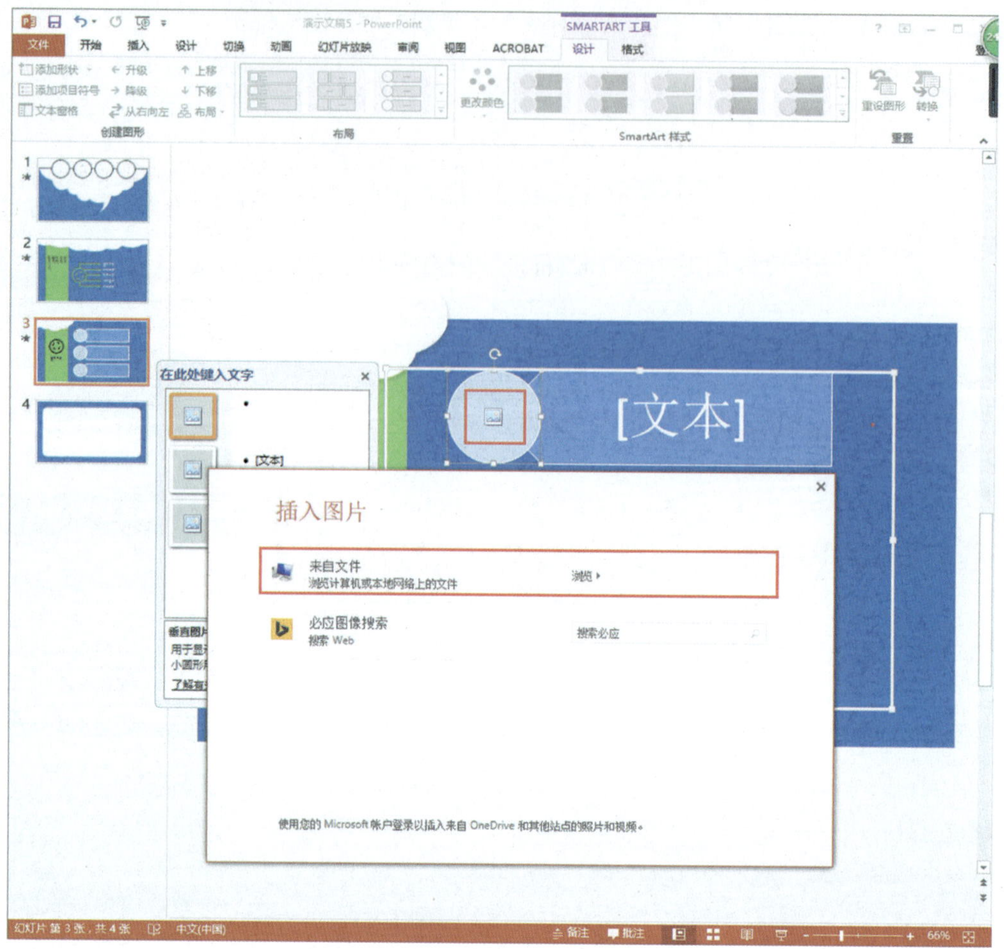

图5-87　插入图片

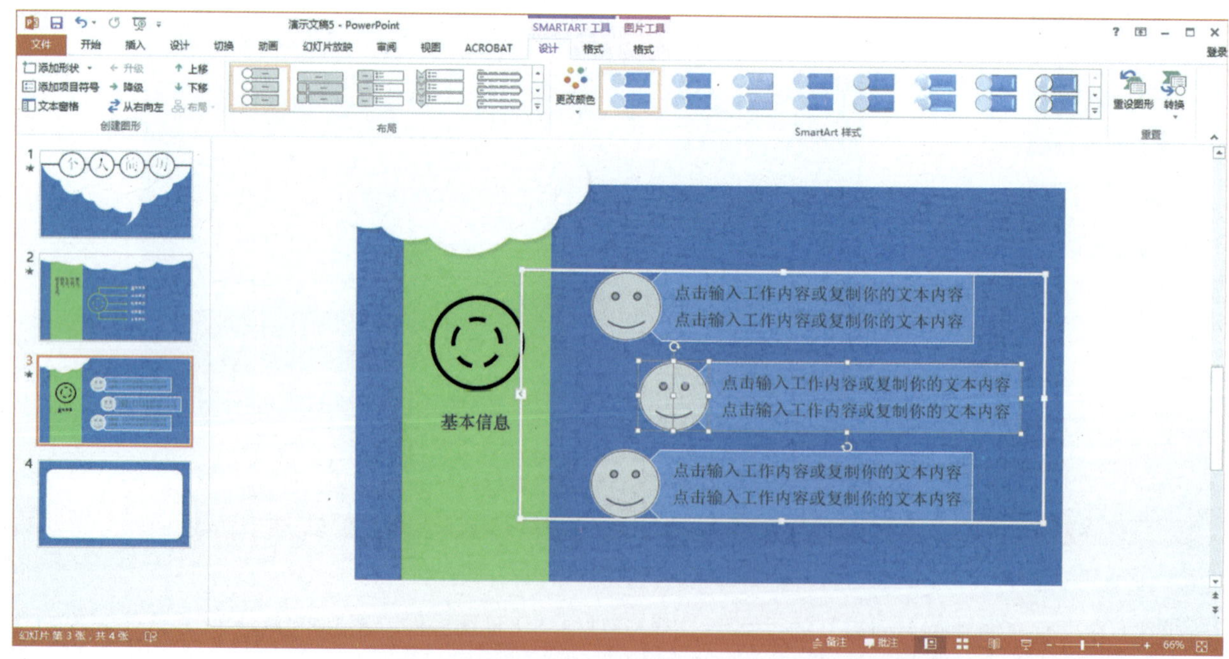

图5-88　输入文字

操作二　设置PPT演示文稿动画效果

【操作要求】

（1）为“个人简历模板”中的幻灯片8的“矩形”形状图案添加“缩放”动画效果。

（2）为“个人简历模板”中的幻灯片8增加“推进”的幻灯片切换效果。

【操作步骤】

（1）用鼠标单击幻灯片中绿色的“矩形”形状，然后在“动画”功能区动画显卡中选择“缩放”（见图5–89）。

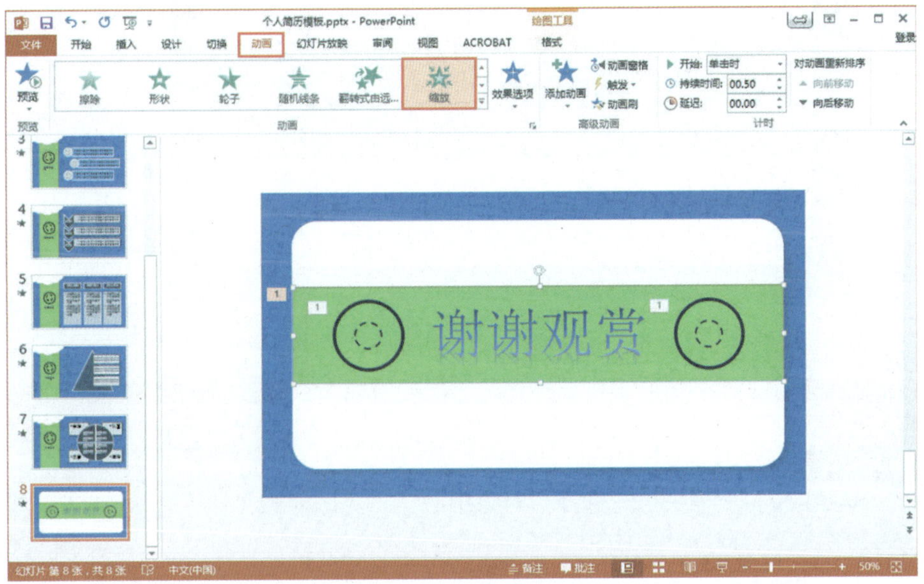

图5–89　添加动画

（2）单击“高级动画”选项卡中的“动画窗格”，打开“动画窗格”窗口（见图5–90）。

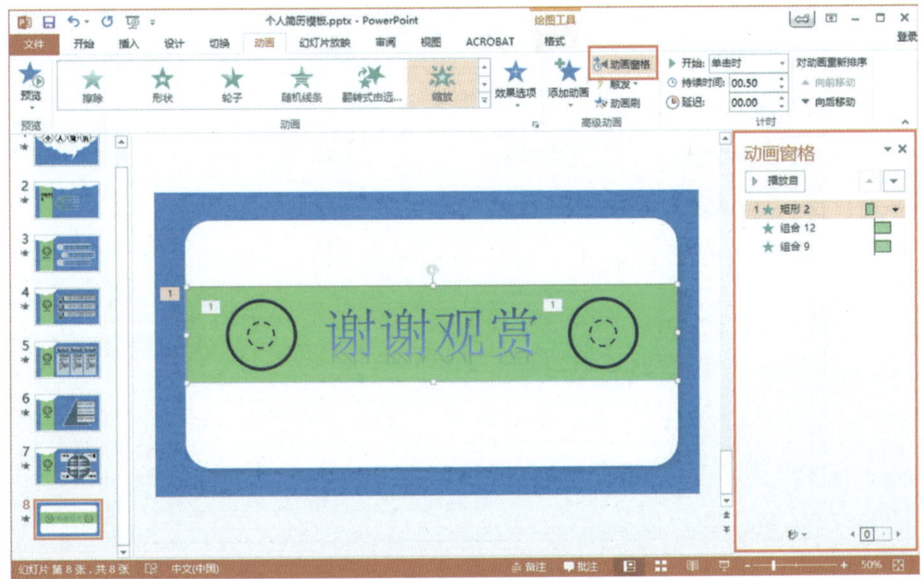

图5–90　打开“动画窗格”

（3）单击“矩形2”右边的三角形图标，弹出菜单，选择“效果选项”，打开“缩放”效果的对话框（见图5-91）。

图5-91　选择“效果选项”

（4）“效果”选项卡中，“消失点”选择“对象中心”（见图5-92）。

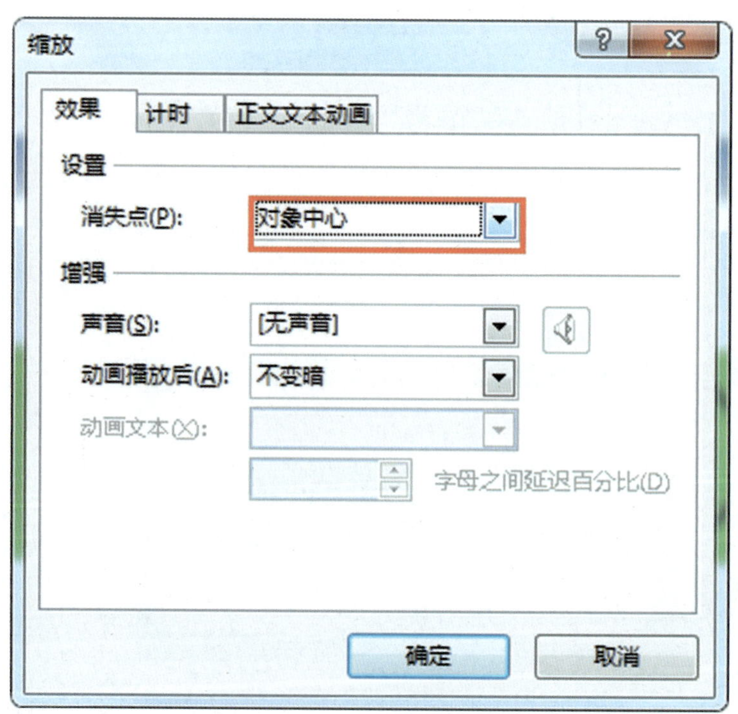

图5-92　选择“对象中心”

（5）“计时”选项卡中，“开始”选择“单击时”“期间”选择“快速（1秒）”，单击“确定”按钮（见图5-93）。

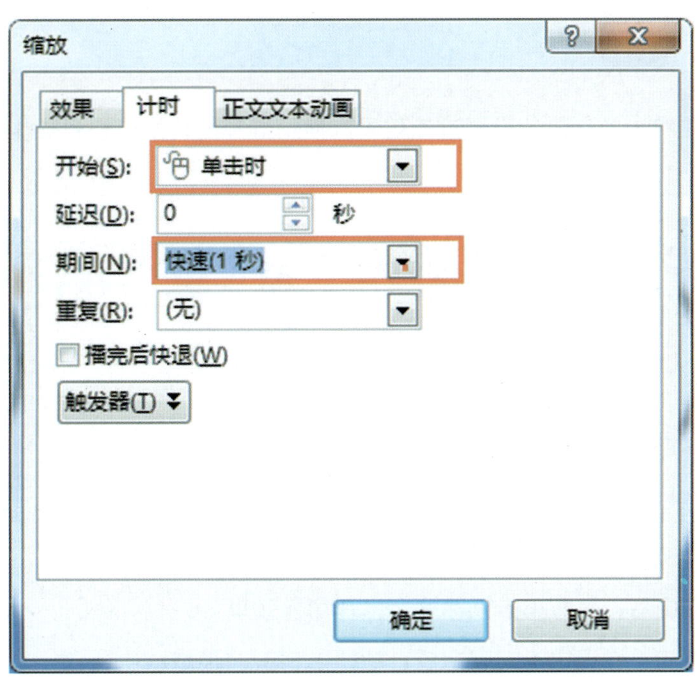

图5-93 设置时间

（6）在“切换”功能组中选择幻灯片的切换效果是“推进”，其余保留“默认值”（见图5-94）。

图5-94 制作完成

（7）保存文档。

知识链接

1.幻灯片切换效果

用户可以根据需要对PPT中的幻灯片设置过渡效果，使幻灯片的切换变得自然生动（见图5-95）。

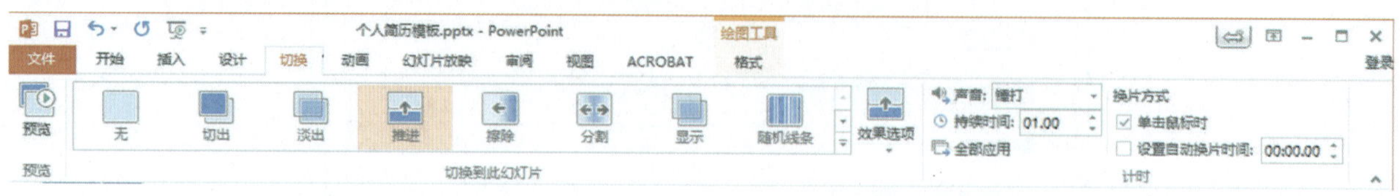

图5-95　设置幻灯片切换效果

（1）声音：切换幻灯片时出现的声音效果。

（2）持续时间：幻灯片切换的时候持续的时间。

（3）全部应用：将切换效果应用到每一个幻灯片上。

（4）单击鼠标时：选中后，只有单击鼠标才会出现切换效果。

（5）设置自动换片时间：在设定时间到达后自动切换到下一张幻灯片。

（6）效果选项：用来设置切换效果从幻灯片的哪个方向进行。

（7）预览：切换效果设置完毕后可以预览。

2.动画效果

动画效果是一个比较重要的功能，它可以使每一个幻灯片都有自己独特的显示方式，用户可以根据需要对幻灯片当中的文本、图形、图片、组合等多种对象实现从无到有、陆续展现的动画效果（见图5-96）。

图5-96　选择动画效果

对于幻灯片里面的素材，通过“动画”可以设置进入、强调、退出三种状况下素材的表现形式（见图5-97）。

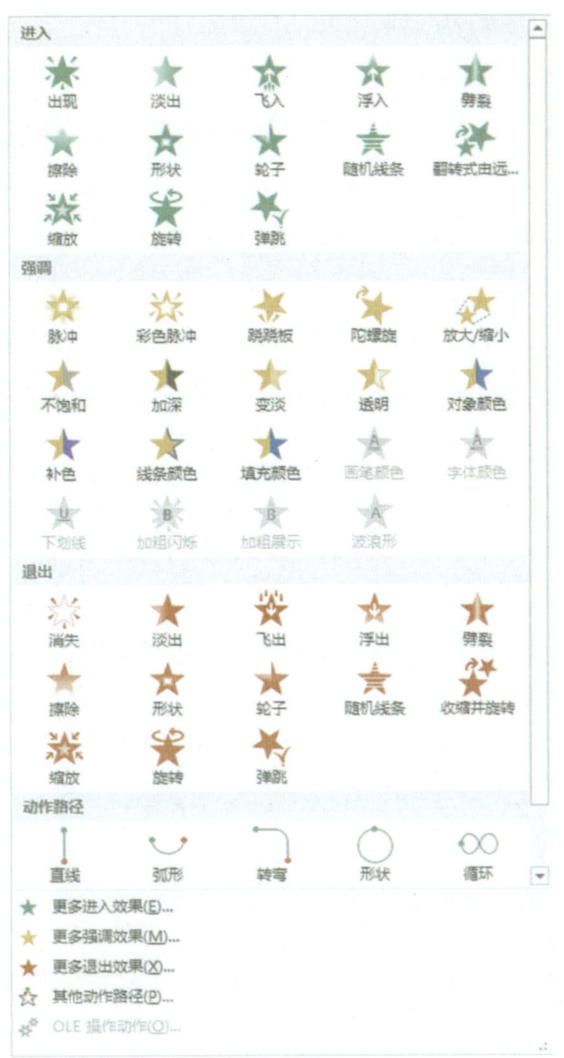

图5-97　幻灯片动画效果

自定义动画路径：可以自行设置动作的路径，使图片或文字的进入或者消失都按照个人所设定的方式进行，有助于制作出各种不同的动画效果。

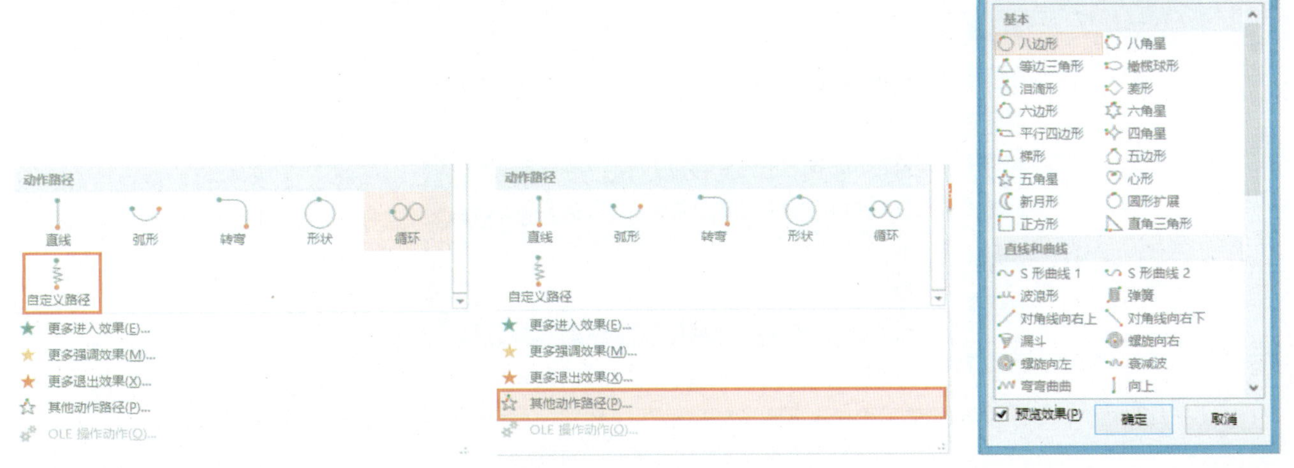

（1）动画：对当前幻灯片的元素设定动画效果。

（2）效果选项：设置动画效果的方向。

（3）添加动画：打开菜单可以对当前幻灯片的元素设置包含进入、强调、退出的动画效果。如果需要更多的效果，请选择“更多……”

当前幻灯片如果都设置了动画，则这些动画按照设置的顺序从上到下依次排列在“动画窗格”的列表中，顺序号和幻灯片上的动画编号一一对应。

（4）动画窗格：打开“动画窗格”面板，可以对动画进行调整，例如可以拖动面板中的动画上下移动改变动画的播放顺序，在面板中可以对动画进行上移、下移、删除等命令的操作（见图5–98）。

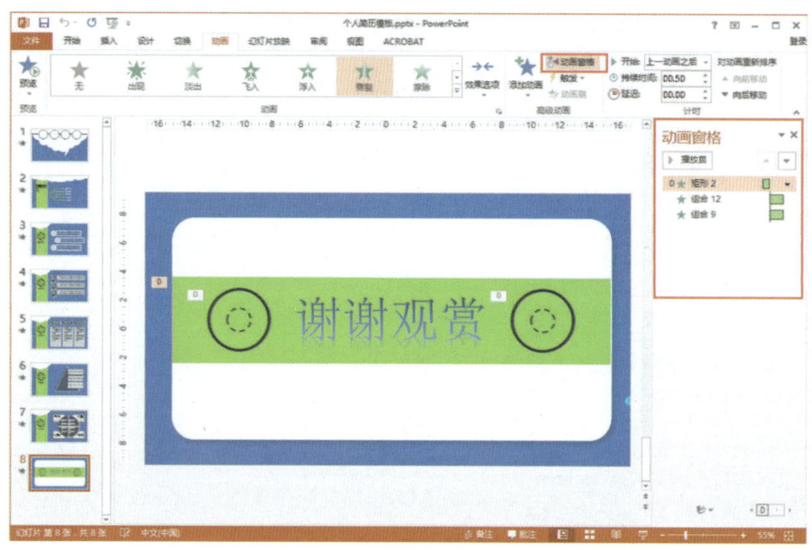

图5–98　打开“动画窗格”

单击“效果选项”打开效果对话框，可以通过“效果”“计时”两个选项卡组来设置动画效果开始的方式，播放的方向、速度，延迟的时间、重复的次数（见图5–99～图5–101）。

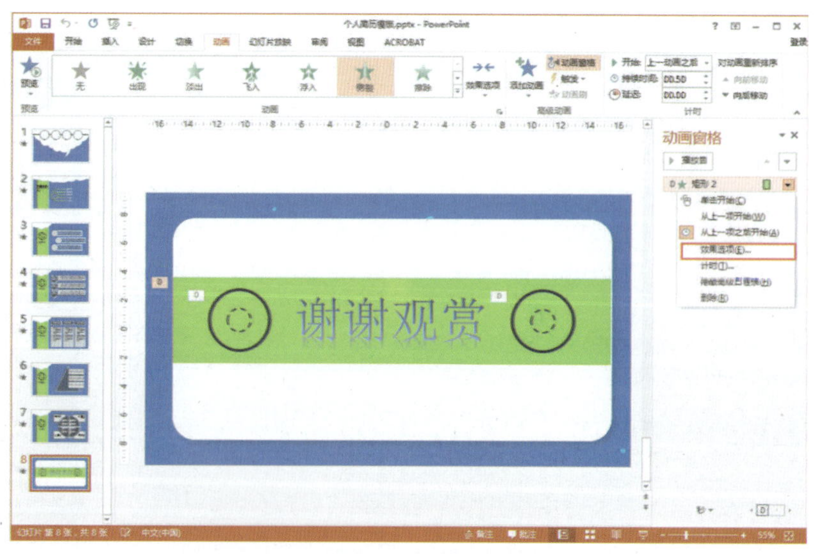

图5–99　设置动画效果1

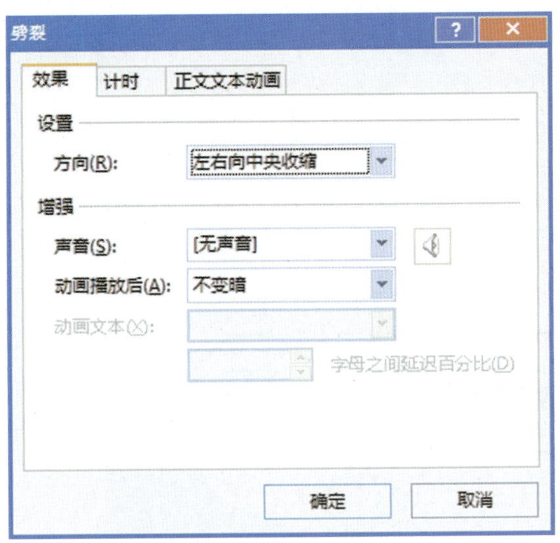

图5-100 设置动画效果2

图5-101 设置动画效果3

操作三 为PPT演示文稿插入声音文件

扫一扫：观看教学视频

【操作要求】

（1）在“个人简历”模板幻灯片1上插入音频“发如雪.MP3”。

（2）在幻灯片播放的同时，音频自动播放，音频可以跨幻灯片，循环播放直到停止幻灯片播放。

【操作步骤】

（1）在“插入”功能区中找到“媒体”选项卡，单击“音频”命令，选择“PC上的音频”，打开“插入音频”对话框，将“发如雪.MP3”选中，单击“插入”（见图5-102、图5-103）。

图5-102 PPT演示文稿插入音频1

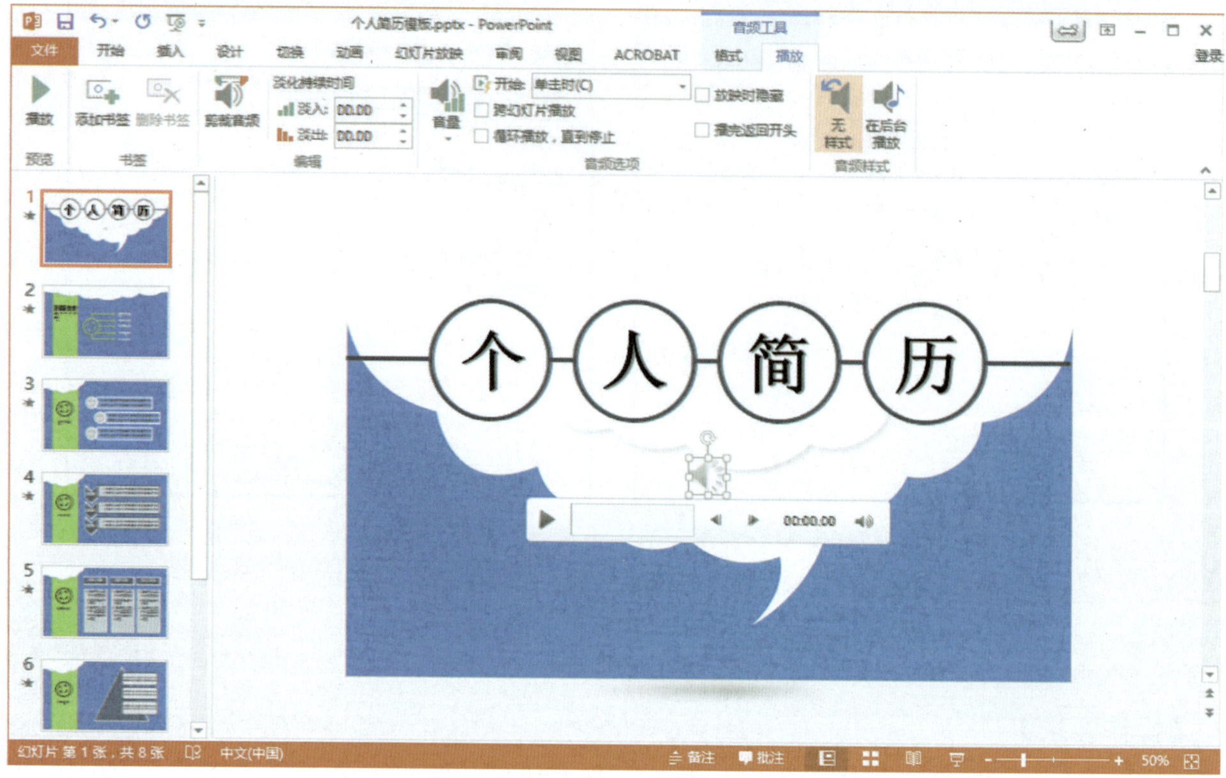

图5-103　PPT演示文稿插入音频2

（2）在幻灯片中将声音图标拖动到合适的位置，并适当地调整其大小（见图5-104）。

图5-104　拖动声音图标到合适的位置

（3）在“播放”功能区中，将“开始”选为“自动”，“音频样式”选择“在后台播放”，可选“放映时隐藏”复选框、“跨幻灯片播放”复选框、“循环播放，直到停止”复选框（见图5-105）。

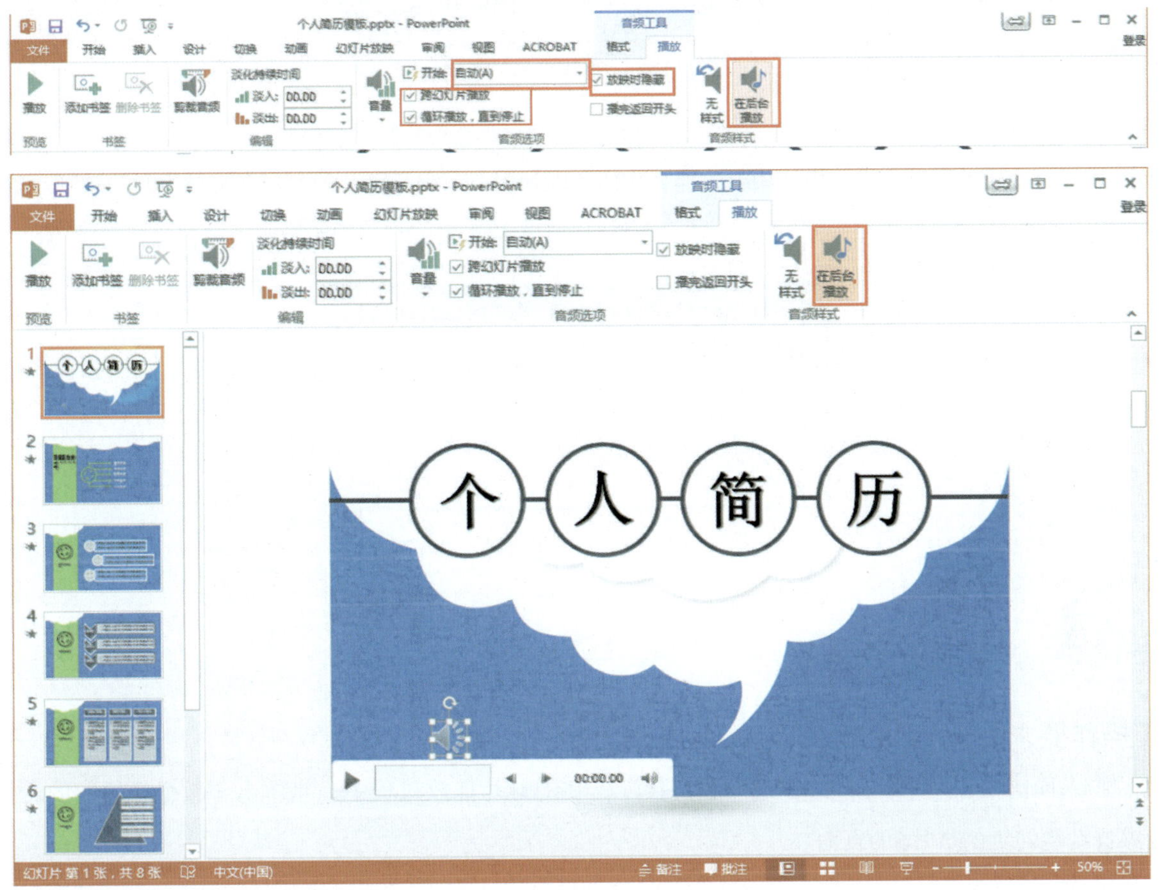

图5-105 设置播放选项

知识链接

1.添加声音效果

向幻灯片中添加声音效果，可以增强幻灯片的听觉效果，使幻灯片的放映更加完美。添加声音的方式有两种，一种是“PC上的音频”，另一种是“录制音频”（见图5-106）。

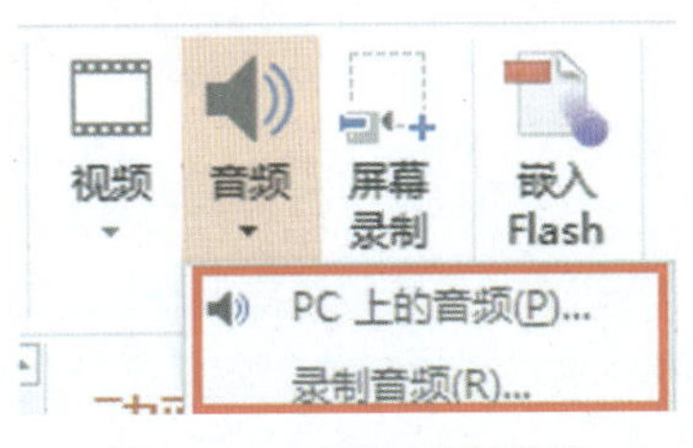

图5-106 添加声音效果

（1）插入PC上的音频。

操作方法可以参照“操作三”的操作步骤，通过“播放”功能区对声音的效果进行设置与调整（见图5-107）。

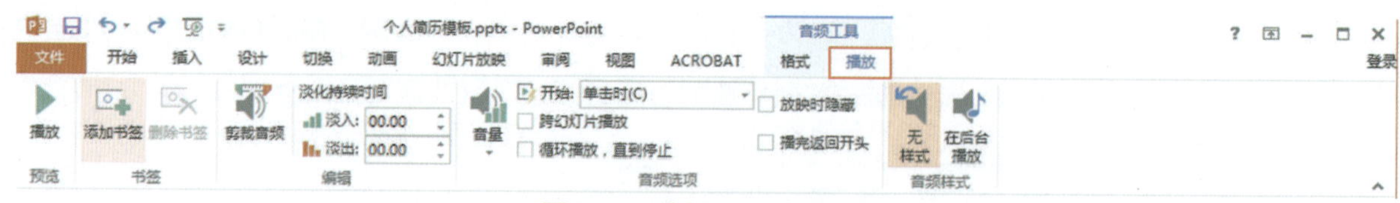

图5-107　插入PC上的音频

（2）录制音频。

当PC中没有合适的音频文件可供使用时，那么我们可以利用“录制音频”的方式来进行声音的录制。单击 ● 录制按钮开始录制，单击 ■ 停止按钮停止录制，单击 ▶ 播放按钮来试听我们所录制的声音（见图5-108）。

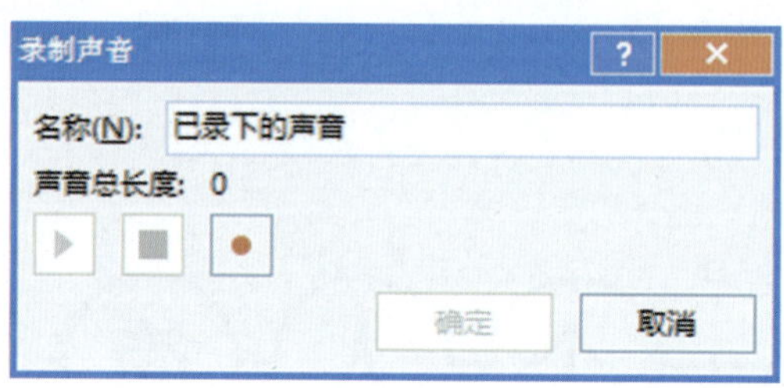

图5-108　录制音频

操作四　为PPT演示文稿加上超链接

【操作要求】

为“个人简历模板”中幻灯片2添加“超链接”，在幻灯片播放过程中，当单击“教育经历”的时候，幻灯片能够自动跳转到幻灯片5的页面。

【操作步骤】

（1）在“插入”功能区中单击“超链接”打开“插入超链接”对话框，链接到“本文档中的位置”，单击“幻灯片5”，单击“确定”（见图5-109～图5-111）。

扫一扫：观看教学视频

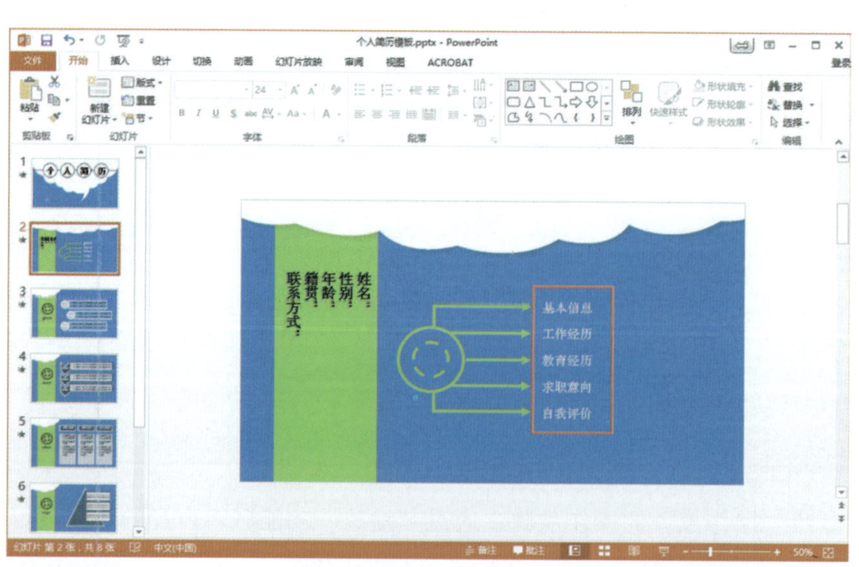

图5-109　插入超链接1

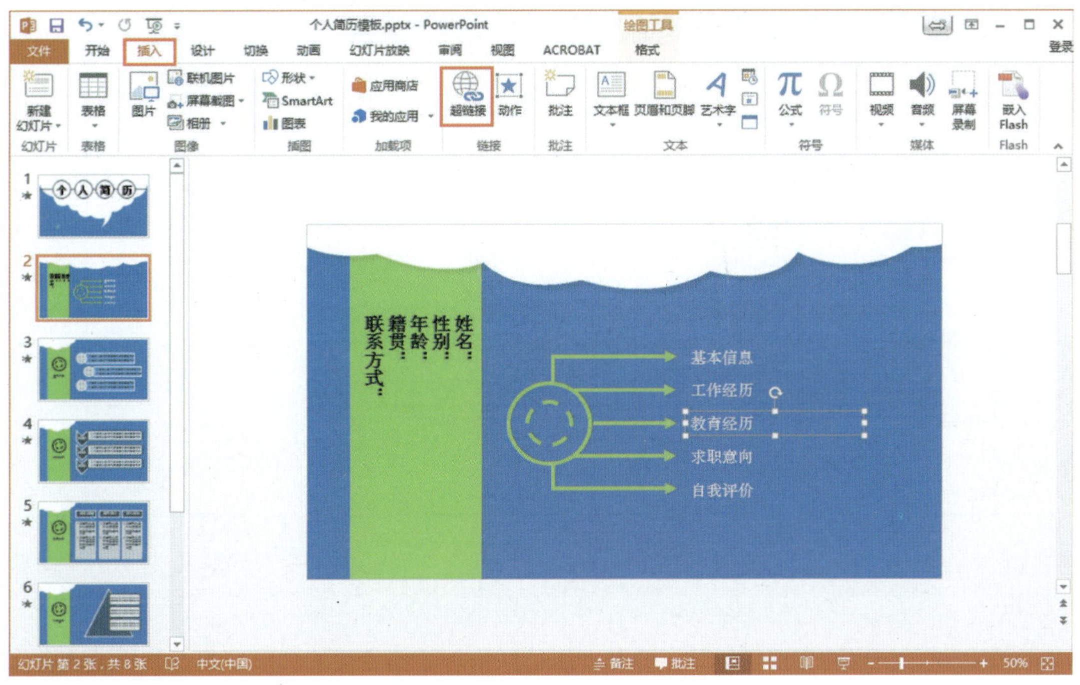

图5-110 插入超链接2

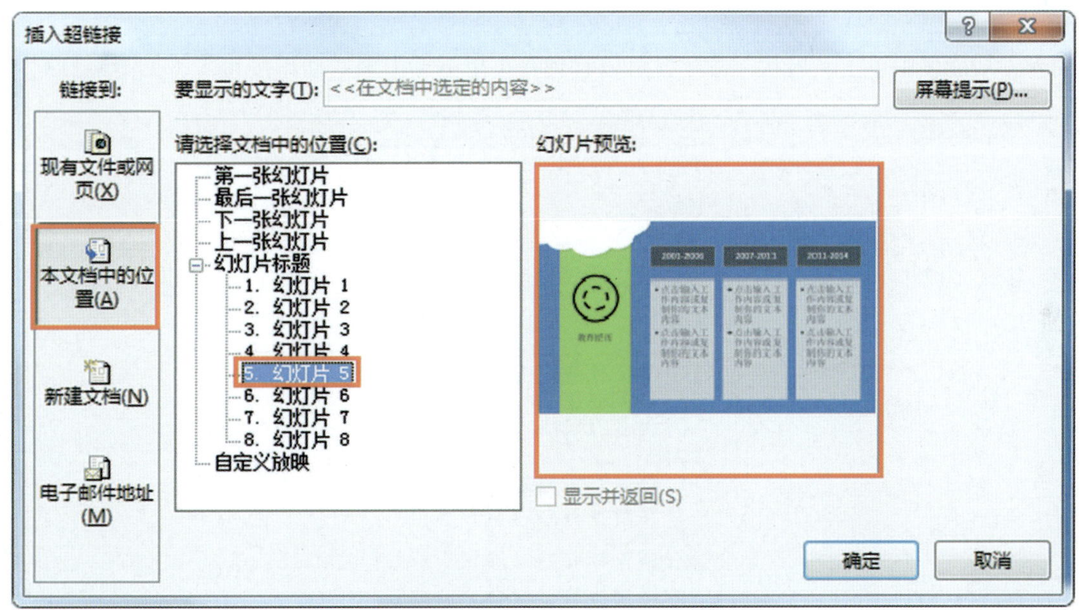

图5-111 插入超链接文件

（2）保存文档。

1.超链接

在幻灯片中实现超链接，目的在于能够在幻灯片播放过程中从幻灯片中的某个位置跳转到其他位置，具体可以实现一张幻灯片与样式文稿的其他幻灯片、其他演示文稿中的幻灯片、Web网页等的跳转（见图5-112）。

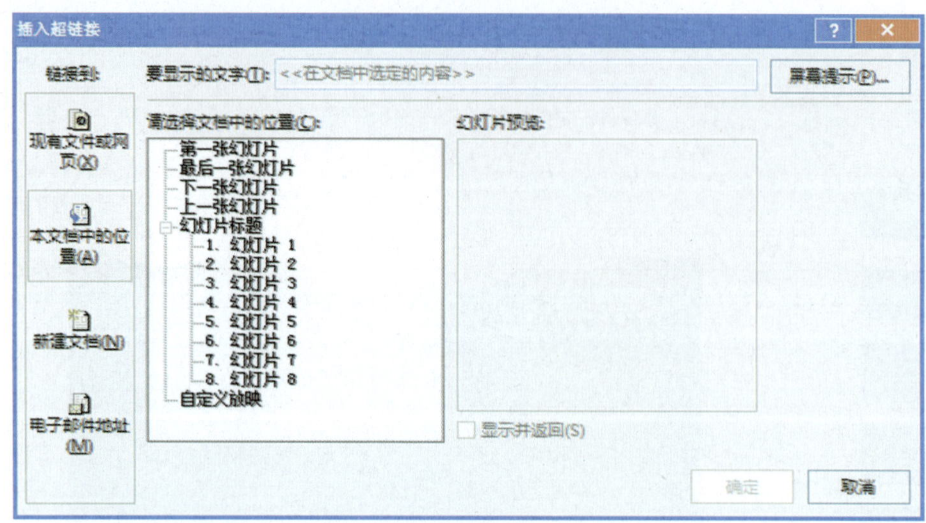

图5-112 打开超链接选项

2.动作按钮

PowerPoint中提供了一组动作按钮，其实就是一组已经添加了超链接的图形对象。利用这些动作按钮，用户可以实现在幻灯片放映的过程中通过动作按钮跳转到其他幻灯片、文件、网页等，还可以启动应用程序、播放声音或者影片。

在“插入”功能区中单击“形状”命令，可以看到在菜单下端出现“动作按钮”（见图5-113）。

图5-113 插入动作按钮

将“动作按钮”插入幻灯片当中，同步打开“操作设置”对话框，可以从中设置当我们单击“动作按钮”的时候，将会进行的动作（见图5–114）。

图5–114 操作设置

3.幻灯片的放映

对幻灯片的内容以及各种外观设置之后，就可以进行幻灯片放映。但是在放映的过程中，放映者可能对幻灯片的放映方式和放映时间有不同的需求，为此，用户可以对其进行相应的设置。

通过“幻灯片放映”功能区，单击“设置幻灯片放映”命令，打开“设置放映方式”对话框，可以对幻灯片的放映方式进行设置（见图5–115）。

图5–115 设置放映方式

在对话框中可以设置三种放映方式：

（1）演讲者放映：演讲者完全控制幻灯片的放映过程。

（2）观众自行浏览：适合小规模的窗口演示，可以从一张幻灯片移动到另一张幻灯片。

（3）在展台浏览：演示文稿通常是自动放映的。

4.演示文稿的网上发布和打包

在PowerPoint 2013中提供了将演示文稿发布到Web站点上，从而转换扩展名为.htm或者.html的网页文件，用户也可以将演示文稿进行打包。这两种方式都可以使演示文稿在没有安装PowerPoint 2013的计算机上也能够放映。

（1）演示文稿的发布。

将制作好的演示文稿“另存为”后缀名为.xml的文件（见图5-116、图5-117）。

图5-116　演示文稿“另存为”

（2）演示文稿的打包。

图5-117　模板

演示文稿打包是为了方便携带和传送。因为文稿中如果包含音频、视频，直接复制到移动设备上可能导致移动到另外的PC设备上使用的过程中链接无法使用，用PowerPoint 2013提供的“打包向导”功能可以将文件和链接内容一起打包，不会失去链接信息，解压到另外的PC上也能进行播放。

①在“导出”界面，选择“将演示文稿打包成CD”，然后单击右侧的“打包成CD”按钮（见图5-118）。

图5-118　将演示文稿打包成CD制作

②弹出“打包成CD”对话框，然后单击“选项”（见图5-119）。

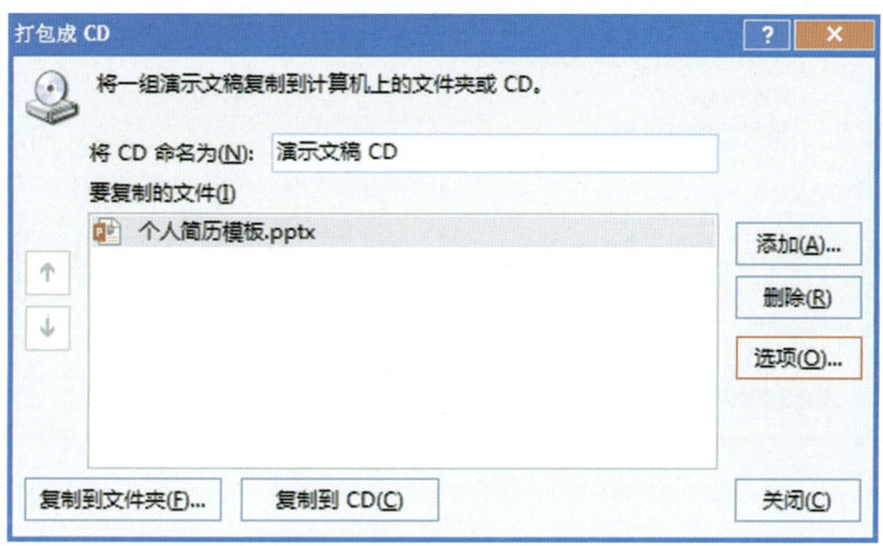

图5-119 设置“打包成CD”对话框1

③可以根据需要设置是否包含播放器、超链接及打开演示文稿时是否有密码保护等选项，单击“确定”返回“打包成CD”对话框（见图5-120）。

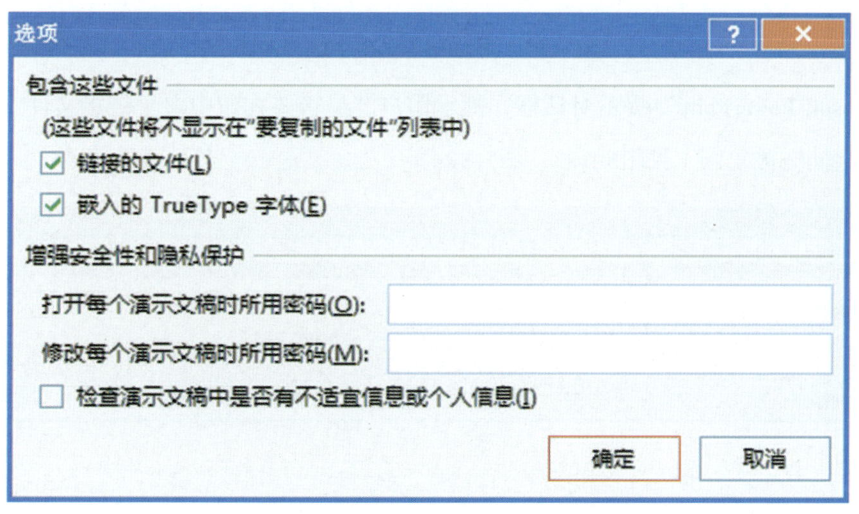

图5-120 设置“打包成CD”对话框2

④单击“复制到文件夹”，在弹出的“复制到文件夹”对话框中输入文件夹名称和设定存放位置，单击“确定”（见图5-121、图5-122）。

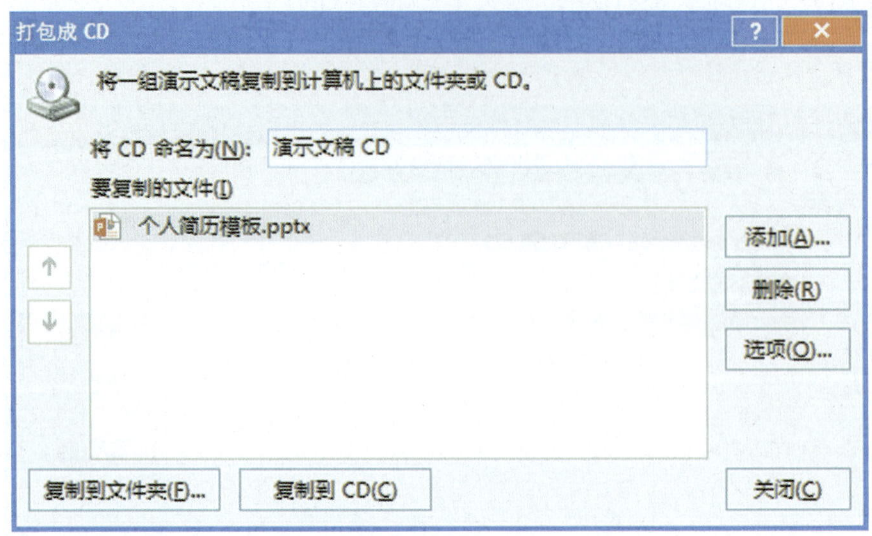

图5-121　设置“打包成CD”对话框

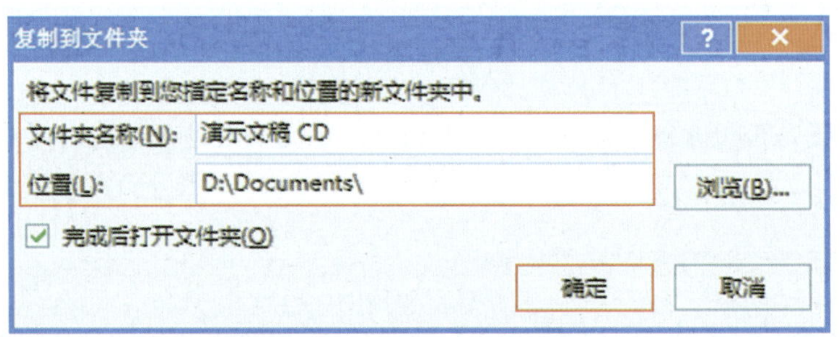

图5-122　复制文件到指定的位置

⑤弹出“Microsoft PowerPoint”提示对话框，提示用户“是否要在包中包含链接文件？”单击“是”，表示链接的文件内容会同时被复制（见图5-123、图5-124）。

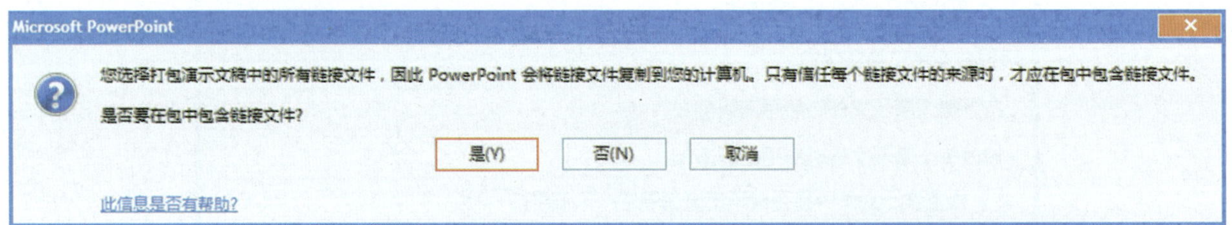

图5-123　弹出“Microsoft PowerPoint”提示对话框

图5-124　复制文件

⑥找到相应的文件夹，可以看到打包后的相关内容（见图5-125）。

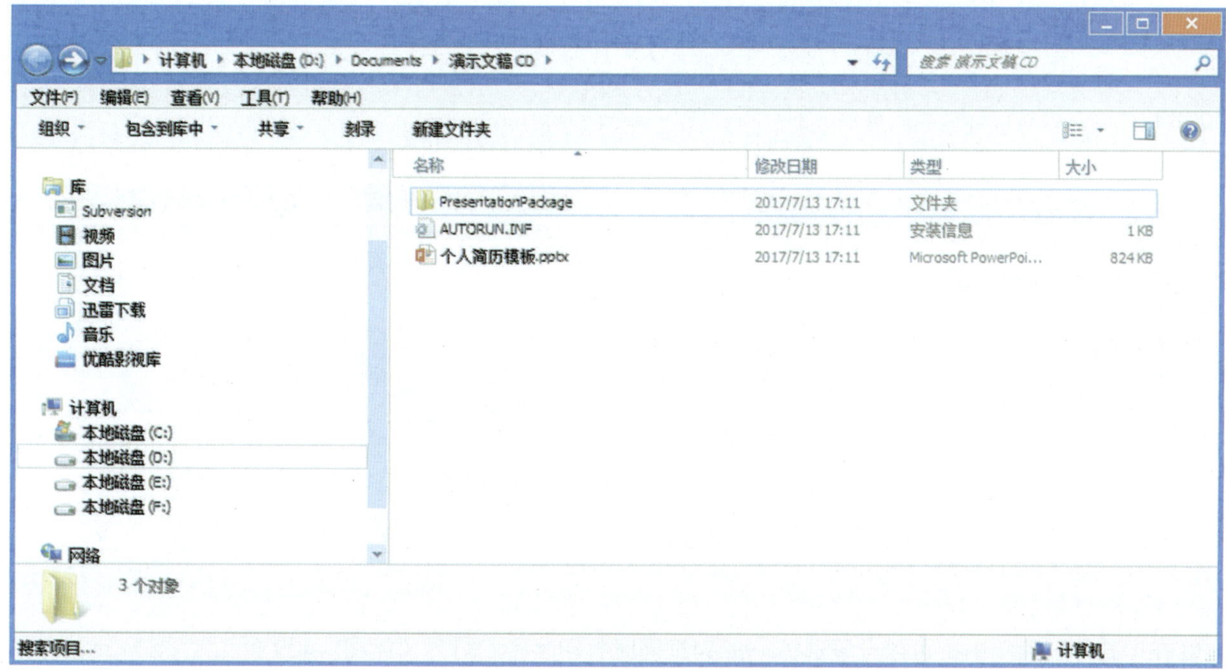

图5-125　打包后的CD文件

5.演示文稿的打印

原始文稿中的内容在需要的时候可以打印出来，当然在打印之前需要对幻灯片进行页面设置。

①在“设计”功能组下的“幻灯片大小”下拉框中选择“自定义幻灯片大小”（见图5-126）。

图5-126　自定义幻灯片大小

②在“幻灯片大小”对话框中可以选择对“幻灯片大小”“方向”进行设置，单击“确定”后弹出“Microsoft PowerPoint”提示对话框，选择“确保适合”，然后在“打印”菜单中可以预览效果（见图5-127、图5-128）。

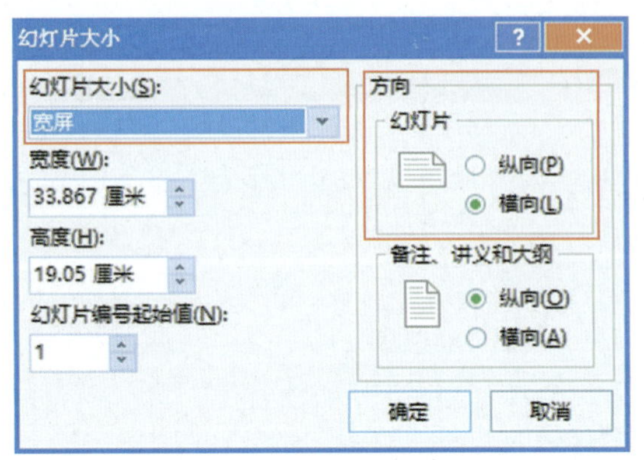

图5-127　设置幻灯片大小

图5-128　幻灯片预览

③在“打印”菜单中，可以设置选择一张A4纸同时打印多张幻灯片（见图5-129）。

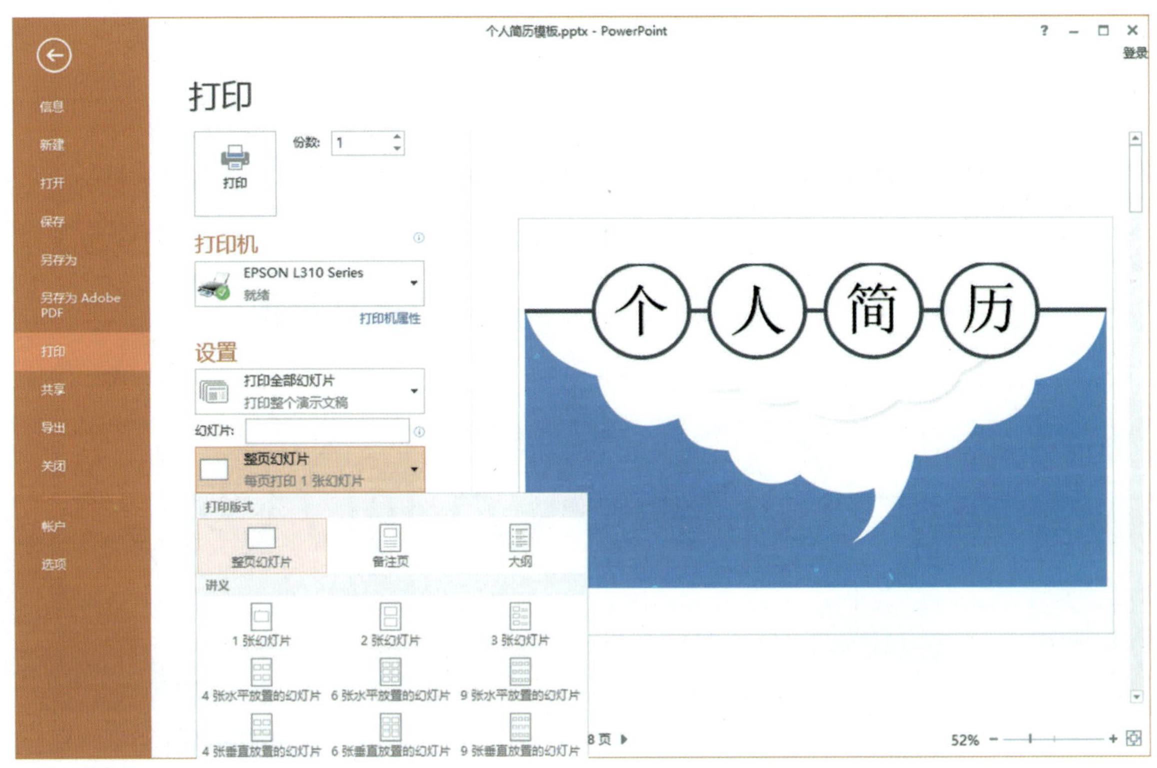

图5-129　打印多张幻灯片

扫一扫：观看教学视频

课堂练习

新建演示文稿，通过设置动画和声音效果，演示“日”字的书写过程。

（1）幻灯片的背景为纹理填充中的“水滴”。

（2）幻灯片切换采用“形状”，效果选项为“菱形”，持续时间为“3”秒，并配有“鼓掌”声音。

（3）“日”字的所有笔画采用形状中的“矩形”绘制，线条和填充颜色均为“蓝色”。

（4）笔画动画为“擦除”，速度为“慢速”，均配有“风铃”声。

（5）动画自动播放。

（6）另存名称为“日字书写.pptx”，保存到“E:\PowerPoint 2013练习”中。

实训 论文答辩模版

论文答辩模版如图5-130所示。

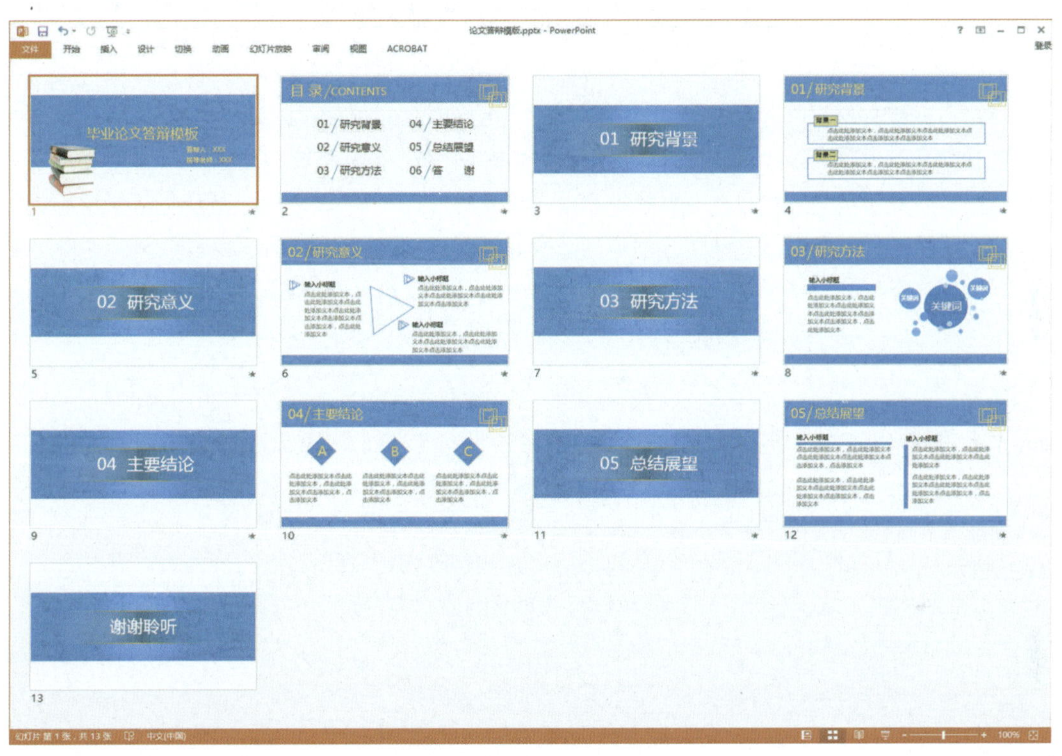

图5-130 论文答辩模版

【实训要求】

扫一扫：观看教学视频

（1）新建演示文稿，另存名称为“论文答辩模版.pptx”，保存到“E:\PowerPoint 2013练习”中。

（2）参照图5-130进行演示文稿制作。

（3）母版设计要求：幻灯片2、4、6、8、10、12为同一母版；幻灯片3、5、7、9、11、13为同一母版。

（4）幻灯片切换设计要求：每个幻灯片采用不同的切换方式。

（5）幻灯片动画设计要求：同一幻灯片内的不同元素间采用不同的动画效果。

（6）幻灯片超链接设计要求：单击幻灯片2中的目录能够跳转到相应的幻灯片当中。

（7）幻灯片设置自动播放。

小 结

本项目主要介绍了PowerPoint 2013工作界面的各组成部分及功能，通过四个任务的学习来了解PowerPoint各个功能的使用。通过本项目的学习，希望读者能熟练掌握PowerPoint 2013软件的使用，在实际工作中能灵活运用。

习 题

（1）为“论文答辩模版.pptx”插入素材“高山流水.MP3”音频文件。

（2）制作一个“差旅费.pptx”，将素材文件“差旅费.xlsx”的内容用PowerPoint表格和图表的方式向大家展示。

（3）根据素材“专业介绍.docx”，制作一个“招生宣传.pptx”，页面内容可自行设计，必须包含超链接功能。

附　打字常识及五笔打字教程

一、打字常识

1.功能键

功能键共有14个，分布如附图1所示。在这14个键中，Alt、Shift、Ctrl、Windows键各有两个，对称分布在左右两边，功能完全一样，只是为了操作方便。

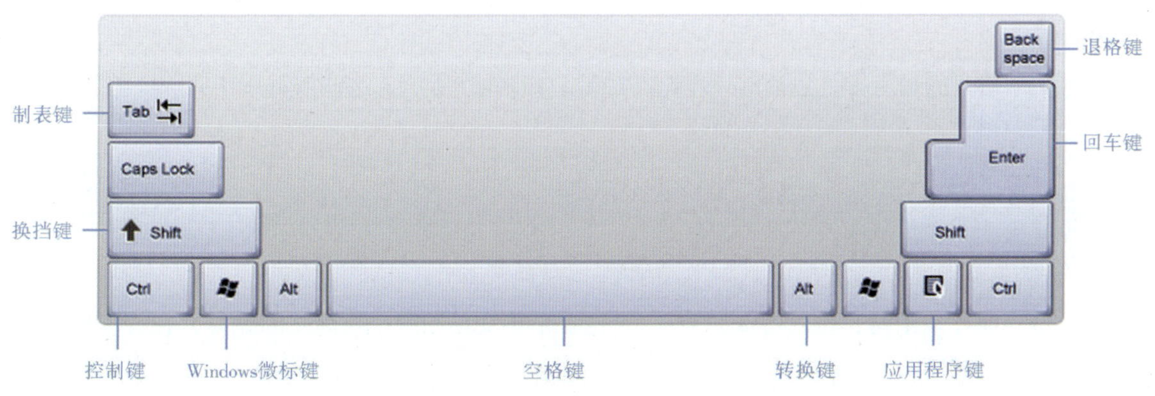

附图1　功能键

（1）CapsLock（大写字母锁定键，也叫大小写换挡键）：位于主键盘区最左边的第三排。每按一次大写字母锁定键,英文大小写字母的状态就改变一次。例如，现在输入的都是英文小写字母，按一下大写字母锁定键之后，输入的就是英文大写字母了；再按一下大写字母锁定键，输入的又变成小写字母了。

大写字母锁定键还有一盏信号灯，上面标有CapsLock的那盏灯亮了就是大写字母状态，否则为小写字母状态（见附图2）。键盘的初始状态为英文小写字母状态，按一下该键，键盘右上角的CapsLock指示灯亮，表示已转换为大写状态并锁定，此时在键盘上按任何字母键均为大写字母。如果再按一次该键，CapsLock指示灯灭，又变为小写状态。

附图2　大写字母锁定键信号灯

（2）Shift（上挡键，也叫换挡键）：位于主键盘区的第四排，左右各有一个，用于键入双字符键中的上挡符号（见附图3）。

主键盘区的数字（符号）键，键面上标有上下两种字符，叫作双字符键，如果直接按下双字符键，屏幕上显示的是下面的那个字符。如果想显示上面的字符，可以在按住Shift键的同时，按下所需的双字符键。例如，想要输入一个"？"，先按住Shift键不松手，然后按下问号键，屏幕上就显示"？"。

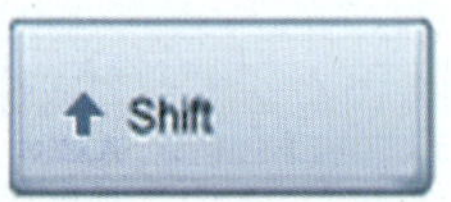

附图3　换挡键

换挡键（Shift键）的第二个功能是对英文字母起作用，当键盘处于小写字母状态时，按住Shift键再按字母键，可以输出大写字母。反之，当键盘处于大写字母状态时，按住Shift键再按字母键，可以输出小写字母。

（3）Ctrl（控制键）：Ctrl是英文Control（控制）的缩写，一共有两个，位于主键盘区的左下角和右下角。该键不能单独使用，需要和其他键组合使用，能完成一些特定的控制功能。操作时，先按住Ctrl键不放，再按下其他键，在不同的系统和软件中完成的功能各不相同。

（4）Alt（转换键）：Alt是英文Alternala（转换）的缩写，一共有两个，位于空格键的两侧（见附图4）。Alt键与Ctrl键一样，也不能单独使用，需要和其他的键组合使用，可以完成一些特殊功能，在不同的工作环境下，转换键转换的状态也不同。

附图4　控制键和转换键

2.功能键区

功能键区位于键盘的最上方，包括Esc和F1～F12键，如附图5所示，这些按键用于完成一些特定的功能。

附图5　功能键盘

（1）Esc键：叫作取消键，位于键盘的左上角。Esc是英文Escape（取消）的缩写，在许多软件中它被定义为退出键，一般用做脱离当前操作或退出当前运行的软件。

（2）从F1～F12是功能键，一般软件都是利用这些键来充当软件中的功能热键。例如用F1键寻求帮助。

（3）PrintScreen（屏幕硬拷贝键）：在打印机已经联机的情况下，按下该键，计算机屏幕的显示内容通过打印机输出，并把当前屏幕的内容复制到剪贴板。

（4）ScrollLock（屏幕滚动显示锁定键）：目前该键已很少用到。

（5）Pause Break（暂停键）：按该键，能使得计算机正在执行的命令或应用程序暂时停止工作，直到按下键盘上任意一个键再继续。另外，按Ctrl+Break键能中断命令的执行或程序的运行。

3.控制键区

控制键区共有10个键，位于主键盘区的右侧，包括所有对光标进行操作的按键以及一些页面操作功能键，这些按键用于在进行文字处理时控制光标的位置，如附图6所示。

（1）Page Up（向上翻页键）：按一下这个键可以使屏幕向前翻一页。

（2）Page Down（向下翻页键）：按一下这个键可以使屏幕向后翻一页。

（3）Home键：按一下这个键可以使光标快速移动到本行的开始。

（4）End键：按一下这个键可以使光标快速移动到本行的末尾。

（5）Insert键：按一下这个键可以改变插入与改写状态。

（6）Delete（删除键）：删除光标所在位置上的字符。

（7）方向键：移动这四个键，可以使光标在屏幕内上下左右移动。

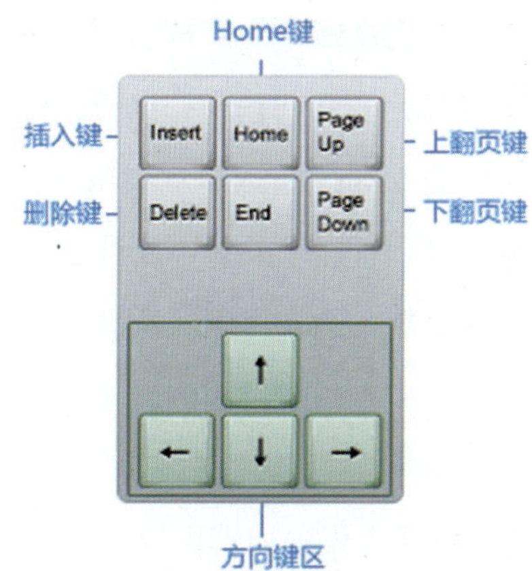

附图6 控制键盘

4.数字键区

数字键区位于键盘的右侧，又称“小键盘区”，主要是为了输入数据方便，一共有17个键，其中大部分是双字符键，其中包括0～9的数字键和常用的加减乘除运算符号键，这些按键主要用于输入数字和运算符号，如附图7所示。

（1）NumLock（数字锁定键）：位于小键盘区的左上角，相当于上挡键的作用。当NumLock指示灯亮时，表示数字键区的上位字符数字输入有效，可以直接输入数字；再按一下NumLock键，指示灯灭，其下位字符编辑键有效，用于控制光标的移动。

附图7 数字键盘

小键盘区中的数字键都是双字符键，即每个键都具有两种功能：显示数字和移动光标。要想使其具有数字功能，先要按下数字锁定键，屏幕上就显示相应的数字了。

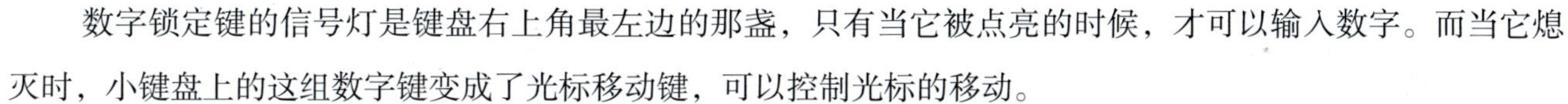

数字锁定键的信号灯是键盘右上角最左边的那盏，只有当它被点亮的时候，才可以输入数字。而当它熄灭时，小键盘上的这组数字键变成了光标移动键，可以控制光标的移动。

（2）插入键：实际上这是双字符键，上面是数字0，下面是插入和改写的切换键，功能由键来决定。

（3）运算符号键：包括加（+）、减（-）、乘（*）、除（/）运算符。

（4）Enter键：也叫小回车键，与主键盘上的回车键功能完全相同。

5.状态指示区

状态指示区位于数字键区的上方，包括3个状态指示灯，用于提示键盘的工作状态。

6.打字姿势

正确的打字姿势（参见附图8）：

头正、颈直、身体挺直、双脚平踏在地。

身体正对屏幕，调整屏幕，使眼睛舒服。

眼睛平视屏幕，保持30～40厘米的距离，每隔10分钟将视线从屏幕上移开一次。

附图8 正确的打字姿势

手肘高度和键盘平行，手腕不要靠在桌子上，双手要自然垂放在键盘上。

打字姿势归纳为：直腰、弓手、立指、弹键。

打字时眼睛离显示器不要太近，以保护视力，身体腰杆要保持挺直，背部与椅子呈垂直状态，坐姿要端正，两脚自然平放，不要弯腰曲背。另外，椅子和键盘的高度也要合适，座椅最好可以调节高度，人的身体距离键盘大约20厘米，小臂与桌面平行。打字时两肩要放松，手腕平直，手指自然弯曲轻放在键盘上，指尖与键面垂直，左右手的拇指轻放在空格键上。打字之前，手指甲最好修平。需要打印的稿件放在键盘左边。

操作键盘是“击键”“敲键”，而不是“按键”。击键时用的是冲力，即用手指尖瞬间发力，并立即反弹，使手指迅速回到原位键。

击键时，主要是指关节用力而非腕部用力，全部击键动作仅限于手指部分。击键的力度要适当，击键力量过重，易损坏键盘，且操作者容易疲劳，也影响录入速度；击键力量过轻则键盘没有反应。打字时，眼睛要看原稿，而不能看键盘。否则，交替看键盘和稿件会使人眼疲劳、容易出错、打字速度减慢。打字时，要精神集中，以避免差错。击键的时间与力度在练习中认真体会，通过反复实践、调整，就能把握住适当的力度，做到恰如其分。击键要果断迅速、均匀而有节奏。

7.基准键位

主键盘区有8个基准键，分别是［A］［S］［D］［F］［J］［K］［L］［；］。

打字之前要将左手的食指、中指、无名指、小指分别放在［F］［D］［S］［A］键上，将右手的食指、中指、无名指、小指分别放在［J］［K］［L］［；］键上，双手的拇指都放在空格键上。

［F］键和［J］键上都有一个凸起的小横杠或者小圆点，盲打时可以通过它们找到基准键位，如附图9所示。

附图9　基准键位

8.手指分工

打字时双手的十个手指都有明确的分工（参见附图10），只有按照正确的手指分工打字，才能实现盲打和提高打字速度。

附图10　手指分工

9.击键方法

正确的击键方法：击键之前，十个手指放在基准键上；击键时，要击键的手指迅速敲击目标键，瞬间发力并立即反弹，不要一直按在目标键上；击键完毕后，手指要立即放回基准键上，准备下一次击键（参见附图11）。

附图11　击键方法

10.Numlock的使用方法：

小键盘一般用于输入大量数字和运算符。在小键盘区，NumLock键用于控制NumLock指示灯，NumLock指示灯亮起时，小键盘才可以输入数字（参见附图12）。

附图12　NumLock的使用方法

小键盘基准键位及手指分工：

小键盘的基准键位是[4][5][6]键。小键盘区的数字5上面有个凸起的小横杠或者小圆点，盲打时可以通过它找到基准键位（参见附图13）。

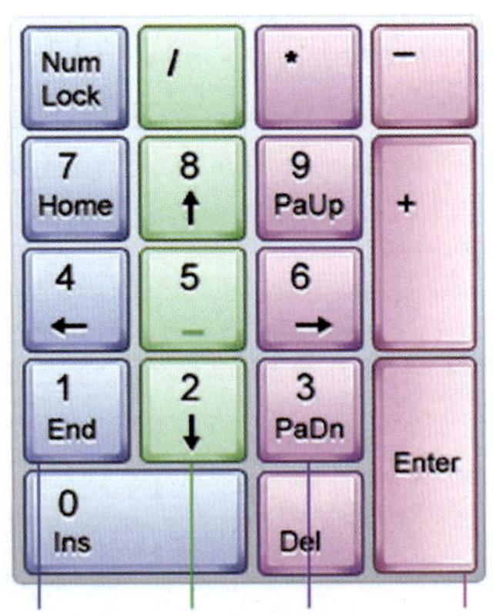

附图13　小键盘基准键位及手指分工

二、五笔打字

1.使用五笔输入法

一般情况下，Windows操作系统都带有几种输入法，在系统装入时就已经安装了一些默认的汉字输入法，例如：微软拼音输入法、智能ABC输入法、全拼输入法等。这些输入法只能用于拼音打字，要练习五笔打字，需要安装专门的五笔输入法。

具体操作如下：

（1）首先下载安装一款五笔输入法程序，比如搜狗五笔输入法。

（2）安装完成后，按住“Ctrl+Shift”键进行输入法切换，切换到搜狗五笔输入法。也可以通过单击屏幕右下角输入法菜单进行切换。

说明：

输入法的切换：Ctrl+Shift键，通过它可在已安装的输入法之间进行切换。

打开/关闭输入法：Ctrl+Space键，通过它可以实现英文输入法和中文输入法的切换。

全角/半角切换：Shift+Space键，通过它可以进行全角和半角的切换。

（3）切换完成，可以进行五笔打字练习。

2.五笔组成原理

五笔输入法又称五笔字型输入法，它是根据汉字的组成结构将其拆分成几个基本的字根（参见附图14），在输入汉字时，只需按照书写顺序依次按下这些字根所在的键位即可。五笔字型输入法将这些基本的字根按一定的规律分布在键盘的除Z键之外的25个字母键位上。

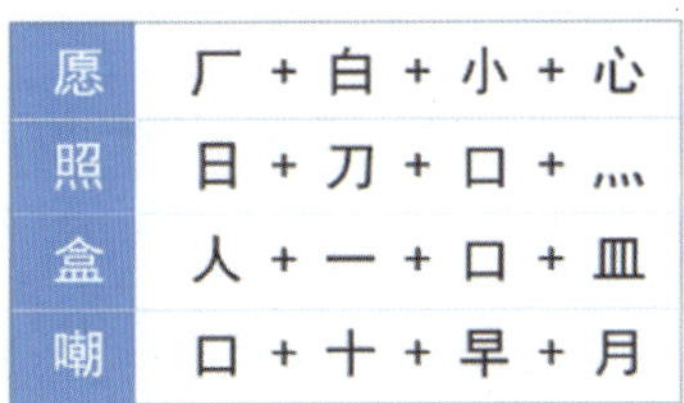

愿	厂 + 白 + 小 + 心
照	日 + 刀 + 口 + 灬
盒	人 + 一 + 口 + 皿
嘲	口 + 十 + 早 + 月

附图14　五笔组成原理

3.字根分区讲解

五笔字型中汉字的三个层次：

（1）笔画：是指汉字书写时不间断地一次连续写成一个线条，分为横、竖、撇、捺、折五类。

（2）字根：是由若干笔画交叉复合而形成的相对固定的结构，它是构成汉字最基本的单位。

（3）单字：是指由字根按一定的位置关系组合起来的汉字。

4.汉字的笔画

在五笔字型中，汉字的基本笔画分为横、竖、撇、捺、折五种。

五笔输入法将这5种基本笔画按顺序排列，用数字1～5作为代号来表示它们（参见附图15）。

代号	笔画	笔画名称	笔画走向	笔画变形
1	一	横	从左到右	㇀
2	丨	竖	从上到下	亅
3	丿	撇	从右上到左下	
4	㇏	捺	从左上到右下	丶
5	乙	折	各个方向转折	㇄ ㇖ ㇆ ㇉ ㇙ ㇋ ㇂

附图15　汉字的笔画

5.汉字的字型

根据汉字字根之间的位置关系，在五笔字型中共有3种汉字字型：左右型、上下型、杂合型，分别用代号1～3来表示它们（参见附图16）。

代号	字型	图示	位置关系	字例
1	左右型	◫ ▥ ⊞ ⊞	左右、左中右	和 树 提 部
2	上下型	⊟ ☰ ⊞ ⊞	上下、上中下	态 惹 丛 蔽
3	杂合型	□ ▣ ◰ ◫ ◱	独体、全包围、半包围	身 国 同 函 这

附图16　汉字的字型

6.字根的区位号

在五笔输入法中，将主键盘区中的除Z之外的25个英文字母按照“横”“竖”“撇”“捺”“折”划分为五个区，依次用代号1～5表示（参见附图17）。

区号	起笔笔画	键位
1	横	GFDSA
2	竖	HJKLM
3	撇	TREWQ
4	捺	YUIOP
5	折	NBVCX

附图17　字根的区位号

在每个区中，根据其第2笔笔画按照“横”“竖”“撇”“捺”“折”划分为五个位，也依次用代码1～5表示。每个区中的位号都是按照字母在键盘上的位置由中间向两边排列的（参见附图18）。

附图18　笔画分区表

7.五笔字根

字根是构成汉字的基本单位，也是学习五笔字型输入法的基础。在五笔输入法中，把组字能力很强、在日常文字中出现频率很高的字根，称为基本字根，这些基本字根均匀地分布在A～Y键位上（参见附图19）。

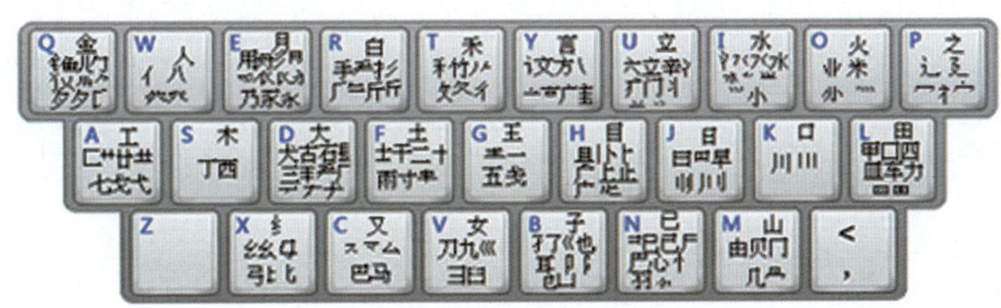

附图19　五笔字根

8.字根的分布规律

（1）首笔代号与区号一致。

字根的首笔代号与它的区号一致。例如“大”“犬”“古”字根的首笔为横，代号为1，因此它们位于1区。

（2）次笔代号与位号一致。

通常情况下，字根的第二笔代号与它的位号一致。例如“犬”字根的第二笔为撇，代号为3，因此它的位号是3。

（3）相似字根的在相同键位上。

一些字形相似的字根，往往在相同的键位上。例如“已”“巳”“己”它们都在N键上。

（4）基本笔画个数与位号一致。

“横”“竖”“撇”“振”“折”基本笔画和它们的复合笔画形成的字根，笔画的数量与位号一致（参见附图20）。

字根	笔画数	区位号
一	1	11
二	2	12
三	3	13
丨	1	21
刂	2	22
川	3	23
川	4	24

字根	笔画数	区位号
丿	1	31
彡	2	32
彡	3	33
丶	1	41
冫	2	42
氵	3	43
灬	4	44

字根	笔画数	区位号
乙	1	51
巛	2	52
巛	3	53

附图20　基本笔画个数与位号

9.五笔字根助记词

五笔字型输入法的创始人将字根编成25句口诀，每句口诀对应一个键位上的字根。这些口诀读起来朗朗上口，方便记忆（参见附图21）。

五笔字根口诀				
11 G 王旁青头戋(兼)五一	21 H 目具上止卜虎皮	31 T 禾竹一撇双人立，反文条头共三一	41 Y 言文方广在四一，高头一捺谁人去	51 N 已半巳满不出己左框折尸心和羽
12 F 土士二干十寸雨	22 J 日早两竖与虫依	32 R 白手看头三二斤	42 U 立辛两点六门疒(病)	52 B 子耳了也框向上
13 D 大犬三 䒑(羊)古石厂	23 K 口与川，字根稀	33 E 月彡(衫)乃用家衣底	43 I 水旁兴头小倒立	53 V 女刀九臼山朝西
14 S 木丁西	24 L 田甲方框四车力	34 W 人和八，三四里	44 O 火业头，四点米	54 C 又巴马，丢矢矣
15 A 工戈草头右框七	25 M 山由贝，下框几	35 Q 金勺缺点无尾鱼，犬旁留（乂）儿一点夕氏无七(妻)	45 P 之宝盖，摘礻(示)衤(衣)	55 X 慈母无心弓和匕，幼无力

附图21　五笔字根助记词

10.拆字原则

（1）汉字字根之间的结构关系。

①“单”结构汉字。

“单”结构汉字是指构成汉字的字根只有一个，主要包括两个类型：键名汉字和成字字根汉字。在输入这类汉字时不必再进行拆分。如附图22所示。

水	小	力	虫	五	广	八	车
马	九	几	巴	上	早	弓	止

附图22　“单”结构汉字

②“散”结构汉字。

“散”结构汉字是指构成汉字的字根有多个，而且每个字根之间有明显的距离，既不相连也不相交。如附图23所示。

明	佣	监	浅	仿	打	伙	咪
务	树	对	字	故	花	只	休

附图23　“散”结构汉字

③“连”结构汉字。

“连”结构汉字是指由一个单笔画字根与一个基本字根相连而构成的汉字。如附图24所示。

附图24　“连”结构汉字

在区分“连”结构汉字时，应注意以下两点：

i）若单笔画与基本字根有明显的距离，则不属于“连”结构。例如：“少”“么”“个”等。

ii）若一个汉字是由一个基本根与一个点组成，则它也属于“连”结构汉字。如“义”“术”“刃”“寸”“勺”等。

④“交”结构汉字。

“交”结构汉字是指由几个字根互相交叉构成的汉字，字根与字根之间相互交叉重叠。如附图25所示。

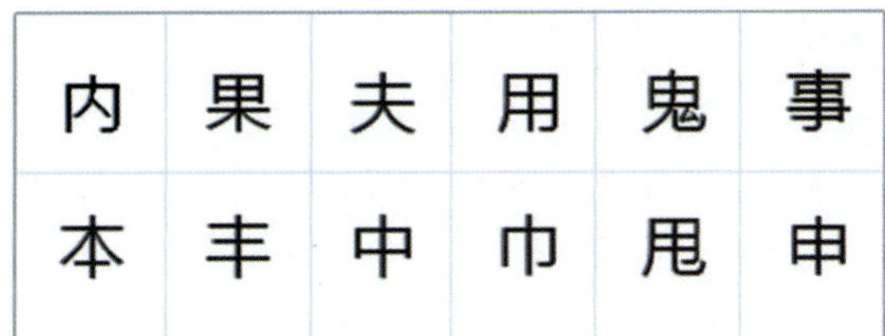

内	果	夫	用	鬼	事
本	丰	中	巾	甩	申

附图25　“交”结构汉字

（2）汉字的拆分原则。

在五笔字型输入法中，除了“单”结构汉字，其他汉字都要拆成几个字根才能输入。拆分汉字的规则有四点。如附图26所示。

1	书写顺序
2	取大优先
3	能连不交
4	能散不连

附图26　汉字的拆分原则

①书写顺序。

“书写顺序”是指在拆分汉字时，应该按照汉字的书写顺序（一般为“从左到右”“从上到下”“从外到内”），将其拆分为基本字根。如附图27所示。

正确	
伙	人 + 火
取	耳 + 又
宁	宀 + 丁
要	西 + 女

错误	
伙	火 + 人
取	又 + 耳
宁	丁 + 宀
要	女 + 西

附图27　书写顺序

②取大优先。

“取大优先”是指按照书写顺序拆分汉字时，拆分出来的字根应尽量“大”，拆分出来的字根的数量应尽量少。如附图28所示。

正确	
交	六 + 乂
则	贝 + 刂
草	艹 + 早
莘	艹 + 辛

错误	
交	亠 + 八 + 乂
则	冂 + 人 + 刂
草	艹 + 日 + 十
莘	艹 + 立 + 十

附图28　取大优先

③能连不交。

“能连不交”是指当一个字既可以拆成相连的几个部分，也可以拆成相交的几个部分时，通常采用“相连”的拆法。如附图29所示。

正确	
千	丿 + 十
于	一 + 十
天	一 + 大
生	丿 + 龶

错误	
千	丿 + 一 + 丨
于	二 + 丨
天	二 + 人
生	𠂉 + 土

附图29　能连不交

④能散不连。

“能散不连”是指在拆分汉字时，如果能够拆分成“散”结构的字根，就不要拆分成“连”结构的字根。如附图30所示。

正确	
羊	丷 + 王
占	⺊ + 口
关	䒑 + 大
午	𠂉 + 十

错误	
羊	䒑 + 二 + 丨
占	上 + 凵
关	丷 + 一 + 大
午	𠂉二 + 丨

附图30　能散不连

11.汉字的输入（见附图31）

键面汉字 是指五笔字根中存在的汉字。键面汉字的输入分为以下几种情况：	
1	键名汉字的输入
2	成字字根汉字的输入
3	基本笔画的输入

键外汉字 是指五笔字根中不存在的汉字。键外汉字的输入分为以下几种情况：	
1	四个字根汉字的输入
2	超过四个字根汉字的输入
3	不足四个字根汉字的输入

附图31 汉字的输入

（1）键名汉字的输入。

键名汉字是指在字根表中每个键上的第一个字根。键名汉字的输入方法是：连击该字根所在的键位4次即可。如附图32所示。

键名汉字	五笔编码	键名汉字	五笔编码
月	EEEE	日	JJJJ
人	WWWW	禾	TTTT
女	VVVV	立	UUUU
土	FFFF	又	CCCC

附图32 键名汉字的输入

（2）成字字根汉字的输入。

除了键名汉字外，在键位上还有一些字根同时也是汉字，这些汉字称为成字字根汉字。成字字根汉字的输入方法是：先按下该字根所在的键位（俗称“报户口”），然后根据它的书写顺序依次按它的第一笔、第二笔及最后一笔笔画所在的键位，若不足四码则补按空格键。如附图33所示。

成字字根汉字	拆分方法	五笔编码
十	十＋一＋丨	FGH
辛	辛＋丶＋一＋丨	UYGH
耳	耳＋一＋丨＋一	BGHG
六	六＋丶＋一＋丶	UYGY

附图33 成字字根汉字的输入

（3）基本笔画的输入。

基本笔画的输入方法是：先按两次该单笔画所在的键位，再按两次“L”键，如附图34所示。

横（一）	竖（丨）	撇（丿）	捺（㇏）	折（乙）
GGLL	HHLL	TTLL	YYLL	NNLL

附图34　基本笔画的输入

（4）输入四个字根的汉字。

在五笔字型输入法中，无论是汉字还是词组，最多只需要输入四位编码。

对于刚好四码的汉字，输入方法是按照书写顺序依次输入四个字根的编码（见附图35）。

汉字	拆分方法	五笔编码
照	日＋刀＋口＋灬	JVKO
热	扌＋九＋、＋灬	RVYO
啊	口＋阝＋丁＋口	KBSK
量	日＋一＋日＋土	JGJF

附图35　输入四个字根的汉字

（5）输入超过四个字根的汉字。

超过四码的汉字输入方法是：按照书写顺序，依次输入汉字的第一个字根、第二个字根、第三个字根和最后一个字根的编码。如附图36所示。

汉字	拆分方法	五笔编码
寇	宀＋二＋儿＋又	PFQC
融	一＋口＋冂＋虫	GKMJ
嗜	口＋土＋丿＋日	KFTJ
熊	厶＋月＋匕＋灬	CEXO

附图36　输入超过四个字根的汉字

（6）输入不足四个字根的汉字。

不足四个字根汉字的输入方法是：依次输入第一个字根、第二个字根、第三个字根的编码，然后再输入该汉字的末笔字型识别码所在键。如果不足四码则补按空格键。如附图37所示。

汉字	拆分方法	五笔编码
码	石＋马＋G（末笔识别码）	DCG
术	木＋丶＋丨（末笔识别码）	SYI
户	丶＋尸＋E（末笔识别码）	YNE
空	宀＋八＋工＋F（末笔识别码）	PWAF

附图37　输入不足四个字根的汉字

12.末笔识别码

（1）在五笔字型输入法中，为了避免重码，引入了末笔识别码。

末笔识别码是由汉字的末笔笔画和字型组成的一个附加码。在输入不足四个字根汉字时，需要在最后输入末笔识别码。

末笔识别码的判断方法是：将汉字的末笔代码作为区号，将汉字的字型作为位号，该区号和位号组成的区位码对应的按键就是该汉字的末笔识别码。

在五笔字型输入法中，汉字的末笔识别码如附图38所示。

末笔 字型	1 横	2 竖	3 撇	4 捺	5 折
1 左右型	11 G	21 H	31 T	41 Y	51 N
2 上下型	12 F	22 J	32 R	42 U	52 B
3 杂合型	13 D	23 K	33 E	43 I	53 V

附图38　汉字的末笔识别码

在输入汉字时，对于不足四个字根的汉字，需要在最后输入末笔识别码。如附图39所示。

汉字	字根	末笔	字型	末笔识别码	编码
码	石 马	一	左右型	11 G	DCG
旱	日 干	丨	上下型	22 J	JFJ
贱	贝 戋	丿	左右型	31 T	MGT
闽	门 虫	丶	杂合型	43 I	UJI
秃	禾 几	乙	上下型	52 B	TMB

附图39　最后输入末笔识别码

（2）使用末笔识别码的注意事项。

①并不是输入所有不足四个字根的汉字都需要输入末笔识别码。对于不足四个字根的汉字，如果输入汉字的所有字根之后，想要输入的汉字已经在输入法候选框中的第一个位置，这时就只需要再输入一个空格即可。

②对于只有两个字根的汉字，输入了末笔识别码之后，编码数量也不足四码，这时还需要再输入一个空格。

③输入含有四个字根或者大于四个字根的汉字时，不需要输入末笔识别码。

（3）末笔识别码的特殊约定。

①全包围结构的汉字和偏旁为“辶”“廴”的汉字，判断末笔识别码时，末笔为被包围部分的最后一笔，例如“回”“造”“廷”。

②当汉字的最后一个字根为“刀”“力”时，以折作为末笔，例如“叨”“仇”在判断汉字“成”“我”“戋”的末笔时，以撇作为末笔，例如“成”“我”“贱”。

13.简码的输入

（1）一级简码。

“一级简码”又称“高频字”，是指汉字中使用频率最高的25个字。其输入方法是：先输入一级简码所在键，然后再按空格键。

我们可以使用如附图40所示的两句口诀来快速记忆一级简码：

一区	一地在要工
二区	上是中国同
三区	和的有人我
四区	主产不为这
五区	民了发以经

附图40　快速记忆一级简码

（2）二级简码。

“二级简码”是指只需输入两位编码的汉字。其输入方法是：按照顺序依次输入汉字的第一个字根、第二个字根的编码，然后再按空格键。如附图41所示。

汉字	全码	二级简码	汉字	全码	二级简码
晨	JDFE	JD	作	WTHF	WT
攻	ATY	AT	匀	QUD	QU
垢	FRGK	FR	记	YNN	YN
东	AII	AI	涨	IXTA	IX

附图41　二级简码的输入方法

（3）三级简码。

“三级简码”是指只需输入三位编码的汉字。其输入方法是：按照顺序依次输入汉字的第一个字根、第二个字根、第三个字根的编码，然后再按空格键。如附图42所示。

汉字	全码	三级简码	汉字	全码	三级简码
即	VCBH	VCB	饼	QNUA	QNU
峦	YOMJ	YOM	袈	LKYE	LKY
哽	KGJQ	KGJ	容	PWWK	PWW
麻	YSSI	YSS	蜗	JKMW	JKM

附图42 三级简码的输入方法

14.词组的输入

（1）二字词组。

二字词组的输入方法为：先输入第一个字的第一个字根、第二个字根的编码，然后再输入第二个字的第一个字根、第二个字根的编码。如附图43所示。

二字词组	拆分方法	五笔编码
好运	女+子+二+厶	VBFC
扩张	扌+广+弓+丿	RYXT
规则	二+人+贝+刂	FWMJ
相信	木+目+亻+言	SHWY

附图43 二字词组的输入方法

（2）三字词组。

三字词组的输入方法为：先输入第一个字的第一个字根编码，再输入第二个字的第一个字根编码，然后再输入第三个字的第一个字根、第二个字根的编码。如附图44所示。

三字词组	拆分方法	五笔编码
宣传部	宀+亻+立+口	PWUK
动画片	二+一+丿+丨	FGTH
日记本	日+讠+木+一	JYSG
加工厂	力+工+厂+一	LADG

附图44 三字词组的输入方法

（3）四字词组。

四字词组的输入方法为：依次输入四个字的第一个字根的编码。如附图45所示。

四字词组	拆分方法	五笔编码
旗开得胜	方+一+彳+月	YGTE
缩手缩脚	纟+手+纟+月	XRXE
空中楼阁	宀+口+木+门	PKSU
得心应手	彳+心+广+手	TNYR

附图45　四字词组的输入方法

（4）多字词组。

多字词组的输入方法为：依次输入第一个字、第二个字、第三个字和最后一个字的第一个字根编码。如附图46所示。

多字词组	拆分方法	五笔编码
中华人民共和国	口+亻+人+囗	KWWL
中国人民银行	口+囗+人+彳	KLWT
中国人民解放军	口+囗+人+冖	KLWP
新疆维吾尔自治区	立+弓+纟+匚	UXXA

附图46　多字词组的输入方法